自然式整形——圆锥形
（青杆云杉）

自然式整形——圆柱形
（杜松）

自然式整形——圆球形（杨树）

自然式整形——卵圆形（白蜡树）

自然式整形——窄卵形（落叶松）

自然式整形——平顶形（油松）

自然式整形——伞形（垂榆）

自然式整形——不规则形（紫薇）

高位分枝中央领导干形（银杏）

低位分枝中央领导干形（雪松）

杯状形（山杏）

自然开心形（山楂）

多领导干型（紫薇）

丛球形（杜鹃）

剪形绿篱

棚架式（藤本月季）

附壁式（爬山虎）

球形造型

独干球类造型

圆锥形造型

螺旋形几何体造型

复合型几何体造型

雕塑式造型（罗汉松）

仿真式造型

修剪整形良好的罗汉松

造型树

古树修补、支撑

树木的桥接

冻害导致海桐嫩梢枯焦

雪压白皮松

树干缠保温带

树干涂白

春季晚霜造成的桂花受害状

大叶黄杨褐斑病

根部施药防治虫害

寒害导致非洲茉莉似“开水烫过”状

秋季新种植树木树干缠草绳并包膜防寒

铜绿异丽金龟成虫

搭防风障御寒

高温造成的日灼现象

柳树溃疡病

雷击导致杨树树干大面积烧伤

风害造成树木倒折

温室白粉虱成虫

新植树木设置支撑木防倒伏

冻雨危害花木

融雪剂导致龙柏中毒死亡

树干输液

中空透气水泥砖地面铺装

树干打箍

大叶黄杨斑蛾高龄幼虫

"十四五"职业教育国家规划教材

"十二五"职业教育国家规划教材
经全国职业教育教材审定委员会审定

高等职业教育"十二五"农业部规划教材

高等职业教育农业农村部"十三五"规划教材

园林绿地养护技术

第3版

丁世民　杨兴芳　主编

中国农业大学出版社
·北京·

内容简介

《园林绿地养护技术》是“十二五”职业教育国家规划教材及高等职业教育农业农村部“十三五”规划教材。全书共分为3个模块8个项目30个工作任务，主要介绍园林绿地土肥水管理技术、园林植物整形修剪技术、园林植物修补与支撑技术、园林绿地各种灾害防治技术、园林绿地养护机具使用技术、园林树木移栽成活期的养护管理技术、古树名木的养护管理技术、各类园林植物常规养护技术等知识与技能。本书以工作任务为载体，将相关知识的学习贯穿于完成工作任务的过程中，注重实际能力的培养，强化实训环节，充分体现了教、学、做一体化的高职教育特色。本教材开发配备了含有47个课件、20个视频、3个动画、146幅图片组成的数字资源包，同时每个工作任务都具有规范的任务目标、任务内容、教学资源、内容及操作步骤、操作要点、注意事项、任务考核标准，每个项目后也都附有知识训练、技能训练、小知识、小经验等内容，便于教师授课与学生自学。本书可作为高职高专院校、中等职业技术学校、五年制高职、大专函授、成人高校等园林园艺类专业教材，也可作为园林企业职工的职业培训教材，也是相关行业技术人员的良好参考用书。

图书在版编目(CIP)数据

园林绿地养护技术/丁世民，杨兴芳主编．—3版．—北京：中国农业大学出版社，2020.12（2024.12重印）

ISBN 978-7-5655-2489-9

Ⅰ.①园… Ⅱ.①丁…②杨… Ⅲ.①园林-绿化地-植物保护-高等职业教育-教材 Ⅳ.①TU986.3

中国版本图书馆CIP数据核字(2020)第266085号

书　　名　园林绿地养护技术　第3版

作　　者　丁世民　杨兴芳　主编

策划编辑　张　玉　　**责任编辑**　张　玉

封面设计　郑　川　中通世奥图文设计

出版发行　中国农业大学出版社

社　　址　北京市海淀区圆明园西路2号　　**邮政编码**　100193

电　　话　发行部 010-62733489，1190　　读者服务部 010-62732336

编辑部 010-62732617，2618　　出　版　部 010-62733440

网　　址　http://www.caupress.cn　　**E-mail**　cbsszs@cau.edu.cn

经　　销　新华书店

印　　刷　涿州市星河印刷有限公司

版　　次　2020年12月第3版　2024年12月第3次印刷

规　　格　787×1 092　16开本　23印张　570千字　彩插4

定　　价　65.00元

第 3 版编审人员

主　编　丁世民(潍坊职业学院)

杨兴芳(潍坊职业学院)

副主编　王秀娟(黑龙江农业工程职业学院)

吴祥春(潍坊市园林环卫服务中心)

齐海鹰(山东城市建设职业学院)

宝秋利(内蒙古农业大学职业技术学院)

于小力(辽宁职业学院)

参　编　卢爱英(山西林业职业技术学院)

罗瑞芳(云南农业职业技术学院)

王勤华(潍坊职业学院)

赵庆柱(山东省潍坊市农业科学院园林研究所)

马媛媛(潍坊瑞秋园林科技有限公司)

主　审　曹帮华(山东农业大学)

房义福(山东省林业科学研究院)

第2版编审人员

主　编　丁世民（潍坊职业学院）

副主编　王秀娟（黑龙江农业工程职业学院）

吴祥春（潍坊市园林管理处）

夏振平（北京农业职业学院）

李光清（山东城市建设职业学院）

参　编　卢爱英（山西林业职业技术学院）

宝秋利（内蒙古农业大学职业技术学院）

罗瑞芳（云南农业职业技术学院）

赵庆柱（潍坊市农科院果树花卉研究所）

韩　燕（潍坊青欣绿化工程有限公司）

主　审　赵兰勇（山东农业大学）

蒋三登（济南市园林和林业绿化局）

第 3 版前言

《园林绿地养护技术》(第 2 版)出版以来,得到了国内兄弟院校同类专业广大师生与园林从业者的普遍好评,为促进高职教育教学和国内园林绿化事业的高质量发展发挥了积极作用。近年来,随着信息化手段在教学中的推广以及园林绿地养护新技术的不断发展,学生的学习方式和获取知识的途径正在发生改变,相应地需要对当前教材的内容与表现形态进行更新。为此,按照高职高专教学改革的新要求,结合编者的观点、实践及调研意见,对第 2 版教材进行了修订,其特点如下:

1.融入思政元素,彰显了教材时代性

坚持落实立德树人的根本任务,对接国家生态文明战略,融入"金山银山""绿色环保"建设理念,从职业道德、生态环保、绿色安全等方面挖掘课程蕴含的思政元素,及时融入教材内容,同时实现对学生知识的传授与价值观的正确引导,助力美丽中国建设。

2.保持了教材的先进性

经过多年的探索与实践,形成了教学与社会服务"双线融合"课程改革理念。新的课程建设理念促进了园林绿地养护新技术、新知识、新案例能够及时融入教材,实现教材内容的动态更新,使教材内容能够紧贴生产实际,保持了先进性。

3.完成了新形态一体化教材的升级

针对学生学习方式的转变,配套开发了较为完善的课程资源包,主要包括课件 47 个、视频 20 个、动画 3 个、彩色图片 146 幅,在书中的相应位置添加了二维码并展示在教学平台,让学生能够对感兴趣的知识进一步学习,实现了传统教材向新形态教材的升级;同时为教师实施混合式教学模式提供了良好的工具资料。

4.突出了教材的实用性

根据最新职教要求,坚持"双元"育人理念,引入行业企业人员参与教材修订,注重学生职业能力和实践技能的培养,全书按项目实施编写,脉络清晰,培养目标明确,使用方便。

本教材第 3 版由丁世民、杨兴芳任主编,王秀娟、吴祥春、齐海鹰、宝秋利、于小力任副主编,卢爱英、罗瑞芳、王勤华、赵庆柱、马媛媛任参编。全书分工如下:模块一中项目一由罗瑞芳编写,项目二由王秀娟编写,项目三由宝秋利编写,项目四由卢爱英编写;模块二由宝秋利编写;模块三中项目一由齐海鹰编写,项目二由宝秋利编写,项目三中除病虫防治及相关知识外的所有内容由杨兴芳、王勤华编写,模块三中的相关知识由吴祥春编写;课程认知、模块三中病虫防治以及附录搜集与整理由丁世民、赵庆柱、于小力编写。视频及动画制作由杨兴芳、王勤华、马媛媛完成。全书由丁世民、杨兴芳统稿。

本教材第3版在编写过程中得到潍坊职业学院、黑龙江农业工程职业学院、潍坊市园林环卫服务中心、山东城市建设职业学院、内蒙古农业大学职业技术学院、山西林业职业技术学院、云南农业职业技术学院、山东省潍坊市农业科学院园林研究所、潍坊瑞秋园林科技有限公司等单位的大力支持,承蒙山东农业大学曹帮华教授、山东省林业科学研究院房义福研究员对教材进行了审阅,并提出了宝贵意见。教材在编写过程中参阅和引用了有关专家、学者的专著、论文及教材等,在此一并致以最诚挚的谢意!

当前科技发展日新月异,教学改革力度不断加大,且编者能力有限,所以尽管做了最大努力,但书中疏漏与错误之处在所难免,望各位专家、同行与广大读者批评指正。

编　者

2024年12月

第2版前言

根据教育部《关于加强高职高专教育人才培养工作的意见》《关于加强高职高专教育教材建设的若干意见》以及《关于全面提高高等职业教育教学质量的若干意见》的有关精神，按照全国农业职业教育研究会与中国农业大学组织相关专家研发的教学指导方案成果——园林专业教学指导方案及专业核心课程教学大纲的内容，结合高职高专教育发展实际以及专业整体教学改革的指导思想和基本思路，遵循培养技能型、应用型人才的需求，本着基础知识"必需与够用"与专业知识"实用性与针对性"相结合的原则，我们研发了《园林绿地养护技术》教材。

该教材紧密结合当前高职院校课程改革的要求，以培养技能型、应用型人才为目标，打破了原来传统的教材编写体例，按照培养学生对园林绿地养护所需要的"一般养护技术—机具使用技术—常规养护技术"能力的3个不同项目要求，选择相关知识点、技能点，并考虑未来发展需要，构建了基于典型工作任务为载体的教学内容，是体现"在做中教，在做中学"教学理念的配套教材。

该教材具有以下特色：

1.符合国家高职教育改革的要求。

教材体系的构建依照职业教育的"工作过程导向"原则，打破学科的"系统性"和"完整性"。以基于职业岗位分析和具体工作过程为设计理念，以真实的工作任务或社会产品为载体，站在高职教学改革的最前沿组织编写教材内容，使教材视角高、理念新、前瞻性强。

2.瞄准就业岗位群需要，突出职业能力培养。

本教材内容根据职业岗位(群)的任职要求，参照相关的职业资格标准，采用倒推法确定，即剖析职业岗位群对专业能力和技能的需求→关键能力→关键技能→围绕技能的关键基本理论。删除假设推论，减少原理论证，尽可能多地采集生产实际中的案例剖析问题，加强与实际工作接轨。教材反映行业中正在应用的新技术、新方法，体现实用性与先进性的结合。

3.以工作任务为载体，整合教材内容。

本教材以培养园林绿地养护能力和相关的岗位能力为基本目标，紧紧围绕典型工作任务完成的需求来选择和组织教材内容，突出工作任务和知识联系，使学生掌握独立制订计划、实施计划和独立评估计划的工作能力。以操作性强的技能部分为主线，将理论知识放在拓展或相关知识中编写，便于学生自学参考。

4.创新编写体例，增强学习效果。

编写目录采用"模块、项目、工作任务"的创新体例，同时为了强化学生的学习效果，在每个模块的前面提出相应的学习目的、知识目标及能力目标，结束时设有知识训练、技能训练、小知识、小经验，每个工作任务都附有任务目标、任务内容、教学资源、内容及操作步骤、操作要点、注意事项以及任务考核标准等内容，有利于提高学生的学习效果与效率，也方便教师课堂总结。

5. 吸纳行业企业专家参与，注重突出教改成果。

从课程标准的制定、教材内容的编写以及最终的审稿定稿，一直有行业企业专家的参与把关，从而保证了教材内容的科学性、先进性和对于岗位的适用性。充分挖掘相关院校在产学结合、工学交替实践中具有创新性的教改成果，尤其是精品课程建设方面的成功做法，并将其有机地融入教材。

本教材第2版由丁世民任主编，王秀娟、吴祥春、夏振平、李光清任副主编，卢爱英、宝秋利、罗瑞芳、赵庆柱、韩燕任参编。全书分工如下：项目一中模块一由罗瑞芳编写，模块二由王秀娟编写，模块三由宝秋利编写，模块四由卢爱英编写；项目二中模块一由宝秋利编写；项目三中模块一由李光清编写，模块二由宝秋利编写，模块三中除病虫防治及相关知识外的所有内容由夏振平编写，模块三中的相关知识由吴祥春编写；课程认知、模块三中病虫防治以及附录搜集与整理由丁世民、赵庆柱、韩燕编写。全书由丁世民、吴祥春、韩燕统稿。

本教材第2版在编写过程中得到潍坊职业学院、黑龙江农业工程职业学院、潍坊市园林管理处、北京农业职业学院、山东城市建设职业学院、山西林业职业技术学院、内蒙古农业大学职业技术学院、云南农业职业技术学院、潍坊市农科院果树花卉研究所、潍坊青欣绿化工程有限公司等单位的大力支持，承蒙山东农业大学赵兰勇教授、济南市园林局蒋三登高级工程师对教材进行了审阅，并提出了宝贵意见。教材在编写过程中参阅和引用了有关专家、学者的专著、论文及教材等，在此一并致以最诚挚的谢意！

由于编者水平有限，书中难免有疏漏与错误之处，真诚欢迎广大读者、同行与专家批评指正。

编　者

2014年3月

目　录

课程认知 …… 1

模块一　园林绿地一般养护技术

项目一　园林绿地的土、肥、水管理技术 …… 9
工作任务 1　园林绿地土壤管理技术 …… 9
工作任务 2　园林绿地施肥技术 …… 15
工作任务 3　园林绿地水分管理技术 …… 20
技能训练 …… 26
技能训练 1　园林绿地土壤管理 …… 26
技能训练 2　园林绿地配方施肥技术 …… 27
项目二　园林植物的整形修剪技术 …… 30
工作任务 1　行道树和庭荫树的整形修剪技术 …… 30
工作任务 2　花灌木与小乔木的整形修剪技术 …… 41
工作任务 3　绿篱的整形修剪技术 …… 50
工作任务 4　藤本类植物的整形修剪技术 …… 53
工作任务 5　特殊造型植物的整形修剪技术 …… 57
[相关知识] …… 61
一、整形修剪的概念 …… 61
二、整形修剪的目的及意义 …… 62
三、整形修剪的基本原理 …… 63
四、整形修剪的原则 …… 65
五、整形修剪的程序 …… 66
六、整形修剪的时期 …… 67
技能训练 …… 29
技能训练 1　行道树与庭荫树的整形修剪 …… 69
技能训练 2　花灌木与小乔木的整形修剪 …… 70
技能训练 3　绿篱、色块、色带的整形修剪 …… 70
技能训练 4　其他特殊树形的修剪与整形 …… 71

项目三 园林植物的修补与支撑技术 …… 73
工作任务1 园林植物的修补技术 …… 73
工作任务2 园林植物的支撑技术 …… 79
[相关知识] …… 85
一、园林植物修补的原则 …… 85
二、影响园林植物支撑的因素 …… 85
技能训练 …… 87
技能训练1 园林树木的伤口修补 …… 87
技能训练2 园林树木的支撑 …… 87
项目四 园林绿地各种灾害防治技术 …… 89
工作任务1 园林植物常见自然灾害防治技术 …… 89
工作任务2 酸雨、融雪剂、污水、煤气等灾害防治技术 …… 99
工作任务3 填土、挖土、地面铺装等危害的防除技术 …… 105
技能训练 …… 114
技能训练1 常见园林植物冻害调查 …… 114
技能训练2 越冬防寒设施的使用 …… 114
技能训练3 园林绿地灾害防治方案设计 …… 115

模块二 园林绿地养护机具使用技术

项目 园林绿地养护机具使用技术 …… 119
工作任务1 手工工具的使用技术 …… 119
工作任务2 绿地修剪机具的使用技术 …… 123
工作任务3 灌溉机具的使用技术 …… 130
工作任务4 植保机具的使用技术 …… 136
工作任务5 草坪机具的使用技术 …… 145
[相关知识] …… 157
各类园林机具的维护常识 …… 157
技能训练 …… 160
技能训练1 修枝剪的打磨 …… 160
技能训练2 离心泵的使用 …… 161
技能训练3 担架式喷雾机的使用 …… 161
技能训练4 割灌机的使用 …… 162
技能训练5 草坪修剪机的使用 …… 162

模块三 园林绿地常规养护技术

项目一 园林树木移栽成活期的养护管理技术 …… 167
工作任务1 普通树木移栽成活期的养护管理技术 …… 167
工作任务2 大树移栽成活期的养护管理技术 …… 176

技能训练…………………………………………………………………………………… 185
技能训练　园林绿地苗木移栽保活措施调查………………………………………… 185
项目二　古树名木的养护管理技术………………………………………………… 187
工作任务 1　古树名木调查及衰老原因诊断技术 …………………………………… 187
工作任务 2　古树名木复壮技术 ……………………………………………………… 191
[相关知识]……………………………………………………………………………… 199
一、古树名木研究、保护的意义……………………………………………………… 199
二、古树名木的复壮与养护的基本原则 …………………………………………… 200
技能训练………………………………………………………………………………… 201
技能训练 1　古树名木的调查 ………………………………………………………… 201
技能训练 2　古树名木的养护与复壮 ………………………………………………… 202
项目三　各类园林植物的常规养护技术…………………………………………… 204
工作任务 1　常绿乔木类树种的养护管理技术 ……………………………………… 204
工作任务 2　落叶乔木类树种的养护管理技术 ……………………………………… 222
工作任务 3　花灌木类树种的养护管理技术 ………………………………………… 244
工作任务 4　攀缘类植物的养护管理技术 …………………………………………… 259
工作任务 5　竹类植物的养护管理技术 ……………………………………………… 266
工作任务 6　绿篱、色块、色带植物的养护管理技术 ……………………………… 273
工作任务 7　草坪的养护管理技术 …………………………………………………… 279
工作任务 8　露地草本花卉的养护管理技术 ………………………………………… 288
[相关知识]……………………………………………………………………………… 297
一、园林绿地病害概述 ……………………………………………………………… 297
二、园林绿地虫害概述 ……………………………………………………………… 302
三、园林绿地草害概述 ……………………………………………………………… 309
四、园林绿地病虫草害防治的基本方法 …………………………………………… 311
技能训练………………………………………………………………………………… 320
技能训练　各类园林绿地养护管理措施调查………………………………………… 320

附录…………………………………………………………………………………… 324
参考文献……………………………………………………………………………… 352

课程认知

一、园林绿地的作用与特点

(一)园林绿地的概念

所谓城镇园林绿地，是指以植被为主要存在形态，用于改善城镇生态、保护环境，为居民提供游憩场地和美化城镇的一种城镇用地。城镇园林绿地可分为公共绿地、居住区绿地、单位附属绿地、防护绿地、生产绿地、风景游览绿地、街道绿地等类型。园林绿地在城镇建设中具有不可替代的作用。

(二)园林绿地的作用

(1)净化空气，维持碳氧平衡　空气是人类赖以生存的不可缺少的物质，由于密集的城镇建筑和众多的城镇人口，城镇中形成了许多气流交换减少和辐射热相对封闭的生存空间。目前许多市区空气中的二氧化碳含量已超过自然界大气中二氧化碳正常含量 300 mg/kg 的指标，尤其在风速减小、天气炎热的条件下，在人口密集的居住区、商业区和大量耗氧燃烧的工业区二氧化碳超标出现的频率更高。

要调节和改善大气中的碳氧平衡，首先要在发展工业生产的同时，积极治理大气污染，研究把二氧化碳转化利用；其次是要保护好现有森林植被，大力提倡植树造林，使空气中的二氧化碳通过植物的光合作用转化为营养物质。园林植被的这种功能，是在城镇环境这种特定的条件下，其他手段所不能替代的。

(2)吸收有害气体　当城镇的工业生产、居民生活以及汽车尾气等产生的空气污染物质达到一定浓度时，就会使环境受到严重污染。如空气中的二氧化硫浓度达到 100 mg/kg 时，会使人感到不适，当浓度达到 400 mg/kg 时，就会致人死亡。

园林植物在其生命活动的过程中，对许多有毒气体都有一定的吸收功能，可以起到净化环境的积极作用。

(3)调节和改善小气候　园林植物具有很好的吸热、遮阴和蒸腾水分的作用。植物叶片通过大量蒸腾水分而消耗城镇中的辐射热和来自路面、墙面及相邻物体的反射热，而产生降温增湿效果，缓解了城镇的热岛和干岛效应。这就是在炎热的夏天，我们从城镇里步行到森林、公园或行道树下，感觉到丝丝凉意的原因。

(4)吸滞烟尘、粉尘及 PM 2.5 微粒　空气中的烟尘、粉尘及 PM 2.5 微粒，是污染环境的主要有害物质。森林或园林植被，大量的枝叶表面常凹凸不平，形成庞大的吸附面，能够阻截和吸附大量的尘埃，而这些枝叶经过雨水的冲洗后，又恢复吸附作用。因此，通过乔木、灌木和草组成的复层绿化结构，会起到更好的滞尘作用。

(5)减菌、杀菌　园林植被对细菌具有抑制和杀灭的作用。有很多树木或植物能分泌出具有挥发性的植物杀菌素，为城镇空气消毒，净化了城镇空气。

(6)减弱噪声　噪声是一种环境污染，它会对人体产生伤害，但茂密的树木能有效地减弱噪声，起到良好的隔音或消音作用，从而减轻噪声对人们的干扰和避免听力的损害。

(7)美化环境　园林绿化、美化环境，是改善城镇环境的一个重要手段，它可创造一个空气新鲜、阳光明媚、水体清澈的舒适而安静的生活和工作环境。

(三)园林绿地的特点

1. 栽培面积小，植物种类多

城镇园林绿地与农作物大田、一般林地的不同之处在于，前者植物种类繁多，一般栽培面积不大且分散交错种植，植物种类少则 10 余种，多则上百种，对各种管理措施，如施肥、浇水等措施也要求相对复杂；后者则栽培面积大，植物种类不多甚至品种单一，管理措施简单。同时，由于前者寄主植物种类多，因而病虫种类也相应增多。

2. 生态系统复杂，人为影响大

在城镇园林绿地系统中，人的活动要比农田系统及一般林地系统多且复杂，各种园林植物生长周期长短不一，立地条件复杂，小环境、小气候多样化，生态系统中一些生物种群关系常被打乱。同时，城镇生态系统是一个特殊、多变且以人为核心的生态系统，在园林绿地的附近区域往往人口密集，因而更易受到人为因素的影响。另外，城镇绿地植物更易受到工业“三废”的污染，因而病虫害发生的类别，尤其是生理性病害要比农田系统及一般林地系统复杂得多。

3. 类型多，差异大

园林绿地类型较多，有些位于城镇建筑物的周边，有些则位于喧闹城镇的公路两侧。有些绿地的环境条件较好，土壤、水分、坡度、坡向、光照等条件能够满足植物生长的需求，而有的则较差，这些绿地如果在养护管理上跟不上，很容易造成植物生长不良甚至达不到预期的效果。

4. 设计不合理

有些园林绿地在设计选择植物时，只重视其表面效果，而不考虑其生态效应，把大多数绿地做成了“装饰画”，或者为了达到立竿见影的效果，采取了“拆东墙补西墙”的做法。具体体现在进行大量的大树移植、大面积的草坪种植，或者大面积采用色带、色块等造景方法。这些做法给这些绿地的后期养护带来了不便。只有建设节约型、生态型园林，才能从根本上扭转目前园林绿地养护的尴尬局面。

5. 施工存在误区

土建施工方面普遍存在的种植穴过小、穴下管线密布、种植土层过浅、土质不合要求、栽植过深或过浅、未设支撑木、池壁接缝处跑水漏水等，大大增加了养护的成本。同时，有些绿地为了应付检查或赶进度，而采取了“反季节绿化”的方式，如北方地区在干旱的夏季与寒冷的冬季裸根植树，其成活率很难保证，即使存活，植物生命力也非常弱，容易诱发各种生理性或侵染性病害。

6. 受自然因素制约较大

植物生长在一定的自然环境中，既受生物学和生态学等方面特性的影响，又受到自然环境条件的制约。虽然经过植物的引种和驯化可以使其分布范围得以扩大，但对有些植物而言，其分布范围还是有限的。如近几年，北方地区引种栽植的海桐、桂花、石楠、棕榈、珊瑚树等在不同的城镇环境以及同一城镇的不同小气候下，表现出了较大的差异。因而在养护管理上必须采取因地制宜的特殊措施。

二、绿地养护在园林绿化中的重要性

随着人们生活水平的不断提高，环保意识的不断增强，对城镇环境的要求也越来越高，各种风格的园林绿地在城镇中不断涌现。园林绿地给了城镇优美的环境，给了人们回归自然的享受，它已成为人们生活中不可或缺的一部分。如何对园林绿地进行“保鲜”，使其“青春永驻”，乃至变幻出“女大十八变”的风采，养护管理则是关键之关键。

为什么养护管理在园林绿化的整体环节中占据如此重要的地位？首先，养护是造园三部曲（设计、施工、养护）的最后一个环节，是突出园林主题的“压轴戏”；其次，园林工程特殊性也决定了园林绿化不同于建筑与市政工程，竣工验收就达到最佳状态。绿化工程的竣工只是意味着建设阶段的结束，实际是养护工程的开始。园林绿化的工程施工是设计的继续，而养护和管理则是施工建设的再继续。就一个城镇而言，绿地面积的发展，可以达到饱和程度，而养护工程却是无止境的，由于绿化成果的渐进性和绿化功能累进性的特点，园林建设的后续工程则显得更持久、更细致。诸如设计意图的体现，艺术景观的完善，环境功能的发挥，都需要经过长期的养护管理才能实现。绿地质量与养护水平同步上升或下降，不应该因为树木一时不枯、不死，而满足于“维持状态”的水平上。当“潜伏期”过后，失养、失管的后果显现出来的时候，园林可能已经变得面目全非，其损失是不可挽回的。

现代城镇园林绿化已突破传统的公园和街道绿化的范围，是覆盖全社会，遍布城镇各个地方的城镇基础设施和环境工程，具有面宽量大的特点。绿化不仅对环境的保护和改善发挥作用，还要达到理想的艺术构图和景观特色，达到美化城镇的作用。而要充分发挥其作用，没有良好的管理和精心的养护是达不到目的的。在当前普遍存在“重施工、轻养护”的状态下，加强园林绿化的养护管理显得尤为重要。

园林绿地建设要做到“种之一时，养之一生”，只有认真做好绿地的养护工作，才能真正地实现改善生态、美化环境、丰富人民生活的目的。

三、园林绿地养护的发展概况

（一）园林植物栽培养护简史

我国号称世界“园林之母”，作为园林绿地的主体——园林树木，具有悠久的栽培养护历史，古代最早记载的树木是具有经济价值的桑、果、茶，而后逐渐分化出用于庭院遮阴与观赏的树木。在《诗经》(陈风·东门之枌)中有"东门之枌(fén),宛丘之栩。子仲之子,婆娑其下"的记载,说明早在殷周时期,就在村旁庭院为遮阴纳凉而种树,并在其下欢乐歌舞。北魏贾思勰撰写的《齐民要术》一书中记载:"凡栽一切树木,欲记其阴阳,不令转易……。大树髡之,不髡,风摇则死。小则不髡。先为深坑,内树讫,以水沃之,著土令如薄泥;东西南北摇之良久……然后下土坚筑。时时浇灌,常令润泽……埋之欲深,勿令挠动"意思是说,栽树要记住原有的阴阳面,不要改变,否则难以成活。大树要截冠栽植,防止风摇,小树可以不去冠。栽树时要深挖坑,注水和泥,四方摇动使根土密接,回土踩实,经常浇水,覆土保湿。栽时要深些,栽后防止摇动伤根。同时该书对于果园的熏烟防霜、葡萄埋土防寒、柑橘害虫的生物防治、梨的吊枝技术等都有详细的记载。

唐代文学家柳宗元在《郭橐驼传》中介绍一位驼背老人种树的经验,即"能顺木之天,以致其性焉尔","凡植木之性,其本欲舒,其培欲平,其土欲故,其筑欲密。既然已,勿动勿虑,去不复顾"。意思是说,种树要根据树木的习性,并满足其习性的要求,栽时要使树根舒展,尽量多用故土,并要踏平,种好后,不要再去乱动。

清代汪灏的《广群芳谱》,分为天时、谷、桑麻、蔬、茶、花、果、木、竹、卉、药诸谱,园林植物分别列于花、果、木、竹之谱中,记载详细,体例鲜明,为中外名著。

(二)园林植物栽培养护发展的近况

新中国成立后,我国的园林事业迅速恢复与发展,在20世纪五六十年代全国掀起了植树绿化的高潮,在树木栽植与养护技术等方面取得了不少成绩。园林绿地养护技术研究步入快车道,应是始于改革开放之后。其标志之一就是:园林部门对城市树木生长衰老的原因开展了细致的研究,提出了城市园林树木由于人为的践踏、车辆的碾压、地面的铺装以及地下侵入体等诸多原因,造成土壤空隙度降低,通气不良,致使树木生长势下降,出现衰老。通过解决土壤通气问题,救活了很多树木,特别是抢救了不少濒危的古树。

为了解决土壤通气问题,园林部门进行了大量的科学研究,研制出多种透气的铺装材料及防止土壤孔隙度降低的技术措施。同时注意到树木的营养问题,采用土壤分析和叶面分析的方法准确地了解衰老树木的营养状况。从多方面、多角度,综合地进行研究,防止了单一化。复壮措施方面,不仅施入无机肥料,更重视施用有机肥,同时施用复壮剂、菌根剂、微量元素等。复壮技术也有很大的进步,不仅给树木进行土壤施肥和叶面喷肥,同时还开发出给树木打针输液的方法。这种技术既给树木输入了急需的营养,同时还可以输入防治病虫的药剂,提高了防治效果。

从1984年起,由我国建设部下达的"全国园林植物病虫害、天敌资源普查及检疫对象研究"课题,组织了全国43个大中城市植保人员参与了此项研究工作,于1986年基本完成并鉴定验收。通过普查,初步摸清了我国园林植物病虫害的种类、分布及危害程度,园林植物害虫天敌的种类及概况,并初步确定了我国园林植物病虫害检疫对象,为今后进一步开展主要病虫害的防治研究奠定了基础。

近年来,随着园林科技的不断发展,各类新的园林绿地养护技术得以大量的推广应用,如抗蒸腾(干燥)剂、活力素等药剂的使用,大大提高了反季节移栽树木的成活率。在肥料施用方面,微孔释放袋、树木营养钉、配方施肥等新技术得到了广泛的应用。

在树木修剪方面,由于人工修剪成本高,因而促进了机械修剪与化学修剪的发展。电动式手锯、油锯、气动高枝剪、绿篱修剪机等机械的大量使用，提高了修剪效率；Slo-Gro 等化学药剂，可通过叶片吸收进入树体，运输到迅速生长的梢端后，幼嫩细胞虽可继续膨大，但细胞分裂的速度会减缓或停止，从而使生长变慢，并保持树体的健康状况。

在树洞处理方面，已有许多新材料用于填充，其中以聚氨酯泡沫最为理想，该材料坚韧，稍有弹性，对边材和心材有良好的黏着力，容易灌注，膨化和固化迅速，并可与多种杀菌剂混合施用。

在园林绿地有害生物治理方面，随着人们认识水平和科技水平的不断提高，从“以防为主，综合治理”“有害生物的综合管理（IPM）”，强化生态意识，无公害控制，到目前要求共同遵循“可持续发展”为准则，采用园林绿色植保技术，做到：有虫（病、草等）无害，自然调控；生物多样性，相互制约；人为介入，以生物因素为主，无碍生态环境，免受有害生物危害。这是在认识上逐步提高的过程。

在无公害病虫防治领域，人们采用生物农药、信息素、植物源农药、矿物源农药、灯光诱杀、潜所诱杀等技术，如释放管氏肿腿蜂防治天牛、周氏啮小蜂防治美国白蛾、苏云金杆菌防治鳞翅目幼虫，利用性引诱剂诱杀槐小卷蛾、小线角木蠹蛾等，都取得了显著成效。

在化学农药使用方面，采用高效、低毒、无残留（低残留）、无污染品种。在使用方法上，也逐步采用对环境污染小的类别，如植株茎部施药技术、根部施药技术、低容量或超低容量喷雾技术、静电喷雾技术、静电喷粉技术、循环喷雾技术、药辊涂抹技术、光敏间歇喷雾技术等。结合不同的施药技术，选用不同作用方式的不同剂型，如粒剂、丸剂、胶悬剂、乳油、微乳剂、固体乳油、悬浮乳剂、可流动粉剂（悬浮粉剂）、微胶囊剂等。

在现代高新技术应用领域，人们开始采用“芯片”等最现代化的技术，如法国的树医生们将“芯片”植入树体内部，使之成为“芯片树”，届时，只要读出芯片上的识别号码，电脑便可显示出每一棵树的位置、树龄和生长状况。无论树体内部的生理状况，还是外部生态环境，只要发生轻微的变化，电脑便可检测到。

同时，将声、电、磁、光、热、核等物理技术应用于植物的生长发育，从而避免大量施用化肥、农药而产生的污染，已在农业、园艺等方面取得了可喜的成果，不久的将来，该技术必将在园林绿地养护领域得以广泛的应用。

另外，“数字树”“数字养护”“物理养护”等新技术、新材料将会不断出现，那时的城市园林绿地将会更加生机勃勃，园林绿化事业的明天将更加美好。

四、园林绿地养护的内容、任务及与其他学科的关系

园林绿地养护技术是研究各类园林植物养护管理理论与技术的科学，是一门新兴的学科技术。它是农林科学中植物栽培学的一个分支，既受自然和生物学规律的制约，又受社会经济规律的影响，在相当程度上还受人们主观能动性的影响。当然，园林绿地养护技术与其他植物栽培技术也有一定的区别。首先，其他植物栽培技术如果树栽培技术、林木栽培技术、蔬菜栽培技术等一般都以直接生产某种形式的物质产品为主要目的；而园林绿地养护技术则是以发挥园林植物改善生活环境和焕发人们精神的功能为主，一般是间接的。这些功能既有物质的，又有精神的，在思想感情和美学方面还受人们意识形态和不同民族、时代和美学观念的影响。当然，我们也不能忽视直接产品的利用。其次，园林绿地养护技术所研究的有关理论和技术对

园林植物的影响比其他植物栽培技术的范围广，作用时间更长，如园林植物涉及乔木、灌木、藤本、多年生草本、一二年生草本及其旱生、湿生、水生等种类和类型多样的植物。而果树、林木、蔬菜等所涉及的植物种类和类型不及园林植物那样丰富。再如从造林技术的观点看，已经衰老和开始腐朽的树木不再具有直接产品的生产价值，应及时予以淘汰和更新。然而从园林绿地养护技术的观点看，这些树木尤其是其中的古树名木，不仅具有观赏价值和科学价值，而且也象征着一个地区人民的精神风貌和文明史。从供游人观瞻的角度看，也有间接的经济价值，不仅不能淘汰而且还应加强保护管理，并采取得力的措施促使其复壮，延长生命周期。

园林绿地养护技术研究的对象主要是城镇绿化区域正在生长的各类园林植物，其研究内容包括园林绿地的土肥水管理、花木移栽成活期的养护管理、园林植物的整形修剪、园林绿地的各种灾害及防治、园林绿地病虫草害防治、树体的修补支撑技术、古树名木的养护管理技术、园林绿地养护工具的使用以及各类园林植物的常规养护等9个模块。园林绿地养护技术的任务是服务于园林绿地养护实践，从园林植物和环境的关系出发，在调节、控制园林植物与环境之间的关系上发挥更好的作用。既要充分发挥园林植物的生态适应性，又要适时调节园林植物与环境的关系，使其正常生长，延长寿命，充分发挥其改善环境、游憩观赏和经济生产的综合效益，促进相应生态系统的动态平衡，使园林绿地养护技术更趋合理，取得事半功倍的效益。园林绿地养护技术的任务及研究的对象十分广泛，其范围涉及多门学科，因此，必须在具备植物学、树木学、植物生理学、植物生态学、土壤肥料学、植物保护、气象学等学科的基础知识、基本理论和基本技能的基础上，才能学好本课程，并用于养护实践。

园林绿地养护技术是一门专业性、实践性很强的应用学科。因此，学习方法必须是理论联系实际，既要不断吸收和总结历史和现实的养护经验与教训，又要勤于实践，在实践中学习。在学习理论的同时，提高动手能力，从而培养园林绿地养护实际工作中分析问题和解决问题的能力。当前在园林绿地养护上存在的问题较多，也很复杂，因此，应从实践的角度出发，具体问题具体分析，找出解决问题的途径与方法，提高园林绿地养护的科学性，以充分发挥园林绿地的综合效益。

复习思考题

1. 当前的园林绿地有何特点？其养护措施与一般林地、果园管理措施有何不同之处？
2. 绿地养护在园林绿化中的地位如何？
3. 怎样才能学好园林绿地养护技术？

模块一

园林绿地一般养护技术

项目一　园林绿地的土、肥、水管理技术
项目二　园林植物的整形修剪技术
项目三　园林植物的修补与支撑技术
项目四　园林绿地各种灾害防治技术

项目一

园林绿地的土、肥、水管理技术

学习目的

通过学习园林绿地的土、肥、水管理相关知识，熟悉其相应的管理技术，为做好园林绿地养护工作打下基础。

知识目标

掌握园林绿地土壤改良与管理技术、施肥技术、灌排水技术。

能力目标

能够正确根据园林绿地土壤的特点进行土壤改良与管理；根据园林绿地土壤肥力情况，制订合理的施肥方案；根据园林植物的生长状况，及时进行灌排水。

工作任务 1　园林绿地土壤管理技术

【任务目标】

了解园林植物土壤管理的主要内容，掌握土壤管理的主要方法。

【任务内容】

1. 根据工作任务，采取课堂、实验(训)室以及校内外实训基地(包括园林绿地、花圃、苗圃、草坪等)现场相结合的形式，通过查阅资料与网上搜集，获得园林绿地土壤类型与特点的一般知识。

2. 通过大量校内外实训基地的实际操作，掌握园林绿地土壤管理的技术规程与操作要点。

3. 对任务进行详细分析、记载，并列表描述园林绿地土壤管理的技术措施。

【教学资源】

1. 材料与器具：腐熟粪肥、稻草、铁锹、石灰粉、硫酸氢铵、氮磷钾复合肥、pH 计。

2. 参考资料：当地土壤资料、各类教学参考书、多媒体教学课件、相关网站的资料等。

3. 教学场所：教室、实验(训)室以及校内外实训基地。

4. 师资配备：每 20～25 名学生配备 1 名指导教师。

● 内容及操作步骤

土壤是植物生长的基地，是植物生命活动所需要水分和养分的供应库与贮藏库，也是许多微生物活动的场所。土壤的好坏直接关系到园林植物生长的状况，要保证园林植物正常生长，需要有肥沃、疏松、透气良好、酸碱度适合、水分适中的土壤条件。但是由于多种原因导致现在的城市土壤不适合园林植物生长，如城市中由于人口密度大、人流量大、人踩车压以及各种机械的频繁使用，使土壤密度逐渐增大，土壤紧实度增加，土壤板结、孔隙度小导致土壤含氧量低，园林植物会烂根以至死亡；城市土壤很多是建筑垃圾土，该类土壤中含有大量建筑工程遗留的砖瓦、沙石、煤屑、碎木、灰渣和灰槽等建筑垃圾，常常会使植物的根无法穿越而限制其分布的深度和广度；人们乱排污水，乱倒垃圾，乱堆水泥、石灰、炉渣等废物，导致土壤酸化、盐碱化；城市地下管道与设施越来越多，这些设施往往会阻断土壤毛细管的整体联系，占据园林植物的根系营养面积，对园林植物的生长影响较大；在市政工程的场地，土壤中的表层土壤经常会被移走或被底土盖住，土层中常掺入底层僵土或生土，也会妨碍植物生长。所以分析了解园林植物生长地的土壤条件及其管理措施，是园林植物养护工作者的主要任务之一。

园林植物土壤管理技术的任务是通过各种综合措施，改善土壤的结构和理化性质，提高土壤肥力，不断供应植物正常生长所需的水分、养分和空气等条件。同时还可结合其他措施，防止和减少水土流失和扬尘，增加园林景观效果。

观察与调研：城市绿地土壤的主要特点是什么？

一、土壤改良

园林绿地的土壤改良大体包括：深翻熟化、客土栽植、土壤质地改良、pH 的调节和盐碱地的改良、应用土壤改良剂等。

（一）深翻熟化

城市绿地中由于游人的践踏严重，大多数园林绿地的土壤物理性能较差，水、气矛盾十分突出，主要表现是土壤板结、黏重、通气透水不良，严重妨碍微生物活动与园林植物根系的伸展，影响园林植物生长。

深翻熟化就是对园林植物根区范围内的土壤进行深度翻耕，主要目的是加快土壤的熟化，深翻结合施肥，特别是施有机肥，可以改善土壤结构和理化性质，促使土壤团粒结构的形成，增加孔隙度。因此，深翻后土壤的含水量和通气状况会大大改善。由于土壤中的水分和通气状况好转，使土壤微生物活动加强，加速土壤熟化，使难溶性营养物质转化为可溶性养分，相应地提高了土壤的肥力。

1. 深翻的时间

深翻包括园林植物栽植前的深翻和栽植后的深翻。栽植前深翻是在园林植物栽植前配合园林地形的改造、杂物清除等工作，对栽植现场进行全面或局部的深翻，为园林植物后期生长奠定基础；栽植后深翻是在园林植物生长过程中进行的土壤深翻。理论上讲，栽植后深翻一年四季都可以进行，但最好的时间是从园林植物开始落叶至第 2 年萌动之前，尤其是秋末和早春。

（1）秋末　一年中以秋末冬初深翻最佳。此时深翻，地上部分生长已渐趋缓慢或基本停止，养分开始回流积累，而根系生长仍在进行，深翻后，不但根系伤口能够迅速愈合，而且还在越冬前从伤口附近发出部分新根，有利于植物翌年的生长。同时秋翻还有利于土壤风化和积雪保墒。

（2）早春　如果由于种种原因秋季没有耕翻，也可在早春土壤解冻后及时进行。此时地上部分尚处于休眠状态，根系刚开始活动，生长较为缓慢，伤根后也较易愈合和再生。但早春时间短，气温上升快，根系受伤后还未来得及很好地恢复，地上部分已开始生长，需要大量的水分和养分，水分供不应求而使植物生长不良；并且早春土壤蒸发量大，易导致植物干旱缺水。因此，在春季干旱、缺水、多风地区，春翻后需及时灌水。

2. 深翻方式

主要有树盘深翻与行间深翻 2 种。前者是在植物树冠边缘，即树冠的地面垂直投影线附近挖环状深翻沟或辐射沟，适于孤植树和株间距较大的树，可以全面开挖或局部开挖，以局部开挖最常用。方法是：环状深翻在树冠投影外缘附近进行，围绕树干成环状，可将环状深翻带分为 4～6 份，每年完成相对应的两等份，2～3 年挖完，深翻宽度 40～60 cm。辐射深翻是以树干为中心，向四周挖 4～6 条辐射状深沟至树冠投影外缘，宽 40～60 cm，内浅外深，分 2～3 年完成。

行间深翻则是在两排植物间挖长条形深翻沟，多适于呈行列布置的植物。此外，还有辐射状深翻等方式。

深翻应结合施肥（主要是有机肥）和灌溉进行。深翻回填土时，通常维持原来的层次不变。有时为了使心土层迅速熟化，也可将较肥沃的表土放置沟底，将新土放在上面，应根据具体情况灵活掌握。

3. 深翻的深度

深翻的深度与土壤、根系分布深浅等有关。土壤黏重，地下水位低，土层厚，栽植深根性树种时宜翻深些，反之可适当浅些。一般深翻深度为 60～100 cm，最好距根系主要分布层稍深、稍远些，以促进根系向纵深及周边生长，扩大吸收范围，提高根系的抗逆性。

4. 深翻频率

土壤深翻的效果能保持多年，因此，没有必要每年都进行深翻。但深翻效果保持时间长短与土壤特性有关，一般黏土地、涝洼地翻后易恢复紧实，保持年限较短，可每 1～2 年深翻 1 次；地下水位低，排水良好，疏松透气的沙壤土，保持时间较长，可每 3～4 年深翻 1 次。

做一做：选择一块绿地，在秋末对园林植物进行深翻抚育。

（二）客土与培土

1. 客土

客土就是在栽植园林植物时，对栽植地实行局部换土，通常是在土壤完全不适宜园林植物生长的情况下才需要进行客土栽培。

（1）树种要求有一定酸碱度的土壤，而栽植地的土层不合要求。最突出的例子是北方种植喜酸性土壤的植物，如栀子、杜鹃、八仙花等，应将局部地段的土壤全部换成酸性土，至少也要加大种植坑，放入山泥、泥炭土、腐叶土等，并混拌一定数量的有机肥料，以符合酸性树种的要求。

(2)需要栽植地段的土壤根本不适合园林植物的生长。如重黏土、沙砾土及被有毒的工业废水污染的土壤等，或建筑垃圾清除后土壤仍旧板结，土质不良，则应酌量增大种植穴，全部或局部换入肥沃的土壤。

客土时应注意以下几个问题：①做好预算，因为客土栽植比一般栽植需要的经费多，必须有经费做保证的前提下才能实施，所以在栽植前应做好预算。②做好施工计划，根据不同树种和根系大小及不同情况，做出合理的、科学的换土设计计划，并说明换土的深度以及好土的来源、废土的去处。③选用的土壤质地要好，肥力较高，但不能随便挖取耕地土壤和破坏植被。④根据施工的进度，有计划地分期分批进行更换。⑤如果换土量较大，好土的来源较困难，客土的质量并不十分理想，可在实施过程中进行改土，如添加泥炭土、腐叶土、有机肥、磷矿粉、复合肥及各种结构改良剂等。

2.培土

培土是在园林植物生长过程中根据需要，在园林生长地加入部分土壤，以增加土层厚度，保护根系，补充营养，改良土壤结构。培土在多雨地区使用较多，因为在这些地区降雨量大，强度高，土壤淋洗流失严重，土壤变得十分浅薄，致使根系裸露，这时就需要及时进行培土。

培土时要根据土质确定培土基质类型。土壤黏重的应培含沙较多的疏松土壤，含沙质较多的可培塘泥、河泥等黏重的肥土以及腐质土。培土量根据植株的大小、土源、成本等条件而定。培土厚度要适宜，过薄起不到培土的作用，过厚对园林植物生长不利。

(三)土壤质地的改良

土壤质地过沙或过黏都不利于植物根系的生长。黏重土壤通气性差，易引起根腐病；土壤沙性过强，不利于保水保肥。以上两种质地情况均可通过增施有机肥和以“沙压黏”、以“黏压沙”的方法进行改良。改良土壤的最好有机质有粗泥炭、半分解的堆肥和腐熟的厩肥。未腐熟的肥料，特别是新鲜有机肥，氨含量较高，容易损伤根系，施用后不宜立即栽植。另外，一次增施有机质不能太多，否则可能产生可溶性盐过量的问题，特别是在黏土中，施用某些含盐量多的有机质，这一问题更为突出。

以“沙压黏”时要避免使用细沙，沙的粒径要达到 0.2 mm 以上，同时还要注意加入量，加入量太少，反而会增加土壤紧实度。所以一般情况下，加沙量必须达到原有土壤体积的 1/3，才能起到良好的改善作用。除了在黏土中加粗沙外，也可以加陶粒、珍珠岩和硅藻土等；对于沙性过强的土壤，可在施用有机肥的同时掺入适量的黏土或淤泥，使土壤向中壤质的方向发展。

(四)土壤酸碱度的调节

不同树种对土壤酸碱度的适应程度不同，过酸过碱均会对植物造成不良的影响。因此，除增施有机质外，必须对土壤的 pH 进行必要的调节。对于 pH 过低的土壤，可以向土壤中加石灰、草木灰等碱性物质，并以石灰应用较为普遍。调节土壤酸度的石灰为石灰石粉(碳酸钙粉)，生产上一般用300～400目的较适宜。对于pH过高的土壤，降低pH主要通过施用释酸物质如有机肥料、生理酸性肥料、硫黄、硫酸亚铁等。

做一做：选择一块绿地，进行土壤的客土培土、质地改良及pH测定实训。

二、土壤管理

(一)中耕通气

中耕可以切断土壤表层的毛细管，减少土壤水分蒸发，防止土壤返碱，疏松表土，改善土壤的通气和水分状况，促进土壤微生物的活动，加速有机质和矿质养分的有效分解和转化，提高土壤肥力。早春中耕可提高土壤温度，利于根系提前生长和吸收活动。此外，中耕清除杂草，减少杂草对水分、养分的竞争，使植物生长的地面环境清洁美观，减少病虫害。

中耕与除杂草常同时结合进行。中耕除草宜在土壤不过干或不过湿时进行，并注意不要碰伤植物茎干，可适当切掉生长在地表的浅根。

(1)中耕的时间　中耕的时间应根据当地的气候条件、树种特性以及杂草生长状况而定，一般一年中的中耕次数要达到2～3次。中耕在生长季进行。

(2)中耕的深度　以接近表层根而不伤根为原则，松土深度一般在3～10 cm。根系深，中耕深；根系浅，中耕浅；近根颈处宜浅，远根颈处宜深；草本花卉中耕浅，木本花卉中耕深；灌木、藤本稍浅，乔木可深些。

做一做：选择一块绿地，进行土壤中耕除草实训。

(二)土壤的覆盖

1. 土壤覆盖的作用

(1)保水保湿　覆盖可阻滞土壤水分蒸发和地表径流损失的速度，对土壤起到保水保湿作用。

(2)使土壤的温度变化比较缓和　减轻过高和过低温度对植物的不良影响。

(3)增加土壤有机质　用于覆盖土壤的植物残体，腐烂分解后，可增加土壤有机质含量。

(4)抑制杂草生长　植物残体覆盖土壤，使覆盖范围内的杂草缺乏光照而生长受制，减少杂草吸收土壤养分而对园林植物造成的生长竞争。

(5)促进土壤有益生物的生长繁衍和活动　覆盖范围内的土壤空间黑暗，水分、温度、有机质含量等状况均适宜土壤微生物和蚯蚓的生长繁衍，这些有益生物的活动能促进土壤有机物的分解，使养分元素有效化，使土壤腐殖质含量增加，改善土壤的理化性状。

(6)使植物对干旱的抵抗能力减弱　常年覆盖的土壤，有优良的表层根系生长环境，促进表层根系的生长，使根系上浮土表，更易受干旱影响。

2. 覆盖的方式

(1)地面覆盖　覆盖材料以就地取材、经济适用又不影响绿地美观为原则，如水草、谷草、树叶、泥炭以及草坪修剪下来的草头等。幼树或疏林草地的植物，多在树盘下覆盖，覆盖不宜过厚，一般以3～6 cm为宜，覆盖时间一般在生长季节土温较高而较干旱时进行。

(2)种植地被 地被植物一般采用可做绿肥用的观赏植物,如吊竹梅、蓬箕菊、三叶草等。种植地被植物,除具有地面覆盖作用外,还可避免尘土飞扬,增加园林美观,减少杂草,降低园林植物养护成本。绿肥作物在开花期翻入土中,还可起到施肥改土的作用。作为植物下应用的地被植物,应选适应性强、有一定的耐阴能力、覆盖作用好、繁殖容易、与杂草竞争的能力强、耐践踏、汁液少、无刺、无毒的种类,有观赏价值。

做一做:选择一块绿地,对土壤进行覆盖及种植地被植物。

【操作要点】

1.采用目测踏查法,对园林绿地的土壤进行调查,判断是否适合园林植物生长,是否需要改良或进行管理,并列表记载。

2.实施并熟练掌握土壤深翻熟化、客土、培土、质地改良、酸碱度调节、中耕除草、地面覆盖的方法。

【注意事项】

1.在潮湿或极酸的贫瘠土壤中,必须排除过多的积水或通过底土施用石灰克服极酸环境,再经深翻熟化等过程,才能取得较好的效果。

2.培土时为了防止接穗生根或对根系产生不良影响,一般压土时要适当扒土露出根茎。

3.调节土壤酸碱度的石灰应是农业上常用的"农用石灰"(碳酸钙粉),不是工业建筑上的"建材石灰"。

4.土壤质地可以通过简单的触摸、搓揉等进行判断。将适量的土壤揉搓成球,如果球体紧实、表面光滑而且在潮湿时十分黏稠,则黏性强;如果不能揉搓成球,则沙性强。

5.改良土壤时不能施用未腐熟的肥料,特别是新鲜有机肥,该类肥料氨含量较高,容易损伤根系。

6.土壤过干或过湿时不宜进行中耕,尤其是雨后或浇水后不能立即进行。

【任务考核标准】

表 1-1-1 园林绿地的土壤管理技术

序号	考核项目	考核内容	考核标准	考核方法	标准分值
1	基本素质	学习工作态度	态度端正,学习精力集中,学习方法多样,积极主动,全部出勤,否则将酌情扣分。	单人考核	5
		团队协作	具备团队合作精神,积极与小组成员合作,共同完成工作任务,否则将酌情扣分。	单人考核	5
2	专业技能	土壤深翻熟化	能够制订适合当地特点的土壤深翻熟化方案并组织实施。方案及操作不规范者,酌情扣分。	小组考核	15
		土壤质地改良与 pH 调整	能够对土壤 pH 进行测定,能够针对土壤状况制订合理的质地改良方案并组织实施。方案及操作不规范者,酌情扣分。	小组考核	15

续表 1-1-1

序号	考核项目	考核内容	考核标准	考核方法	标准分值
		客土与培土	能够根据土壤状况制定合理的客土与培土的方案并组织实施。方案及操作不规范者,酌情扣分。	小组考核	10
		中耕除草	能够根据杂草发生实际制定合理的中耕除草方案并组织实施。方案及操作不规范者,酌情扣分。	单人考核	15
		地面覆盖	能够根据具体情况制定合理的地面覆盖方案并组织实施。方案及操作不规范者,酌情扣分。	单人考核	10
3	职业素质	方法能力	独立分析和解决问题的能力强,能主动、准确地表达自己的想法。	单人考核	5
		工作过程	能够广泛查阅、收集和整理资料,工作过程规范,有完整的工作任务记录,字迹工整。	小组考核	10
		自测训练与总结	及时准确地完成自测训练,总结报告结果正确,电子文本规范,体会深刻,上交及时。	单人考核	10
	合　计				100

工作任务 2　园林绿地施肥技术

【任务目标】

了解园林绿地常用肥料的种类,并掌握施肥方法与技术。

【任务内容】

1. 根据工作任务,采取课堂、实验(训)室以及校内外实训基地(包括园林绿地、花圃、苗圃、草坪等)现场相结合的形式,通过查阅资料与网上搜集,获得园林绿地施肥的基本知识。

2. 通过大量校内外实训基地的实际操作,掌握园林绿地施肥的技术规程与操作要点。

3. 对任务进行详细分析、记载,并列表描述园林绿地施肥的方法与技术。

【教学资源】

1. 材料与器具:化学肥料、有机肥料、铁锹、磅秤等。

2. 参考资料:各类教学参考书、多媒体教学课件、相关网站的资料等。

3. 教学场所:教室、实验(训)室及校内外实训基地。

4. 师资配备:每 20～25 名学生配备 1 名指导教师。

● 内容及操作步骤

园林植物的施肥比农作物、林木更为重要。因为园林植物定植后,人们希望其能生长数十年、数百年,甚至上千年,而在这漫长的岁月里,营养物质的循环经常失调,枯枝落叶归还土壤的数量很少;由于地面铺装及人踩车压,土壤十分紧实,地表营养不易下渗,根系难以利用;加之地下管道、建筑地基的构建,减少了土壤的有效容量,限制了根系吸收面积。总之,适时适量的补充营养元素是十分必要的。

园林植物大多处在较特殊的生态条件下,形成了与果树和其他作物不同的施肥特点。第一,园林植物种类繁多,习性各异,因而在肥料种类、用量及施肥方法上差异很大。第二,由于地面硬质铺装、土壤板结等种种原因,施肥操作比较困难,施肥次数不会很多,故应以有机肥和其他迟效性肥料为主,适当施用化学肥料。第三,为了保证环境美观、卫生,不能施用有恶臭、污染环境的肥料,肥料应适当深施并及时覆盖。

观察与思考:园林植物施肥时应考虑哪些因素?

一、施肥的时期

肥料的具体施用时间,应视植物生长情况和季节而定,生产上一般分基肥和追肥。

(一)基肥的施用时期

基肥是在较长时期内供给园林植物养分的基本肥料,宜施迟效的有机肥。基肥分秋施和春施。秋施以秋分前后施入效果最好,此时正值根系又一次生长高峰,伤根后容易愈合,并可发新根;有机质腐烂分解的时间也较长,可及时为来年植物生长提供养分。春施基肥,如果有机质没有充分分解,肥效发挥较慢,早春不能供给根系吸收,到生长后期肥效才发挥作用,往往造成新梢的二次生长,对园林植物生长发育尤其是对花芽分化和果实发育不利。

(二)追肥的施用时期

当园林植物需肥急迫时就必须及时补充肥料,以满足植物生长发育需要,一般多为速效的无机肥料。具体追肥时间与树种、品种习性以及气候、树龄、用途等有关,要紧紧依据各生育时期的特点进行追肥,如对观花、观果植物,花芽分化期和花后的追肥比较重要,而对大多数园林植物来说,一年中生长旺期的抽梢追肥常常是必不可少的。追肥次数,对于一般初栽 2～3 年内的花木、庭荫树、行道树以及重点观赏树种,每年有必要在生长期进行 1～2 次追肥。至于具体时期则须视情况合理安排,灵活掌握。植物有缺肥症状时可随时进行追肥。

二、肥料的种类、配方与用量

(一)肥料的种类

肥料分有机肥料、无机肥料和微生物肥料。肥料种类不同,其营养成分、性质、施用对象与条件都不相同。

(1)有机肥料　指以有机质为主的肥料。如人粪尿、厩肥、堆肥、绿肥、枯枝、落叶、饼肥等,一般农家肥均为有机肥。有机肥要经过土壤微生物的分解逐渐为植物所利用,为迟效性肥料。

(2)化学肥料　又称无机肥料、矿质肥料。种类很多,按其所含营养元素种类,可分为氮肥、磷肥、钾肥、微量元素肥料、复合肥料等。化学肥料大多属于速效性肥料。

(3)微生物肥料　指用对植物生长有益的土壤微生物制成的肥料。准确地讲，微生物肥料是菌而不是肥，其本身并不含有植物需要的营养元素，而是通过所含的大量微生物的生命活动来改善植物的营养条件。微生物肥料分细菌肥料和真菌肥料两类。细菌肥料由固氮菌、根瘤菌、磷化细菌和钾细菌等制成；真菌肥料由菌根菌等制成。

(二)施肥量

施肥量过多或不足，对园林植物均有不利影响。施肥过多，不仅造成肥料的浪费，还易使植物遭受肥害；而施肥量不足，则达不到施肥的目的。施肥量受树种习性、物候期、树体大小、树龄、土壤及气候条件、肥料种类、施肥方法、管理技术等诸多因素影响。在实际应用中，多是凭借经验确定施肥量。如果因挖方填方变动较大，或因地面铺装而限制植物营养面积时，施肥量应稍大些。对于常绿针叶树，幼树有时易受化肥的伤害，一般施用有机肥比较安全；成年的常绿针叶树，施用化肥比较安全。

观察与调研：园林绿地常用肥料的种类、特点及施用注意事项。

三、施肥方法

(一)土壤施肥

就是将肥料施入土中，通过根系吸收的施肥方法，为园林植物主要的施肥方法。

1. 土壤施肥的位置

施肥的位置应最有利于根系的吸收，因此受植物主要吸收根群分布的控制。在此方面，不同树种或土壤类型间有很大的区别。一般情况下，吸收根水平分布的密集范围约在树冠垂直投影轮廓(滴水线)附近，大多数植物在其树冠投影中心约 1/3 半径范围内几乎无吸收根。因此，根据植物根系的分布状况与吸收功能，一般施肥的水平位置应在树冠投影半径的 1/3 倍至滴水线附近，不要靠近植物基部；垂直深度一般不超过 60 cm。如果把肥料直接施在树干周围，不仅不利于植物根系吸收，还会产生肥害，特别是容易对幼树根颈造成烧伤。

具体施肥的深度和范围还与树种、树龄、土壤和肥料种类等有关。如深根性树种、沙地、坡地、移动性差的肥料、基肥等，宜深不宜浅；反之，可适当浅施。随着树龄的增大，施肥时要逐年加深并扩大施肥范围，以满足植物根系不断扩大的需要。

土壤施肥时必须注意三个问题：一是不要靠近树干基部；二是不要太浅，避免简单的地面喷洒；三是不要太深，一般不超过 60 cm。

2. 土壤施肥的方法

(1)撒施　对于生长在裸露土壤上的小树，可以撒施，但须同时松土或浇水，以使肥料进入土层。撒施后浇灌、滴灌可提高肥料的利用率。需特别注意的是不要在树干 30 cm 以内干施化肥，以免造成根颈和干基的损伤。

(2)沟状施肥　包括环状沟施、放射状沟施和条状沟施，其中以环状沟施较为普遍。

环状沟施(图 1-1-1)是沿树冠滴水线挖 40 cm 宽，深达密集根层附近的沟，将肥料与适量的土壤充分混合后填入沟内，表层盖表土。此法具有操作简便、用肥经济的优点，但挖沟时易切断水平根，施肥面积较小，多适于园林孤植树。环状沟施有时将树冠滴水线分成几等份，间隔开沟施肥，如此可少断根。

放射状沟施(图 1-1-2)是从离干基约为树冠投影半径 1/3 的地方开始至滴水线附近，等距离间隔挖 4～8 条宽 30～60 cm、深达根系密集层内浅外深、内窄外宽的辐射沟，与环状沟施一样施肥后覆土。此法常用于成年树，对于生长于草坪上的植物会造成草皮的局部破坏。条状沟施是在植物行间或株间开沟施肥，呈行列式布置的植物。

环状沟施　　放射状沟施　　株间或行间沟施

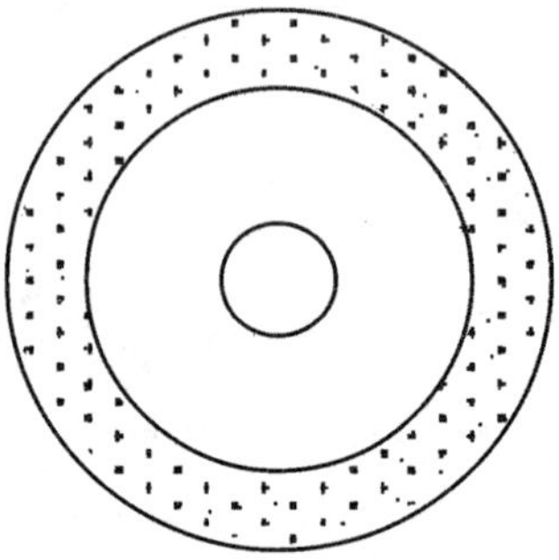

图 1-1-1　环状沟施

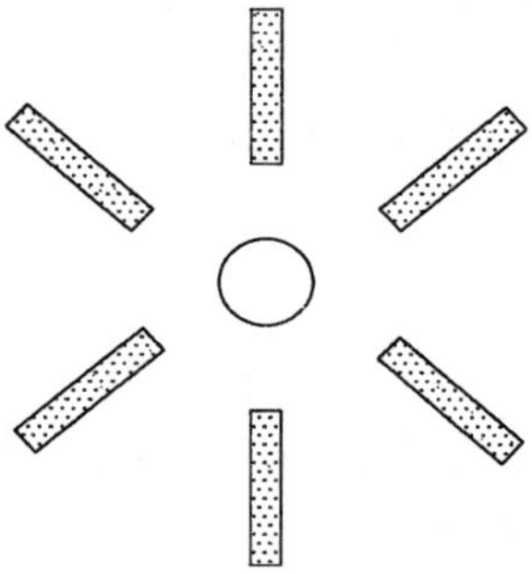

图 1-1-2　放射状沟施

(3)穴状施肥(图 1-1-3)　与沟状施肥相似，即将施肥沟变成施肥穴。植物定植时在种植穴里施入基肥实际上也是穴状施肥。在植物生长期间，在树冠投影外缘附近挖若干个直径为 30 cm 的穴，穴的多少与深度视植物的种类、大小而定。施肥穴可 2～4 圈，呈同心圆环状分布，内外圈的施肥穴应交错排列，以少伤根，肥效分布均匀。目前国外穴状施肥已实现了机械化操作。

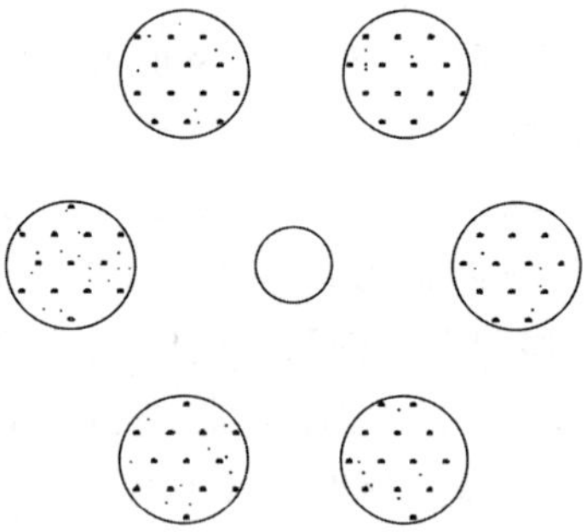

图 1-1-3　穴状施肥

(4)打孔施肥　由穴状施肥演变而来。在施肥区每隔 60～80 cm 打 1 个 30～60 cm 深的孔，将额定肥量均匀地施入各个孔中，达孔深的 2/3。然后用泥炭藓、碎粪肥或表土堵塞孔洞，踩紧。此法可使肥料遍布整个根系分布区，大树及草坪上树木采用此法。

(5)淋施　用水将化肥溶解后，结合淋水进行。此法速度快、省工、省时，多用于小型植物或草坪植物。

做一做：进行肥料的撒施、沟施、穴施、打孔施以及淋施实训。

(二)根外施肥

(1)叶面施肥　叶面施肥是将配制好的一定浓度的肥料溶液直接喷到植物叶面上的一种施肥方法。叶面施肥用量小,作用快,可避免某些营养元素在土壤中的化学和生物固定。该方法对于缺水季节或缺水地区以及不便土壤施肥的地方较适用,尤其适合微量元素的施用以及树体高大、根系吸收能力衰竭的古树、大树的施肥。但叶面喷肥决不能代替土壤施肥,可互补不足。

叶面喷肥的浓度,随植物和配方状况而变化。单一化肥的喷洒浓度可为 0.3%～0.5%,尿素可达 2%。叶面喷肥的效果与树龄、叶面结构、肥料性质、气温、湿度、风速等密切相关。喷洒时,特别是在空气干燥、温度较高的情况下,最好在 10 时以前和 16 时以后喷雾,以免影响叶片吸收或造成肥害。此外,还应对树叶正反两面喷雾。

叶面喷肥在生产上常与病虫害的防治结合进行,因此要通过小型试验,准确把握好适宜浓度,以免产生药害。

(2)枝干施肥　枝干施肥就是通过园林植物枝、茎的韧皮部来吸收肥料营养。枝干施肥又分枝干涂抹和枝干注射。枝干涂抹是先将植物枝干刻伤,然后在刻伤处加上固体药棉;枝干注射是用专门的仪器来把营养液注射到树干中。枝干施肥主要用于衰老大树、珍稀树种、树桩盆景以及观花园林植物和大树移栽时的营养供给。

做一做:对园林植物进行叶面喷肥与枝干施肥实训。

【操作要点】

1.采用目测踏查法,对园林绿地植物的生长状况与土壤肥力进行调查,并列表记载。

2.实施并熟练掌握土壤施肥和根外施肥的方法。

【注意事项】

1.基肥施用的时间应在树木的休眠期,最好在秋季落叶后,夏季不能施用基肥。基肥要以有机肥为主。

2.追肥在园林植物的生长季节进行,一般施用无机肥料。施肥的时间和次数根据树种、品种以及气候、树龄、用途等灵活掌握。

3.有机肥要充分发酵、腐熟,切忌施用生肥。同时要考虑不影响市容卫生,散发臭味的肥料不宜施用。

4.土壤施肥时必须注意:一是不要靠近树干基部;二是不要太浅,避免简单的地面喷洒;三是不要太深,一般不超过 60 cm。

5.叶面喷肥时要严格掌握肥液浓度,以免烧伤叶片。

【任务考核标准】

表 1-1-2　园林绿地施肥技术任务考核参考标准

序号	考核项目	考核内容	考核标准	考核方法	标准分值
1	基本素质	学习工作态度	态度端正,学习精力集中,学习方法多样,积极主动,全部出勤,否则将酌情扣分。	单人考核	5
		团队协作	具备团队合作精神,积极与小组成员合作,共同完成工作任务,否则将酌情扣分。	单人考核	5

续表 1-1-2

序号	考核项目	考核内容	考核标准	考核方法	标准分值
2	专业技能	施肥方案的制定	能够根据园林植物的具体生长状况，制定合理的施肥方案。方案不规范者，酌情扣分。	小组考核	25
		土壤施肥	能够规范地进行肥料的撒施、沟施、穴施、打孔施、淋施操作。操作不规范者，酌情扣分。	单人考核	20
		根外施肥	能够规范地进行叶面喷肥与枝干施肥的操作。操作不规范者，酌情扣分。	单人考核	20
3	职业素质	方法能力	独立分析和解决问题的能力强，能主动、准确地表达自己的想法。	单人考核	5
		工作过程	能够广泛查阅、收集和整理资料，工作过程规范，有完整的工作任务记录，字迹工整。	小组考核	10
		自测训练与总结	及时准确地完成自测训练，总结报告结果正确，电子文本规范，体会深刻，上交及时。	单人考核	10
	合　计				100

工作任务 3　园林绿地水分管理技术

【任务目标】

了解园林植物水分需求的特点，并掌握灌排水方法与技术。

【任务内容】

1. 根据工作任务，采取课堂、实验（训）室以及校内外实训基地（包括园林绿地、花圃、苗圃、草坪等）现场相结合的形式，通过查阅资料与网上搜集，获得园林植物水分需求的基本知识。

2. 通过大量校内外实训基地的实际操作，熟练掌握园林绿地灌排水的技术规程与操作要点。

3. 对任务进行详细分析、记载，并列表描述园林植物灌排水的方法与技术。

【教学资源】

1. 材料与器具：水、浇水工具、排水工具。

2. 参考资料：各类教学参考书、多媒体教学课件、相关网站的资料等。

3. 教学场所：教室、实验（训）室及校内外实训基地。

4. 师资配备：每 20～25 名学生配备 1 名指导教师。

● 内容及操作步骤

植物的一切生命活动都与水有着极其密切的关系，土壤水分过多或过少，均对植物的生长不利。只有通过合理的灌水与排水管理，维持树体水分代谢平衡的适当水平，才能保证植物的正常生长和发育。灌水与排水时要考虑园林植物的生物学特性及其年生长节律、气候条件、土壤条件等。

一、园林绿地的灌溉

(一)灌溉用水

灌溉的水质以软水为好，一般使用河水，也可用池水、溪水、井水、自来水及湖水。在城市中要注意不能用工厂内排出的废水，因为这些废水常含有对植物有毒害的化学成分。

(二)灌水时期

灌水时期由植物在一年中各个物候期对水分的要求、气候特点和土壤水分的变化规律等决定。确定灌水时期的方法较多，用测定土壤含水量的方法确定具体灌水日期较为可靠。一般认为，当土壤含水量达到最大田间持水量的60%～80%时，土壤中的水分与空气状况最符合植物生长、结实的需要。在一般情况下，当土壤含水量降至最大田间排水量的50%时，就需要补充水分。随着科技的进步，可用仪器(如土壤水分张力计)直接指示灌水时间和灌水量，还可以通过测定植物地上部分生长状况，如叶片色泽和萎蔫度、气孔开张度等生物学指标，或测定叶片的细胞液浓度、水势等生理指标，以确定灌水时期。但目前许多园林工作者常凭经验确定是否需要灌水，如根据植物外部形态，早晨看树叶是上翘还是下垂，中午看树叶是否萎蔫及其程度轻重，傍晚看萎蔫后恢复的快慢等，以此作为是否需要灌溉的参考。又如对沙壤土和壤土，手握成团，挤压时土团不易碎裂，说明土壤水分为最大持水量的50%以上，一般可不必灌溉；若手指松开，轻轻挤压容易裂缝，则说明水分含量少，需要进行灌溉。

目前在生产上，除定植时要浇大量的定根水外，大体上还是按照物候期进行浇水，基本上分休眠期灌水和生长期灌水。

1. 休眠期灌水

是在秋冬和早春进行的。我国华北、西北、东北等地降水量较少，冬春严寒干旱，休眠期灌水非常重要。秋末冬初的灌水(北京为11月上中旬)一般称为灌“冻水”或“封冻水”，具有利于植物安全越冬和防止早春干旱的作用，故北方地区的这次灌水不可缺少，特别是边缘或越冬困难的树种，以及幼年树等，灌冻水更为重要。

我国北方早春干旱多风，早春灌水也很重要，不但有利于植物顺利通过被迫休眠期，有利于新梢和叶片的生长，而且还有利于开花和坐果，同时促进植物健壮生长，是实现花繁果茂的关键措施之一。

2. 生长期灌水

一般分花前灌水、花后灌水和花芽分化期灌水。

(1)花前灌水　在北方经常出现风多雨少的干旱现象。及时灌水补充土壤水分的不足，是解决植物萌芽、开花、新梢的生长和提高坐果率的有效措施。同时还可以防止春寒、晚霜的危害。盐碱地早春灌水后进行中耕，还可起到压碱的作用。花前水在萌芽后结合花前追肥进行。花前水的具体时间，要因地、因树而异。

(2)花后灌水　多数植物在花谢后半个月左右是新梢迅速生长期，如果水分不足，会抑制新梢生长，对于果树则会引起大量落果。尤其是北方各地，春天多风，地表蒸发量大，适当灌水可保持土壤湿度。前期灌水可促进新梢和叶片生长，提高坐果率和增大果实，同时对后期的花芽分化有良好的作用。没有灌水条件的应采取保墒措施，如盖草、盖沙等。

(3)花芽分化期灌水　这次灌水对观花、观果植物非常重要。因为植物一般是在新梢生长缓慢或停止生长时开始花芽的形态分化，此时正是果实速生期，需要较多的水分和养分，若水分不足会影响果实生长和花芽分化。因此，在新梢停止生长前及时而适量地灌水，可促进新梢的生长而抑制秋梢的生长，有利于花芽分化和果实发育。

在北京一般年份，全年灌水 6 次，即 3、4、5、6、9 和 11 月份各 1 次，干旱年份或土质不好等情况可增加灌水次数；在西北干旱地区，灌水次数更应多些。

观察与思考：确定园林植物灌水期的主要方法。

(三)灌水量

灌水量受气候、树种、树龄、土质、植物生长状况等多方面因素的影响。最适宜的灌水量，应在 1 次灌水中，使植物根系分布范围的土壤湿度达到最有利于植物生长发育的程度。灌水要 1 次灌透，不可只浸润表层或上层根系分布的土壤。一般对于深厚的土壤需要 1 次浸湿 1 m 以上，浅薄土壤经过改良也应浸湿 0.8～1.0 m。灌水量一般以达到土壤最大持水量的 60%～80%为标准。可以通过以下公式计算出具体的灌水量：

灌水量＝灌溉面积×土壤浸湿深度×土壤容重×(田间持水量－灌溉前土壤湿度)

如果安装张力计，就不必计算灌水量，其灌水量和灌水时间可由张力计度数确定。

(四)灌水方法

1.喷灌

(1) 机械喷灌　是固定或拆卸式的管道输送和喷灌系统，一般由水源、动力、水泵、输水管道和喷头等部分组成，是一种比较先进的灌水技术，目前已广泛用于园林草坪及重要的绿地系统。其主要优点是工作效率高，节约用水，对土壤结构破坏程度小，还可提高植物周围的空气湿度而缓解局部环境温度的剧变，为植物生长创造良好的条件。但喷灌可能会加重某些园林植物感染真菌病害，费用较高。

(2)移动式喷灌　它主要用于城市街道行道树的灌水，移动灵活。

2.地面灌水

又分畦灌、盘灌、沟灌等。畦灌指几株树连片开大堰灌水的方法，适用于地势平坦，株行距较密，人流较少的地方。盘灌是以干茎为圆心，在树冠投影以内的地面筑埂围堰，形似圆盘，在盘内灌水，盘深 15～30 cm，以树冠滴水线为准。灌水前先将盘内土壤疏松，灌水后铲平围埂，松土保墒。盘灌适用于株行距较大、地势不平的行道树、绿地等处。沟灌又称侧方灌溉，对成片栽植的植物每隔 1～1.5 m 开 1 条深 20～25 cm 的长沟，在沟内灌水，灌后将沟填平。

3.滴灌

滴灌是近年发展起来的灌溉技术，是以水滴或小水流缓慢施于植物根区的灌溉方法。滴灌系统主要由首部枢纽、管路、滴头 3 部分组成。首部枢纽是关键部位，主要包括水泵、化肥罐、过滤器、控制阀门、测量仪表等，作用是供应肥、水并使之进入田间管道、监测处理等。管路主要包括干、支、毛管及连接部件，作用是将肥、水送入田间的各级管道。滴头可分为管式滴头、孔口滴头、内镶式滴头、脉冲式滴头、滴灌带等，作用是通过其微孔将肥、水均匀滴入土壤的部位，还有调节、减小水压的作用。

滴灌的优点：第一是节水，比地面灌溉节水 1/3～1/2，比喷灌节水 1/7～1/4，并且灌水均匀；第二是适用于各种地形，对土壤结构破坏较小，土壤水气状况良好；第三是可以结合施肥，而且肥效快，肥料利用率可提高 10%～15%。缺点：投资较大；管道及喷头易堵塞，要求严格的过滤设备；自然含盐量高的土壤中不宜使用，否则易引起滴头附近土壤盐渍化，使根系受伤害。

做一做：进行园林绿地的浇水操作。

二、园林绿地的排水

地面积水，特别是长时间的积水，会使土壤因水处于饱和状态而发生缺氧，植物根系的呼吸作用随之减弱，影响根系对水分、养分的正常吸收，造成植物生长不良，时间长了就会使植物死亡。因此，排水是防涝保树的主要措施，对耐水力差的树种尤为重要。排水的方法主要有以下几种：

（一）地面排水

这是目前应用普遍、经济的一种排水方法。将地面整成一定坡度，保证雨水能从地面顺畅地流入排水沟、下水道、河湖等处。此方法需要设计者精心设计安排，才能达到预期效果。

（二）明沟排水

在地表挖明沟将低洼处的积水引到出水处，此法适用于大雨后抢排积水，或地势不平而不易实现地表径流的绿地。此法在园林中常用，关键在于做好全园排水系统，使多余的水有个总出口。

排水明沟的设计主要包括确定沟道的沟深、间距和沟道的纵、横断面等。明沟的断面应按设计排涝流量计算，有时尚需考虑蓄涝的要求，不能保证自流排水时，要设置泵站抽排。明沟排水投资少，泄流能力大，施工简单；但一般占地多，边坡容易冲蚀和坍塌，易生杂草。

（三）暗管沟排水

暗管沟排水系统是在地下埋设管道形成地下排水系统，借以排出积水，通过排列瓦管、陶管、水泥管等建立地下沟渠。其主要作用在于排出多余的地下水，控制地下水水位，预防渍害、返盐、返碱等的发生。若仅以排出多余地下水、防止渍害为目的，只在地下水位经常维持 1 m 以上的地区才设置暗沟排水系统；若以阻止返碱、返盐、防止土壤盐渍化为目的，则在地下 2 m 处设置暗沟。暗沟所排之地下水来自土壤重力水，而重力水则由土壤渗透排水而来。因此，设置暗沟排水系统的同时，必须全面改良土壤质地和结构，使其具有良好的通透性，或者在暗沟上面，垂直布置沙槽（一般槽宽 6～8 cm，深 25～45 cm，间距 60 cm）（图 1-1-4）。

暗管沟排水系统，视利用目的不同、所在地的地下水文条件、冻土层之厚度，布置在不同深

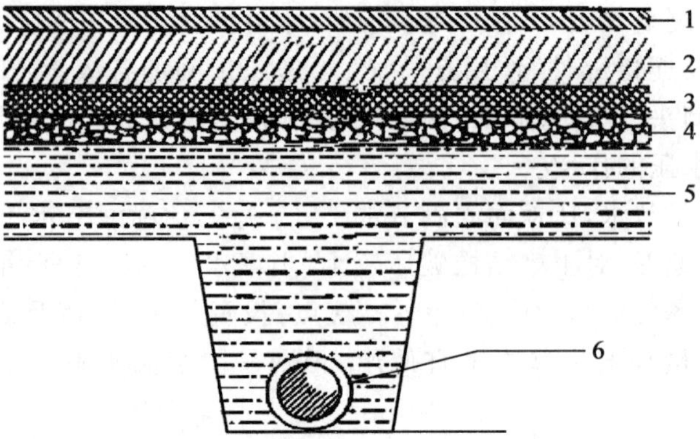

图 1-1-4 暗管沟排水系统剖面图

1.表面混合材料 2.黏土 3.沙砾 4.碎石 5.灰渣 6.管道

度的土层内，在地面之下 40～200 cm 处，排水管、沟、洞的间距 3～20 m 不等。暗沟排水系统因造价较高而一般应用于高尔夫球场、广场等管理要求高的绿地中。

【操作要点】

1.采用目测踏查法，对园林植物的土壤水分进行调查，观察土壤水分状况，并列表记载。

2.实施并熟练掌握灌排水的主要技术措施。

【注意事项】

1.注意灌溉用水的水质，要求是清洁的软水；水质不好的要处理后才能使用，污染严重的水不能用于灌溉。用于喷灌和滴灌的水源，还要注意不能含泥沙和藻类植物等，以免堵塞喷头或滴头。

2.要适时适量灌溉。干旱时追肥要结合灌水，生长后期要适时停止灌水。

3.灌溉时水温和土壤温度不宜相差太大，温差过大时会对园林植物根系造成不良影响。

【任务考核标准】

表 1-1-3 园林绿地水分管理技术任务考核参考标准

序号	考核项目	考核内容	考核标准	考核方法	标准分值
1	基本素质	学习工作态度	态度端正，学习精力集中，学习方法多样，积极主动，全部出勤，否则将酌情扣分。	单人考核	5
		团队协作	具备团队合作精神，积极与小组成员合作，共同完成工作任务，否则将酌情扣分。	单人考核	5
2	专业技能	灌水技术	能够根据土壤的墒情，制定合理的灌水方案并组织实施。方案或操作不规范者，酌情扣分。	小组考核	35
		排水技术	能够根据土壤的墒情，制定合理的排水方案并组织实施。方案或操作不规范者，酌情扣分。	小组考核	30

续表 1-1-3

序号	考核项目	考核内容	考核标准	考核方法	标准分值
3	职业素质	方法能力	独立分析和解决问题的能力强，能主动、准确地表达自己的想法。	单人考核	5
		工作过程	能够广泛查阅、收集和整理资料，工作过程规范，有完整的工作任务记录，字迹工整。	小组考核	10
		自测训练与总结	及时准确地完成自测训练，总结报告结果正确，电子文本规范，体会深刻，上交及时。	单人考核	10
	合 计				100

【知识训练】

一、填空题

1. 中耕的作用是切断土壤表层________，防止土壤________，防止土壤________，疏松表土，改善土壤的通气和水分状况，促进土壤微生物的活动，加速有机质和矿质养分的有效分解和转化，提高土壤肥力。

2. 土壤覆盖的作用可阻滞土壤水分蒸发和地表径流损失的速度，对土壤起到的________作用，使土壤的温度变化比较________，增加土壤________，抑制________，促进土壤________生长繁衍，但是使植物对________的抵抗能力减弱。

3. 覆盖土壤通常有________和________ 2 种方式。

4. 从植物开始落叶至第 2 年萌动之前均可深翻，以________最佳，此时地上部分生长已缓慢或基本停止，根系生长仍进行，在越冬前从伤口附近发出__________，利于植物翌年的生长。

5. 对于过黏的土壤，在深翻或挖穴过程中，在施用有机肥的同时，应掺入适量的________，加沙量应达到原有土壤体积的________，提高土壤 pH 的方法通常是向土壤中加________、__________，降低土壤 pH 主要通过施用释酸物质如__________、__________、__________、________等。

6. 肥料的种类有________、________、________ 3 大类。

7. 土壤施肥的方法常用的有以下几种，对于小树和草坪可以________，成年树采用沟状施肥，包括________、________、________几种。

8. 单一化肥的叶面喷洒浓度一般为________，避开在空气干燥、温度较高的情况下喷施，最好在 10 时以前和 16 时以后喷雾，还应喷施树叶________。

9. 树木休眠期灌水是在________进行，具有利于植物________和________的作用。

10. 生长期灌水一般分为________，________，________，新梢停止生长前及时而适量的灌水，可促进新梢的生长而抑制秋梢的生长，有利于________和果实发育。

二、选择题

1. 长期土壤覆盖会使植物抗旱能力下降的原因是(　　)。

A. 微生物的活动　　B. 有机质过多　　C. 根系上浮土表　　D. 杂草生长

2. 园林绿地施肥的依据是(　　)。

A. 植物种类及需肥特性　B. 气候条件　C. 土壤条件　D. 肥料性质

3. 微生物肥料通过以下几方面促进植物生长。(　　)

A. 代谢物质　B. 促进光合作用　C. 生命活动　D. 腐解有机质

4. 以下(　　)属于生理酸性肥。

A. 硫酸铵　B. 硝酸钙　C. 氯化铵　D. 尿素

5. 地面灌水分为(　　)。

A. 畦灌　B. 盘灌　C. 滴灌　D. 沟灌

6. 基肥的使用时期是(　　),追肥的使用时期是(　　)。

A. 春天　B. 秋天　C. 植物生长快速时期　D. 冬季

7. 排水的方法主要有以下几种。(　　)

A. 地面排水　B. 明沟排水　C. 抽水　D. 暗管沟排水

8. 机械喷灌由(　　)几部分组成。

A. 水源　B. 动力　C. 输水管道和喷头　D. 水泵

9. 确定植物是否缺水的方法有(　　)。

A. 测定叶片的细胞液浓度、水势　B. 看树叶是否萎蔫及其程度轻重

C. 测定田间持水量　D. 测定叶片气孔开张度

三、问答题

1. 常见的园林绿地土壤有哪些? 如何采取相应的改良措施?
2. 园林土壤管理包括哪些内容?
3. 土壤覆盖在目前园林绿地中的使用情况如何?
4. 如何将土壤改良和水肥管理结合起来?
5. 常见的酸性土园林植物有哪些? 如何调节土壤的 pH?
6. 园林植物施肥的时期有哪些? 施肥的原则是什么?
7. 如何给大树施肥? 和草坪施肥有什么不同?
8. 比较几种常见灌水方式的优缺点。
9. 长期使用化肥会产生哪些危害?
10. 园林绿地排水的方法有哪些?
11. 根据校园的绿地土壤情况制订一个改良土壤的计划。
12. 调查校园中的草坪的排水方式并评价。

【技能训练】

技能训练 1　园林绿地土壤管理

(一)内容提示

1. 测土壤的 pH

选择校园里新植 1～3 年的园林树木,取树木下的土样 10 mL 放入样品杯中,加入 25 mL 蒸馏水,在搅拌机上搅拌 10 min,放置 30 min,然后用 pH 计测定 pH。判断土壤的酸碱性和

树木的生长习性是否一致。

2. 园林绿地土壤深翻

深翻树木垂直投影下的土壤，深翻的位置距主干一定距离，注意不伤及树木的主根，用铁锹深翻 60 cm 左右，把底部硬土翻出表面，并将硬土块敲碎。

3. 施有机肥

将准备好的有机肥和复合肥施入深翻出的土壤。如果土壤碱性重，则加入少量硫酸氢氨；如果土壤酸性重，则加入少量石灰粉。然后把肥料和深翻的土壤充分混匀。

4. 起树盘

根据树木的大小在树木周围起直径 1～3 m 的树盘，中间稍隆起，四周挖出环状的沟，使树盘能够保留水肥。并用稻草覆盖树盘裸露的土壤。

5. 浇水

淋浇树盘，以树盘的环状沟出现少量积水为准。

(二)作业

撰写实验报告。

技能训练 2　园林绿地配方施肥技术

(一)内容提示

园林树木施肥需要 N：P_2O_5：K_2O 比例为 4：5：2 的混合肥料 1 000 kg。所用基础肥料为尿素(含 N46%)、过磷酸钙(含 P_2O_5 20%)、氯化钾(含 K_2O 60%)，计算每种肥料各需称取多少 kg？如何混配？如何施用？

(1)算出每千克养分相当于基础肥料的量。

1 kg N＝100÷46＝2.17 kg 尿素

1 kg P_2O_5＝100÷20＝5.00 kg 过磷酸钙

1 kg K_2O＝100÷60＝1.67 kg 氯化钾

(2)根据 4：5：2 的比例算出三种基础肥料混合时的最低用量。

尿素＝4×2.17＝8.68(kg)

过磷酸钙＝5×5.00＝25.00(kg)

氯化钾＝2×1.67＝3.34(kg)

(3)三种基础肥料混合的最低用量之和为 8.68＋25.00＋3.34＝37.02 kg。

(4)根据基础肥料在混合肥料中的比例，计算 1 000 kg 混合肥料中三种基础肥料的用量。

尿素＝8.68÷37.02×1 000＝234.5(kg)

过磷酸钙＝25.00÷37.02×1 000＝675.3(kg)

氯化钾＝3.34÷37.02×1 000＝90.2(kg)

(5)分别称取基础肥料，混合均匀。

(6)在树木滴水线下挖出环状的沟，沟深 30～50 cm，视树木的大小每棵树施入混合肥 1～3 kg。

(二)作业

1. 用尿素、过磷酸钙及氯化钾配置N∶P∶K为3∶3∶4的混合肥料,应该如何称取肥料?

2. 配方施肥有哪些优点?

3. 撰写实验报告。

【小知识】

1. 冲施肥技术

冲施肥技术是将用于追施的肥料定量溶解于水中,随浇水一起冲施于绿地中的技术。冲施肥具有施肥安全、均匀、方便的优点。普遍应用于各类园林绿地、草坪等。

2. 美国的化肥使用现状

在美国,固体袋装化肥数量已降至化肥总量的10%左右,散装固体化肥与液体化肥则分别上升至50%和40%。散装化肥适于平衡施肥、机械施肥、撒药、播种相结合。而液体肥一方面养分含量高,另一方面更有利于植物的吸收。

3. 土壤结构改良剂

绿地土壤的改良剂种类很多,既有天然的,又有有机合成的;既有无机的,也有有机的。可单独施用于土壤,也可与肥料混合施用,每公顷用肥量为20～30 t,结构改良剂为200～400 kg。有机土壤改良剂包括泥炭(草炭)、木屑及树皮类、甜菜渣、人工合成改良剂(多为高分子有机化合物,如聚丙烯酰胺等)。无机土壤改良剂包括石灰、石膏、硫黄粉、沙子、膨化岩石类(珍珠岩、岩棉、硅藻土等)。

4. 长效缓释肥

其主要成分为全氮、有效磷、可溶性钾盐以及多种大量微量元素和保水凝胶剂等,其他成分有腐殖酸、海草灰提炼物、生物激素、复合维生素添加剂以及鱼肉、骨粉、羽毛等有机物。以上各主要成分均以聚合物包装膜,经特殊处理,这种肥料就像有一个开关一样,使肥效陆续、适时、缓慢持久地释放出来,有的肥效长达12～14个月,可增强植物根系生长能力,提高植株成活率,使植株生长健壮,不仅可改良土壤提高地力,而且大大节省劳动力。

5. 施肥枪技术

德国对于老龄树木,利用施肥枪(电钻机)在地面钻孔随即将肥料施入,效果良好,穴孔直径一般为5～8 cm,孔深视根系生长情况而定,一般深30～60 cm,然后将肥料填入离地表10 cm处再填入7～15 cm的粗沙砾填满。施肥点应分布在树冠投影内外各1 m的范围内,从距树干60～80 cm处开始向外画若干个同心圆,在每个圆周上,每隔40～60 cm钻一个施肥穴,这样每平方米有5～10个施肥孔。该法施肥效率高、效果好,对根系的伤害最小,尤其适合栽植在水泥或沥青铺装地面或周围土壤过于板结的树木。

【小经验】

1. 绿地巧施草木灰

草木灰是优质钾肥和土壤疏松剂,可提高园林植物的抗旱性,使其枝叶青绿,增强光合作用,减少花果脱落,促进花果着色鲜艳。同时,还是园林植物病害的"克星",能防止早期落叶,防治根腐病和霜霉病等多种病害。

2.施用煤炭垃圾肥改良土壤效果好

煤炭垃圾肥含氮0.42%、磷0.48%、钾1.6%、有机质24%、挥发性固体物13%,并有其他微量元素肥料且肥效持久。在土壤呈酸性的地区,多施煤炭垃圾肥能改良土壤结构,降低土壤酸性,提高土壤肥力,疏松土壤表层,促进园林植物根系的生长发育。如果与化肥混合施用,还可减少化肥的淋溶损失,间接地提高肥效和增强根系的吸收能力。

【教学课件】

工作任务1
园林绿地土壤管理技术

工作任务2
园林绿地施肥技术

工作任务3
园林绿地水分管理技术

项目二

园林植物的整形修剪技术

学习目的

通过学习园林植物整形修剪的相关知识，掌握园林植物整形方式和修剪技法，在园林绿地养护中能够对各类园林植物进行正确的整形修剪。

知识目标

了解园林植物生长发育特性，掌握园林植物整形修剪的原则、修剪时期、修剪程序和修剪技法。

能力目标

能够采用正确的整形技艺和修剪技法对成片树林、行道树、庭荫树、花灌木、绿篱、藤本类以及特殊造型的园林植物进行整形修剪。

工作任务1　行道树和庭荫树的整形修剪技术

【任务目标】

学习行道树和庭荫树整形修剪的相关知识，熟悉行道树和庭荫树的整形方式，掌握行道树和庭荫树修剪技法，能够对行道树和庭荫树进行正确整形修剪。

【任务内容】

1. 根据工作任务，采取课堂、校内外实训基地（包括园林绿地、苗圃、街道等）现场相结合的形式，通过查阅资料与网上搜集，获得相关行道树和庭荫树整形修剪的基本知识。

2. 通过校内外实训基地，熟悉行道树和庭荫树的整形方式，选择不同类型的行道树和庭荫树进行修剪。

3. 对任务进行详细分析、记载，并列表描述行道树和庭荫树的整形方式、修剪技法及伤口处理技术等。

【教学资源】

1. 材料与器具：剪枝剪、高枝剪、手锯、刀锯、快马锯、梯子或升降车、大绳；安全带、安全绳、安全帽、工作服、手套、胶鞋等劳保用具；记录簿、皮尺等。

2. 参考资料：有关行道树和庭荫树的相关资料、各类教学参考书、多媒体教学课件、相关网站的资料等。

3. 教学场所：教室以及有行道树的街道、苗圃、园林绿地等校内外实训基地。

4. 师资配备：每20～25名学生配备1名指导教师。

● 内容及操作步骤

行道树是城市绿化的骨架，与交通、上下管线、建筑等有矛盾，必须通过修剪来解决这些矛盾。为便于交通，行道树的分枝点一般应在2.5～3.5 m，最低不能低于2 m，主枝呈斜上生长，下垂枝必须保持在2.5 m以上，防止刮车。郊区道路行道树分枝点可以略高些，高大乔木分枝点可提高到4～6 m。同一条街道行道树的分枝点必须整齐一致。

庭荫树应具有庞大的树冠、挺秀的树形、健壮的树干，能创造浓荫如盖、凉爽宜人的环境，供游人纳凉避暑、休闲聚会。整形时首先要培养1个高低适中、挺拔粗壮的树干。作为遮阴树，树干高度相应要高些，要为游人提供在树下自由活动的空间，一般枝下高应在1.8～2.0 m。栽植在山坡或花坛中央的观赏树木枝下高为1 m。庭荫树和孤植树的主干高度无固定的规定，主要应该与周围环境条件相适应，同时还要考虑立地的生态条件与树种的生态习性。庭荫树一般以自然式树形为宜，于休眠期间将过密枝、伤残枝、枯死枝、病虫枝及扰乱树形的枝条疏除，也可根据配置需要进行特殊的造型和修剪。

一、行道树和庭荫树的整形方式

(一)自然式整形

按照树种本身的自然生长特性，对树冠的形状稍加人工干预与调整，而形成自然树形(图1-2-1)。对影响树形的徒长枝、内膛枝、并生枝、枯死枝以及病虫枝等，均加以抑制或剪除。在不妨碍交通和其他市政工程设施的情况下，行道树多采用自然式整形方式，如塔形、伞形、卵球形等。自然树形通常有以下几种形状：

圆锥形：如雪松、云杉、桧柏等；

圆柱形：如杜松、钻天杨、箭杆杨等；

圆球形：如馒头柳、圆头椿、黄刺玫、杨树等；

扁圆形：如槐树、复叶槭、桃树等；

卵圆形：如毛白杨、银杏、苹果等；

广卵形：如樟树、罗汉松、广玉兰等；

窄卵形：如落叶松等；

平顶形：如油松等；

伞形：如合欢、鸡爪槭、龙爪槐等；

不规则形：如连翘、迎春、沙地柏等。

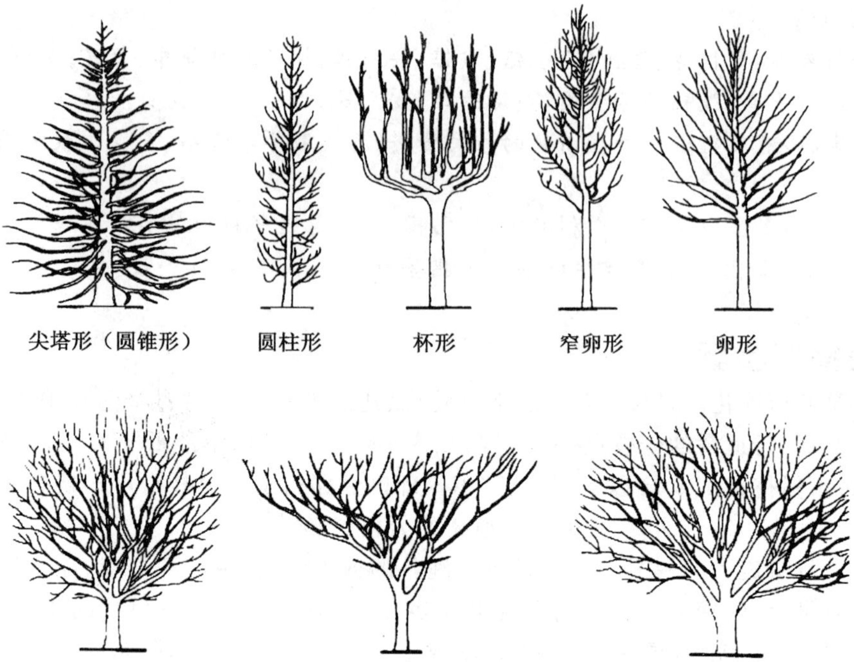

图 1-2-1　树冠类型

(二)中央领导干形

中央领导干形又称“单轴中干形”。留一强大的中央领导干，在其上配列疏散的主枝。养护修剪时比较方便，关键是维护好中央领导干这一轴心，各级枝条维护好方位角、开张角和枝距，修剪手法以疏剪为主。本形式适用于轴性较强的树种，能形成高大的树冠，最宜于作庭荫树、独赏树及松柏类乔木的整形。有高位分枝中央领导干形和低位分枝中央领导干形 2 类(图 1-2-2)。高位分枝中央领导干形以杨树、银杏为代表，分枝较高，适合作行道树；低位分枝中央领导干形以雪松、龙柏为代表，分枝很低，而且越低越美，适合作庭荫树、独赏树。

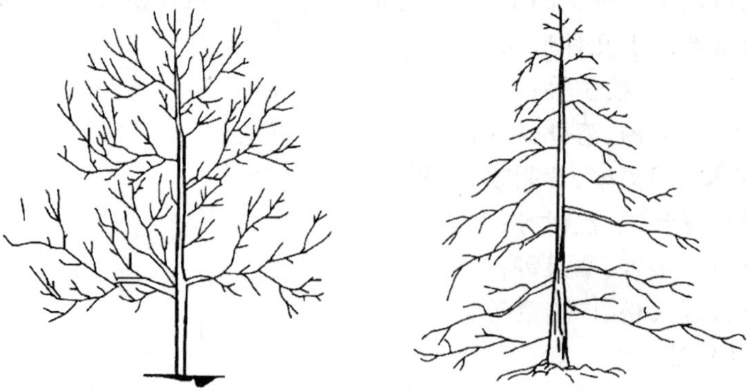

图 1-2-2　中央领导干形树体

(三)杯状形整形

杯状形俗称“三股、六杈、十二枝”的树形。这种树形无中心主干，仅有相当一段高度(一般为 2.8～3.2 m)的树干，自主干上部均匀分生 3 大主枝，3 大主枝再分生 6 个侧枝，再从 6 个侧枝分生成 12 个小侧枝(图 1-2-3)。杯状形强调“先养干，后截干定枝”，苗木在出圃前已经培养了很低的主干，达到整形高度要求后，确定主枝并截去中干。以后侧枝确定后截去主枝延长枝，小侧枝确定后截去侧枝延长枝，依此类推。杯形的培养时间通常在 4 年以上。这种树形在城市行道树中极为常见，如悬铃木、碧桃和上有架空线的国槐修剪即为此形。

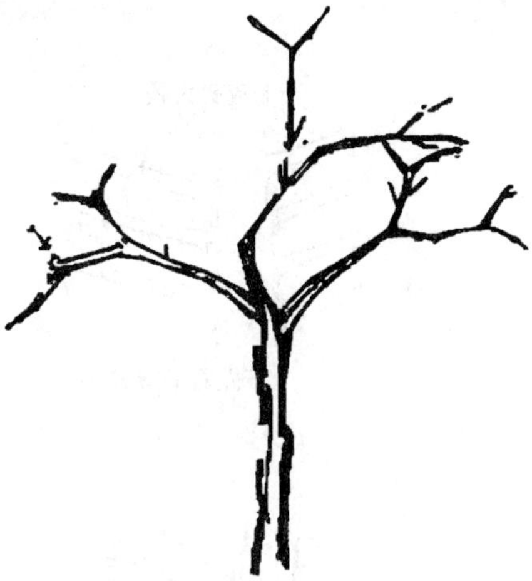

图 1-2-3 杯状形树体

观察与调研：行道树和庭荫树的整形方式有哪些类型？

二、行道树和庭荫树的修剪技法

(一)疏剪

又称疏删、删剪。从枝条的基部起把整个枝条全部剪掉称为疏剪。主要是疏去膛内过密枝、病虫枯枝、徒长枝、竞争枝等，调节枝条均匀分布，为树冠创造良好的通风、透光条件。疏除强枝、大枝和多年生枝，会削弱伤口以上枝条长势，增强伤口下枝条长势。如疏去轮生枝中的弱枝，密生枝中的小枝，对树体均极为有益。但疏剪枝条不宜过多，过多会减少树体总叶面积，削弱母体总生长力。为了使树体整体营养良好，幼树不宜疏枝过多(图 1-2-4、图 1-2-5)。

(二)大枝剪截

疏剪直径在 10 cm 以内的大枝时，可离主干 10～15 cm 处锯掉，再将留下的锯口由上而下稍倾斜削正。疏剪直径 10 cm 以上的大枝时，应首先从下方离主干 10 cm 处自下而上锯一浅伤口，再离此伤口 5 cm 处自上而下锯一小切口，然后再靠近树干处从上而下锯掉残桩。这样可避免锯到半途时因树枝自身的重量而撕裂造成伤口过大，不易愈合。为了避免雨水及细菌侵入伤口而导致糜烂，锯后还应用利刀修剪平整光滑，涂上消毒液或油性涂料(图 1-2-6 至图 1-2-8)。

(三)缩剪

又称回缩修剪。短截多年生枝称回缩修剪。缩剪可以降低顶端优势的位置，改善光照条件，使多年生枝基部更新复壮。在回缩修剪时往往因伤口而影响下枝长势，需暂时留适当的保护桩，待母枝长粗后，再把桩疏掉。因为母株长粗后的伤口面积相对缩小，可以不影响下部生

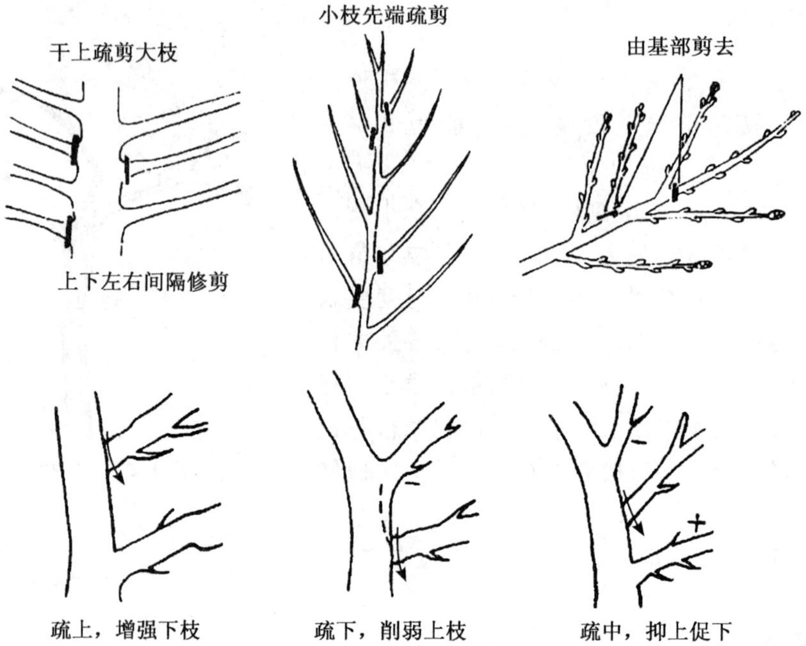

图 1-2-4 疏剪(一)

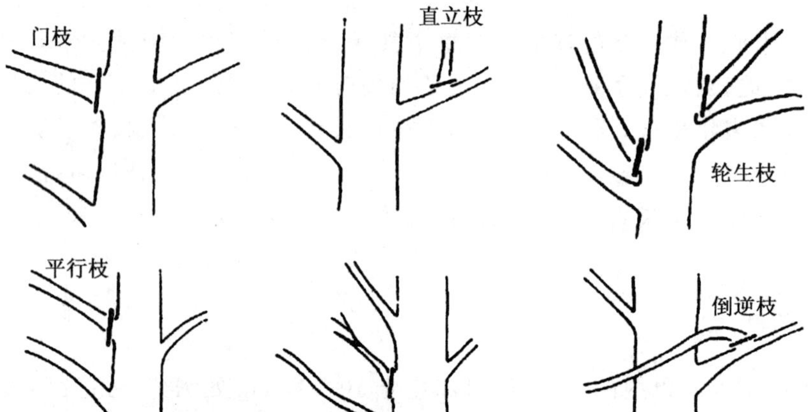

图 1-2-5 疏剪(二)

根。回缩疏枝造成的伤口对母枝的削弱不明显，可不留保护桩。延长枝回缩短截时，伤口直径比剪口下第 1 枝粗时，必须留 1 段保护桩。疏除多年生的非骨干枝时，如果母枝长势不旺，并且伤口比剪口枝大，也应留保护桩。回缩中央领导枝时，要选好剪口下的立枝方向，立枝方向与干一致时，新领导枝姿态自然。立枝方向与干不一致时，新领导枝的姿态就不自然。切口方向应与切口下枝条伸展方向一致(图 1-2-9 至图 1-2-11)。

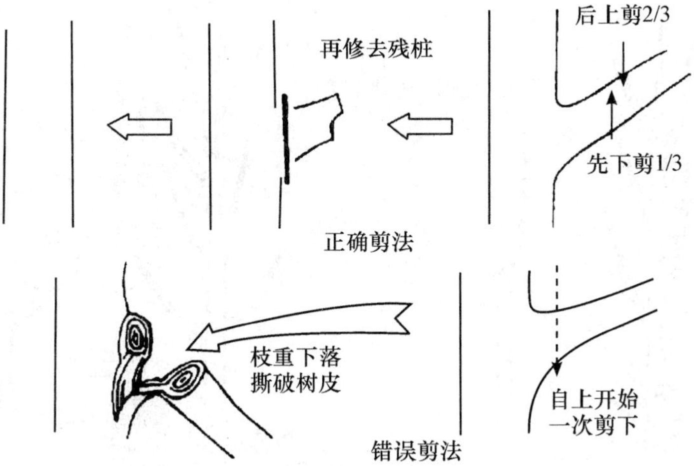

图 1-2-6　直径 10 cm 以内大枝疏剪(一)

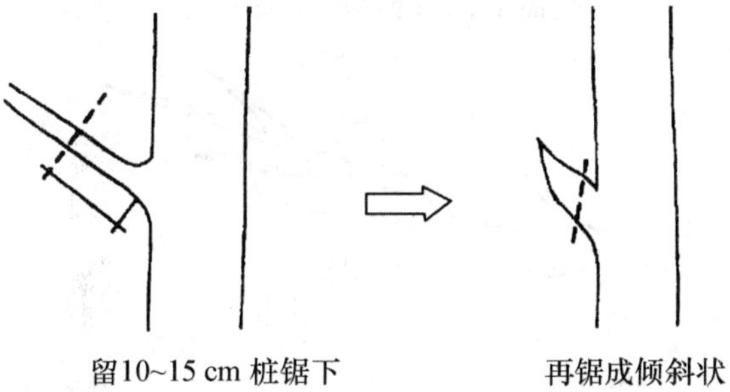

图 1-2-7　直径 10 cm 以内大枝疏剪(二)

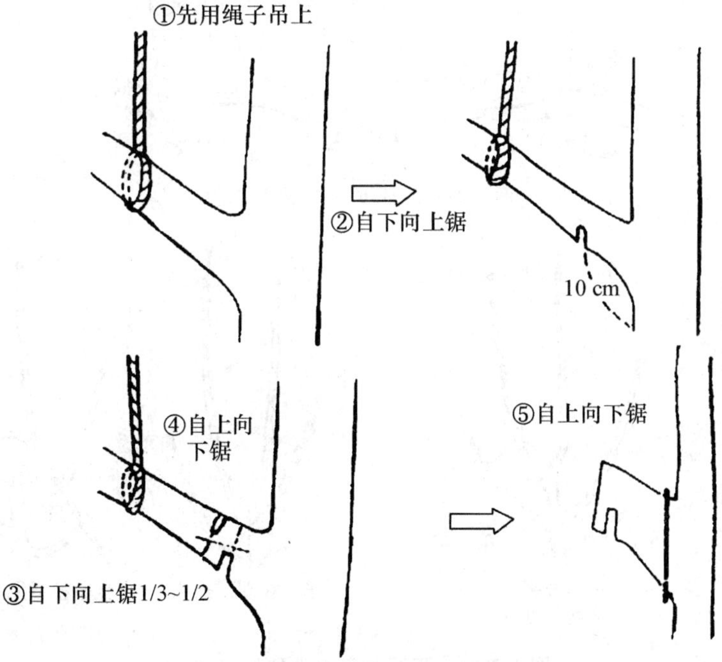

图 1-2-8　直径 10 cm 以大枝疏剪(三)

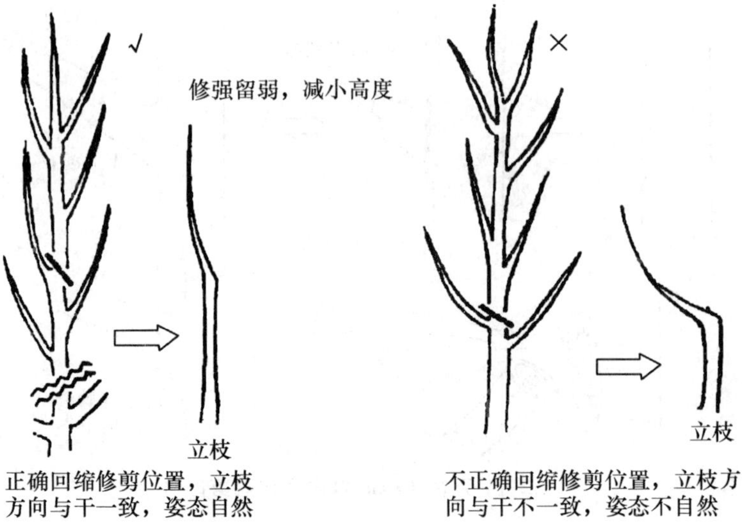

图 1-2-9 回缩修剪的位置

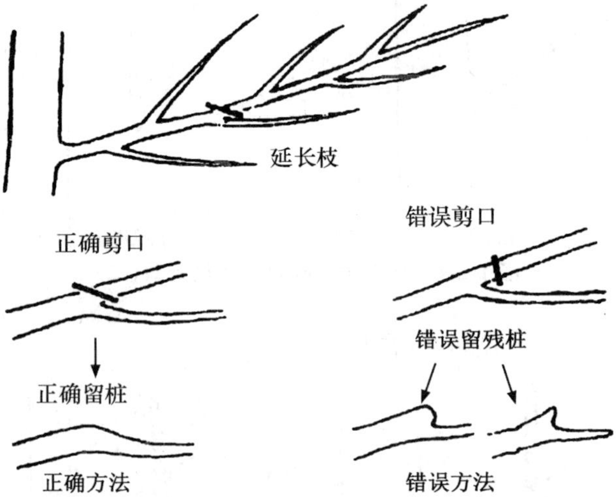

图 1-2-10 延长枝的回缩修剪

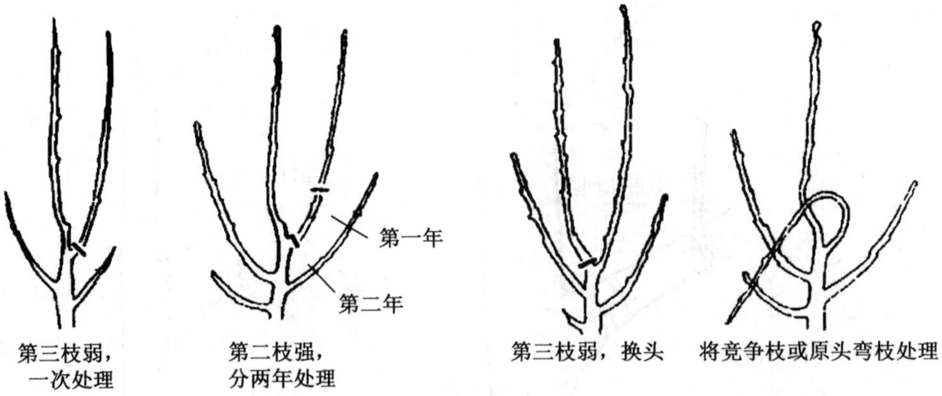

图 1-2-11 不同长势枝条的回缩修剪

(四)抹芽

把多余的芽从基部除掉,称为抹芽或除芽。抹芽可改善树冠内通风透光与留下芽的养分供应状况,增强其生长势。如行道树每年夏季对主干上萌发的隐芽进行抹除,一方面为了使行道树主干通直,不保留干下蘖芽,以免影响交通;另一方面为了减少不必要的营养消耗,保证行道树健壮的生长。抹芽还可以避免冬季修剪造成过多过大的伤口。有时为了抑制顶端过强的生长势,或为了延迟发芽期,将主芽抹除,而促使副芽或隐芽萌发。

观察与思考:行道树和庭荫树的修剪技法有哪些?

三、剪口及剪口芽的处理

(一)平剪口

剪口在侧芽的上方,呈近似水平状态,在侧芽的对面作缓倾斜面,其上端略高于芽 5 mm,位于侧芽顶尖上方。优点是剪口小,易愈合,是观赏树木小枝修剪中较合理的方法(图 1-2-12)。

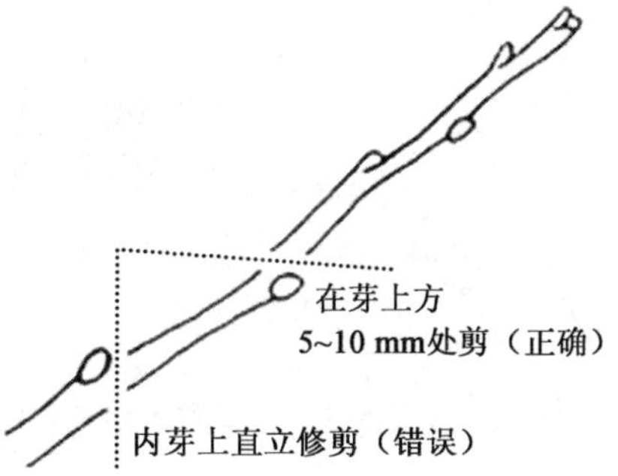

图 1-2-12　平剪口位置

(二)留桩平剪口

剪口在侧芽上方呈近似水平状态,剪口至侧芽有一段残桩。优点是不影响剪口侧芽的萌发和伸展。问题是剪口很难愈合,第 2 年冬剪时,应剪去残桩(图 1-2-13、图 1-2-14)。

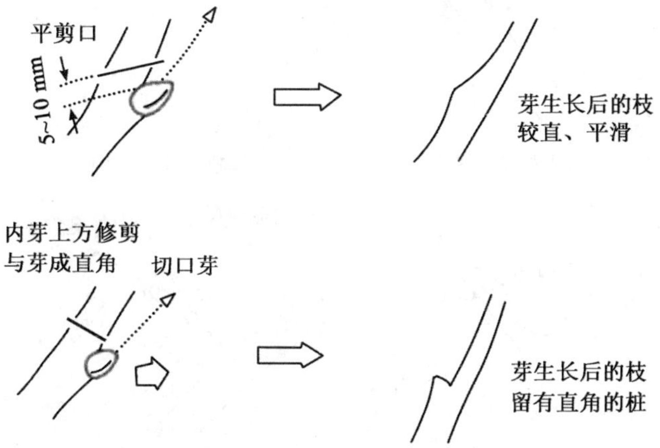

图 1-2-13　不同剪口处芽的处理

(三)大斜剪口

剪口倾斜过急,伤口过大,水分蒸发多,剪口芽的养分供应受阻,故能抑制剪口芽生长,促进下面 1 个芽的生长(图 1-2-14)。

(四)大侧枝剪口

切口采取平面反而容易凹进树干,影响愈合,故使切口稍凸成馒头状,较利于愈合。剪口太靠近芽易造成芽的枯死,剪口离芽太远易造成枯桩(图 1-2-15)。

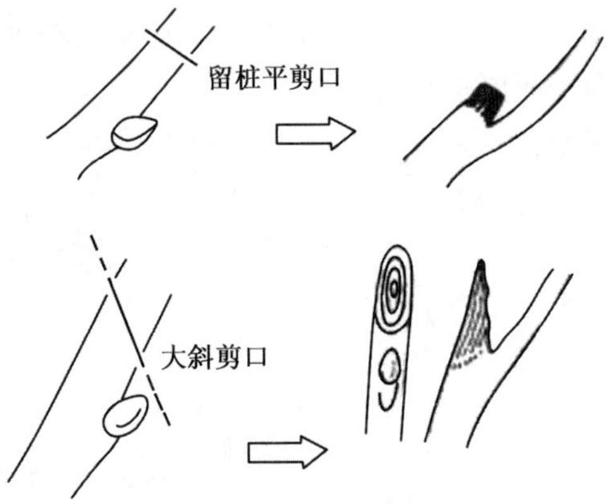

图 1-2-14 留桩平剪口和大斜剪口的方向

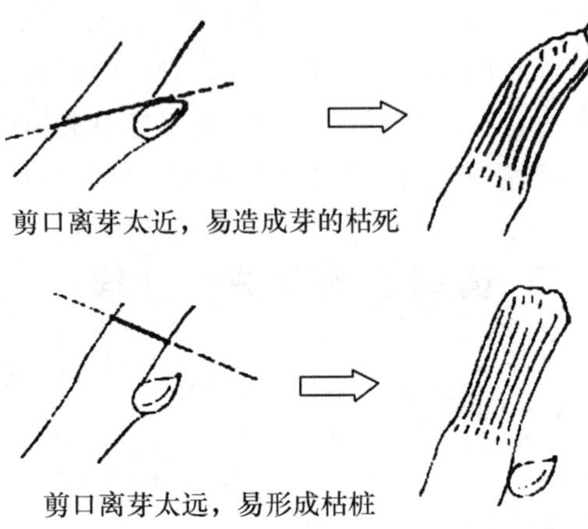

图 1-2-15 剪口距离芽位置的关系

留芽的位置不同,未来新枝生长方向也各有不同,留上、下 2 枚芽时,会产生向上、向下生长的新枝,留内、外芽时,会产生向内、向外生长的新枝(图 1-2-16)。

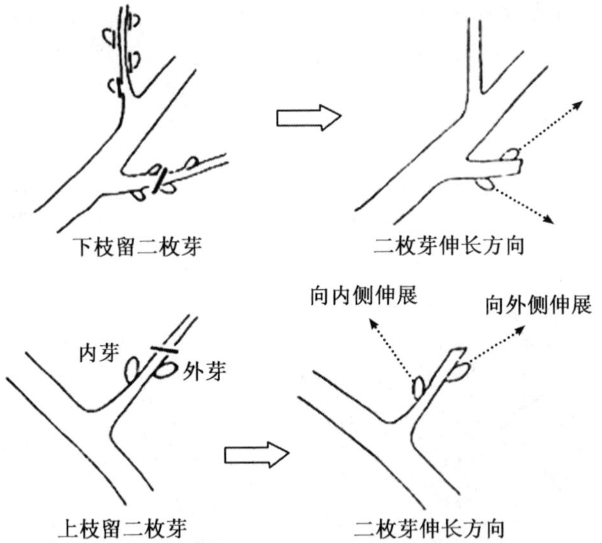

图 1-2-16 上下枝留芽的生长方向

观察与思考:剪口及剪口芽的处理方法有哪些?

剪口与剪口芽

四、伤口处理与敷料

(一)伤口的处理

首先用利刀将伤口刮净削平，伤口修整应满足伤面光滑、轮廓匀称、不伤或少伤健康组织和保护树木自然防御系统的要求。为了防止伤口因愈伤组织的发育形成周围高、中央低的积水盆，导致木质部的腐朽，大伤口应将伤口中央的木质部修整成凸形球面。伤口经修整后用药剂(2%～5%硫酸铜溶液，0.1%升汞溶液，石硫合剂原液)进行消毒，然后涂抹伤口保护剂。如用激素涂料对伤口的愈合更有利，用含有0.01%～0.1% α-萘乙酸膏涂在伤口表面，可促进伤口愈合。

由于风折使树木枝干折裂，应立即用绳索(或铁箍)捆缚加固，然后涂消毒保护剂。由于雷击使枝干受伤的树木，应将烧伤部位锯除并涂保护剂。如果只是机械或其他原因碰掉了树皮，而未伤及形成层，应将树皮重新贴在外露的形成层上，用铁钉或胶带固定好，然后在树皮上面用保湿材料(湿椰糠或水苔)覆盖，再用白色的塑料薄膜包被密封，以防水保湿，覆盖物应在2～3周内撤除。

做一做：修整树木修剪后的伤口并涂抹保护剂。

(二)伤口敷料的制备

理想的伤口敷料应容易涂抹，黏着性好，受热不融化，不透雨水，不腐蚀树体，具有防腐消毒，促进愈伤组织形成的作用。常用的敷料有以下几种：

1. 紫胶清漆

防水性能好，不伤害活细胞，使用安全，常用于伤口周围树皮与边材相连接的形成层区。但是单独使用紫胶清漆不耐久，涂抹后宜用外墙使用的房屋涂料加以覆盖。

2. 接蜡

用接蜡处理小伤口具有较好的效果。植物油4份，加热煮沸后加入4份松香和2份黄蜡，待充分熔化后倒入冷水即可配制成固体接蜡，使用时要加热。

3. 杂酚涂料

常利用杂酚涂料来处理已被真菌侵袭的树洞内部大伤面。但该涂料对活细胞有害，因此在表层新伤口上使用应特别小心。

4. 沥青涂料

用每千克固体沥青在微火上熔化，然后加入约2 500 mL松节油或石油，充分搅拌后冷却，即可配制成沥青涂料，这一类型的涂料对树体组织有一定毒性，优点是较耐风化。

【操作要点】

1. 根据行道树、庭荫树整形修剪的特点和要求，观察修剪树木的树体结构，分析树势是否平衡，确定修剪方案。

2. 做好安全防范措施。对树体高大的树木修剪时，首先做好安全防护措施，最好使用升降车，使用梯子时要架稳。需要几个人同时修剪一棵树时，要有一个人专门负责指挥，以便协调配合工作。

3. 截干。为促进行道树或庭荫树的更新复壮，有时对干茎或粗大的主枝、骨干枝等进行断截。在截除粗大的侧生枝干时，应先用锯在粗枝基部的下方，由下向上锯入1/3～2/5，然后再自上方（在基部略前方处）从上向下锯下，如此可以避免劈裂，最后用利刀将伤口自枝条基部切削平滑，并涂上保护剂。

4. 疏枝。将无用的大枝先锯掉，再剪中等枝条和小枝，将枯枝、徒长枝、病虫枝、内膛枝等自枝条的基部剪除，保证树体通风透光，旺盛生长。

5. 抹芽。夏季对行道树主干上萌发的隐芽进行抹除，可以使行道树主干通直，不保留干下蘖芽，以免影响交通；同时可以减少不必要的营养消耗，保证行道树的健壮生长。

6. 清理现场。将修剪下来的枝条进行清理，用车运走，集中到一起进行处理。

【注意事项】

1. 整形修剪是技术性较强的工作，所以从事修剪的人员，要对所修剪的树木特性有一定的了解，并懂得修剪的基本知识，才能从事此项工作。

2. 修剪所用的工具要坚固和锐利，在不同的情况下作业应配有相应的工具。如靠近输电线附近使用高枝剪修剪时，不能使用金属柄的高枝剪，应换成木把的，以免触电；如修剪带刺的树木时，应配有皮手套或枝刺扎不进去的厚手套，以免划破手。

3. 修剪时一定注意安全，特别上树修剪时，梯子要坚固，要放稳，不能滑拖；有大风时不能上树作业；有心脏病、高血压或喝过酒的人也不能上树修剪。

4. 修剪时思想要集中，严禁说笑打闹；几个人同在一棵树上操作时，要有专人指挥，注意协作配合，避免误伤同伴。

5. 使用电动机械一定认真阅读说明书，严格遵守使用此机械时应注意的事项，不可麻痹大意。

6. 工作中必须要按规定穿戴好工作服、安全帽，系好安全带、安全绳等劳保用具。

7. 使用高车上树修剪前，要检查好高车的各个部件；一定要支放平衡，操作过程中要派专人随时检查高车的情况，发现问题及时处理。

【任务考核标准】

表 1-2-1　行道树和庭荫树的整形修剪技术任务考核参考标准

序号	考核项目	考核内容	考核标准	考核方法	标准分值
1	基本素质	学习工作态度	态度端正，学习精力集中，学习方法多样，积极主动，全部出勤，否则将酌情扣分。	单人考核	5
		团队协作	具备团队合作精神，积极与小组成员合作，共同完成工作任务，否则将酌情扣分。	单人考核	5
2	专业技能	制定整形修剪方案	能够根据不同用途树木的分枝特点和生长特性，制定科学的整形修剪方案。方案不规范者，酌情扣分。	小组考核	5
		修剪工具、安全防护用具的准备与使用	能够根据修剪要求选择合适的修剪工具，操作过程中做好安全防护。准备不充分者，酌情扣分。	单人考核	5

续表 1-2-1

序号	考核项目	考核内容	考核标准	考核方法	标准分值
		疏剪	能够根据行道树和庭荫树的树形特点和观赏特性，将枯枝、徒长枝、病虫枝、内膛枝等自基部剪掉。操作不规范者，酌情扣分。	单人考核	15
		大枝剪截	能够正确使用修剪工具，按照规范的操作程序，小组配合对粗大枝条进行剪截。操作不规范者，酌情扣分。	小组考核	15
		回缩修剪	能够对延长枝、弱枝、竞争枝等枝条进行回缩修剪。操作不规范者，酌情扣分。	小组考核	10
		抹芽	摘除行道树和庭荫树主干上的隐芽和干下蘖芽。操作不规范者，酌情扣分。	单人考核	5
		剪口的处理与敷料、清理现场	能够正确处理修剪伤口，涂抹敷料；将修剪下来的枝条进行清理运走。	小组考核	10
3	职业素质	方法能力	独立分析和解决问题的能力强，能主动、准确地表达自己的想法。	单人考核	5
		工作过程	能够广泛查阅、收集和整理资料，工作过程规范，有完整的工作任务记录，字迹工整。	小组考核	10
		自测训练与总结	及时准确地完成自测训练，总结报告结果正确，电子文本规范，体会深刻，上交及时。	单人考核	10
	合 计				100

工作任务2 花灌木与小乔木的整形修剪技术

【任务目标】

学习花灌木与小乔木整形修剪的相关知识，熟悉花灌木与小乔木的分枝特点与整形方式，掌握花灌木与小乔木的修剪技法，能够对花灌木与小乔木进行正确修剪整形。

【任务内容】

1. 根据工作任务，采取课堂、校内外实训基地（包括园林绿地、苗圃等）相结合的形式，通过查阅资料与网上搜集，获得相关花灌木与小乔木树整形修剪的基本知识。

2. 通过校内外实训基地，熟悉花灌木与小乔木的整形方式，选择不同类型的花灌木与小乔木进行修剪。

3. 对任务进行详细分析、记载，并列表描述花灌木与小乔木的整形方式及修剪技法。

【教学资源】

1. 材料与器具：剪枝剪、高枝剪、手锯、刀锯、梯子、平铲、小绳；安全帽、工作服、手套等劳保用具；记录簿、皮尺等。

2. 参考资料：有关花灌木与小乔木的相关资料、各类教学参考书、多媒体教学课件、相关网站的资料等。

3. 教学场所：教室以及苗圃、园林绿地等校内外实训基地。

4. 师资配备：每 20～25 名学生配备 1 名指导教师。

● 内容及操作步骤

一、花灌木与小乔木的整形方式

(一)自然开心形

自然开心形是杯形的改良与发展，此形无中心主干，分枝较低，3 个主枝在主干上向四周放射而出，中心又开展，故为自然开心形(图 1-2-17)。但主枝分枝不是 2 杈分枝，而是左右相互错落分布，因此树冠不完全平面化，并能较好地利用空间，冠内阳光通透，有利于开花结果。此种树形适用于干性弱、枝条开展的强阳性树种，如碧桃、榆叶梅、石榴等观花、观果树木修剪采用。

图 1-2-17　自然开心形树体

(二)多领导干形

多领导干形又称“合轴中干形”。一些萌发力很强的灌木，直接从根颈处培养多个枝干。保留 2～4 个中央领导干，于其上分层配列侧生主枝，形成均整的树冠。养护修剪比较复杂，幼年阶段要随时疏去过分强烈的竞争枝，同时要避免因分枝不匀称而发生“偏冠”和“凹冠”等现象。本形式适用于合轴分枝中顶端优势较强的树种，可形成较优美的树冠，提早开花年龄，延长小枝寿命，最宜于作观花乔木、庭荫树的整形，如香樟、石楠、枫杨等。多领导干形还可以分为高主干多领导干形和矮主干多领导干形。高主干多领导干形一般从 2 m 以上的位置培养多个主干，矮主干多领导干形一般从主干高 80～100 cm 处培养多个主干（图 1-2-18）。

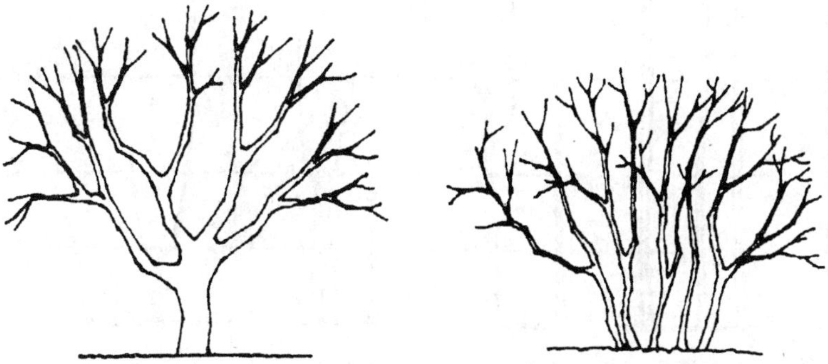

图 1-2-18　多领导干形树体

（三）丛球形

此种整形法类似多领导干形，只是主干较短或无主干，留枝数多，呈丛生状。多适用于萌芽力强的小乔木及灌木的整形，如黄刺玫、珍珠梅、贴梗海棠、厚皮香等。

观察与调研：花灌木与小乔木的整形方式有哪些？

二、花灌木与小乔木的修剪技法

（一）疏剪

主要是疏去膛内过密枝、病虫枯枝、徒长枝、竞争枝等，减少树冠内枝条的数量，调节枝条均匀分布，为树冠创造良好的通风、透光条件，减少病虫害，避免树冠内部光褪现象，减少全树芽数，防止新梢抽生过多，以免消耗营养，有利花芽分化、开花、结果。

疏剪

（二）短截

将一年生枝剪去一部分的修剪方法称为短截，又称短剪。短截的目的是刺激剪口下的侧芽旺盛生长，使该树枝叶茂盛。短截是利用顶端优势和芽的异质性原理进行修剪的手法。根据剪去枝条的长度，将短截分为轻短截、中短截、重短截和极重短截 4 种（图 1-2-19）。

1. 轻短截（轻剪）

一般剪去枝条全长的 1/5～1/4。轻短截剪去顶芽和少量腋芽，刺激其下部多数半饱满芽的萌发，分散了枝条的养分，促进产生多量中短枝，以形成花芽。主要用于花果树木强壮枝修剪。

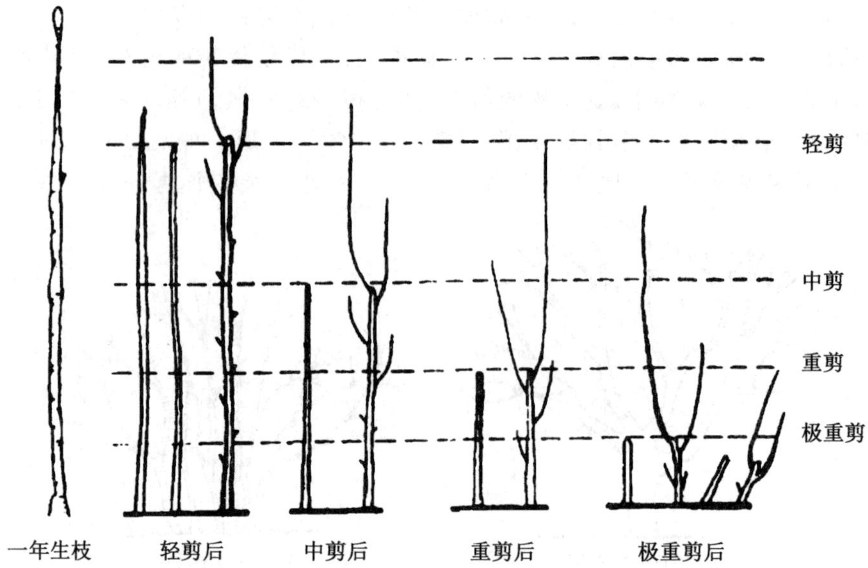

图 1-2-19 不同程度短剪新枝及其生长

2. 中短截(中剪)

剪去枝条全长的 1/3～1/2。中短截对加强局部的生长势和改变枝条方向最有利。由于中短截剪去了顶芽和约 1/2 的腋芽,剪口芽强健壮实,养分相对集中,刺激多发营养枝,主要用于某些弱枝复壮,各种树木骨干枝、延长枝的培养用此法。

3. 重短截(重剪)

剪去枝条全长的 2/3～3/4。由于剪掉枝条大部分,对该枝的刺激作用大,剪口芽为弱芽,除发 1～2 个旺盛营养枝外,下部可形成短枝,这种修剪主要用于弱树、老树、老弱枝的复壮更新。

4. 极重短截(极重剪)

仅留枝条基部 2～3 个芽。由于剪口芽为瘪芽,芽的质量差。常萌生 1～3 个短、中枝,有时也能萌发旺枝,但少见。在园林中紫薇采用此法修剪。

在园林树木的养护修剪中,根据树种、树龄、树势、枝条及其在树冠中的位置等情况的不同,而采用不同的短截长度。一般轻短截用得最多,中短截次之,重短截和极重短截慎用。

(三)长放

在对 1 株树木进行修剪时,不会对该树的每 1 个枝条都有动作,这些在修剪时放任不动的枝条就叫长放。长放的枝条留芽多,抽生的枝条也相对增多,致使生长前期养分分散,多形成中短枝;生长后期养分积累较多,能促进花芽分化和结果。但是营养枝长放后,枝条增粗较快,特别是背上的直立枝,越放越粗,运用不妥,会出现树上长树的现象,必须注意防止。长放一般多应用于长势中等的枝条,促使形成花芽把握性较大,不会出现越放越旺的情况。桃花、西府海棠、榆叶梅等花木的幼树,为了平衡树势,增强较弱枝条的生长势,往往采取长放的措施;丛生的花灌木多采用长放的修剪措施,如整剪连翘时,为了形成潇洒飘逸的树形,在树冠的上方往往长放 3～4 条长枝,远远地看过去,长枝随风摆动,非常好看。杜鹃、金银木、迎春等花木也多采用长放的修剪方法。

(四)摘心

将新梢顶端摘除的措施称为摘心。摘除部分长 2～5 cm。摘心可抑制新梢生长,使养分转移至芽、果或枝部,有利于花芽的分化、果实的肥大或枝条的充实;摘心后改变了顶端优势,促使侧芽萌发,从而增加分枝。摘心后,新梢上部的芽易萌发成 2 次梢,可待其生出数叶后再行摘心(图 1-2-20)。

图 1-2-20　摘心

(五)摘叶

带叶柄将叶片剪除称摘叶。摘叶可改善树冠内的通风透光条件,观果的树木果实充分见光后着色好,提高观赏效果;对枝叶过密的树冠,进行摘叶有防止病虫害发生的作用;通过摘叶还可以进行催花,如让丁香、连翘、榆叶梅等春季开花的花木在国庆节开花,也可以通过摘叶法进行催花,一般在 8 月中旬摘去一半叶片,9 月初,再将剩下的叶片全部摘除,同时加强肥水管理,则可在国庆节期间开花。应用此方法,可使诸多春季开花的花木在国庆节期间应时开放。

(六)去蘖

去蘖又称除萌,是除去植株基部附近的根蘖或砧木上萌蘖的措施。它可使养分集中供应植株,改善生长发育状况。如桂花、榆叶梅和月季在栽培养护过程中经常要除萌蘖,以免萌蘖长大后扰乱树形,并防止养分无效地消耗。

(七)摘蕾和摘果

摘蕾和摘果果树上称疏花疏果。凡是为了获得肥硕的花朵,如牡丹、月季等,常可用摘除侧蕾的措施而使主蕾充分生长。对一些观花树木,在花谢后常进行摘除枯花工作,不但能提高观赏价值,又可避免结实消耗养分。

为使枝条生长充实、避免养分过多消耗,常将幼果摘除。例如对月季、紫薇等,为使其连续开花,必须时时剪除果实。至于以采收果实为目的,亦常为使果实肥大、提高品质或避免出现“大、小年”现象而摘除适量果实。

图 1-2-21　环状剥皮

(八)环剥

环剥即环状剥皮,是将枝干的皮层与韧皮部剥去 1 圈的措施(图 1-2-21)。环剥可以调节生长势,有利于花芽的形成和坐果率的提高。环剥一般在春季新梢叶片大量形成后进行,如花芽分化期、落花落果期、果实膨大期进行比较合适。环剥的宽度一般为 2～10 cm,视枝干的粗细和树种的愈伤能力、生长速度而定。但均忌过宽,否则长期不能愈合会对树木生长不利。应注意的是对伤流过旺或易流胶的树种，不宜应用此措施。

观察与思考：花灌木与小乔木的修剪技法有哪些？

三、剪口及剪口芽的处理

(一)剪口的状态

短截枝条时，剪口的状态和芽的位置有5种情况(图1-2-22)。

剪口向侧芽对面稍稍倾斜，使斜面上端与芽尖基本平齐或略高于芽尖5～8 mm，下端与芽的基部大致相平或稍高。这样修剪时，剪口伤面不至于过大，很易愈合，而剪口芽生长也好，这是最合理的剪截方法，一般应用较多(图1-2-22A)。

图1-2-22B是在与侧芽基部水平处剪截，剪口平坦。这样剪截时，伤口在和芽相接的一面愈合较难，但因剪口小，易愈合，嫩梢和新枝这样剪也无妨碍。

图1-2-22C和图1-2-22D是在剪口芽上方留一小枝段剪截，因养分不易流入残留部分，剪口很难愈合，常致枯干。若全树留下这样的枝段过多，则影响观赏效果，在复剪时要将该小枝段剪除。月季和紫薇冬剪时为了保护剪口芽，在此芽上方则留一枝段，第二年早春复剪时再行剪除，如不剪除不仅影响美观，还会成为病虫侵袭的据点，影响正常生长。

图1-2-22E所示的剪截状态，剪口倾斜过急，伤口面积大，而扩展到芽的下方，不但不易愈合，而且影响对剪口芽的养分和水分的供给，水分还会从伤口处蒸发散失，故抑制剪口芽的生长，而下面的一个侧芽生长势则加强。如果为了削弱枝的生长势，可采用这种大偏口剪法。

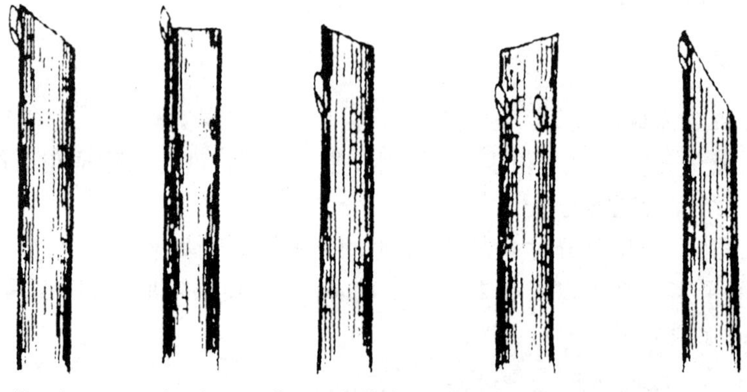

图1-2-22 剪口的状态

A.最理想 B.太平坦 C、D.芽上部留得过长 E.剪口斜面太长

(二)剪口芽的位置

剪口芽的强弱和选留位置不同，抽生的枝条强弱和姿势也不一样。剪口留壮芽，则发壮枝；剪口留弱芽，则发弱枝。如剪口芽萌发的枝条作为主干延长枝培养，剪口芽应选留使新梢

顺主干延长方向直立生长的芽，同时要与上年的剪口芽相对，即为另一侧；也就是主干延长枝一年选留在左侧，另一年就要选留在右边，其枝势略持平衡，不致造成年年偏向一方生长，这样使主干延伸后呈直立向上的姿势。

如果作为主枝延长枝，为了扩大树冠，宜选留外侧芽作剪口芽，芽萌发后可抽生斜生的延长枝。如果主枝过于平斜，也就是主枝开张角度过大，生长势会变弱，短截时剪口芽要选留上芽（内侧芽），则萌发抽生斜向上的新枝，从而增强生长势。所以，在实际修剪工作中，要根据树木的具体情况，选留不同部位和不同饱满程度的剪口芽进行剪截，以达到平衡树势的目的。

观察与调研：花灌木与小乔木的剪口及剪口芽如何处理？

四、各类花灌木和小乔木的修剪要点

（一）观花类

1. 先开花后发叶的种类

此类树木的花芽是在前 1 年的夏秋时期分化的，所以花芽多着生在 2 年生枝条上，如梅花、樱花、金银花、迎春、海棠、碧桃等。以休眠季修剪为主，夏季补充修剪为辅。方法以截、疏为主，并综合应用其他修剪方法。具有顶花芽的种类，花前决不能短截花枝；对毛樱桃、榆叶梅等枝条稠密的种类，可适当疏剪弱枝、病虫枝、衰老枝，用重剪进行枝条的更新，用轻剪维持树形；对于具有拱形枝的种类，如连翘、迎春等，可将老枝重剪，促进发生强壮的新条，以充分发挥其树姿特点。

2. 花开于当年新梢的种类

此类树木的花芽是在当年春天抽生的新梢上形成的，如八仙花、山梅花、紫薇、木槿、玫瑰、月季等。一般在冬季或早春修剪。修剪方法因树种而不同，主要是短截和疏剪相结合，如八仙花、山梅花等可以重剪使新梢强健。个别种类在花后去掉残花，可以延长花期，如紫薇花期通常只有 20 多天，去残花后，花期可以延长到 100 多天。对于月季、珍珠梅等在生长季中开花不绝的，除早春重剪老枝外，可在花后将新梢修剪，以便再次发枝开花。

做一做：休眠期疏剪花灌木的弱枝、病虫枝、衰老枝。

（二）观枝及观叶类

1. 观枝类

观枝类主要是指观赏枝（皮）的颜色与干性，如棣棠枝皮为绿色，红瑞木枝皮为红色，常常在冬季观赏。为了使观赏时间长，往往不在秋季修剪，应在翌年早春萌芽前进行。这类树木的嫩枝鲜艳，老干的颜色往往较为暗淡，所以每年都要重剪，促使萌发更多的新枝。同时还要逐步去除老干，不断地进行更新。

2. 观叶类

这一类种类比较复杂，有的观赏早春的嫩叶，如悬铃木幼叶背面呈绿白色，好似一朵朵小白花，七叶树幼叶为铜红色；有的观其秋色叶，如黄栌秋季叶色变为橘红色，银杏秋色叶为柠檬黄色；有的常年叶色为紫色或红色，如紫叶李、紫叶小檗、红枫；有的终年为黄色或花叶的，如黄金球柏、金叶连翘等。观叶类一般只进行常规修剪，不要求细致的修剪和特殊的造型，主要观其自然之美。观秋色叶的种类，要特别注意保叶的工作，防止病虫害的发生。

(三)观果类

园林树木中有不少观果的种类，有的观赏果实的颜色和数量，如金银木、枸骨、山楂、苹果等；有的观赏硕大的果实，如柚子、木菠萝等；有的观赏别致的果形，如佛手。观果类的修剪时间和方法与开花种类相同，不同的是花后不短截，以免影响结实量。重要的是要疏除过密枝，以利通风透光，减少病虫害，果实着色好，提高观赏效果。为了使果实大而多，往往在夏季采用环剥、缚缢或疏花疏果等技术措施。

观察与思考：各类花灌木与小乔木的修剪要点有哪些？

五、灌木的更新

灌木更新可分为逐年疏干和一次平茬。逐年疏干即每年从地径以上去掉1~2根老干，促生新干，直至新干已满足树形要求时，将老干全部疏除。一次平茬多应用于萌发力强的树种，一次删除灌木丛所有主枝和主干，促使下部休眠芽萌发后，选留3～5个主干。

【操作要点】

1. 根据花灌木和小乔木整形修剪的特点和要求，观察修剪树木的树体结构，分析树势是否平衡，确定修剪方案。

2. 选择合适的修剪工具，使用前检查工具的坚固性，熟悉修剪工具的使用方法。

3. 选择园林绿地中观花、观果、观枝和观叶不同类型的花灌木和小乔木，在教师的指导下进行整形修剪训练。

4. 采用疏剪、短截、回缩的方法，一方面疏除过密枝、徒长枝、枯死枝、病虫枝、干扰枝等；另一方面回缩老枝，促发强壮新枝。

5. 采用环剥、疏花、疏果等修剪措施，提高观果类灌木的坐果率和促进果实生长发育。

6. 将修剪下来的枝条进行清理，用车运走，集中到一起进行处理。

【注意事项】

1. 要对所修剪的树木特性有一定的了解，并懂得修剪的基本知识，才能从事此项工作。

2. 修剪所用的工具要坚固和锐利，在不同的情况下作业应配有相应的工具。修剪带刺的树木时，应配有皮手套或枝刺扎不进去的厚手套，以免划破手。

3. 修剪时思想要集中，严禁说笑打闹；几个人同在一棵树上操作时，要有专人指挥，注意协作配合，避免误伤同伴。

4. 使用电动机械一定认真阅读说明书，严格遵守使用此机械时应注意的事项，不可麻痹大意。

5. 工作中必须要按规定穿戴好工作服、安全帽等劳保用品。

【任务考核标准】

表 1-2-2 花灌木与小乔木的整形修剪技术任务考核参考标准

序号	考核项目	考核内容	考核标准	考核方法	标准分值
1	基本素质	学习工作态度	态度端正，学习精力集中，学习方法多样，积极主动，全部出勤，否则将酌情扣分。	单人考核	5
		团队协作	具备团队合作精神，积极与小组成员合作，共同完成工作任务，否则将酌情扣分。	单人考核	5
2	专业技能	制定整形修剪方案	能够根据不同类型花灌木和小乔木的分枝特点和生长特性，制定科学的整形修剪方案。方案不规范者，酌情扣分。	小组考核	5
		修剪工具、安全防护用具的准备与使用	能够根据修剪要求选择合适的修剪工具，操作过程中做好安全防护。操作不规范者，酌情扣分。	单人考核	5
		观花类灌木修剪	能够采取疏剪、短截、长放等方法，将枯枝、徒长枝、病虫枝、内膛枝等自基部剪掉。操作不规范者，酌情扣分。	单人考核	15
		观枝及观叶类灌木修剪	能够采取疏剪、短截、摘叶等方法，将枯枝、徒长枝、病虫枝、内膛枝等自基部剪掉。操作不规范者，酌情扣分。	单人考核	15
		观果类灌木修剪	能够采取疏剪、环剥、疏花蔬果等方法，对过密枝、花果枝等枝条进行修剪。操作不规范者，酌情扣分。	小组考核	15
		检查	修剪结束后，检查是否漏剪、错剪，进行补剪或纠正。	单人考核	5
		清理现场	将修剪下来的枝条进行清理运走。	小组考核	5
3	职业素质	方法能力	独立分析和解决问题的能力强，能主动、准确地表达自己的想法。	单人考核	5
		工作过程	能够广泛查阅、收集和整理资料，工作过程规范，有完整的工作任务记录，字迹工整。	小组考核	10
		自测训练与总结	及时准确地完成自测训练，总结报告结果正确，电子文本规范，体会深刻，上交及时。	单人考核	10
	合　计				100

工作任务3　绿篱的整形修剪技术

【任务目标】

了解绿篱的种类，掌握绿篱的修剪整形技术。

【任务内容】

1. 根据工作任务，采取课堂与校内外实训基地（包括园林绿地、花圃、苗圃等）现场相结合的形式，通过查阅资料与网上搜集，获得相关绿篱整形修剪的基本知识。

2. 通过校内外实训基地，熟悉绿篱修剪机械和工具的使用，掌握各类绿篱整形修剪的基本操作技术。

3. 对任务进行详细分析、记载，记录绿篱整形修剪的操作要点及注意事项。

【教学资源】

1. 材料与器具：绿篱修剪机、剪枝剪、大平剪、木桩、线绳、踏板、待修剪的绿篱、工作服、手套等。

2. 参考资料：教材、相关教学参考书、多媒体教学课件、相关挂图、各相关网站相关资料等。

3. 教学场所：教室、实验（训）室以及拥有绿篱的校内外实训基地。

4. 师资配备：每20～25名学生配备1名指导教师。

● 内容及操作步骤

绿篱又称植篱，绿篱的修剪形式有整形式（又称规则式）和自然式两种。整形式绿篱是依人们的意愿和需要不断地修剪成各种规则的形式，自然式绿篱一般不作人工的修剪整形，任其自然生长而成。

一、绿篱的种类

（1）依其高度可分为：绿墙，160 cm以上；高篱，120～160 cm；中篱，50～120 cm；矮篱，50 cm以下。

（2）按构成绿篱的植物种类不同可分为：叶篱，用水蜡、榆树、大叶黄杨等观叶植物构成的绿篱；刺篱，用小檗、火棘、枸骨等带刺植物构成的绿篱；花篱，用栀子花、木槿、米兰、杜鹃花等开花植物构成的绿篱。

（3）按纵切面形状可分为：矩形、梯形、圆柱形、球形、杯形、波浪形等。

二、整形式绿篱的修剪

（一）绿篱的栽植与修剪

绿篱栽植用苗以2～3年生苗最为理想。株行距根据苗木生长的快慢与苗木的规格决定，不可为追求当时的绿化效果而过分密植，栽植时应为日后生长预留空间。通常的绿篱株距为20～30 cm，双行成品字形栽植；采用开花灌木做绿篱，大多数按 50 cm 左右的株距；用丛生性很强的蔷薇做花篱，株距应在 1 m 左右。

绿篱栽植后，第一年可任其自然生长，使地上部和地下部充分生长。从第二年开始，按照要求的高度截顶，修剪时要根据苗木的大小，分别截去苗高的 1/3～1/2。为使苗高尽量降低，多发新枝，可在生长期对所有新梢进行 2～3 次的修剪，如此反复 2～3 年，直到绿篱的下部分枝长得均匀、稠密，上部树冠彼此密接成形。

(二)绿篱成形后的修剪

绿篱成形后，可根据需要修剪成各种形状。整形式绿篱常用的形状有梯形、矩形、圆顶形、柱形、杯形、球形等(图 1-2-23)。

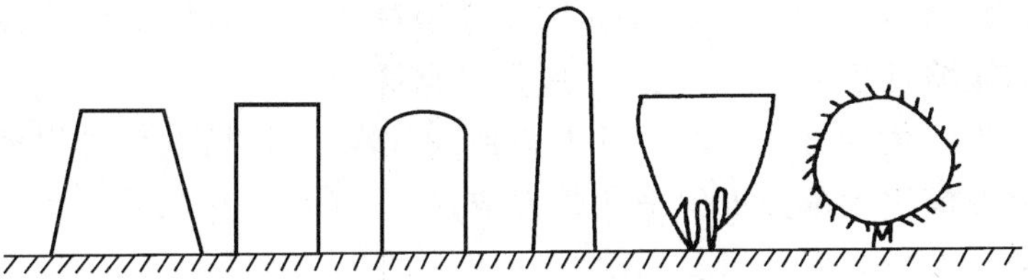

图 1-2-23 整形绿篱断面形状

绿篱修剪机

在进行整体成型修剪时，为了使整个绿篱的高度和宽度均匀一致，最好进行打桩拉线操作，以准确控制绿篱的高度和宽度。修剪较粗的枝条，剪口应略倾斜，以便雨水能尽快流失，避免剪口积水腐烂。同时注意直径 1 cm 以上的粗枝剪口，应比篱面低 5～10 cm，掩盖在枝叶之下，这样可以避免粗大的剪口暴露而影响美观。最后用大平剪和绿篱修剪机修剪表面枝叶，绿篱的横断面以上小下大为好。修剪时先剪其两侧，使侧面成为一个斜面，两侧剪完再修剪顶面，使整个断面呈梯形。注意绿篱表面(顶部及两侧)必须剪平，修剪时高度一致，整齐划一，篱面与四壁要求平整，棱角分明。适时修剪，缺株应及时补栽，以保证供观赏时已抽出新枝叶，生长丰满。

观察与调研：绿篱的整形方式有哪些？

三、自然式绿篱的修剪

自然式绿篱多用于高篱或绿墙，适用于萌芽力强、枝叶生长紧凑的灌木或小乔木，在适当的密植时，侧枝相互拥挤、相互控制其生长势，会很快形成一条很好的高篱或绿墙。自然式绿篱一般不进行专门的修剪，在栽培过程中仅作常规修剪，将老、弱、枯、病、虫、残等枝剔除。

四、绿篱的修剪时期

绿篱的修剪时期要根据树种来确定。常绿针叶树在春末夏初进行第 1 次修剪。盛夏前多数树种已停止生长，树形可保持较长一段时间。立秋以后，如果水肥充足，会抽生秋梢并旺盛生长，可进行第 2 次修剪，使秋冬季都保持良好的树形。大多数阔叶树种生长期新梢都在生长，仅盛夏生长比较缓慢，春、夏、秋3季都可以修剪。花篱大都不作规则式修剪，一般在花后修剪1次，既可防止大量结实和新梢徒长，又可促进花芽分化，为来年或下期开花创造条件。为了在一年中始终保持规则式绿篱的理想树形，应随时根据生长情况剪去突出于树形以外的新梢，以免扰乱树形，并使内膛小枝充实繁密生长，保持绿篱的体形丰满。

做一做：用大平剪对绿篱进行整形式修剪。

五、绿篱的更新复壮

衰老的绿篱，更新过程一般需3年左右。第1年疏去过多、衰老的老干，保留新的主干，使内部具有良好的通风透光条件，为更新后的绿篱生长打下基础。然后，短截主干上的枝条，将保留的主干逐个进行回缩修剪，主干保留高度一般30 cm。对于保留的侧枝，先疏除过密枝，然后回缩修剪保留的枝条，通常每枝留10～15 cm即可。第2年对新生枝条进行多次轻短截，促发分枝。第3年再将顶部剪至略低于需要的高度，以后每年重复。

更新要选择适宜的时期。常绿树种可选择在5月下旬到6月底进行，落叶树种以秋末冬初进行为好。用作绿篱的落叶花灌木大部分可用平茬的方法强剪更新，一年之后由于侧枝大量的萌发，重新形成绿篱的雏形，两年后就能恢复原貌。

【操作要点】

1. 熟悉绿篱修剪机和枝剪等修剪工具的操作方法，使用前检查修剪工具，根据要求进行正确操作。

2. 对已经定型的方形、梯形绿篱，按照原来的设计高度，用钢卷尺从地面向上量至规定的高度，在绿篱两端各立1个木桩，拉绳后将高出绳子的部分枝条剪去，再按设计要求修剪。

3. 在掌握一定的修剪技巧的基础上，徒手修剪圆顶形、球形、柱形绿篱。

4. 将修剪下来的枝条进行清理，用车运走，集中到一起进行处理。

【注意事项】

1. 使用绿篱修剪机时一定认真阅读说明书，严格遵守使用此机械时应注意的事项，不可麻痹大意。

2. 操作过程中注意力集中，严禁说笑打闹，保障人员安全。

3. 注意握剪方法和修剪技巧，绿篱顶面和侧面要修剪平整。

4. 修剪较粗的老枝时，剪口应略倾斜，以便雨水能尽快流失，避免剪口积水腐烂。

【任务考核标准】

表1-2-3 绿篱的整形修剪技术任务考核参考标准

序号	考核项目	考核内容	考核标准	考核方法	标准分值
1	基本素质	学习工作态度	态度端正，学习精力集中，学习方法多样，积极主动，全部出勤，否则将酌情扣分。	单人考核	5
		团队协作	具备团队合作精神，积极与小组成员合作，共同完成工作任务，否则将酌情扣分。	单人考核	5

续表 1-2-3

序号	考核项目	考核内容	考核标准	考核方法	标准分值
2	专业技能	制定绿篱整形修剪方案	能够根据绿篱的种类，制定科学的整形修剪方案。方案不合理者，酌情扣分。	单人考核	10
		修剪工具的准备与使用	能够根据修剪要求选择合适的绿篱修剪工具，操作过程中做好安全防护。操作不规范者，酌情扣分。	单人考核	10
		成型绿篱的修剪	能够打桩拉线操作，对已成型方形、梯形绿篱进行修剪，绿篱顶面和侧面要修剪平整。操作不规范者，酌情扣分。	小组考核	15
		圆顶形、球形、柱形绿篱的修剪	在掌握一定的修剪技巧的基础上，能够徒手修剪圆顶形、球形、柱形绿篱。操作不规范者，酌情扣分。	单人考核	15
		检查	修剪结束后，检查是否漏剪、错剪，进行补剪或纠正，维持原有树形。	小组考核	10
		清理现场	将修剪下来的枝条进行清理运走。操作不规范者，酌情扣分。	小组考核	5
3	职业素质	方法能力	独立分析和解决问题的能力强，能主动、准确地表达自己的想法。	单人考核	5
		工作过程	能够广泛查阅、收集和整理资料，工作过程规范，有完整的工作任务记录，字迹工整。	小组考核	10
		自测训练与总结	及时准确地完成自测训练，总结报告结果正确，电子文本规范，体会深刻，上交及时。	单人考核	10
合　计					100

工作任务 4　藤本类植物的整形修剪技术

【任务目标】

了解藤本类植物整形修剪的方式，掌握各种类型藤本植物的整形修剪技术。

【任务内容】

1. 根据工作任务，采取课堂与校内外实训基地（包括园林绿地、苗圃等）现场相结合的形式，通过查阅资料与网上搜集，获得相关藤本类植物整形修剪的基本知识。

2. 通过校内外实训基地，掌握各类藤本植物的整形修剪的基本操作技术。

3. 对任务进行详细分析、记载，记录藤本类植物整形修剪的操作要点及注意事项。

【教学资源】

1. 材料与器具：剪枝剪、高枝剪、手锯、梯子；安全帽、工作服、手套等劳保用具；记录簿、皮尺等。

2. 参考资料：教材、相关教学参考书、多媒体教学课件、相关挂图、各相关网站相关资料等。

3. 教学场所：教室、实验(训)室以及拥有藤本植物的校内外实训基地。

4. 师资配备：每20～25名学生配备1名指导教师。

● 内容及操作步骤

藤本植物多用于垂直绿化或棚架制作。整形时先建立各种形式的棚架、廊、亭等，然后种植藤本植物，按其生长习性加以诱引和整剪。在自然风景区中，对藤本植物很少进行整形修剪，在园林绿地中根据其绿化方式进行整形修剪，但整形修剪方式一般比较简单。主要整形方式除棚架式以外，还有凉廊式、篱垣式、附壁式等。园林中应用较多的藤本植物有紫藤、凌霄、葡萄、藤本月季等。

一、棚架式

对于卷须类及缠绕类藤本植物，多用此种方式进行修剪整形。棚架的式样按不同的设计要求而富有变化，其材料有混凝土的、钢架的、竹木结构或水泥仿真的。修剪整形时，应在近地面处重剪，使发生数条强壮主蔓，然后垂直诱引主蔓于棚架的顶部，并使侧蔓均匀地分布架上，则可很快地成为阴棚。常用的如藤本月季、紫藤、葡萄、猕猴桃等。

二、凉廊式

树体较大、枝叶茂密、攀缘能力较强的卷须类及缠绕类植物适宜用凉廊式，偶尔也用吸附类植物。因凉廊侧方有格架，所以主蔓勿过早诱引于廊顶，否则容易形成侧面空虚。常用的如油麻藤、凌霄、金银花等。

三、篱垣式

攀缘能力不太强的藤本植物通常适合于篱垣式。篱垣一般在园路边或建筑物前，可以利用漏空的墙体、围栏，也可以制作适宜的篱架。将侧蔓水平诱引后，每年对侧枝施行短剪，形成整齐的篱垣形式，常用的有藤本蔷薇、藤本月季、云实等。如果用攀缘能力较强的葡萄、猕猴桃等，则效果更好，但花没有前者美丽。

四、附壁式

本式多用吸附类植物为材料，在墙面或其他物体的垂直面上攀爬。方法很简单，只需将藤蔓引于墙面即可自行依靠吸盘或吸附根而逐渐布满墙面，例如爬山虎、凌霄、扶芳藤、常春藤等。此外，在某些庭园中，有在建筑物的墙壁前 20～50 cm 处设立格架，在架前栽植蔓性蔷薇、藤本月季等开花繁茂的种类。附壁式整形，在修剪时应注意使壁面基部全部覆盖，各蔓枝在壁面上应分布均匀，勿使互相重叠和交错。

五、垣壁式

垣壁式整形是为达到垂直绿化墙壁的目的而进行的整形方式，在欧洲的古典式庭园中较为常见，有 U 形、肋骨形、扇形等（图 1-2-24）。这种整形，首先要先培养 1 个低矮的主干，在其干上左右两侧呈对称或放射性配列主枝，并使枝头保持在同一平面。

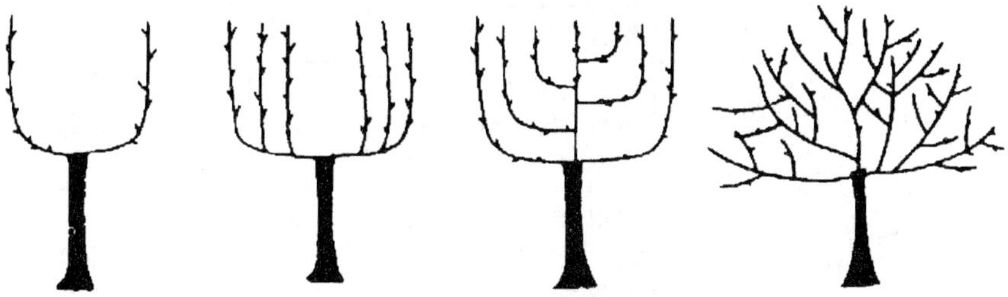

图 1-2-24　常见的垣壁式整形

六、垂挂式

这是近年来流行的垂直绿化形式。其栽植方式有 2 种，一种是在墙壁背面用附壁式栽植，待攀爬越墙后，在墙壁正面垂挂下来，常用爬山虎、凌霄等。另一种是先设立 1 个小型的“T”形支架，将藤本植物栽种其下，开始与棚架式相同，待其爬到横向顶面时，再让其枝条从周围垂挂下来，成为 1 个独立的立体绿化形式，常用油麻藤、常春藤等。垂挂式在养护中经常疏剪，使垂挂的枝条自然分布，姿态优美。

【操作要点】

1. 根据藤本植物的枝、芽生长特性，整形修剪的特点和要求，确定修剪方案。
2. 选择合适的修剪工具，使用前检查工具的坚固性，熟悉修剪工具的使用方法。
3. 选择园林绿地中不同类型的藤本植物，在教师的指导下进行整形修剪训练。
4. 将修剪下来的枝条进行清理，用车运走，集中到一起进行处理。

【注意事项】

1. 要对所修剪的藤本植物特性有一定的了解，并懂得修剪的基本知识，才能从事此项工作。
2. 修剪所用的工具要坚固和锐利，在不同的情况下作业应配有相应的工具。修剪带刺的植物时，应配有皮手套或枝刺扎不进去的厚手套，以免划破手。
3. 修剪时思想要集中，严禁说笑打闹。

4. 修剪高处的藤本植物时，梯子放置要稳固。

5. 工作中要按规定穿戴好工作服、安全帽等劳保用品。

【任务考核标准】

表 1-2-4 藤本类植物的整形修剪技术任务考核参考标准

序号	考核项目	考核内容	考核标准	考核方法	标准分值
1	基本素质	学习工作态度	态度端正，学习精力集中，学习方法多样，积极主动，全部出勤，否则将酌情扣分。	单人考核	5
		团队协作	具备团队合作精神，积极与小组成员合作，共同完成工作任务，否则将酌情扣分。	单人考核	5
2	专业技能	制定整形修剪方案	能够根据藤本植物的分枝特点和生长特性，制定科学的整形修剪方案。方案不规范者，酌情扣分。	小组考核	10
		修剪工具的准备与使用	能够根据修剪要求选择合适的修剪工具，操作过程中做好安全防护。操作不规范者，酌情扣分。	单人考核	5
		棚架式整形修剪	能够采取重剪、诱引等方法，对藤本类植物进行修剪和整形。操作不规范者，酌情扣分。	单人考核	15
		垣壁式整形修剪	能够采取正确的整形修剪方式，对藤本植物枝条进行整形修剪。操作不规范者，酌情扣分。	单人考核	15
		检查	修剪结束后，检查是否漏剪、错剪，进行补剪或纠正。操作不规范者，酌情扣分。	单人考核	10
		清理现场	将修剪下来的枝条进行清理运走。操作不规范者，酌情扣分。	小组考核	10
3	职业素质	方法能力	独立分析和解决问题的能力强，能主动、准确地表达自己的想法。	单人考核	5
		工作过程	能够广泛查阅、收集和整理资料，工作过程规范，有完整的工作任务记录，字迹工整。	小组考核	10
		自测训练与总结	及时准确地完成自测训练，总结报告结果正确，电子文本规范，体会深刻，上交及时。	单人考核	10
	合　计				100

工作任务5 特殊造型植物的整形修剪技术

【任务目标】

了解特殊造型植物的枝、芽生长特点，掌握特殊造型植物的修剪技法，能够进行特殊造型植物的造型设计和整形修剪。

【任务内容】

1.根据工作任务，采取课堂与校内外实训基地(包括园林绿地、苗圃等)现场相结合的形式，通过查阅资料与网上搜集，获得相关特殊造型植物整形修剪的基本知识。

2.通过校内外实训基地，掌握各类特殊造型植物整形修剪的基本操作技术。

3.对任务进行详细分析、记载，记录各类特殊造型植物整形修剪的操作过程。

【教学资源】

1.材料与器具：剪枝剪、大平剪、铁丝、手锯、记录簿、皮尺等。

2.参考资料：教材、相关教学参考书、多媒体教学课件、相关挂图、各相关网站相关资料等。

3.教学场所：教室、实验(训)室以及校内外实训基地。

4.师资配备：每20～25名学生配备1名指导教师。

● 内容及操作步骤

特殊造型的整形也是植物整形修剪的一种形式。适于进行特殊造型的植物必须枝叶茂盛，叶片细小，萌芽力和成枝力强，枝干易弯曲造型。采用绑扎、支撑、扭枝、伤枝、短截等修剪手法，修剪成各种造型。这种整形需要修剪人员有一定的创造性和艺术水平；应从基部做起，循序渐进，不能急于求成。

一、几何体造型

几何体造型是以几何形体的构成规律为依据来进行修剪，如正方形树冠应先确定每边的长度，球形树冠应确定半径及圆心的位置等。常见的几何形体有梯形、方形、圆顶形、柱形、球形、杯形等。绿篱也是几何体造型中的一种，但它是群体造型。这里所说的几何体造型，通常是指单株(或单丛)的几何体造型(图1-2-25)。

(一)球类

球类整形要求就地分枝，从地面开始。整形修剪时除球面圆整外，还要注意植株的高度不能大于冠幅，修剪成半个球或大半个球体即可。

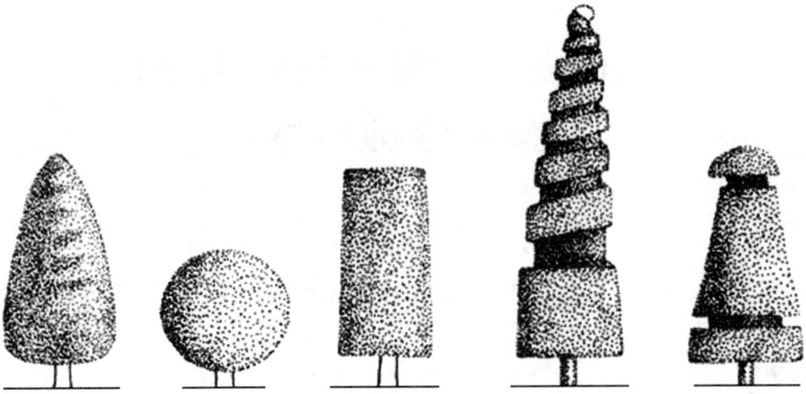

图 1-2-25 几何体造型

(二)独干球类

如果球类有 1 个明显的主干,上面顶着 1 个球体,就称为独干球类。独干球类的上部通常是 1 个完整的球体,也有半个球或大半个球的,剪成伞形或蘑菇形。独干球类的乔木要先养干,如果选用灌木树种来培养,则采用嫁接法。

(三)其他几何体

除球类和独干球类外,还有其他一些几何形体的造型,如圆锥形、圆柱形、金字塔形、立方体、独干圆柱形、螺旋形等,在欧洲各国比较热衷于此类造型。整形修剪的方法与球类大同小异。

做一做:选择枝叶繁茂、适宜修剪的灌木种类进行圆柱形或球形修剪。

(四)复合型几何体

将不同的几何形状在同一株(或同一丛)树木上运用,称为复合型几何体。复合型几何体有的较简单,有的则很复杂,可以按照树木材料的条件和制作者的想象来整形。结合形式有上下结合、横向结合、层状结合的不同类型。上下结合、横向结合的复合型式通常用几株树木栽植在一起造型,而层状结合的复合型造型基本上都是单株的,2 层之间修剪时要剪到主干。

观察与思考:几何体造型的整形修剪要点有哪些?

二、雕塑式造型

将树木进行某种具体或抽象形状的整剪称为雕塑式造型。雕塑式整形是根据整形者的意图创造的形体,整形时应注意与四周园景的协调,线条勿过于烦琐,以轮廓鲜明简练为佳。有的是单株造型,有的是几株栽植在一起造型。雕塑式整形选择枝条茂密、柔软、叶形较小而且耐修剪的树种,如罗汉松、圆柏、冬青、榆树、女贞、迎春等。

(一)仿真式

将树木雕塑修剪成貌似某种实物形状的形式称为仿真式。常见的有仿物体、仿动物，也有仿人体、仿建筑等(图 1-2-26)。仿真式的造型一般都需要有模具，模具通常用铁条制成框架，再在四周和顶部用铁丝制成网状，然后将模具套在适宜整形的树木上，以后不断地将长出网外的枝叶剪去，待网内生长充实后，将模具取走。仿真式造型也有不用模具，完全靠修剪造型，或修剪结合使用小木棒、小支架等材料，将树木的枝条牵引过去。其造型方法难度较大，需要掌握很高的造型技艺。

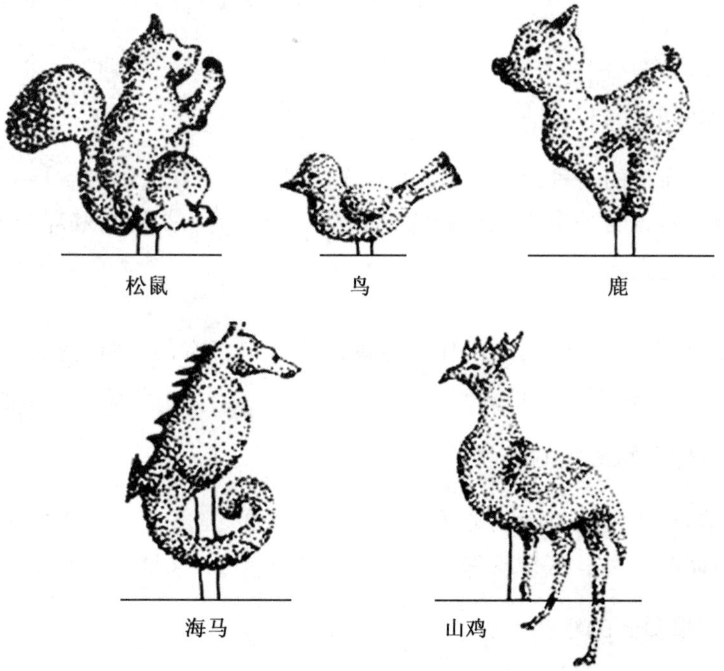

图 1-2-26 仿真式造型

(二)抽象式

将树木雕塑修剪成立体的、具有一定艺术性的抽象形状。其创作灵感可能来源抽象派画风。欧洲的抽象式造型较多，而且大多数比较复杂，比较成功。复杂的抽象式造型有相当难度，人们在观赏时也较难领会其艺术精髓。

观察与思考：雕塑式造型的整形修剪要点有哪些？

三、组合式造型

将绿篱、几何体造型、雕塑式造型 3 种整形方式中的 2 种以上结合在一起造型，就称为组合式造型(图 1-2-27)。组合式造型将高度不同、形状不同的造型结合在一起，形成一种十分和谐又富有变化的组合,造型可大可小,变化多端,给人一种愉悦的视觉效果。组合式造型目前主要有以下几种类型。

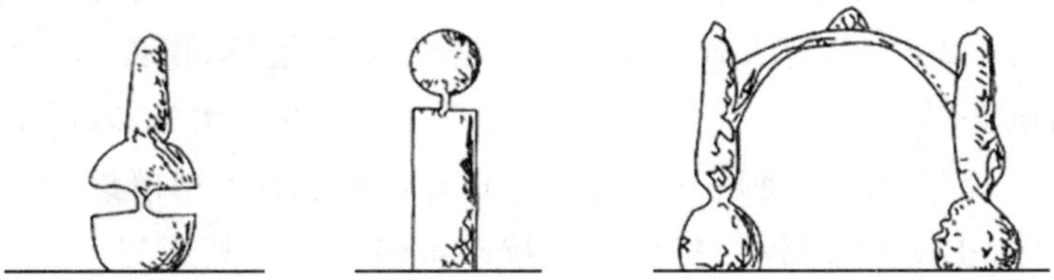

图 1-2-27 常见组合式造型

(一)绿篱和球类的组合

这是最常见、最简单的一种组合形式,主要作用是增添了绿篱的观赏性。绿篱和球类的组合有采用同一树种的,也有采用不同树种的。其整形修剪仍然是绿篱和球类修剪的基本技法。

(二)绿篱和拱门的组合

将绿篱与拱门结合在一起,用拱门作为绿篱的出入口。有的绿篱与拱门采用同一树种,有的用乔木类或灌木类植物做拱门。

(三)绿篱和其他几何形体的组合

以绿篱为基础,在观赏效果上明显优于绿篱和球类的组合。方法是在绿篱间隔一定距离时,突出一个几何体的造型。这样既保留了绿篱的所有功能,又增加了观赏性。

(四)几何体和雕塑式的组合

几何体和雕塑式的组合,既弥补了几何体的不足,又加深了造型的意境。要做到二者的协调,创作难度较高,需要有一定的艺术修养。好的组合最能体现设计者的创意和制作者的水平。

【操作要点】

1. 对已经成形的造型植物,按照原来的形状进行修剪,剪去徒长枝、病虫枝、枯死枝等,保持原来的形状。

2. 在掌握一定的修剪技巧的基础上,选择适合造型的植物进行造型设计,用铁丝制成框架,再在四周和顶部用铁丝制成网状,制作成模具套在适宜整形的树木上,修剪成合适的造型。

3. 将修剪下来的枝条进行清理,用车运走,集中到一起进行处理。

【注意事项】

1. 要对所修剪的植物特性有一定的了解,能够进行简单的造型设计。

2. 修剪前要观察树形,确定修剪方案,新造型的植物修剪前要制作模具。

3. 工作中必须要按规定穿戴好工作服,安全帽等劳保用品。

【任务考核标准】

表 1-2-5 特殊造型植物的整形修剪技术任务考核参考标准

序号	考核项目	考核内容	考核标准	考核方法	标准分值
1	基本素质	学习工作态度	态度端正,学习精力集中,学习方法多样,积极主动,全部出勤,否则将酌情扣分。	单人考核	5
		团队协作	具备团队合作精神,积极与小组成员合作,共同完成工作任务,否则将酌情扣分。	单人考核	5
2	专业技能	制定整形修剪方案	能够根据树木的生长特性,设计特殊造型树木的造型和修剪方案。方案不规范者,酌情扣分。	小组考核	5
		制作造型框架	能够根据造型需要用铁条和铁丝制作造型框架。制作不规范者,酌情扣分。	小组考核	10
		几何体造型	能够进行球形、圆锥形、圆柱形等几何形造型进行修剪造型。操作不规范者,酌情扣分。	单人考核	15
		仿真式造型	能够利用制作的造型模具进行仿真式造型的修剪。操作不规范者,酌情扣分。	小组考核	15
		检查	修剪结束后,检查是否漏剪、错剪,进行补剪或纠正。操作不规范者,酌情扣分。	小组考核	10
		清理现场	将修剪下来的枝条进行清理运走。操作不规范者,酌情扣分。	小组考核	10
3	职业素质	方法能力	独立分析和解决问题的能力强,能主动、准确地表达自己的想法。	单人考核	5
		工作过程	能够广泛查阅、收集和整理资料,工作过程规范,有完整的工作任务记录,字迹工整。	小组考核	10
		自测训练与总结	及时准确地完成自测训练,总结报告结果正确,电子文本规范,体会深刻,上交及时。	单人考核	10
	合 计				100

● 相关知识

一、整形修剪的概念

整形是对园林植物施行一定的技术措施,使之形成栽培者所需要的植物体结构形态。修剪是对植株的某些器官,如茎、枝、叶、花、果、芽、根等进行剪截或删除的措施。整形是目的,修剪是手段。整形是通过一定的修剪手段来完成的，而修剪又是在一定的整形基础上，根据某种目的要求而实施的，两者紧密相关，统一于一定栽培养护目的要求下。

二、整形修剪的目的及意义

整形修剪是园林植物养护管理中一项十分重要的技术措施，在园林绿化中占有重要的位置。整形修剪既是一门科学，更是一门艺术。平时，对园林植物常强调“三分种，七分养”，通过对园林植物进行正确的整形修剪工作，可以获得优美的树形，从而提高园林植物的观赏价值，提升城市绿化整体水平。

（一）调节生长和发育

(1)促进和控制生长　修剪具有“整体抑制，局部促进”和“整体促进，局部抑制”的双重作用。树木经过整形修剪失掉一定的枝叶量，使光合作用产物减少，供给根系的有机物相对减少，因而削弱了根的作用，对树木整体生长起到了抑制作用。枝条被剪去一部分后，养分集中供应留下的枝芽生长，使局部枝芽的营养水平有所提高，从而加强了局部的生长势，这就是所说的“整体抑制，局部促进”作用。如果对幼树大部分枝条采取轻截，则会促其下部侧芽萌发，增加枝叶的数量，光合作用增强，供给根系的有机营养增加，相应地促进了植株的生长势。如果对背下枝或背斜侧枝剪到弱芽处，压低角度，改变枝向，则抽生的枝条生长势比较弱或根本抽不出枝条，此时对这类枝条不是增强，而起到削弱的作用，这就是“整体促进，局部抑制”作用。

(2)促进开花结果　整形修剪可以调节养分和水分的运输，平衡树势，可以改变营养生长与生殖生长之间的关系，促进开花结果。在观花观果的园林植物中，通过合理的整形修剪，保证有足够数量的优质营养器官，是植物生长发育的基础；使植物产生一定数量花果，并与营养器官相适应；使一部分枝梢生长，一部分枝梢开花结果，每年交替，使两者均衡生长。

（二）形成优美的树形

园林中很多观赏花木，通过修剪形成优美的自然式人工整形树姿及几何形体式树形，在自然美的基础上，创造出人为干预的自然与艺术融合为一体的美。如有的将树木修剪成尖塔形、圆球形、几何形，还有的将其整剪成不仅外形如画，而且具有含蓄的意境，如将树木整剪成鸟、兽、抽象式等，构成有一定特色的园林景观。

（三）调节树势，促进老树更新复壮

对衰老树木进行强修剪，剪去或短截全部侧枝，可刺激隐芽长出新枝，选留其中一些有培养前途的枝条代替原有骨干枝，进而形成新的树冠。通过修剪使老树更新复壮，一般比栽植的新苗生长速度快，因为具有发达的根系，为更新后的树体提供充足的水分和养分。

（四）调节电线、电缆和管道与树木之间的矛盾

在城市中，由于市政建筑设施复杂，常与树木发生矛盾，特别是行道树，上有架空线，下有管道、电缆，通常均需应用修剪、整形措施来解决其与植物之间的矛盾。

三、整形修剪的基本原理

园林植物在整形修剪前要对其生态环境条件、生长发育习性、分枝规律、枝芽特性等基本知识进行了解，遵循植物的生长发育规律，才能进行科学合理的整形修剪。

(一)与生态环境条件相统一的原理

园林植物在自然界中总是不断协调自身各个器官的相互关系，维持彼此间的平衡生长，以求得在自然界中继续生存。例如，孤植树由于树体接受阳光充足，形成塔形或球形树冠，树干上最早形成的第 1 轮侧枝，生长较旺盛，表现得既粗又高。而树林或树群中的树体，接受上方光照较多，树体显著向上拔高，处于第 1 轮至第 2 轮的枝条，因光照不足而生长较弱，严重时自行枯萎，成为天然整枝。处于树冠中的第 3 轮枝条，生长势最强，成为树冠的最下层，这样上部树冠与整个树体之间就出现不同的比例。因此，保留一定的树冠，及时调整有效叶片的数量，维持高粗生长的比例关系，就可以培养出良好的树冠与干形。如果剪去树冠下部的无效枝，使养分相对集中，可加速高度生长。

(二)分枝规律的原理

园林树木在生长进化的过程中形成了一定的分枝规律，一般有主轴分枝、合轴分枝、假二叉分枝、多歧分枝等类型(图 1-2-28)。

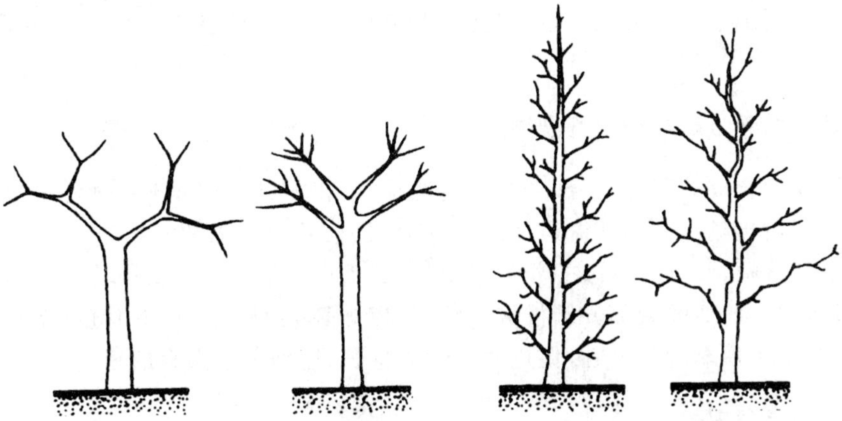

图 1-2-28　树木分枝类型

主轴分枝的树木如雪松、龙柏、水杉、杨树等，其顶芽优势极强，长势旺，易形成高大通直的树干，修剪时要控制侧枝，促进主枝生长。合轴分枝的树木如悬铃木、柳树、榉树、桃树等，新梢在生长期末因顶端分生组织生长缓慢，顶芽瘦小不充实，到冬季干枯死亡；有的枝顶形成花芽而不能向上，被顶端下部的侧芽取而代之，继续生长。假二叉分枝的树木如泡桐、丁香等，树干顶梢在生长季末不能形成顶芽，而是由下面对生的侧芽向相对方向分生侧枝，修剪时可用剥除枝顶对生芽中的 1 枚，留 1 枚壮芽来培养干高。多歧分枝的树木顶梢芽在生长季末发育不充实，侧芽节间短，或顶梢直接形成 3 个以上势力均等的芽，在下一个生长季节，每个枝条顶梢又抽生出3个以上新梢同时生长，致使树干低矮。这类树种在幼树整形时，可采用抹芽法或用短截主枝重新培养主枝法培养树形。

(三)顶端优势的原理

由于在养分竞争中顶芽处于优势，所以树木顶芽萌发的枝在生长上也总是占有优势。当剪去1枚顶芽时，可使靠近顶芽的一些腋芽萌发；而除去1个枝端，则可获得一大批生长中庸的侧枝，从而使代谢功能增强，生长速度加快，有利于花果形成，可达到控制树形、促进生长、花开满树、果实累累的目的。

针叶树顶端优势较强，可对中心枝附近的竞争枝进行短截，削弱其生长势，从而保证中心主枝顶端优势地位；阔叶树的顶端优势较弱，可采用短截、疏枝、回缩等方法，调整主侧枝的关系，以达到促进树高、扩大树冠、促进多发中庸枝、培养主体结构良好树形的目的。

幼树的顶端优势比老树、弱树明显，所以幼树应轻剪，促进树木快速成型；老树、弱树则宜重剪，以促发新枝，增强树势。枝条着生愈高，优势愈强，修剪时要注意将中心主枝附近的侧枝短截、疏剪，以此来缓和侧枝势力，保证主枝优势地位。

(四)光能利用原理

园林植物通过叶片进行光合作用，将光能转变成化学能，贮藏在有机物里。要增强光合作用，就必须扩大叶面积。而剪去枝条顶端，使下部多数半饱满芽得到萌发，使之形成较多的中、短枝，就可增加叶片数量。在树冠内部、树林、树丛中的很多枝叶间又相互影响着光照条件，其受光量自外向内逐渐减少。因此，通过修剪来调整树体结构，改变有效叶幕层的位置，可提高整体的光能利用率。

(五)树体内营养分配与积累的规律

树叶光合作用合成的养分，一部分直接运往根部，供根的呼吸消耗，剩余的大部分改组成氨基酸、激素，然后再随上升的液流运往地上部分，供枝叶生长需要。通过修剪有计划地将树体营养进行重新分配，使过分分散的养分集中起来，重点供给某个生长中心。如培养主干高直的树木时，可将生长前期的大部分侧枝进行短截，以破坏它原有的消耗中心，改变营养运输方向，使营养供给主干顶端生长中心，促进主干的高生长，达到主干高直的目的。

(六)生长与发育规律

园林树木都有其生长发育的规律，即年周期和生命周期的变化。整形修剪可以调节树木的生长与发育的关系，将有限的养分利用到必要的生长点或发育枝上去。

(七)美学原理

园林树木在外界自然环境因子的影响下，经过长期自然选择才能筛选出美丽的自然造型。而通过人工整形修剪，不仅可以在短时间内创造各种自然造型，而且还可以根据人们的意愿和美化环境的需求来创造各种自然形式或规则的几何形式。人工修剪在造型上要讲究艺术构图的基本原理，如在统一的基础上寻求灵活的变化，在调和的基础上创造对比的活力，使树木景观富有韵律与节奏；使用正确的比例、尺度，讲究造景的均衡与稳定，产生丰富的比拟、联想等。

四、整形修剪的原则

(一)根据园林绿化的目的要求

不同的整形方式将形成不同的景观效果,不同的园林绿化目的各有其特殊的整形修剪要求。例如,槐树和悬铃木用来做庭荫树则需要采用自然树形,而用来做行道树则需要整剪成杯状形。又如桧柏做园路树应采用自然树形,但要留 1 m 多的主干;在草坪上做孤植树时留的主干很低,留的裙枝越低越好;做绿篱或规则式栽植时,修剪的高度压低至 1 m 左右。因此,园林树木的整形修剪,必须遵从园林绿化的用途与要求。

(二)根据树木的生长发育习性

1. 根据树木不同的年龄时期进行修剪

幼年期的树木正处于营养生长的旺盛时期,一般不宜进行强度修剪,以整形为主。成年期树木正处于旺盛的开花结实阶段,此时整形修剪的目的在于保持植株的健壮完美,应该注意调节生长与开花结果的矛盾,防止因开花结实过多造成树体衰老。对于某些花木,应使其营养枝和开花枝保持一定的比例,防止隔年开花、结果现象的发生。为了延长树木的成年阶段,应逐年选留一些萌蘖作为更新枝,并疏掉部分老枝,以保证枝条不断地进行更新,防止衰老。由于衰老期树木的生长衰弱,每年枝条的生长量小于死亡量,有的种类树冠内开始出现更新枝。所以修剪时应以强剪为主,使营养集中于少数的腋芽上,刺激芽萌发,抽生强壮的更新枝,利用新生的枝条代替原来老的枝条,达到更新复壮的目的。

2. 根据树木顶端优势强弱不同进行修剪

对于顶端优势强的树种,如桧柏、南洋杉、银杏、箭杆杨等,整形时应留主干和中干,分别形成圆锥形、尖塔形、长卵圆形和柱状的树冠;对于顶端优势较强的树种,如柳树、槐树、元宝枫、樟树等,整形时也应留主干和中干,使其分别形成广卵形、圆球形的树冠;对于顶端优势不强、但萌芽力很强的树种,如桂花、杜鹃、榆叶梅、黄刺玫等,整形时不能留中干,使其形成丛球形或半球形;对具有曲枝开展习性的树种,如龙爪槐、垂枝桃、垂枝榆等,可将树冠整剪成为开张的伞形。

3. 根据花芽着生部位、花芽形成时间及花期进行修剪

春季开花的花木,花芽通常在前 1 年的夏、秋季进行分化,着生在 2 年生枝上,因此在休眠季修剪时,必须注意花芽着生的部位;夏季开花的花木,花芽在当年抽生的新梢上形成,如紫薇、木槿、珍珠梅等,因此,应在休眠季进行修剪。具有顶花芽的花木,如玉兰、山楂、丁香等,在休眠季或者在花前修剪时不能采用短截(除了更新枝势);具有腋花芽的花木,如榆叶梅、桃花、西府海棠等,则在休眠季或花前可以短截枝条。

(三)根据树木生长地点的环境条件

树木的生长发育与环境条件具有密切关系。在不同的生态条件下则树木的整形修剪方式不同,对于生长在土壤瘠薄、地下水位较高处的树木,不应该与生长在一般土壤上的树木以同样的方式进行整形修剪,通常主干应留的低,树冠也相应小。在盐碱地更应采用低干矮冠的方

式进行整剪。在多风地区或风口栽植乔木时,一定选栽深根性的树种,同时树体不能过大,枝叶不要过密。否则适得其反,起不到很好的观赏作用。

不同的配置环境整剪方式不同,如果树木生长地周围很开阔、面积较大,在不影响与周围环境协调的情况下,可使分枝尽可能地开张,以最大限度地扩大树冠;如果空间较小,应通过修剪控制植株的体量,以防拥挤不堪,影响树木的生长,又降低观赏效果。如在一个大草坪上栽植几株雪松或桧柏,为了与周围环境配置协调,应尽量扩大树体,同时留的主干应较低,并多留裙枝。

(四)因枝修剪,随树做形

对于树木整形修剪来说,“因枝修剪,随树做形”,这是一条不成文的法则。通俗一点讲,就是有什么式样的树木,而整成相应式样的形;有什么姿态的枝条,就应进行相应的修剪。对于众多的树木,千万不能用一种模式整形。对于不同类型的或不同姿态的枝条更不能用一种方法进行修剪,而是要因树、因枝、因地而异。特别是对于放任树木的修剪,更不能追求某种典型的、规范的造型,一定要根据实际情况因势利导,只要通风透光,不影响树木的生长发育,不有碍于观赏效果就可以了。

(五)主从分明,平衡树势

主从分明是指主枝与侧枝的主从关系要分明,树势平衡也就是骨干枝分布得要合理。修剪时为了使植株长势均衡,应抑强扶弱,一般采用强主枝强剪(修剪量大些),削弱其生长势;弱主枝弱剪(修剪量小些)。调节侧枝的生长势,应掌握的原则是:强侧枝弱剪(即轻截),弱侧枝强剪(即重截)。因为侧枝是开花结实的基础,侧枝如生长过强或过弱均不利于形成花芽。所以,对强侧枝要弱剪,目的是促使侧芽萌发,增加分枝,使生长势缓和,则有利于形成花芽;对弱侧枝要强剪,短截到中部饱满芽处,使其萌发抽生较强的枝条,此类枝条形成的花芽少,消耗的养分也少,从而对该枝条的生长势有增强的作用,应用此方法调整各类侧枝生长势的相对均衡是很有效的。

整形修剪不是孤立的技术措施,它与很多因素,如施肥、灌水、土壤管理、病虫害与自然灾害的防治等密切相关,也就是说必须在综合管理的基础上才能充分发挥修剪的作用。

五、整形修剪的程序

在进行整形修剪时,首先要了解和熟悉修剪的程序,掌握修剪的顺序,并会熟练应用各种修剪工具,才能做到有条有理,得心应手,忙而不乱。修剪的程序是指一株树木从开始修剪到修剪结束的过程,概括起来就是“一知、二看、三剪、四拿、五处理”。

一知,是指参加修剪工作的人员,必须知道操作规程、技术规范和修剪的一些特殊要求。

二看,是指修剪时先熟悉修剪树木的配置环境及其在环境中发挥的功能作用,根据功能的需要来确定树木的修剪形态。同时要绕树仔细观察,分析树势是否平衡,以便采用相应的修剪技术措施。

三剪,是指因地制宜,依据修剪原则,合理进行修剪,这是整形修剪的核心。对于一棵普通树来说,则应先剪大枝,后剪小枝;先剪上部枝,后剪下部枝;先剪内膛枝,后剪外围枝。按顺序修剪,可提高效率,修剪的效果也会理想。几个人同时修剪一棵树时,应先研究好修剪方案,再动手去做。如果树体高大，则应有一个人专门负责指挥，以便在树上或梯子上协调配合工作，绝不能各行其是，造成最后将树剪成无法修改的局面。

四拿，是指将修剪后挂在树上的断枝及时拿下，集中在一起进行处理。

五处理，是指在整形修剪完成后，为确保工作质量，检查加工必不可省。最好绕树转 1 圈以上，四面观察，有不满意的地方，立即进行加工，尽可能将修剪进行得圆满一些。

六、整形修剪的时期

一般分为休眠季修剪（冬季修剪）和生长季修剪（夏季修剪）两个时期。

（一）休眠季修剪

休眠季修剪是在秋季树木落叶后至第 2 年早春树液开始流动前进行。耐寒力差的树种，宜早春修剪。在树液流动前修剪，伤口最容易形成愈伤组织，因此是修剪的最好季节。如果修剪太早，则因气温低伤口不易愈合；又会因气温短时间的回升，剪口芽萌发，芽萌发过早极易受到晚霜的危害。但也不能过迟，以免临近树液上升萌芽时修剪损失养分，影响树木生长势。对伤流较旺盛的种类，如猕猴桃、核桃、五角枫、槭树类等修剪不可过晚，否则会自伤口流出大量的树液而使植株受到严重的伤害。休眠季修剪的目的主要是培养骨架和枝组，并疏除多余的枝条和芽，以便集中营养于少数枝与芽上，使新枝生长的充实。同时疏除老弱枝、伤残枝、病虫枝、交叉枝及一些扰乱树形的枝条，以使树体健壮，外形饱满、匀称、整洁。

（二）生长季修剪

生长季修剪是在树木萌芽后至新梢或副梢生长停止前进行。生长季修剪的目的是抑制营养生长，促使花芽分化。根据具体情况可进行摘心、摘叶、摘果、除芽、环剥等技术措施。生长期修剪宜早些，这样可以促使早发新枝，使新枝在越冬前有足够的时间贮存营养，以防冻害。若修剪时间稍晚，直立徒长枝已经形成，空间条件许可，可用摘心等方法促其抽生 2 次枝，以增加开花枝的数量。

（三）各类树木的适宜修剪时期

1. 落叶树

每年深秋至翌年早春萌芽前，是落叶树的休眠期。早春时，树液开始流动，生育功能即将开始，这时伤口的愈合较快，如紫薇、月季、石榴、扶桑、木芙蓉等。冬季修剪对落叶植物的树冠形成、树梢生长、花果枝的形成等有重要影响。幼树修剪以整形为主；观叶树修剪以控制侧枝生长、促进主枝生长旺盛为目的；花果树修剪则着重培养骨干枝，促其早日成形，提前开花结果。

2. 常绿树

一般常绿树 4～10 月份为活动期，枝叶俱全，此时宜进行修剪。而 11 月份至翌年 3 月份为休眠期，耐寒性差，减去枝叶有冻害的危险，因此应避免冬季修剪。尤其是常绿针叶树，宜在 6～7 月份生长期内进行短截修剪，此时修剪还可获得侧枝，用于扦插繁殖。北方常绿针叶树，从秋末新梢停止生长开始，到翌年春季休眠芽萌动之前，为冬季整形的时间，此时修剪，养分损失少，伤口愈合快。热带、亚热带地区旱季为休眠期，树木的长势普遍减弱，这是修剪大枝的最佳时期，也是处理病虫枝的最好时期。

【知识训练】

一、填空题

1. 整形修剪时期一般分为________修剪和________修剪两个时期。

2. 整形修剪的程序概括起来为____________________。

3. 园林树木的整形方式有________、________和________三大类型。

4. 整形修剪要按顺序进行，对于一棵普通树来说，则应先剪________，后剪________；先剪________枝，后剪________枝。

5. 园林植物的主要修剪手法有________、________、________、________。

6. 自然与人工混合式整形常见有________、________、________、________、________等形状。

7. 根据剪去枝条的长度，将短截分为________、________、________和________四种。

8. 攀缘植物的整形方式有________、________、________、________、________、________。

9. 常用的伤口保护剂有________、________、________。

10. 中央领导干形整形方式适用于________树、________树和________树的整形修剪。

11. 对于月季、珍珠梅等在生长季中开花不绝的，除早春重剪老枝外，可在花后将________剪去，以便促进再次开花。

二、选择题

1. 短截修剪有轻、中、重之分，一般轻剪是剪去枝条的(　　)。

A. 顶芽　　B. 1/3 以内　　C. 1/2 左右　　D. 2/3 左右

2. 具有顶花芽的花木，在休眠季或者在花前修剪时绝不能采用(　　)修剪方法。

A. 短截　　B. 疏枝　　C. 摘蕾　　D. 抹芽

3. 长放一般多应用于(　　)的枝条，促使形成花芽把握性较大，不会出现越放越旺的情况。

A. 长势较强　　B. 长势较弱　　C. 长势中等　　D. 抹芽

4. 想抑制新梢生长，改变顶端优势，促使侧芽萌发，可采用以下修剪手法(　　)。

A. 捻梢　　B. 抹芽　　C. 摘心　　D. 去蘖

5. 为减少落花落果，提高坐果率，环状剥皮应在(　　)。

A. 花芽分化期　　B. 开花前　　C. 盛花期　　D. 落花后

6. 树木发芽后修剪，一般会(　　)。

A. 增强长势、减少分枝　　B. 增强长势、增加分枝

C. 减弱长势、增加分枝　　D. 减弱长势、减少分枝

7. 树木落叶后及时修剪，一般会(　　)。

A. 增强长势、减少分枝　　B. 增强长势、增加分枝

C. 减弱长势、增加分枝　　D. 减弱长势、减少分枝

8. 修剪主、侧枝延长枝时，剪口芽应选在(　　)。

A. 任意方向　　B. 枝条内侧　　C. 枝条外侧　　D. 枝条左、右侧

9. 行道树的分枝点最低不能低于(　　)。

A. 2 m　　B. 3 m　　C. 4 m　　D. 5 m

10. 绿篱依高度分为绿墙、高篱、中篱、矮篱 4 类，其中中篱的高度在(　　)。

A. 20～25 cm　　B. 50～120 cm　　C. 120～160 cm　　D. 160 cm 以上

三、问答题

1. 整形修剪的概念及二者之间的相互关系？
2. 整形修剪的目的意义是什么？
3. 整形修剪应掌握哪些原则？
4. 如何对园林树木进行杯状形整形？
5. 对比 4 种短截方式在园林树木修剪中的作用。
6. 如何进行整形式绿篱的修剪？
7. 摘心有什么作用？
8. 怎样选留剪口芽？
9. 简述观花类花灌木的修剪技法。

【技能训练】

技能训练 1　行道树与庭荫树的整形修剪

(一)内容提示

1. 确定修剪方案

根据行道树、庭荫树整形修剪的特点和要求，观察修剪树木的树体结构，分析树势是否平衡，确定修剪方案。

2. 做好安全防范措施

对树体高大的树木修剪时，首先做好安全防护措施，最好使用升降车，使用梯子时要架稳。需要几个人同时修剪一棵树时，要有一个人专门负责指挥，以便协调配合工作。

3. 截干

为促进行道树或庭荫树的更新复壮，有时对干茎或粗大的主枝、骨干枝等进行断截。在截除粗大的侧生枝干时，应先用锯在粗枝基部的下方，由下向上锯入 1/3～2/5，然后再自上方(在基部略前方处)从上向下锯下，如此可以避免劈裂，最后用利刀将伤口自枝条基部切削平滑，并涂上保护剂。

4. 疏枝

如果因为枝条多，特别是大枝多造成生长势强，则要疏除大枝。将无用的大枝先锯掉，再剪中等枝条和小枝，将枯枝、徒长枝、病虫枝、内膛枝等自枝条的基部剪除，保证树体通风透光，旺盛生长。

5. 抹芽

夏季对行道树主干上萌发的隐芽进行抹除，可以使行道树主干通直，不保留干下蘖芽，以免影响交通；同时可以减少不必要的营养消耗，保证行道树的健壮生长。

6. 清理现场

将修剪下来的枝条进行清理，用车运走，集中到一起进行处理。

(二)作业

1.绘制行道树和庭荫树的整形树形。

2.完成实习报告,记录整形修剪的过程和技术要点。

技能训练2 花灌木与小乔木的整形修剪

(一)内容提示

选择园林绿地中观花、观果、观枝和观叶不同类型的花灌木和小乔木,在教师的指导下进行整形修剪训练。

1.观花类修剪

(1)早春开花种类 修剪方法以截、疏为主,综合运用其他方法。对具有顶花芽的种类,在休眠季修剪时不能短截着生花芽的枝条;对具有腋花芽的种类,在休眠季修剪时则可以短截枝条;对具有拱形枝的种类,如迎春、连翘,采用疏剪和回缩的方法,一方面疏除过密枝、枯死枝、徒长枝、干扰枝等,另一方面回缩老枝,促发强壮新枝。

(2)夏秋开花种类 这类灌木和小乔木的修剪时间通常在早春树液流动前进行,修剪方法主要采用短截和疏剪。有的在花后去除残花。

(3)一年多次开花的种类 这类花灌木的修剪分两个阶段:休眠期和生长期。在休眠期剪除老枝,生长季节在花后短截新梢,如月季、珍珠梅等。

2.观果类修剪

观果类的修剪时期和方法与早春开花的种类大体相同,但需特别注意及时疏除过密枝、徒长枝、枯死枝、病虫枝,确保通风透光,减少病虫害,促进果实着色,提高观赏效果。为提高其坐果率和促进果实生长发育,往往在夏季采用环剥、疏花、疏果等修剪措施。

3.观枝和观叶类修剪

观枝类花木,往往以嫩枝最鲜艳,因此为了延长观赏期,一般冬季不修剪,到早春萌芽前重剪,以后轻剪,促使萌发更多枝叶。除此之外,还应逐步疏除老枝,不断进行更新。如红瑞木、棣棠等。观叶类一般只做常规修剪。

(二)作业

1.对所修剪的花灌木和小乔木进行列表,对比说明各类树木的修剪时期、修剪方法、技术要点和注意事项。

2.完成实习报告。

技能训练3 绿篱、色块、色带的整形修剪

(一)内容提示

(1)对已经定型的方形、梯形绿篱,按照原来的设计高度,用钢卷尺从地面向上量至规定的

高度，在绿篱两端各立一个木桩，拉绳后将高出绳子的部分枝条剪去，再按设计要求修剪，注意握剪方法和修剪技巧，绿篱顶面和侧面要修剪平整。

(2)在掌握一定的修剪技巧的基础上，徒手修剪圆顶形、球形、柱形绿篱。

(3)色块和色带的修剪按照设计的要求修剪，修剪方法同绿篱。色块的面积较大时，需要使用伸缩型绿篱剪或借助跳板等工具才能完成。

(二)作业

1.记录修剪情况与结果。

2.将修剪心得整理成实习报告。

技能训练4　其他特殊树形的修剪与整形

(一)内容提示

(1)对于已经定型的几何体造型，按照原来的形状，对于多余的枝条进行修剪，要求方法较熟练。

(2)对于仿真式或抽象式造型，修剪比较复杂，可事先制作模具，然后将模具套在适宜整形的树木上，以后不断地将长出网外的枝叶剪去，待网内生长充实后，将模具取走。

(二)作业

记录特殊造型的整形修剪方法，并整理成实习报告。

【小知识】

1.顶端优势

位于枝条顶端的芽或枝条，萌芽力和生长势最强，而向下依次减弱的现象称为顶端优势。枝条越是直立，顶端优势表现越明显；水平或下垂的枝条，由于极性的变化顶端优势减弱。

2.芽的异质性

由于芽形成时，枝叶生长的内部营养状况和外界环境条件的不同，使着生在同一枝条上不同部位的芽，存在大小、饱满程度差异的现象，称为芽的异质性。一个正常生长的枝条上，一般基部的芽质量最差，中上部的芽质量好，长得饱满，近顶端的芽质量也较差。在有春秋梢生长的枝条上，除有上述规律外，在春秋梢交界处，节部芽极小，质量很差或无芽，叫作“盲节”。

3.萌芽率和成枝力

一年生枝条上芽的萌发能力，称萌芽力，常用萌芽数占该枝上芽总数的百分数来表示，称萌芽率。枝条上的芽萌发后，并不是全部都能抽生成为长枝，抽生长枝的能力，称为成枝力。

4.绿篱修剪车

我国园林市场上新出现的绿篱修剪车，不仅修剪规格一致，且提高了工作效率几十倍，尤其是对高速公路或长带状绿篱的修剪更为方便。

【小经验】

1.化学修剪

化学修剪就是使用生长促进剂或生长抑制剂、延缓剂对植物的生长与发育进行调控的方法。促进植物生长时可用生长促进剂，即生长素类，如吲哚丁酸(IBA)、萘乙酸(NAA)、2,4-二氯苯氧乙酸(2,4-D)、赤霉素(GA)、细胞分裂素(BA)。抑制植物生长时可使用生长抑制剂，如

B_9、矮壮素(CCC)、控长灵(PP333)(表 1-2-6)。

表 1-2-6 生长抑制剂使用浓度与方法

药物名称	使用浓度/(mg/kg)	使用方法	使用时期
B_9	2 000～3 000	喷叶面雾	生长季 1～3 次
矮壮素(CCC)	200～1 000	喷叶面雾	生长季 1～2 次
整形素(EMD-IT3133)	10～100	喷叶面雾	生长季 1～2 次
控长灵(PP333)	5 000～8 000	喷叶面雾	生长季 1～3 次

2. 成片树林的整形修剪技术

(1)对于主轴明显的树种,如杨树、油松等,修剪时注意保护中央领导枝。当出现竞争枝(双头现象)只选留 1 个;如果领导枝枯死折断,树高尚不足 10 m 者,应于中央领导干上部选一强的侧生枝,培养成为新的中央领导枝。

(2)适时修剪主干下部侧生枝,逐步提高分枝点。分枝点的高度应根据不同树种、树龄而定。同一分枝点的高度应大体一致,林缘分枝点应留低一些,使树林呈现丰满的林冠线。

(3)对于一些主干很短,但树已长大,不能再培养成独干的树木,也可以把分生的主枝当作主干培养,逐年提高分枝,呈多干式。

【教学课件】

工作任务 1 行道树和庭荫树的整形修剪技术

工作任务 2 花灌木与小乔木的整形修剪技术

工作任务 3 绿篱的整形修剪技术

工作任务 4 藤本类植物的整形修剪技术

工作任务 5 特殊造型植物的整形修剪技术

园林植物整形修剪技术-相关知识

【项目彩图】

项目彩图

项目三

园林植物的修补与支撑技术

学习目的

通过学习园林植物的修补与支撑技术的相关知识，掌握园林植物修补与支撑的技术及措施，为从事园林绿地养护工作打下坚实的基础。

知识目标

熟悉树体伤口修补的一般步骤及常用技术，了解影响树体支撑的因素，熟悉树体支撑的类型与方法。

能力目标

能够根据实际情况采用正确的修补技术，对树体皮部伤口与树洞进行规范处理；能够采取柔韧支撑和刚硬支撑技术，对树体进行规范处理。

工作任务1　园林植物的修补技术

【任务目标】

掌握园林植物伤口修补的一般步骤及常用技术。

【任务内容】

1. 根据工作任务，采取课堂以及校内外实训基地（包括园林绿地、苗圃、街道等）现场相结合的形式，通过查阅资料与网上搜集，获得园林植物修补的基本知识。

2. 通过校内外实训基地，熟悉树体伤口修补的一般步骤及常用技术。

3. 对任务进行详细记载，并描述各类修补方法的操作要点及注意事项。

【教学资源】

1. 材料与器具：消毒剂（2%～5%硫酸铜溶液、石硫合剂原液等）、保护剂（紫胶、沥青、树木涂料、液体接蜡、熟桐油或沥青漆等）、伤口愈合剂（0.01%～0.1%的萘乙酸膏）、填充剂（水泥砂浆、沥青混合物、聚氨酯塑料、弹性环氧胶、木块、木砖、软木、橡皮砖等）、各类工具（木锤或橡皮锤，各种规格的凿、圆凿和刀具，气动或电动凿或圆凿，各种规格的电钻、螺栓、螺丝等）。

2.参考资料：各类教学参考书、多媒体教学课件、各网站相关资料等。

3.教学场所：教室、实验（训）室以及校内外实训基地。

4.师资配备：每20～25名学生配备1名指导教师。

● 内容及操作步骤

树木受伤以后，在其周围形成愈伤组织，愈伤组织形成以后，增生的组织又开始重新分化，使受伤丧失生活能力的组织逐步恢复正常，向外与韧皮部愈合生长，向内产生形成层，并与原来的形成层连接，伤口被新的韧皮部和木质部覆盖。随着愈伤组织进一步增生扩大，形成层与分生组织进一步结合，覆盖整个伤面，使树皮得以修补，恢复其保护能力。树木的愈伤能力与树种、生活力及创伤面的大小有密切的关系。一般来说，树种越速生，生活能力越强；伤口越小，愈合速度越快。

伤口的修复有两个方面：一是树木本身自然修补恢复，这种修复只限于皮部受伤的伤口，而且面积不太大。二是人为的外来修补，通常将对树体（干、枝、根等）的损伤进行修补、加固的技术措施，称为树木外科手术。根据受伤的程度和部位的不同又分为皮部伤口的修复和本质部伤口的修补。二者均以伤后处理为主，目的在于治愈创伤，恢复树势，防止早衰。这对于古树、名木的保护和树木意外损伤的修复尤为重要。

一、皮部伤口的治疗

皮部受伤以后，有的能够自愈，有的不能自愈。为了使其尽快愈合，防止扩大蔓延，应该及时对伤口进行治疗，也可以采用刮树皮和植皮等措施进行处理。

（一）伤口的治疗

对于旧的伤口可先刮净腐朽部分，再用利刃将健全皮层边缘削平呈弧形，然后用药剂（2%～5%硫酸铜溶液、石硫合剂原液）消毒，最后再涂保护剂。选用的保护剂要求容易涂抹，黏着性好，受热不融化，不透雨水，不腐蚀树木组织，同时又有防腐消毒的作用，如紫胶、沥青、树木涂料、液体接蜡、熟桐油或沥青漆等。对于新伤口，可用含有0.01%～0.1%萘乙酸膏涂抹在伤口表面，促其加速愈合。伤口处理一次往往是不够的，要进行定期检查，一年内重复处理2次，才能获得满意的效果。

（二）刮树皮

刮树皮的目的是减少老皮对树干加粗生长的约束，并可清除在树皮缝中越冬的病虫。但对刮皮后出现流胶的树木，不可采用。刮树皮多于休眠季进行，冬季严寒地区可延至萌芽前，刮树皮时要掌握好深度，将粗裂老皮刮掉即可，切勿伤及绿皮或以下部位。刮后应立即涂以保护剂。

（三）植皮

对伤面较小的枝干，可于生长季节移植同种树的新鲜树皮。具体做法：首先对伤口进行清理，然后从同种树上切取与伤面相等的树皮（移植面积大小一定要吻合），伤面与切好的树皮对好压合后，涂以10%萘乙酸，再用塑料薄膜捆紧即可。这种方法以形成层活跃时期(6～8月份)最易成功，操作应越快越好。

思考与操作：归纳树木皮部伤口的治疗规程，并进行操作。

二、木质部伤口的修补

木质部伤口有的是皮部伤口恶化而形成的，也有的是因剧烈的创伤直接形成，所以，首先要做好皮部伤口的治疗工作，以防扩大形成木质部伤口。木质部伤口形成后如果不及时修补，长期经受风吹雨淋，木质部腐朽，最后会形成空洞。

树洞形成后，由于影响树木水分和养分的运输及贮存，严重削弱树木生长势，同时降低树木枝干的坚固性和负荷能力，在大风时会发生枝干折断或树木倒伏，这时不仅树木受到了损害，还会造成一些其他伤害(如砸坏建筑物、车辆、广告牌或使人身受到伤害等)。假如洞口朝上，下雨时雨水直接灌入洞中，致使木质部腐烂，长期不处理不仅会使树木生长不良，而且会造成树木死亡，影响美观，还可能招致意外。

树洞处理比表面伤口的处理复杂得多。这是因为洞口内的腐朽部分可能纵向和横向扩展很远，而多数空洞的内壁不容易从外面观察到，因此树洞的清理和修整必须从洞口开始，一不小心就会失手损害活的组织。每个树洞都有其本身的特点，都应从实际出发，灵活处理，并需要比较熟练的技术。过去处理树洞的方法，就是简单地用某些固体材料填到洞内，而近年来的发展趋势是保持树洞的开口状态，对内部进行彻底清理、消毒和涂漆。根据我国部分地区的实践和国外的标准方法，树洞处理的主要步骤是清理、凿铣、整形、消毒和涂漆(图1-3-1)。

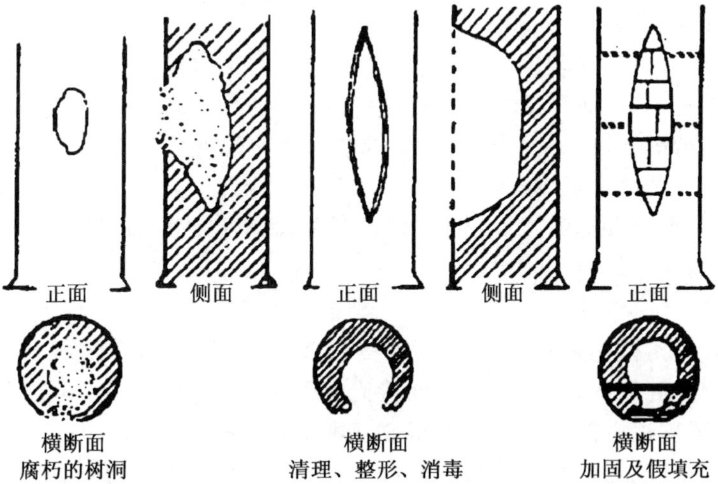

图1-3-1　树洞的处理

树洞修补(一)　　树洞修补(二)

(一)树洞的清理

树洞的清理应在保护树体受伤后形成的障壁保护系统的前提下,小心地去掉腐朽和虫蛀的木质部。凿铣的主要工具有木锤或橡皮锤,各种规格的凿、圆凿和刀具等。在对规模较大的树洞进行清理时,利用气动或电动凿或圆凿等机械铲除腐朽的木质部,可大大提高作业的工效和质量。

根据树洞的大小及其洞口状况的差异,对不同的树洞有不同的清理要求。小树洞中的变色和水渍状木质部,因其所带的木腐菌已处于发育的最活跃时期,即使看起来还相当好,也应全部清除;对于大树洞的处理要十分谨慎,变色的木质部不一定都已腐朽,甚至还可能是防止腐朽的障壁保护系统。因此,如果盲目地大规模铲除变色的木质部,不但会大大削弱树体结构,致使树体从作业部分断裂,而且会因破坏障壁而导致新的腐朽。对于基本愈合封口的树洞,要清除内部已经腐朽的木质部十分困难,如果强行凿铣,就要铲除已经形成的愈合组织,破坏树木的输导组织,导致树木生长的衰弱,最好保持不动。但是为了抑制内部的进一步腐朽,可在不清理的情况下,注入消毒剂;如果经过周密的考虑,必须切除洞口的愈合组织,清理洞内的木质部,也应通过补偿修剪,减少枝叶对水分和营养的消耗,以维持树体生理代谢的平衡。

(二)树洞整形

1. 内部整形

树洞内部整形的目的主要是防止树洞积水。

(1)浅树洞的整形　在树干和大枝上形成的浅树洞有积水的可能时,应该切除洞口下方的外壳,使洞底向外向下倾斜,防止积水。

(2)深树洞的整形　有些较深的树洞,如果按上述方法砍除外壳消灭水袋,就会严重破坏边材和大面积损伤树皮,从而降低树木的机械强度和生长势。在这种情况下,就应该从树洞底部较薄洞壁的外侧树皮上,由下向内、向上倾斜钻孔直达洞底的最低点,在孔中安装稍突出于树皮的排水管。当树洞底部低于土面时,安排水管十分不便,而且很难消除水袋,应在适当进行树洞清理之后,在洞底填入理想的固体材料,并使填料上表面高于地表 10～20 cm,向洞外倾斜,以利排水出洞。

2. 洞口整形

洞口外缘的处理比树洞其他部位的处理更应谨慎,以保证愈合组织的顺利形成与覆盖。洞口整形最好保持其健康的自然轮廓线,保持光滑而清洁的边缘。在不伤或少伤健康皮层的情况下,树洞周围树皮边沿的轮廓线应修整成基本平行于树液流动方向,上下两端逐渐收缩靠拢,最后合于一点而形成近椭圆形或梭形开口;同时应尽可能保留边材,防止伤口形成层的干枯。如果在树皮和边材上突然横向切削形成横截形,则树液难以侧向流动,不利于愈合组织的形成与发展,甚至造成伤口上下两端活组织因饥饿而死亡。

洞口周围已经切削整形的皮层幼嫩组织,应立即用紫胶清漆涂刷,保湿,防止形成层干枯萎缩。

(三)树洞加固

1. 螺栓加固

利用锋利的钻头在树洞两壁的适当位置钻孔,在孔中插入相应长度和粗度的螺栓,在出口端套上垫圈后,拧紧螺帽,将两边洞壁联结牢固。在操作中应注意两个问题:一是钻孔的位置至少离健康皮层和形成层带 5 cm；二是垫圈和螺帽必须完全进入埋头孔内。其深度应足以使形成的愈合组织覆盖其表面（图 1-3-2）。此外，所有的钻孔都应消毒并用树木涂料覆盖。

2. 螺丝加固

选用比螺钉直径小的钻头，在适当位置钻一穿过相对两侧洞壁的孔，在开钻处向木质部打孔洞，深度应刚好使螺钉头低于形成层。在切面上涂刷紫胶漆，然后用管钳将螺钉拧入钻孔。对于长树洞，除在两壁中部加固外，还应在树洞上下两端健全的木质部上安装螺栓或螺钉（图 1-3-2）。

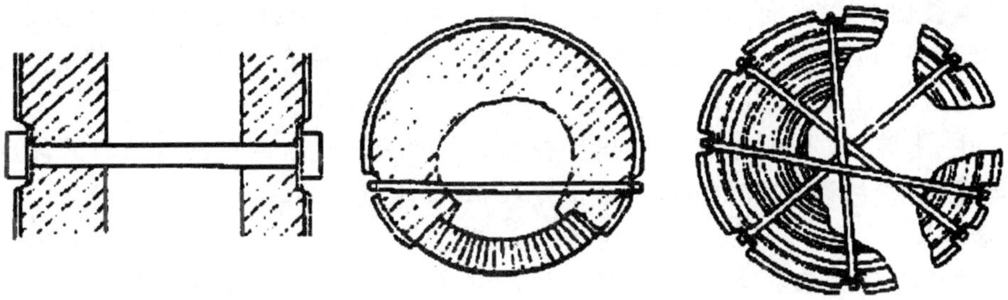

单螺栓加固（示埋头孔）　　螺丝加固与假填充　　多螺栓加固（不同高度）

图 1-3-2　树洞加固

（四）消毒与涂漆

树洞处理的最后一道重要工序是消毒和涂漆。消毒是对树洞内表的所有木质部涂抹木馏油或 3％的硫酸铜溶液。消毒之后，所有外露木质部都要涂漆。预先涂抹过紫胶漆的皮层和边材部分同样要涂漆。

（五）树洞的填充

树洞填充的目的，一是防止木材的进一步腐朽；二是加强树洞的机械支撑；三是为愈合组织的形成和覆盖创造条件；四是改善外观，提高观赏效果。填充的方法主要有以下几种。

1. 水泥砂浆填充

由 2 份净沙或 3 份石砾与 1 份水泥，加入足量的水搅拌而成，是使用最方便、价格最便宜的常见填料。一般用泥刀把砂浆放入洞内充分捣实。大量填充应分层或分批灌注。每次灌入砂浆的宽度和厚度不得超过 15 cm，以防因其膨胀与收缩及树木的摇摆、弯曲、扭转而使填料发生碎裂。处理方法是利用三层油毛毡叠合，将各层隔开。如果树洞太宽，还应每隔 5 cm 铺一垂直层。水泥填料坚硬，易碎不耐久，适合于小树洞、干基或大根的空洞。这些位置一般不会因为树体摇摆而发生弯曲和扭转。

2. 沥青混合物填充

科学配制的沥青混合物比水泥砂浆的填充效果好，但配制烦琐，灌注困难。常用的沥青混合物是将 1 份沥青加热熔化，加入 3～4 份干燥的硬材锯末、细刨花或木屑，边加料边搅拌，使添加物与沥青充分搅匀，成为面糊颗粒状混合物。灌注时应充分捣实。当树洞很大或混合物太软时，容易从洞口流出，可用粗麻布、草席或薄木板等挡住，待填料冷却变硬后拆除覆盖物，用热熨斗将表面熨烫抹平，并在暴露的表面涂上木馏油、沥青或油漆。沥青混合物的主要缺点是在炎热夏天的阳光照射下，洞口附近的沥青易变软、溢出，但比水泥砂浆柔韧、轻软和防腐。

3. 聚氨酯塑料填充

聚氨酯是一种最新的填充材料，我国已开始应用。这种材料坚韧、结实、稍有弹性，易与心材或边材黏合；重量轻、操作简便，易灌注，并可与许多杀菌剂共存；膨化与固化迅速，便于愈伤组织的形成。填充时，先将经清理整形和消毒涂漆的树洞出口周围切除 0.2～0.3 cm 的树皮带，露出木质部后注入填料，使外表面与露出的木质部相平。

4. 弹性环氧胶填充

弹性环氧胶加 50%水泥、50%细沙补树洞，3 年后检查无裂缝，能和伤口愈伤组织紧密汇合生长，色泽光亮，其黏结力强。而水泥灰沙 1～2 年后自然脱落，与愈伤组织不能紧密结合。

5. 其他材料填充

包括木块、木砖、软木、橡皮砖等。这些材料大都具有超过水泥和沥青填料的优点。

思考与操作：归纳树木木质部伤口的治疗规程，并进行操作。

【操作要点】

1. 对于枝干上的皮部伤口，首先用锋利的刀刮净削平四周，使皮层边缘呈弧形，用消毒剂(2%～5%硫酸铜溶液、石硫合剂原液等)杀菌消毒后，再用保护剂(紫胶、沥青、树木涂料、液体接蜡、熟桐油或沥青漆等)涂抹。

2. 对于新伤口，可在消毒后用含有 0.01%～0.1%萘乙酸膏涂抹在伤口表面，促其加速愈合。

3. 对于树洞，采用锤、凿等工具先将腐烂部分彻底清除，刮去坏死组织，露出新组织，整形洞口，并根据实际情况，采用螺栓或螺丝加固，随之消毒、涂漆，最后填充。

【注意事项】

1. 对所要修补的植物特性有一定的了解，并懂得修补的基本知识，才能从事此项工作。

2. 操作过程中注意力集中，严禁说笑打闹，保障人员安全。

3. 修补高处的伤口或树洞时，梯子要放置稳固，并有专人把守。

4. 工作中必须要按规定穿戴好工作服、安全帽等劳保用品。

【任务考核标准】

表 1-3-1 园林植物的修补技术任务考核参考标准

序号	考核项目	考核内容	考核标准	考核方法	标准分值
1	基本素质	学习工作态度	态度端正，学习精力集中，学习方法多样，积极主动，全部出勤，否则将酌情扣分。	单人考核	5
		团队协作	具备团队合作精神，积极与小组成员合作，共同完成工作任务，否则将酌情扣分。	单人考核	5
2	专业技能	园林植物修补技术方案制定	能够根据园林植物伤口情况，制定切实可行的修补技术方案。方案不规范者，酌情扣分。	小组考核	15
		皮部伤口的治疗	能够规范地进行园林植物皮部伤口的治疗。操作不规范者，酌情扣分。	小组考核	25
		木质部伤口的修补	能够规范地进行园林植物木质部伤口的修补。操作不规范者，酌情扣分。	小组考核	25

续表 1-3-1

序号	考核项目	考核内容	考核标准	考核方法	标准分值
3	职业素质	方法能力	独立分析和解决问题的能力强，能主动、准确地表达自己的想法。	单人考核	5
		工作过程	能够广泛查阅、收集和整理资料，工作过程规范，有完整的工作任务记录，字迹工整。	小组考核	10
		自测训练与总结	及时准确地完成自测训练，总结报告结果正确，电子文本规范，体会深刻，上交及时。	单人考核	10
	合　计				100

工作任务 2　园林植物的支撑技术

【任务目标】

掌握园林植物支撑的一般步骤及常用技术。

【任务内容】

1. 根据工作任务，采取课堂、实验（训）室以及校内外实训基地（包括园林绿地、苗圃、街道等）现场相结合的形式，通过查阅资料与网上搜集，获得相关园林植物支撑的基本知识。

2. 通过校内外实训基地，熟悉各类园林植物支撑方法的基本操作。

3. 对任务进行详细记载，并描述各类园林植物支撑方法的操作要点及注意事项。

【教学资源】

1. 材料与器具：支架、钢管、钢片、钢索、紧线器、螺栓、螺钩、金属杆、金属缆绳等。

2. 参考资料：各类教学参考书、多媒体教学课件、各网站相关资料等。

3. 教学场所：教室、实验（训）室以及校内外实训基地。

4. 师资配备：每 20～25 名学生配备 1 名指导教师。

● 内容及操作步骤

对于树体结构脆弱，枝、干重量失去平衡及遭受伤害致使树体结构破坏，强度严重削弱的树木，一定要进行人工支撑，以减少树木的损伤，延长树木的寿命。

虽然树木的支架与牵索是一种古老的园林实践活动，但是在支撑加固材料与方法上的改进还是近年来的事。以前使用的铁箍、铁杆和铁链支撑的方法，既昂贵又不美观，不但效率低而且常常对树木造成危害。特别是铁箍加固，会严重妨碍树液的正常流动，对形成层的活动造成极大的损害，甚至造成新的腐朽。现代的树木支撑技术可分为两种主要类型，即柔韧支撑和刚硬支撑（图 1-3-3）。

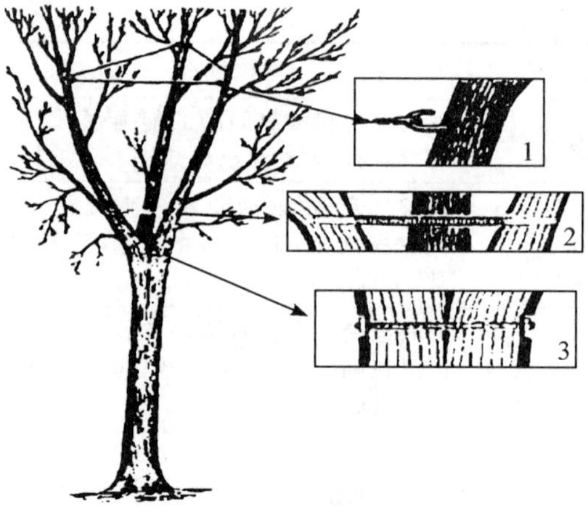

图 1-3-3 树木的软、硬加固

1.嵌环与挂钩连接 2.螺纹杆加固 3.埋头螺栓加固

一、柔韧支撑

柔韧支撑又称软支撑,是除连接部件用硬质材料外,其他均用金属缆绳进行支撑,以加固树体的方法。柔韧支撑多用于吊起下垂低落、摩擦屋顶、撞击烟囱或有害于其他物体的枝条,易被强风或冰雹等折断的珍稀树木的枝条,以及用以加强弱分杈的强度等。这种方法可允许支撑枝条有一定自由摆动范围。根据缆绳排列方式可分为单引法、围箱法、毂辐法和三角法等(图 1-3-4)。

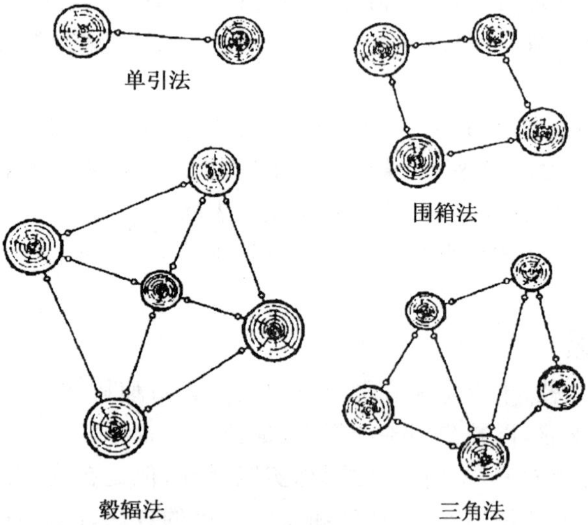

图 1-3-4 大树的柔韧支撑

(一)单引法

用单根缆绳牵引连接两根大枝的方法,多用于单杈。

(二)围箍法

缆绳以周边闭合的方式,在差不多相同的水平面上,将一棵树的所有大枝顺序连接在一起。它可给大枝提供侧向支撑,经受最大范围的树冠摆动,但对弱杈的支撑能力较小。

(三)毂辐法

缆绳从中心主干、大枝或中央金属环辐射连接周围的主枝。它可提供直接和侧向支撑,但对枝条的支撑力较小。

(四)三角法

用缆绳将相邻的3根主枝连接起来直至全部大枝成为一个整体。它可为弱分杈或劈裂杈提供直接支撑,也可为枝条提供较好的侧向支撑,是所有柔韧支撑方式中最有效的方法。

柔韧支撑主要是一种严格的预防性措施,成本低,效果好,值得广泛推广。

二、刚硬支撑

刚硬支撑又称硬支撑,是用硬质材料,如螺栓、螺帽等加固弱分杈、劈裂杈、开裂树干和树洞的方法。刚硬支撑常在树体较低部位进行,操作比较简单。刚硬支撑是为了使固定部分牢固地结合在一起,各自没有什么移动的余地。这种支撑既可是预防性的,又可是治疗性的。对弱杈的支撑属预防保护性的,对劈裂部分的复位固定属治疗性的。

有些古树的年龄常超过数百年甚至数千年,只剩下过去形成、现在已不完整的部分外壳支撑着树冠或只剩下残余的树冠。在这种情况下,采用树洞加固与填充的方法基本无效。由于树干中空、内膛全部暴露,病原菌也没有适宜的环境条件滋生为害,但要保持树冠的稳定却十分困难;还有些树木,树体严重倾斜或某些大枝伸展过远,树体严重地失去平衡,极易翻倒或造成大枝的断裂。在这些情况下,不能通过树体上部的大枝支撑加固,恢复各部分的力学平衡,必须进行直立支撑才能解决问题。

三、支撑材料与安装方法

(一)支撑材料

用于支撑加固的材料有钢索、紧线器、螺栓、螺丝钩或金属杆等。用于直立支撑的材料应有较高的强度,因为它不但要承受大枝甚至整个树冠的重量,而且要抵御树下行人活动的影响,稍有失误就会触发意外事故。一般可用金属管、水泥柱或木柱等。木柱不耐久;水泥柱虽耐久但过于笨重,支撑很不方便;钢管是最好的支撑材料,若涂抹防锈剂并稍加装饰,不但持久而且能协调与周围环境的关系。现在,许多地方采用不锈钢管材作为支撑材料,既美观,又坚固。

(二)安装方法

支撑材料的安装,一定要遵循牢固、安全、美观和不妨碍树木愈合生长的原则。

1. 缆绳的安装

在安装缆绳中要考虑许多因素：一是安装位置；二是连接方法；三是缆绳的松紧度；四是材料的种类。

缆绳安装的合适位置取决于支撑的目的、树木的种类、树木的形状和各个枝条的相互关系与状况。一般应掌握受力方向相反的原则，将两根枝条用缆绳连接在一起。如果一根枝条向左，另一根枝条向右，可用一根缆绳连接。如果缆绳从上往下，下端的连接点离枝基太远，可能会因悬吊力量过大而导致枝条连接处的突然折断；如果缆绳固定点太高，起的作用不大；太低，枝条较重部分实际上没有得到支撑。根据经验，一般可从分杈点以上，枝长 1/2 或 2/3 的地方作为支撑点的近似安全值。此外，在支点选择中，还应注意枝梢继续生长的特性。

缆绳与枝条常用螺丝钩、U 形螺栓、紧线器等材料连接。不论用螺丝钩，还是穿眼螺栓、钩螺栓或环形螺母，都应遵守的原则为：①扣件（螺丝或螺栓）要尽可能牢牢地固定在健全的木质部上；②扣件规格要与枝条大小比例相称；③在同一枝条上安装两根以上缆绳时，钻孔位置应相互错开，并使缆绳之间的距离相隔 30 cm 左右；④钻孔方向应与固定的缆绳处于同一直线并尽可能与被支撑的枝条轴线呈直角，以免扣件侧方受力造成弯曲或断裂(图 1-3-5)。

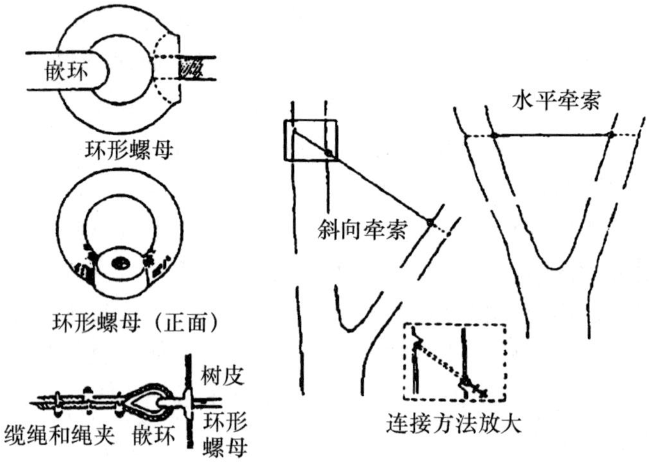

图 1-3-5　绳索加固安装方法

当缆绳的一端挂在螺丝钩上以后，横向拉至另一钩的位置，测定其所需要的长度，并留出第二个接头绞接的长度。缆绳的长短既要便于操作，又要在安装后松紧适度。为了使缆绳安装取得松紧适当的效果，可在缆绳适当缩短的情况下，采用两种方法：一是通过滑轮组或卡车，将枝条拉至第二个绳环挂至第二个钩上；二是在索与钩之间安装紧线器，通过紧线器调节松紧程度。

应该注意的是，无论是螺丝、螺栓，还是缆绳的铰接部分都要涂刷金属防护漆，进入木质部的部分应刷树涂剂后安装。

2. 刚硬支撑物的安装

树体本身的相互支撑：树体的刚硬支撑多用螺丝或螺栓。这是树体各部分之间的相互支撑加固。树洞的加固也属此类，前面已经述及，在此不再重复。

(1)杈的支撑 对于具有弱分杈的健康树木和分杈处已经形成树洞或劈裂的树木,都要进行人工支撑。一般来说,不论什么情况,如果大枝伸展长度已超过 6 m,就应在分杈以上较高的位置安装缆绳加固。在小树或大树二次分杈处,可在分杈点以上穿入一根螺丝或螺栓,将两枝连接起来。粗大枝条则需水平安装两根相互平行的螺栓(图 1-3-6)。两根螺栓之间的距离约为安装处枝条直径的一半。

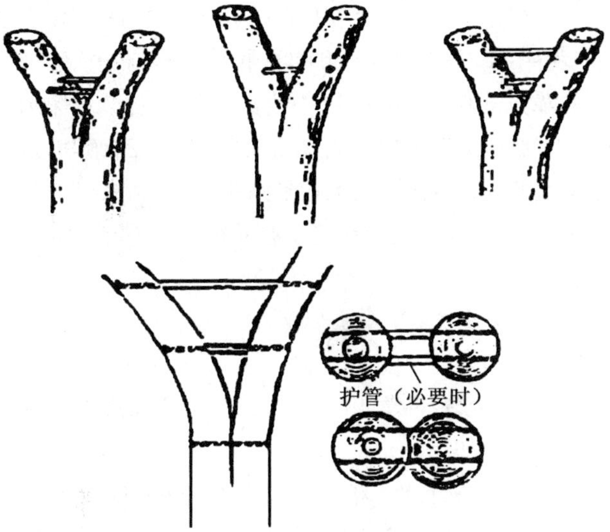

图 1-3-6 用螺纹杆加固树杈的方法

对已经劈裂的大枝,在安装螺栓前应进行伤口消毒和涂漆,并在连接点以上的适当位置用定位绳和滑轮组将两根大枝拉到一起,使二者伤口紧紧闭合,再用比螺栓大 0.15 cm 左右的钻头,垂直通过伤面钻孔,两侧安上垫片,插入螺栓,用螺帽固定,必要时也可在装好的第 1 根螺栓以上数十厘米的地方安装第 2 根螺栓加固。对于劈裂枝干的加固,用螺栓将劈裂的大枝或树干长缝固定在一起,一般应每隔 30 cm 安装 1 根。为了避免钻好的孔洞排在同一树液流动线上,妨碍树液流动和避免安装不当造成新的开裂,应使螺栓在枝、干轴线左右错位排列。

(2)客体立式支撑 这是利用他物进行支撑的方法。支撑物的下端一般都要牢牢地固定在地上。为了防止地面支撑点下沉,最好浇注水泥基座。支撑方向可以垂直,也可倾斜,最好与支撑枝干的长轴垂直。支撑物的上端与树木的连接方法有 4 种:①顶一"月牙枕"或"凹形手",其形状与交点树木的径粗圆弧相一致。这种方法虽然支撑安全,但会损害接触点的皮层和形成层。②从树木支撑点沿支撑力的方向钻孔,用一尖棒或螺栓插入孔中与支撑的顶端连接提供支撑,如果用尖棒,钻孔深度只为枝条的一部分;如果用螺栓则需钻穿枝条,插入螺栓后从上侧用螺帽和垫片固定,但应为埋头孔。这种方法对树木的损伤小,可用于单枝或较小的树。如用于大树会因暴风扭旋树木而使铁棒或螺栓折裂,不安全。③通过树木有关部位沿水平方向横向钻孔,插入螺栓,使两端分别突出几厘米,然后用第一种方法中所说的"月牙枕"结构顶住,但"月牙枕"两端必须向上急剧弯曲,以便分别与螺栓突出端连接,而不与树木接触,甚至还应留有相当的间隔,随着树木的生长而不易接触。这种方法既可提供安全支撑,又不妨碍树木的生长。④在树枝上水平钻孔,插入螺栓,两端同样突出几厘米,用螺帽和垫片与埋设在地面水泥中的两根金属管固定在一起。为了使分枝能随风摇动,可用另外的管子嵌进支撑管中,并用螺栓固定。这种方法实际上是第3种方法的变形,虽具有更为安全、有一定摆动能力的优点,但较费材料。

当两棵相邻的树木发生倾斜,必须利用一棵树对另一棵树进行支撑时,可以采用水平或斜向改良式刚硬支撑;在弱树背离强树倾斜时,可以倚靠强树,利用缆绳悬挂或拉住弱树;但是,当弱树向强树倾斜时,则必须以强树为倚托,用刚硬支撑的方法顶住弱树。在这种情况下,可根据被支撑树木的大小,利用2.5~7.5 cm粗的钢管支撑效果极好。在每一棵树的连接点上钻一个与钢管直径相同的浅洞,在洞的中央钉一枚大钉子或拧入一颗小的方头螺丝,然后将钢管装在钉或螺钩上,并使管端进入浅洞内。树上钻洞位置要正确,深度要合适,使钢管在洞中的支撑面最大。钉或方头小螺钉能将铁管固定在洞中而不致脱出。钉孔要埋头,以便愈合体覆盖。为了进一步防止树木摇摆时与钢管脱开,还可在铁管端部各装一根长30 cm左右的缆绳,将树木和铁管连接起来。

思考与操作:归纳树木支撑的规程,并进行操作。

【操作要点】

1. 柔韧支撑:用金属缆绳分别采用单引法、围箱法、毂辐法、三角法将树枝进行支撑,比较各种方法的操作难易程度及适合状态。

2. 刚硬支撑:采用硬质材料,如螺栓、螺帽等加固弱分杈、劈裂杈、开裂树干和树洞,分别实训杈的支撑及客体立式支撑,比较各种方法的操作难易程度及适合状态。

【注意事项】

1. 支撑带刺的植物时,应配有皮手套或枝刺扎不进去的厚手套,以免划破手。

2. 在支撑植物时,接触点做好防护处理,避免损害接触点的皮层和形成层。

【任务考核标准】

表1-3-2 园林植物的支撑技术任务考核参考标准

序号	考核项目	考核内容	考核标准	考核方法	标准分值
1	基本素质	学习工作态度	态度端正,学习精力集中,学习方法多样,积极主动,全部出勤,否则将酌情扣分。	单人考核	5
		团队协作	具备团队合作精神,积极与小组成员合作,共同完成工作任务,否则将酌情扣分。	单人考核	5
2	专业技能	园林植物支撑技术方案的制定	能够根据实际情况,制定科学合理的园林植物支撑技术方案。方案不规范者,酌情扣分。	小组考核	5
		柔韧支撑	能够规范地进行柔韧支撑操作。操作不规范者,酌情扣分。	小组考核	20
		刚硬支撑	能够规范地进行刚硬支撑操作。操作不规范者,酌情扣分。	小组考核	20
		材料与安装方法	能够选择合理的支撑材料并正确安装。操作不规范者,酌情扣分。	小组考核	20

续表 1-3-2

序号	考核项目	考核内容	考核标准	考核方法	标准分值
3	职业素质	方法能力	独立分析和解决问题的能力强，能主动、准确地表达自己的想法。	单人考核	5
		工作过程	能够广泛查阅、收集和整理资料，工作过程规范，有完整的工作任务记录，字迹工整。	小组考核	10
		自测训练与总结	及时准确地完成自测训练，总结报告结果正确，电子文本规范，体会深刻，上交及时。	单人考核	10
	合　计				100

● 相关知识

一、园林植物修补的原则

园林植物往往因病虫害、冻害、霜害、日灼等自然灾害以及其他机械损伤造成伤口。伤口有两类：一类是皮部伤口，包括内皮和外皮；另一类是木质部伤口，包括边材、心材或二者兼有。木质部伤口必须在皮部伤口形成之后，在此基础上继续恶化造成。这些伤口如不及时保护、治疗、修补，经过长期雨水侵蚀和病原菌、细菌及其他寄生物的侵袭，会导致树体局部溃烂、腐朽，很容易形成空洞。

另外，园林植物经常受到人为有意无意地损坏，如市政工程和建筑施工时的撞击碰伤、拉枝折枝、摇动树干及不正确的养护管理等，不但严重地削弱树木生长势，而且会使树木早衰，甚至死亡。因此，树皮一旦被破坏，就应尽快对伤口进行保护处理，进行得越及时，病虫及雨水等破坏的机会就越少，对树木越有利。

园林植物保护首先应贯彻防重于治的精神，做好各方面预防工作，尽量防止各种灾害的发生；同时还要做好宣传教育工作，使人们认识到，保护园林植物人人有责。对园林植物上已经造成的伤口，应该早治，防止扩大，应根据园林植物伤口的部位、轻重和特点，采取不同的治疗和修补方法。

二、影响园林植物支撑的因素

（一）树种与人工支撑

不同树种有不同的树体结构，其木材的物理、力学性质也有差异。有些树种的木材由坚韧的木纤维组成，如栎、山毛榉和刺槐等不需要支撑；大体上具有单一的主干，分枝略呈直角的树木，一般也不需要进行人工支撑；另一些树种，虽然木材中缺乏坚韧的木纤维，但因主干单一、低矮，也不需要支撑。然而，对于某些木材脆弱、叶量大、合轴分枝或假二叉分枝的树种，如皂荚、七叶树、合欢、槭树、鹅掌楸以及对风折十分敏感的树种，都需要进行人工支撑加固。

（二）分杈与人工支撑

有些具 V 形杈树木，极易发生丫杈劈裂，需要进行人工加固。V 形杈的形成主要有两个原因：一是某些树种分枝方式中的正常发育；二是幼年期间缺乏适当的修剪处理，使两主枝强弱相当，分枝角度过小所致。这种分杈夹角中的树皮和形成层，不能随着树木的继续生长而正常发育，到一定时期以后，甚至因枝、干增粗造成严重挤压，导致夹角中的树皮与形成层死亡，两枝结合异常脆弱，当枝条遭强风、冰雹袭击或其他重力作用时，极易引起杈丫劈裂，导致树体损伤，树形破坏。单一主干的树木，由于主枝的分枝角近于直角，易形成U形杈，不易因强力而劈裂。因此，在树木的幼年期间进行树体管理时，应通过合理的修剪，避免形成V形杈，消除杈口劈裂的隐患。

(三)树体损伤与人工支撑

影响树体强度的损伤主要是树洞与劈裂。树洞加固前面已经述及，而对树洞宽大、外壳较薄的树木，除进行树洞加固外，同时进行洞外支撑也十分必要；开裂杈的处理，不仅可以防止开裂的进一步扩大而丧失主枝，而且可阻止开裂处腐朽。

(四)树干的环境变化与人工支撑

地下管道、墙体及路牙的构筑，或其他原因切断了树木的某些骨干根，削弱了树体的强度；树干或树根已大面积腐朽以及邻近生长的树木被挖走，保留下来的树木失去遮蔽而突然暴露于强风之中等，都需要进行支撑加固。

(五)树龄、树姿与人工支撑

树体结构常常遭到破坏或主干歪斜，枝条伸展过远而失去平衡的古树，大枝太低、下垂或将要摩擦邻近树顶及其他空中管线与建筑物等都需要进行适当的支撑加以保护。

【知识训练】

一、名词解释

1.树洞

2.柔韧支撑

3.刚硬支撑

二、填空题

1.树木往往因病虫害、冻害、霜害、日灼________、________、________、________等自然灾害以及其他________造成伤口。

2.树体的伤口有两类：一类是________伤口，包括内皮和外皮；另一类是________伤口，包括边材、心材或二者兼有。

3.伤口的修复有两个方面：一是____________________，这种修复只限于皮部受伤的伤口，而且面积不太大；二是____________________，通常将对树体(干、枝、根等)的损伤进行修补、加固的技术措施，称为“树木外科手术”。

4.皮部伤口的治疗大致包括________、________、________三个方面。

5.树洞处理的步骤大致包括________、________、________、________、________。

6.柔韧支撑又称软支撑，包括________、________、________、________四种不同的方法。

7.用于树体支撑加固的材料有________、________、________、________、________等。

三、问答题

1. 树洞填充的目的是什么?

2. 树洞填充的方法主要有哪些?

3. 影响树木支撑的因素有哪些?

4. 简述树体支撑材料的安装方法。

【技能训练】

技能训练1 园林树木的伤口修补

(一)内容提示

1. 皮部伤口的修补

对于枝干上的皮部伤口,首先用锋利的刀刮净削平四周,使皮层边缘呈弧形,用消毒剂(2%~5%硫酸铜溶液、石硫合剂原液等)杀菌消毒后,再用保护剂(紫胶、沥青、树木涂料、液体接蜡、熟桐油或沥青漆等)涂抹。对于新伤口,可在消毒后用含有0.01%~0.1%萘乙酸膏涂抹在伤口表面,促其加速愈合。

2. 树洞修补

寻找典型的树洞,采用锤、凿等工具先将腐烂部分彻底清除,刮去坏死组织,露出新组织,整形洞口,并根据实际情况,采用螺栓或螺丝加固,随之消毒(2%~5%硫酸铜溶液、石硫合剂原液、木馏油)、涂漆(紫胶、沥青、树木涂料、液体接蜡、熟桐油或沥青漆),最后填充,填充剂常用的有:水泥砂浆、沥青混合物、聚氨酯塑料、弹性环氧胶、木块、木砖、软木、橡皮砖等。

以上内容可根据实际选择进行。

(二)作业

根据实训的具体内容,总结树洞修补的主要步骤、技术要点、注意事项。

技能训练2 园林树木的支撑

(一)内容提示

1. 柔韧支撑

将金属缆绳分别采用单引法、围箱法、毂辐法、三角法将树枝进行支撑,比较各种方法的操作难易程度及适合状态。

2. 刚硬支撑

采用硬质材料,如螺栓、螺帽等加固弱分杈、劈裂杈、开裂树干和树洞,分别实训杈的支撑及客体立式支撑,比较各种方法的操作难易程度及适合状态。

以上内容可根据实际选择进行。

(二)作业

根据实训的具体内容,总结树体支撑的主要步骤、技术要点、注意事项。

【小经验】

1.雨季支撑树木,铲除安全隐患

夏季到来,暴风雨骤增,有些行道树如柳树、毛白杨等速生树种易出现倒伏、断枝等现象,对行人或车辆形成安全隐患。因而在恶劣天气来临前,园林部门应将对树龄较长、根系较浅的行道树采取连杆、支撑等加固保护措施,处理好存在安全隐患的植株,积极做好预防工作。

2.“桥接”“根嫁”法治树伤

“桥接”:根据树干皮层破伤面的长度,剪取比它长 5～15 cm 的枝条,在老枝干上方切一缺口,将接穗削成单楔子斜面,嵌入树干切口内,双方紧紧贴牢,扎紧;“根嫁”:挖开土壤,剪除受害老根,接粗壮新根。具体做法是从野生或苗圃内选取粗壮的树根,采用切接法接在受害严重的老根上。其原理与方法与上述桥接相同。

【教学课件】

工作任务 1
园林植物的修补技术

工作任务 2
园林植物的支撑技术

园林植物的修补与
支撑技术-相关知识

项目四

园林绿地各种灾害防治技术

学习目的

通过学习园林绿地各种灾害防治技术的相关知识，熟悉各种灾害的防治方法及措施，熟练使用各种防灾设施，为做好园林绿地养护工作打下基础。

知识目标

了解园林绿地各种灾害发生的原因及机理，熟悉常见的各种灾害对园林植物的危害症状。

能力目标

能够正确识别园林植物的各种灾害类型，并根据当地的各种灾害类型，制定适合当地特点的防治措施和方案；熟练使用各种防灾设施。

工作任务1　园林植物常见自然灾害防治技术

【任务目标】

了解园林植物常见自然灾害的类型，并掌握其防治方法与技术，熟练使用各种防灾设施。

【任务内容】

1. 根据工作任务，采取课堂、实验(训)室以及校内外实训基地(包括园林绿地、花圃、苗圃、草坪等)现场相结合的形式，通过查阅资料与网上搜集，获得园林绿地各种自然灾害防治的基本知识。

2. 通过大量校内外实训基地的实际操作，熟练掌握园林植物常见自然灾害的识别与防治要点。

3. 对任务进行详细分析、记载，并列表描述园林绿地常见自然灾害防治的方法与技术。

【教学资源】

1. 材料与器具：防风障、涂白液、修枝剪、灌溉设施、铁锹等。

2.参考资料:当地气象资料、有关园林绿地自然灾害的历史资料、各类教学参考书、多媒体教学课件、相关网站的资料等。

3.教学场所:教室以及园林绿地自然灾害危害较重的校内外实训基地。

4.师资配备:每20～25名学生配备1名指导教师。

● 内容及操作步骤

我国地域辽阔,园林绿地中园林树木、草坪、花卉种类繁多,经常会发生多种自然灾害,包括低温危害、高温危害、风害、雪害等,因此,有效防治各种自然灾害才能保证园林绿地中的植物健壮生长。

一、低温危害与防治

温度的剧变和异常会对植物造成伤害。低温既可伤害园林植物的地上或地下组织与器官,又可改变园林植物与土壤的正常关系,轻则降低园林植物的观赏价值及生长发育,重则可导致园林植物死亡。同一园林树种不同的发育阶段,抗寒的能力有很大差别,以休眠期抗冻能力最强,营养生长期次之,生殖期抗性最弱。同一园林植物的不同器官或组织的抗冻害能力以胚珠最弱,心皮次之,果及叶又次之,而以茎干的抗性最强。但是以具体的茎干部位而论,以根颈,即茎与根交接处的抗寒能力最弱。

(一)低温危害的类型

1.冻害

冻害指植物越冬期间,气温降到0℃以下,使园林植物组织发生冰冻而引起的伤害。这种低温危害对园林植物的引种威胁最大,直接影响到引种的成败。不同树种对冻害的敏感性不同,在不同地区表现的情况也不一样。如在我国东北、内蒙古等地容易发生冻害的树种有白蜡树、水青冈、刺槐等,山杨、桦树等则对冻害有较强的抵抗力;在晋冀鲁豫地区大叶女贞、海桐、石楠、石榴、无花果等容易发生冻害,白蜡、刺槐等则能够安全越冬。成熟度较差或抗寒锻炼不够的枝条,冻害可能加重,一般枝条木质化程度低的部分更容易受到冻害危害。在成熟枝条的各种组织中,形成层最抗寒,皮层次之,木质部、髓部最不抗寒。根系受冻害程度受多方面条件的影响,一般粗根较细根耐寒;表层根系较深层根系受冻害重;疏松土壤由于温度变幅大,其中的根系比板结土壤根系受冻厉害。

在我国北方地区,冻害是主要的低温危害形式。园林植物遭受冻害的程度取决于温度变化的特点,如温度缓缓下降则危害较轻,园林植物受害后,温度缓慢回升比急剧回升受害轻。园林植物所处的位置也会影响其遭受冻害的程度,冻害易在冷空气容易堆积的山谷洼地发生。

园林植物易受冻害的器官主要是芽、枝条、根茎和根系。花芽受冻后初期表现为芽鳞松散,不易鉴别,后期表现为不发芽,干枯死亡。枝条轻微冻害只表现髓部变色,中等冻害时木质部变色,严重冻害时韧皮部会发生变色,枝条脱水干枯,甚至树冠外围的各级枝条可能冻死。

在树干组织中，根茎生长停止最迟，进入休眠晚，地表的突然降温常引起根茎受冻，而使树皮与形成层变褐、腐烂或脱落。由于根系没有休眠期，北方冻土较深的地区，每年表层根系都要冻死一些。根系受冻后，一般变为褐色，皮层与木质部分离。

2. 霜害

生长季里由于温度急剧下降至 0℃甚至更低，空气中的饱和水汽与树体表面接触，凝结成冰晶，使幼嫩组织或器官产生伤害的现象称为霜害，可以分为早霜危害和晚霜危害。

早霜又称秋霜。因凉爽的夏季和温暖的秋天同时存在，使园林植物生长季推迟，园林植物的小枝和芽不能及时成熟，木质化程度低，因而遭初秋霜冻的危害。或者秋季寒潮的突然袭击也有可能导致严重的早霜危害发生，严重时可导致大量的园林植物死亡。

晚霜又称倒春寒。园林植物萌动以后，气温突然下降至 0℃或更低，导致阔叶树的嫩枝、叶片萎蔫，变黑和死亡，针叶树的叶片变红和脱落。

不同树种对霜冻的敏感性也不同，如黄杨、火棘和朴树等，当早春的温暖天气使其过早萌发，这些园林植物易遭寒潮和夜间低温的伤害。霜冻发生的程度受多方面条件的影响，春天，如果低温出现的时间推迟，新梢生长量又比较大，伤害最严重。生长在低洼地或山谷的园林植物比生长在较高处的园林植物受害严重。

3. 寒害

寒害又称冷害。指气温降至 0℃以上园林植物所受到的伤害。热带、亚热带植物在气温 0～10℃就会受到寒害危害。寒害的原因是低温造成植物代谢紊乱，膜性改变和根系吸收力下降等。树种不同，所耐低温不同，如橡胶树等在温度低于 5℃时即可出现不同程度的寒害。同时寒害的发生与园林植物所处的位置有关，如路灯下的园林植物，由于灯光延长了光照时间，使路灯下的植物处在长日条件下，ABA 合成少，未能及时进入休眠，故易受寒害。

4. 树干冻裂

在气温低且变化剧烈的冬季，园林植物易发生冻裂。树干冻裂常常发生在夜间，随着温度下降，裂缝可能增大。

树干冻裂与园林植物种类、树皮光滑程度以及园林植物栽植疏密程度等有关。耐寒树种对温度的下降反应不敏感，不易发生冻裂，皮厚而粗糙的阔叶树，易发生冻裂。孤立树、林缘树、行道树等因受阳光的强烈照射，昼夜温差过大，比林植树易发生冻裂。旺盛生长年龄阶段的园林植物比幼树或老龄树敏感；生长在排水不良土壤上的园林植物也易受害。

冻裂一般不会直接引起园林植物的死亡，但是由于树皮开裂，木质部失去保护，容易招致病虫，特别是木腐菌的危害，不但严重削弱园林植物的生活力，而且造成树干的腐朽形成树洞。

5. 冻拔

冻拔又称冻举。是间接的低温危害，多发生在纬度高的寒冷地区。由于土壤反复、快速冻结和融化引起。强烈的辐射冷却使土壤从表层向下冻结，升到冰冻层的水继续冻结并形成很厚的垂直排列的冰晶层，针状的冰能把冻结的表层土、小型植物和栽植苗抬高 10 cm，冰融后下落，从下部未冻结土层拉出的植物根不能复原到原来的位置。经过几次冰冻、融化的交替，树苗会被全部拔出土壤。解冻时土壤下陷，根系因悬空吸收不到水分而枯死。

冻拔的发生与园林植物的年龄、扎根深浅、立地、土质等有很密切的关系。幼苗和新栽的园林植物由于根系浅，因此易受害；洼地上的冻拔害甚于山坡，阳坡、半阳坡的甚于阴坡、半阴坡;黏重湿润土尤易发生。

6. 冻旱

冻旱又称生理干旱,是一种因土壤冻结而发生的生理性干旱,是一种与低温有关的间接伤害。在寒冷地区,由于冬季或早春土壤结冻时,园林植物根系不能从土壤中吸收水分,这时如果气温过暖,园林植物地上部分不断进行着蒸腾作用,水分不断地散失,而根系又不能加以补充,时间长了,会使园林植物的水分代谢失衡,引起枝叶干枯,甚至整个植株死亡。

一般冬季气温低,枝叶蒸腾量小,生理干旱危害较轻;初春气温回暖快,地上部分萌动后蒸腾作用增强,枝条易干枯,甚至整株植株死亡,危害较严重。常绿园林植物由于叶片的存在,遭受冻旱的可能性较大,发生冻旱后常绿阔叶树叶尖和叶缘焦枯,叶片趋于褐色。常绿针叶树尖端向下逐渐变褐,顶芽易碎,小枝容易折断。

观察与识别:观察低温对各类园林植物造成的危害以及所表现症状的差异。

(二)抗低温危害的主要措施

1. 选择抗寒的树种或品种

贯彻适地适树的原则是减少低温伤害的根本措施,要根据本地区的温度条件选择适合当地的树种。一般而言,乡土树种和经过驯化的外来树种或品种,对当地的气候条件有较强的适应性,应是园林栽植的主要树种。当需要引进新的树种时,一定要经过试种,才能推广。

2. 加强栽培管理,提高园林植物的抗寒性

早春土壤开始解冻后,及时灌"春水",经常保持土壤湿润,有效地降低土温,能够延迟花芽萌动与开花,避免晚霜危害。春季也应加强肥水供应,可以促进新梢生长和叶片增大,提高光合效能,增加营养物质的积累,保证树体健壮。春季可以喷洒药剂和激素等来推迟树木的萌动期,延长树木的休眠期,如乙烯利、顺丁烯二酰肼溶液、青鲜素、B_9、萘乙酸钾盐等在树木萌动前喷洒在树上,可抑制树木萌动。

夏季适时摘心,促进枝条成熟。生长后期适当控制灌水,及时排涝,适量施用磷、钾肥,勤锄深耕,可促使枝条及早结束生长,有利于组织充实,延长营养物质积累的时间,提高木质化程度,增加园林植物的抗寒性能。科学合理地松土施肥,不但可以增加根量,而且可以促进根系深扎土壤,有助于减少低温伤害。

冬季修剪,减少蒸腾面积以及人工落叶等,均对预防低温伤害有良好的效果。同时在整个生长期中必须加强病虫害的防治。

3. 越冬防寒,加强对树体的保护

有效的越冬防寒措施对树体的保护,可以降低低温危害的程度,不同的园林植物种类可以选择不同的方法。

(1)灌冻水　灌"冻水"是常用的越冬防寒方法,晚秋园林植物进入休眠期到土地封冻前,灌足一次冻水。灌冻水的时间掌握在霜降以后,小雪之前。灌冻水的时间不宜过早,否则会影响抗寒力。一般以"日化夜冻"期间灌水最为适宜,这样土壤封冻以后,树根周围就会形成冻土层,使园林植物根部温度能够保持相对稳定,不会因外界温度骤然变化而使植物受害。冻水灌完后最好结合封堰,在树根部培起直径 80～100 cm,高 30～50 cm 的土堰,防止冻伤树根。

(2)覆土防寒　可以采用覆土、培土堆(图 1-4-1)越冬防寒,加强对树体的保护,具体操作

是在11月中、下旬，土地封冻前，可将枝干柔软、树身不高的园林植物压倒固定，盖一层干树叶（或不盖），覆细土40～50 cm，轻轻拍实。此法不仅可防冻，还能保持枝干湿度，防止枯梢。耐寒性差的树苗、灌木、藤本植物多用此法防寒。对不便弯压埋土防寒的植株，可于土壤封冻前，在树干北面，培一向南弯曲、高30～40 cm的月牙形土堆。早春可挡风，反射和累积热量使穴土提早化冻，根系能提早吸水和生长，因而可避免冻旱的发生。

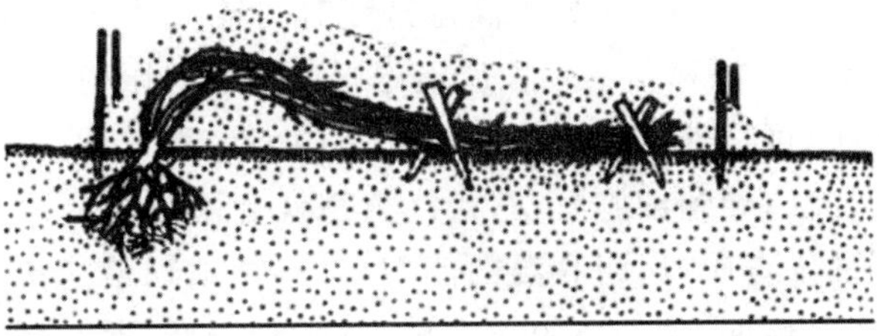

图1-4-1　覆土防寒

(3)包裹树干　对不易弯曲的树种采用包裹树体法，即在寒流到来前，用稻草、稻草帘子或防寒布，将树干包卷起来，或直接用直径2 cm以上的草绳将树干一圈接一圈缠绕，直至分枝点或要求的高度。进行包裹御寒，在其外表覆一塑料薄膜则效果更佳。此法防寒，应于晚霜后拆除，不宜拖延。

(4)涂白　用涂白剂涂抹树干、主枝，可以起到防止冻伤的作用。涂白剂的原料配比为生石灰4份、动物油0.5份、水20份。配制时先将动物油加热融化，生石灰用水融化，将二者混合充分搅拌均匀，涂抹于树干、主枝。

(5)积雪　大雪之后，在树干周围堆雪防寒。雪要求清洁，不含杂质，不含盐分。

4.改变小气候，防霜(风)护树

(1)熏烟法　根据天气预报，在园林绿地内每隔一定距离设置发烟堆，发烟堆的材料用易燃的干草、秫秸、刨花等与潮湿的落叶、锯末、草等分层交互堆起，外面覆盖一层土，中间插上木棒，以利于点火和出烟。风的上方发烟堆应该分布密一些，发烟堆一般不高于1 m。在预报有霜冻危险的夜晚，温度低于5℃即可点火发烟。也可用防霜烟雾剂防霜，将人工配制好的防霜烟雾剂装在铁桶或纸壳桶中，待降霜前点燃。

(2)遮盖法　用芦苇、蒿草、苫布等覆盖树冠，通过保湿阻挡外来寒流的袭击。南方多用此法对珍贵树种的幼苗防霜，效果不错。

(3)设置风障　对栽植数量较多而又紧密的小株苗木，可在其北面设高1.8～2 m的风障防寒。对株高2 m以上，耐寒力较差的苗木，可在东、西、北3面设柱，柱外围席，以御西北风。

5.加强受害园林植物的养护管理

对于遭受冻害园林植物，无论受冻轻重，首先要尽快恢复输导组织，治愈伤口，缓和缺水现象，促使休眠芽萌发和叶片迅速长大。同时要加强养护管理，在早春解冻后，应多浇水施肥，加强病虫害防治，以促其尽快恢复树势。枝条受冻后，明显受冻枯死的部位应及时剪除，受害较轻部位要适当晚剪或轻剪，一般在早春气温回升到10℃以上时进行轻剪，以给予枝条一定的恢复时间。同时要对低温危害的伤口及时修整、消毒与涂漆，以加快伤口愈合。

做一做：在园林绿地上实训各类防寒措施。

二、高温危害与防治

大多数高等植物生长耐受的最高温度为35～40℃。一般35～40℃的高温会破坏植物光合作用和呼吸作用的平衡，使呼吸作用加强，而光合作用减弱甚至停滞，养分的消耗大于积累，使植物处于“饥饿”状态难以继续生长，如果高温持续时间较长，植物就会“饥饿”而死。温度达到45℃以上时，外界温度高于园林植物生长所能忍耐的高温极限时，可造成酶功能失调，使核酸和蛋白质的代谢受干扰，可溶性含氮化合物在细胞内大量积累，并形成有毒的分解产物，植物细胞内的蛋白质凝固变性，导致细胞死亡，最终植物就会死亡。

同一植物处于不同的发育阶段，耐高温的能力不同，休眠期最能抗高温，生长期抗热性很弱；同一植物处于不同的物候期，耐高温的能力也不同，种子期最强，开花期最弱；同时栽培条件不同，园林植物的抗高温能力也不相同。

(一)高温危害的类型

1. 皮烧

皮烧又称日灼、日烧、灼伤。主要发生于树皮光滑的成年树(如冷杉、云杉等)上。位于林缘向阳面(常为西南方向)的园林植物，树干由于太阳辐射强烈，使树木形成层和树皮组织局部死亡而发生皮烧现象。受害后，树皮呈现斑点状或片状脱落，园林植物因而易罹病害，影响园林植物的生长发育。有些受害树木因树皮受伤，木质部会有不同程度的开裂、腐朽，刮大风时树木会在此部位折断。

对皮烧区域进行割除、消毒、涂漆，甚至进行桥接或靠接修补，同时防治病虫危害，加强水肥管理，促使其尽早恢复生活力。

2. 根颈灼伤

根颈灼伤又称干切，是指土壤表面温度过高，灼烧幼苗根茎的现象。盛夏中午前后强烈的太阳辐射可使地表温度达45℃以上，幼苗皮层组织嫩弱容易受害。灼伤使根茎有一个几毫米宽的缢缩环带，里面的输导组织和形成层因高温灼烧致死。一般灼烧部位分布在土表下2 mm至土表上2～3 mm。一般认为，松科和柏科幼苗在土表温度超过45℃时即可受害。春末秋初，北方雨季之前，天气晴朗，太阳辐射强烈，土表温度回升快，容易发生根颈灼伤。

3. 叶焦

嫩叶、嫩枝烧焦变褐，由于叶片在强烈光照下的高温影响，叶脉之间或叶片边缘变成褐色星散分布的区域，且很不规整。当大部分叶片出现这种现象时，整个树冠表现出干枯景象。

观察与识别：观察高温对各类园林植物造成的危害以及所表现症状的差异。

(二)抗高温危害的主要措施

1. 选择抗高温的树种

园林植物的种类不同，抗高温能力不相同。原产热带的园林植物耐热能力远强于温带和寒带的园林植物。根据树种绿化地的条件，选择适合当地温度条件的树种或品种栽培，尤其对原产于寒带、温带的园林植物，在温暖地区引种时要进行抗性锻炼和进行区域试验。

2. 加强栽培养护，预防皮烧

在林丛或片林中，怕灼伤的阴性树要与耐灼伤的阳性树混交搭配，以避免阴性树的日灼伤害。注意园林树木的栽植密度，保证树冠间能够相互于侧方荫蔽树干，防止树干受强烈太阳辐射直射而引起日灼伤害。同时要保持适当定干高度，使园林树木在夏季一天中的高温时间段能够荫蔽自身主干，防止日灼发生。如果树冠无法遮蔽树干时，用草绳包扎主干到最低的分枝点，保护主干不受强光直射。冬、春季可以通过树干涂白反射大部分热辐射而减轻危害。

3. 及时降温，防止根颈灼伤

根颈灼伤可通过喷水降温或遮阳减轻危害。在高温季节也可以使用降温剂避免植物灼伤。降温剂具有反射强、吸收弱、导热差，以及化学物质结合的水分释放出来时吸收热量而降温的特性。一般可使晴天 14 时的地面温度降低 10～14℃，有效期为 20～30 d。

做一做：在园林绿地上实训各类预防高温的措施。

三、雷击危害与防治

雷击危害指雷对园林植物造成的机械伤害。全国每年有数百棵园林植物遭受雷击的伤害。

(一)雷击伤害的症状

(1)烧焦　雷电打在园林植物上就像电线短路了，木材的电阻比空气小，雷电瞬间释放大量电势能并转化成内能，园林植物的温度瞬间升高几百度并碳化，最后导致园林植物会出现木质部烧毁、树皮可能被烧伤或剥落。

(2)劈倒　出现闪电时，闪道中因高温使水滴气化，空气体积迅速膨胀，而发生的强烈爆炸声即为雷。这种爆炸效应，能将大树劈裂、倾倒。

(3)顶梢灼伤　闪电产生的高温使园林植物顶端形成枯梢的现象，严重影响了园林植物的观赏效果和长势。

对于雷击的伤口在处理前进行仔细的检查，对于没有恢复希望的，可以不必救助，但如果损伤不是特别严重或具有特殊价值的园林植物应立即救助，可以对伤口及时修补、消毒、涂漆，防止雨水浸泡腐烂滋生病虫害；在树干根区施用速效肥料，促进园林植物的旺盛生长。

观察与识别：观察雷击对各类园林植物造成的危害以及所表现症状的差异。

(二)预防雷击伤害的措施

对于容易遭受雷电袭击危害的园林植物，必须尽早装置避雷针，以防发生雷击危害。避雷针的安装步骤为：

(1)垂直导体沿树干用铜钉固定。

(2)将几个辐射排列的导体水平埋置在地下，并延伸到根区以外，分别连接在垂直打入地下约 2.4 m 的地线杆上。

(3)垂直导体接地端连接在水平导体上。

(4)每隔几年检查一次避雷系统,将上端延伸至新梢以上。

观察与思考:现场观察思考各类避雷设施的安装结构与工作原理。

四、风害与防治

(一)影响风害发生的因素

(1)园林植物栽植的地势　园林植物绿化的局部地势低洼,雨后积水,造成土壤松软,风害发生显著增强。

(2)土壤质地　风害也会受土壤质地的影响,如果土质偏沙,如为石砾土、煤渣土等,则因土壤疏松,土层薄,导致抗风性差。但是如果土壤质地偏黏则抗风性强。

(3)风向　如果风向与街道平行,风力聚集成风口,风压增强,风害也会随之加大。

(4)园林植物的栽植技术　苗木移植时,特别是大树,如果根盘起的小,则因树身大,易受风害。园林植物的栽植过程中,如果密度过大,园林植物根系发育不好,再加上管理跟不上,风害会显著增强;如果树坑过小,园林植物根系发育不好,重心不稳,也会导致风害加强。

(5)树种选择　通常情况下,浅根、高干、冠大、叶密的树种如刺槐、加杨等抗风力弱;髓心大、机械组织不发达、生长又很迅速而枝叶茂密的树种,风害较重。

观察与识别:观察风害对各类园林植物造成的危害以及所表现症状的差异。

(二)风害对园林植物的危害

超过 10 m/s 的大风,对园林树木有破坏作用。13～16 m/s 的风速使每平方米树冠表面受到 15～20 kg 的压力。多风地区,如我国北方、沿海地区等,园林植物易发生风害,主要表现为风倒、风折、偏冠和偏心。有时风会造成阔叶树叶子破碎,针叶树的顶芽、新梢磨损而产生分枝。强风作用下,根系生长浅的树种能被连根吹倒,这种现象称为风倒。感染病虫害、生长衰弱、老龄过熟林木,能被强风吹折树干,称为风折。偏冠会给园林植物整形修剪带来困难,影响园林植物的观赏效果及功能作用的发挥;偏心的树易遭受冻害和日灼,影响园林植物正常发育。

对于遭受大风危害的风倒树及时顺势扶正,根茎处进行馒头形培土,剪去部分枝条,并立支柱,对已经出现裂缝的枝条要捆紧基部伤面,促其愈合,并加强肥水管理,促进树势的尽快恢复。

(三)预防和减轻风害的措施

1. 选择抗风树种

在种植设计时,风口、风道处选择抗风性强的树种,如垂柳、悬铃木、枫杨、无患子等,并选择根深、矮干、枝叶稀疏坚韧的园林植物品种,进行适当密植,采用低干矮冠整形。此外,培育根系茁壮的苗木,在多风地区采取大穴换土、适当深植的方法,也可起到防止风害的作用。

2. 立支柱或支撑木

对于新栽植的树木要在下风方向设立支柱或支撑木,以免树身吹歪,防止风害。常用通直的竹竿、木杆、水泥杆等支撑树干,长度为所支撑树木树高的 2/3,粗 5～6 cm 为宜,在园林树木栽植时埋入或栽植后打入土中 20～30 cm。在支柱与树干的接触处用草绳或棉布隔开后，再用绳扎缚固定以防日后树木摇动擦伤干皮。

3. 疏剪树冠

对处于风口或树冠庞大、枝叶过密的树木，要修枝控制树形，做到树冠不偏斜，冠幅体量不过大，叶幕层不过高和避免 V 形杈的形成，可以减轻风倒、风折。

4. 培土护根

高大乔木在台风等灾害性风暴来临前夕，应执行“预防为主、综合防治”原则，对一些根浅、迎风、孤立观赏、树坛凹陷的树木以及立地条件差的园林植物，要加土护根。

5. 设置风障

对幼树、名贵树种可以设置风障起到防风害的作用，风障的设置步骤为：

(1)在园林植物北侧挖障沟，将芦苇或竹竿、旧农膜、稻草帘、玉米秸、高粱秆等架材紧贴沟南壁插匀。

(2)填土踩实。

(3)在距地面 1.8 m 左右处扎一个横杆，呈篱笆形式。风障挡风密度不够可在风障下部挡以稻草或其他挡风物质，风障可同时设几排，距离以不相互挡光为准。

做一做：在园林绿地上实训各类预防风害的措施。

五、雪害、雨凇危害与防治

雪害是降雪时因树冠积雪重量超过树枝承载量而造成的雪压、雪折危害。园林植物受害程度因纬度、降雪特性、树种等不同。一般高纬度甚于低纬度，湿雪甚于干雪，针叶树甚于阔叶树。在多雪地区，应在雪前对园林植物大枝设立支柱，过密枝条进行适当修剪。雪害后要采取及时振落积雪，扫除树干及枝条上的积雪，并将受压的枝条提起扶正等措施对受害树木进行护理。

雨凇又称冻雨，是过冷雨滴在温度低于 0℃的物体上冻结而成的坚硬冰层，多形成于园林植物的迎风面上。由于冰层不断地冻结加厚，常压断树枝，对园林植物造成严重破坏。采取人工落冰措施、竹竿打击枝叶上的冰、设立支柱支撑等措施可部分减轻雨凇危害，同时要对受害树木采取涂白、缠草绳、挡风等措施以利于其安全越冬。

观察与识别：观察雪害、雨凇对各类园林植物造成的危害以及所表现症状的差异。

做一做：在园林绿地上实训各类预防雪害、雨凇的措施。

六、根环束危害与防治

根环束是指园林植物的根环绕干基或大侧根生长且逐渐逼近其皮层，像金属丝捆住枝条一样，使园林植物生长衰弱，最终形成层被环割而导致植株的死亡。

(一)根环束的危害症状

根环束的绞杀作用，限制了环束处附近区域的有机物的运输。当环束发生在根颈和大侧根时，树体或部分枝条的营养生长减弱，严重时甚至死亡。当主根发生严重环束时，中央领导干或某些主枝的顶梢会枯死。发生严重根环束的植株，通过及时灌溉，合理施肥，整形修剪等措施无法抑制，园林植物会在5～10年或更长的时间内，生长逐步衰退，最后甚至死亡。

(二)根环束危害的防治

(1)在园林植物栽植前尽量扩大破土范围，使土壤疏松透气，并对园林植物的根系进行修剪，疏除过密、过长和盘旋的根。

(2)在市政工程施工时，地面尽量减少铺装或选择透性铺装，以提供根系疏松的土壤和足够的生长空间。

(3)对已经受到根环束的严重危害，树势不能恢复的园林植物加强水肥管理和合理修剪，以减缓树势衰退。对已经受到根环束的危害但能够恢复生机的园林植物，可以将根环束从干基或大侧根着生处切断，再在处理的伤口处涂抹保护剂后回填土壤。

观察与识别：观察根环束对各类园林植物造成的危害以及所表现症状的差异。

做一做：在园林绿地上实训防治根环束危害的措施。

【操作要点】

1. 采用目测踏查法，对园林植物的寒害、冻害、日灼、雷击、风害、雪害、雨凇、根环束危害等自然灾害进行调查，观察其受害程度与树种、品种以及周边环境条件有无直接关系，并列表记载。

2. 实施并熟练掌握灌冻水、堆土、覆盖、包干、涂白、搭风障、安装避雷针等各类防灾措施。

【注意事项】

1. 进行各类自然灾害调查时，选样范围要大且典型。

2. 晚秋园林植物灌冻水的时间应掌握在霜降以后，小雪之前，水后及时封高堰。

3. 园林植物根颈堆土时应选疏松的细土，忌用土块。堆后压实，减少透风。

4. 树木覆土时，宜选择枝干柔软、树身不高的灌木，先压倒并盖一层干树叶，再覆土。

5. 树木涂白时，为了增加石灰的附着力和维持其长久性，需加适量食盐，且要求涂刷均匀，高度一致。

6. 搭建园林植物防风设施时，应注意选材。

7. 安装的防雷设施，应注意每年检查1次，避雷系统的上端一定要延伸至新梢以上。

【任务考核标准】

表1-4-1　园林植物常见自然灾害防治技术任务考核参考标准

序号	考核项目	考核内容	考核标准	考核方法	标准分值
1	基本素质	学习工作态度	态度端正，学习精力集中，学习方法多样，积极主动，全部出勤，否则将酌情扣分。	单人考核	5
		团队协作	具备团队合作精神，积极与小组成员合作，共同完成工作任务，否则将酌情扣分。	单人考核	5

续表 1-4-1

序号	考核项目	考核内容	考核标准	考核方法	标准分值
2	专业技能	低温危害与防治	能够进行当地低温危害状况调查,制定合理的防治方案并组织实施。方案及操作不规范者,酌情扣分。	小组考核	15
		高温危害与防治	能够进行当地高温危害状况调查,制定合理的防治方案并组织实施。方案及操作不规范者,酌情扣分。	小组考核	10
		雷击危害与防治	能够进行当地雷击危害状况调查,会安装避雷针。调查及操作不规范者,酌情扣分。	小组考核	10
		风害与防治	能够进行当地风害调查并制定适合当地特点的防治方案,会设置风障。方案及操作不规范者,酌情扣分。	小组考核	15
		雪害、雨淞危害与防治	能够进行雪害、雨淞害的危害状况调查,制定合理的防治方案并组织实施。方案及操作不规范者,酌情扣分。	小组考核	10
		根环束危害与防治	能够根据当地根环束的危害状况,制定合理的防治方案并组织实施。方案及操作不规范者,酌情扣分。	小组考核	5
3	职业素质	方法能力	独立分析和解决问题的能力强,能主动、准确地表达自己的想法。	单人考核	5
		工作过程	能够广泛查阅、搜集和整理资料,工作过程规范,有完整的工作任务记录,字迹工整。	小组考核	10
		自测训练与总结	及时准确地完成自测训练,总结报告结果正确,电子文本规范,体会深刻,上交及时。	单人考核	10
	合　计				100

工作任务 2　酸雨、融雪剂、污水、煤气等灾害防治技术

【任务目标】

学习园林绿地养护中酸雨、融雪剂、污水、煤气等危害的相关知识,熟悉酸雨、融雪剂、污水、煤气等灾害对园林植物的危害,并能够对酸雨、融雪剂、污水、煤气等园林绿地灾害制定适合当地特点的有效的防治方案。

【任务内容】

1. 根据工作任务,采取课堂、校内外实训基地(包括园林绿地、苗圃、草坪等)现场相结合的形式,通过查阅资料与网上搜集,获得相关酸雨、融雪剂、污水、煤气等灾害的基本知识。

2. 通过大量校内外实训基地的实际操作，熟练掌握酸雨、融雪剂、污水、煤气等灾害的危害特点与防治要点。

3. 对任务进行详细分析、记载，并列表描述酸雨、融雪剂、污水、煤气等灾害对园林绿地的危害。

【教学资源】

1. 材料与器具：记录簿、皮尺、钢卷尺等。

2. 参考资料：当地气象资料、有关园林绿地酸雨、融雪剂、污水、煤气等灾害的历史资料、各类教学参考书、多媒体教学课件、相关网站的资料等。

3. 教学场所：教室以及酸雨、融雪剂、污水、煤气等灾害危害较重的校内外实训基地。

4. 师资配备：每 20～25 名学生配备 1 名指导教师。

● 内容及操作步骤

一、酸雨危害与防治

(一)酸雨的形成

酸雨通常是指 pH 小于 5.6(雨水中 CO_2 达到饱和时的 pH)的降水。降雨的酸化主要是由于人类大量使用矿物燃料，向大气中排放有害气体，如 SO_2 和氮氧化物与大气中的水分经大气化学反应而造成的。国外酸雨中硫酸与硝酸之比为 2∶1，我国酸雨以硫酸为主，硝酸量不足 10%。

大气中大部分硫和氮的化合物是由人为活动产生的，而化石燃料造成的 SO_2 与 NO_x 排放，是产生酸雨的根本原因。人为源和天然源排放的大气中的二氧化硫、氮的氧化物的分子在扩散过程中，受空气尘埃中 Mn、Cu、Na、Fe 等多种金属元素的催化、光氧化及云层中的液相催化氧化，而形成硫酸根、硝酸根等，并溶于云滴或雨滴而成为降水成分，导致了降水的酸化，形成了酸雨。

(二)酸雨对园林植物的危害

近年来，随着工业的发展，酸雨影响逐年加剧，对园林植物的危害巨大。我国一些地区已经成为酸雨多发区，如四川名胜峨眉山，近 10 年来，由于酸雨危害冷杉林成片死亡。酸雨淋洗园林植物表面，直接伤害或通过土壤间接伤害园林植物。

1. 酸雨对园林植物的直接危害

酸雨会对园林植物生理生化产生危害。在酸雨污染的环境中，植物处于胁迫状态，细胞膜透性增大，使细胞内含物外渗，细胞释放 CO_2 的速度加快，其呼吸作用提高比较普遍。酸雨能损害叶绿素的形成、减少叶绿素含量，降低光合速率。植物对氮素的吸收和同化作用受到抑制，蛋白质代谢失调，氨基酸代谢受影响。

酸雨会对园林植物的生长发育产生危害。酸雨能引起种子透性的变化，使其离子平衡失调，破坏内部正常的生理效应，致使种子萌发受阻。$pH<2.0$ 的酸雨使种子发芽率显著下降。$pH<4.0$ 的酸雨对园林植物新梢增长产生抑制。

2. 酸雨对园林植物的间接伤害

酸雨会对园林植物造成营养胁迫伤害。酸雨能加速植物叶片中 Fe、Mn、Mg、Cu 等元素的淋失，而这些元素的淋失，会导致其叶绿素含量降低，减少光合作用的面积，影响光合作用的效率。酸雨能增强土壤酸度和酸性淋溶作用，使土壤中营养元素(Ca、Mg、K、Mn 等)大量转入土壤溶液并遭淋失，造成土壤贫瘠。酸雨也会影响根系对养分的吸收、输送、利用，致使园林植物营养失调，生长受阻。

酸雨还可使土壤微生物种群变化，细菌个体生长变小，生长繁殖速度降低，造成枯枝落叶和土壤有机质分解缓慢，养分和碱性阴离子返回到土壤有机质表面过程也变得迟缓，影响营养元素的良性循环，造成植物生长受阻。特别是酸雨可降低土壤中氨化细菌和固氮细菌的数量，使土壤微生物氨化作用和硝化作用能力下降，对园林植物生长造成不利影响。

观察与识别：观察酸雨对各类园林植物造成伤害的差异。

(三)防治酸雨危害的措施

1. 改进燃烧技术，减少硫排放

采用含硫量低的煤和燃油作燃料是减少 SO_2 污染最简单的方法。改烧固硫型煤、低硫油，或以煤气、天然气代替原煤，也是减少硫排放的有效途径。调整能源结构，用清洁的水力、风力、太阳能、核能等替代火力发电，并提倡节约能源，降低能耗。

2. 发展公共交通，减少氮排放

汽车尾气中含有的氮氧化物是酸雨形成的主要物质之一，减少车辆就可以减少汽车尾气排放。城市要大力发展公共交通，适当限制私人汽车数量，改进汽车发动机技术，安装尾气净化器及节能装置。大力推广使用无铅汽油、天然气、氢气、酒精、甲醇、电等清洁燃料作为汽车动力，可大大降低 NO_2 的排放量。

3. 选择抗酸性强的园林植物

植物体有巨大的吸附表面和庞大的地下根系，对有毒物质有较强的吸收能力。一株树的叶片吸收 SO_2 的能力是它所占土地吸收 SO_2 能力的 9 倍。在煤炭能源的使用上，尚不能完全解决脱硫的问题，根据城市环境规划，选择种植一些较强吸收 SO_2 和粉尘能力的园林植物，可以净化空气，美化城市环境，也是防止酸雨的有效途径。此外可以通过多施有机肥，在酸化土壤地区施石灰等措施提高土壤缓冲能力，缓解土壤酸化进程。

调研与思考：调研思考酸雨形成的原因及预防措施。

二、融雪剂的危害与防治

(一)融雪剂对园林绿地的危害

目前使用的融雪剂主要是氯盐类融雪剂，包括氯化钠、氯化钙、氯化镁、氯化钾等，通称作“工业盐”。这类融雪剂价格便宜，但其对园林绿地的腐蚀与损害是非常严重的。融雪剂伤害园林绿地植物的途径是人为地将道路上的盐雪堆积到树下或绿地里；过往的车辆将盐雪或盐水飞溅到树上和树下以及绿地内；融化的盐雪水由道路方砖缝隙或路牙缝隙渗入土壤进入植物根区。融雪剂对园林绿地的盐害，一方面是盐对树木的根、茎、叶有盐渍毒害作用。氯离子的积累，会削弱氨基酸和碳水化合物的代谢作用，阻碍根部对钙、镁、磷等基本养分的吸收，导致土壤板结，通气和供水状况恶化，导致园林绿地中的植物生长不良，甚至死亡。另一方面是土壤中含盐量过多，影响根系吸水，盐分能阻碍水分从土壤中向根内渗透和破坏原生质吸附离子的能力，引起原生质脱水，造成不可逆转的伤害，导致树木生理干旱而死亡。

园林绿地中的植物受融雪剂伤害后，阔叶树一般表现为叶片变小，叶缘和叶片有枯斑，呈棕色，严重时叶片干枯脱落。有的园林植物表现为多次萌发新梢及开花，有的表现为芽干枯，不发叶。针叶树针叶枯黄，严重时整枝或全株枯死。

观察与识别：观察融雪剂对各类园林植物造成伤害的差异。

（二）防治融雪剂危害的措施

1. 严格控制融雪剂的用量

出台融雪剂的地方性标准，制定融雪剂的质量技术标准，严格控制每平方米用量。由于园林植物吸收盐量中仅一部分随落叶转移，多数储存于树干木质部、树枝和根内，翌年春天，又会随蒸腾流而被重新输送到叶片、园林植物树体内。这种对盐分贮存的特性常使植物抗盐性减弱，在连续使用融雪剂的地段，由于头几年盐分的积累，在以后盐分浓度较低的情况下也会引起伤害。因此，严格控制融雪剂的合理用量非常重要，绝不要超过 40 g/m^2，一般 15～25 g/m^2 就足够了。

2. 防止融雪剂与植物及土壤接触

融化的盐水通过路牙缝隙渗透或车行飞溅污染园林植物及根区土壤而引起伤害，因此干道两侧防止融雪剂危害园林植物已成为一个亟须解决的问题。为了防止融雪剂撒到道路两侧的植物上，加大融雪剂喷洒车与道路绿化带植物之间的距离，同时严禁将含有融雪剂的积雪堆放到绿地、树池及积雪融化后有可能影响到植物生长的地方。也可以通过改进现有的路牙结构并将路牙缝隙封严以阻止雪融化后盐水进入植物根区，以及对绿化园林植物采用雪季遮挡，不让融雪剂跟植物接触等方法来解决。

3. 研制环保型融雪剂

研制价格低廉、环保无污染、不腐蚀道路和植物的新型融雪剂，使其既能融解冰和雪又不会伤害园林绿地中的植物。同时可以利用炭渣、粗沙、树枝渣等防滑剂作为“天然融雪剂”，加快冰和雪的溶解，来降低使用氯盐融雪剂对园林绿地的伤害。一般机械铲雪后，在道路上撒炭渣、粗沙、树枝渣等物质来防滑，也利用这些渣类物质的深色来吸收太阳的热量，以增加地面温度来融雪。使用后的炭渣和树枝渣可以放到道路边的绿地中，既有利于改良土壤，增加土壤肥力，也不会污染环境。

4. 传统除雪和融雪剂除雪相结合

降雪后在交通不是很拥挤的路段，以传统的人工铲雪和机械除雪为主，在交通主干道限量喷洒融雪剂。还要及时运走含有融雪剂的积雪，避免其融化为盐雪水危害植物生长。

5. 栽植耐盐植物和能富积盐的植物

在接近融雪剂的主干道绿化带内，种植部分耐盐植物和能富积盐的植物。园林植物的耐盐能力因树种、树龄大小、树势强弱、土壤质地和含水量而不同，一般来说，落叶树耐盐能力大于针叶树，当土壤中含盐量达 0.3%时，落叶树引起伤害，而土壤中含盐量达 0.18%～0.2%时，就可引起针叶树伤害。大树的耐盐能力大于幼树，空旷地上长势强的孤立树耐盐能力大于林木，在土壤盐分种类和含盐量相同情况下，若土壤水分充足，则土壤溶液浓度小，另外，土壤的质地疏松，通气性好，则园林植物根系发达，也能相对减轻融雪剂对园林植物的危害。

6.加强受害园林绿地的养护管理

加强受融雪剂危害的园林绿地的养护管理，可以大大降低融雪剂所引起的伤害。对大量使用了融雪剂的路段，在不伤害植物根系的情况下，浇第1遍春水之前，应将道路两侧绿化带和分车带中的土壤进行更换，然后再浇水，以防止淋溶后盐分对绿地植物造成更大的伤害。对道路绿地中死亡的绿篱和花灌木植株，应彻底清除植株，有条件地方可以铲除土表层2～3 cm的土壤，换上优质肥沃的田间土，加强中期松土，改变土壤结构，防止表层土壤的盐类积累，给重新种植植物创造良好的生长环境。对受融雪剂危害的植物，进行溶盐洗盐，在3～4月份，树木萌芽前后，对树干喷水，反复进行土壤大水浇灌，浇足浇透，以稀释排除土壤中的盐分，使盐分尽可能下移，将盐分淋溶到根系以下更深的土层中而减轻融雪剂对园林植物的危害。对受害不发叶树木，适当进行树木截头，留1 m的树头，以减少日照对树木蒸腾作用，促其萌芽。通过根外追肥，增施有机肥和一些微量元素肥料，保证植物植株的健壮生长，以提高树木的抗盐能力。

做一做：在园林绿地上实训各类预防融雪剂危害的措施。

三、污水的危害与防治

城市生活中人们排出的污水如洗脸水、洗衣服水、刷锅洗碗水以及大小便等，对园林植物的生长很有害。这些污水中含有盐碱，入土后会提高土壤含盐量，可使土壤含盐量达到0.3%～0.8%。土壤水分含盐碱量加大后就会增加其浓度，根系难以吸收，这时植物不但得不到适量的水分补充，反而会使根部的水分渗出，致使植物缺水而生长不良。土壤中含盐分总量低于0.1%时树木才能正常生长，否则会烂根、焦叶而死。

工厂排出的废水，不但有碍于环境卫生，而且很多废水对树木生长有害，所以，必须禁止排出。为了防止污染，改善环境，同时利用废水、污水，以扩大水源，目前污水处理厂相继出现，这是非常必要的。但处理过的水，必须经过检验，确实证明对植物无害，方可应用，万不可轻易从事。更重要的是，提高全民素质，遵纪守法、爱护环境，讲究卫生，不乱倒脏水和不乱排废水。

观察与识别：观察污水对各类园林植物造成伤害的差异。

四、煤气的危害与防治

（一）煤气对园林植物的危害

现在很多城市已经大规模地使用天然气，由于各式各样的原因，造成煤气泄漏，如不合理的管道结构和不良的管道材料，因震动使管道破裂或管道接头松动等导致管道煤气泄漏，对园林植物造成伤害。在煤气轻微泄漏的地方，植物受害轻，表现为叶片逐渐发黄或脱落，枝梢逐渐枯死。在煤气大量或突然严重泄漏的地方受害重，一夜之间几乎所有的叶片全部变黄，枝条枯死。如果不及时采取措施解除煤气泄漏，其危害就会扩展到树干，使树皮变松，真菌侵入，危害症状加重。

观察与识别：观察煤气对各类园林植物造成伤害的差异。

(二)减轻煤气伤害的措施

如果发现煤气渗漏对园林植物造成的伤害不太严重,立即修好渗漏的地方;同时在离渗漏点最近的植物一侧挖沟尽快换掉被污染的土壤;也可以用空气压缩机以 700～1 000 kPa(7～10 个大气压)将空气压入 0.6～1.0 m 土层内,持续 1 h 即可收到良好的效果。在危害严重的地方,要按 50～60 cm 距离打许多垂直的透气孔,以保持土壤通气;给树木灌水有助于冲走有毒物质;合理的修剪、科学的施肥对于减轻煤气的伤害都有一定的作用。

做一做:在园林绿地上实训各类预防煤气危害的措施。

【操作要点】

1. 采用目测踏查法,对园林植物的酸雨、融雪剂、污水、煤气等危害进行调查,观察园林绿地植物受害症状及其与树种、品种的关系,并列表记载。

2. 实施并熟练掌握浇水洗盐、换土、抗性植物选择等各类防灾措施。

【注意事项】

1. 进行酸雨、融雪剂、污水、煤气等灾害调查时,选样范围要大且典型。

2. 对受融雪剂危害的植物的养护措施要与根外追肥结合,增施有机肥和一些微量元素肥料,保证植物植株的健壮生长,以提高树木的抗盐能力。

3. 为了防止融雪剂撒到道路两侧的植物上,融雪剂喷洒车与道路绿化带植物之间的距离至少应在 1.5 m 以上。

4. 煤气泄漏要及时采取措施解除,否则植物的危害症状会加重。

5. 减轻融雪剂对园林植物的危害溶盐洗盐时,一定要在春天树木萌芽前后,对树干喷水,反复进行土壤大水浇灌,浇足浇透,以使盐分尽可能淋溶到根系以下更深的土层中。

【任务考核标准】

表 1-4-2 酸雨、融雪剂、污水、煤气等灾害防治技术任务考核参考标准

序号	考核项目	考核内容	考核标准	考核方法	标准分值
1	基本素质	学习工作态度	态度端正,学习精力集中,学习方法多样,积极主动,全部出勤,否则将酌情扣分。	单人考核	5
		团队协作	具备团队合作精神,积极与小组成员合作,共同完成工作任务,否则将酌情扣分。	单人考核	5
2	专业技能	酸雨对园林植物的影响与防治	能够独立完成当地酸雨的发生及危害情况调查。调查不规范者,酌情扣分。	小组考核	10
		融雪剂对园林植物的影响与防治	能够针对当地融雪剂对园林植物的危害状况,制定合理的防治方案并组织实施。方案及操作不规范者,酌情扣分。	小组考核	25
		污水对园林植物的影响与防治	能够独立完成当地污水对园林植物的危害状况调查。调查不规范者,酌情扣分。	小组考核	15
		煤气对园林植物的影响与防治	能够独立完成当地煤气对园林植物的危害状况调查。调查不规范者,酌情扣分。	小组考核	15

续附 1-4-2

序号	考核项目	考核内容	考核标准	考核方法	标准分值
3	职业素质	方法能力	独立分析和解决问题的能力强,能主动、准确地表达自己的想法。	单人考核	5
		工作过程	能够广泛查阅、收集和整理资料,工作过程规范,有完整的工作任务记录,字迹工整。	小组考核	10
		自测训练与总结	及时准确地完成自测训练,总结报告结果正确,电子文本规范,体会深刻,上交及时。	单人考核	10
	合 计				100

工作任务 3 填土、挖土、地面铺装等危害的防除技术

【任务目标】

了解填土、挖土、地面铺装危害对园林植物的影响,并掌握其防除技术。

【任务内容】

1. 根据工作任务,采取课堂、实验(训)室以及校内外实训基地现场相结合的形式,通过查阅资料与网上搜集,获得填土、挖土、地面铺装等危害的基本知识。

2. 通过大量校内外实训基地的实际操作,熟练掌握填土、挖土、地面铺装等不规范操作的危害特点与防除要点。

3. 对任务进行详细分析、记载,并列表描述填土、挖土、地面铺装等危害的技术措施。

【教学资源】

1. 材料与器具:记录簿、皮尺、钢卷尺等。

2. 参考资料:当地有关填土、挖土、地面铺装等危害的历史资料、各类教学参考书、多媒体教学课件、相关网站资料等。

3. 教学场所:教室以及填土、挖土、地面铺装等危害的校内外实训基地。

4. 师资配备:每 20～25 名学生配备 1 名指导教师。

● 内容及操作步骤

人们在建设城市的各种活动中,往往建造了一个以人工环境严重干扰了自然环境为特征的城市生态环境,导致植物生存条件的改变。在市政工程的实施中土层深度变化及地面铺装对园林植物的生长、生存与分布有重要的影响。

一、土层深度变化的危害与防治

(一)人工填土

1. 人工填土对园林植物的危害

城市人工填土的埋深及分布,既受城建历史的制约,又同该市地理条件密切相关。由于城市人口的增加,使城市各种生产、生活废弃物大量增加,大部分就地消纳,因此就整体而言,一般人工填埋深度在1~5 m。多数园林植物根系深度在地下2 m左右,其中行道树、分车带等园林植物由于土壤密实度和地下设施等影响,根系多集中分布在1 m左右,因此人工填土的理化性质对城市植物的生存和分布产生直接的影响。人工填土过深导致填充物阻滞了空气和水分的正常运动,根际微生物的功能受到干扰,使根系受到毒害。这样,根系与土壤物质的平衡被打破,造成根系死亡,园林植物地上症状逐渐出现并越加明显,如园林植物出现人们无法解释的生长量减少、某些枝条死亡、树冠变稀和各种病虫害发生等现象。

人工填土随树种、年龄、长势、填土类型等对园林植物产生不同的危害。国槐、白皮松、槭树、山毛榉、椴木、栎类等受害最重;桦木、山核桃及铁杉等受害较少;杨树、柳树、榆树等受害最小。同一树种幼树比老树、长势好的树比长势弱的树适应性更强,因此受害较轻。黏性人工填土比疏松、多孔的填土危害大。

观察与识别:观察人工填土对各类园林植物造成伤害的差异。

2. 防治措施

(1)换土及改良土壤　当填土较浅时,在栽植园林植物前对难以用于植树的人工填土进行更换;对由于细粒太少而持水能力差的土壤,应将大粒径的固体夹杂物挑出,保留夹杂物占土壤总容积的比例不超过1/3,并可掺入部分细粒进行调整;对由于粗粒太少而透气、渗水、排水能力差的土壤,可掺入部分粗粒加以改良。对已经栽植的园林植物,如果填土不深,可以在铺填之前,在不伤或少伤根系情况下疏松土壤、施肥、灌水,并用沙砾、沙或沙壤土进行填充。

(2)设置土壤通气排水系统　对已经发生填土危害的园林植物,在填土很浅的地方,定期翻耕土壤。在填土深度中等的地方,在树干周围筑一个可以通气透水的干井。在填土很深的地方,需要采取完善的工程与生物措施进行预防,一般可以在栽植穴的四周安装人工根区通气排水系统(图1-4-2),通气管道一般采用PVC管,直径10~12 cm,管的深度与植物根系在土壤的垂直深度一致,并在管壁上凿孔。

做一做:在园林绿地上实训各类预防人工填土危害的措施。

(二)挖土

1. 挖土对园林植物的危害

挖土虽然不像人工填土那样给园林植物造成灾难性的影响,但地上挖土会破坏原土壤有代表性的表土和腐殖质层,形成无规律、无层次的土体结构,使土壤失去含有大量营养物质和微生物的表土层,土层变异性大,土层凌乱,土壤的组成及其理化性状发生改变。人工地上挖土使植物的大量吸收根裸露、折断、切断,破坏了根系与土壤之间的平衡。当挖土较浅时,如几厘米或十几厘米,园林植物能够很快适应和恢复,挖土较深有时会造成园林植物死亡。挖土对

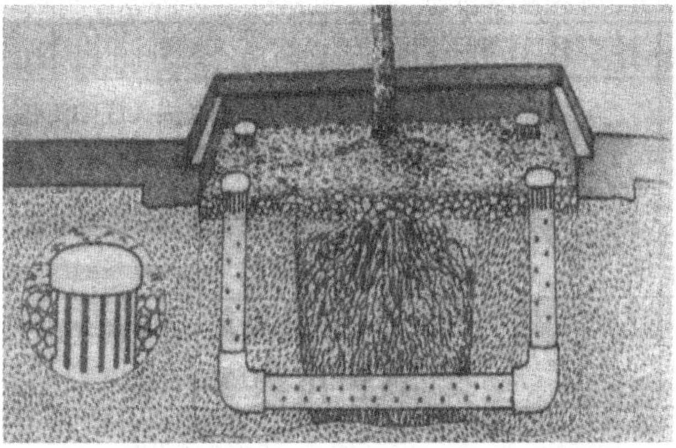

图 1-4-2　人工根区通气排水系统

园林植物的影响与树种种类关系较大，挖土对浅根系树种的危害较深根系树种严重。

地下翻动土壤，如地下管道、电缆的埋设对园林植物也会造成很大的影响。地下管道的铺设，电缆的埋设虽有局部疏松土壤、有利于根系沿缝隙穿透的作用，个别地区铺设热力管道在与栽树中距离适当时还可提高地温、减少冻土层而有利于不耐寒树种(如棣棠、大叶黄杨等)的越冬和存活；但如果管道排列铺设特别密集，则会限制园林植物根系的垂直方向的分布，并使提升水分的土壤毛细管被切断，减少了深层土壤水分供应，严重影响了根系的吸水，使树体水分失衡，削弱了树势。在某些地下工程中，如地下商场、停车场等，这种情况更为典型，它们使植物生长在构筑物上下阻隔、类似大花盆的环境之中。

观察与识别：观察挖土对各类园林植物造成伤害的差异。

2. 防治措施

(1)保护根系　对裸露、折断、切断的根系进行消毒并用草炭等保湿材料覆盖，防止根系干枯。

(2)修剪地上部分　如果挖土致使大根切断或主要根系损伤较大时，为减少地上部分枝叶的蒸腾，可以对其进行修剪，修剪强度在不影响树势和观赏的条件下，可以尽量大，以保持园林植物地上和地下部分的水分平衡。在保留的土壤中施入完全腐熟的有机肥、草炭、腐叶土等，可以改善土壤的结构，调节土壤保水、保肥性。

(3)尽量避开植物根区　在工程建设施工挖土时，如地下管道、电缆的埋设、地下商场、停车场等，最好避开树冠投影区施工或在根下的土壤中凿隧道铺设管线。

做一做：在园林绿地上实训各类预防挖土危害的措施。

二、地面铺装的危害与防治

(一)地面铺装对园林植物的危害

1. 地面铺装影响土壤水渗入，导致城市园林植物水分代谢失衡

地面铺装使自然降水很难渗入土壤中，大部分排入下水道，以致使自然降水量无法充分供给园林植物以满足其生长需要，而地下建筑又深入地下较深的地层，从而使园林植物根系很难

接近和吸收地下水，因而土壤含水量不足，使城市园林植物水分平衡经常处于负值，进而表现为生长不良，早期落叶，甚至死亡。

2. 地面铺装使土壤密实，影响园林植物根系生长

土壤中的氧气来自大气，城市土壤由于路面和铺装的封闭，阻碍了气体交换，土壤密实，贮气的非毛管孔隙减少，土壤含氧量少。植物根系是靠土壤氧气进行呼吸作用产生能量来维持生理活动的，由于土壤氧气供应不足，根呼吸作用减弱，对根系生长产生不良影响。据调查，如果土壤通气孔隙度减少到15%时，根系生长受阻，土壤通气孔隙度减少到9%以下时，根严重缺氧，进行无氧呼吸而产生酒精积累，引起根中毒死亡，对通气性要求较高的园林植物，如油松、白皮松等树种尤为明显。同时，由于土壤氧气不足，土壤内微生物繁殖受到抑制，靠微生物分解释放养分减少，降低了土壤有效养分含量和植物对养分的利用，直接影响植物生长。

3. 地面铺装改变了下垫面的性质

地面铺装加大了地表及近地层的温度变幅，使园林植物的表层根系易遭受高温或低温的伤害。调查表明，水泥铺装东侧或北侧去头栽植的园林植物，主干西向或南向的日灼伤害远远多于没铺装地面栽植的园林植物。一般园林植物受伤害程度与材料有关，比热小、颜色浅的材料导热率高，园林植物受害较重。相反，比热大、颜色深的材料导热率低，园林植物受害相对较轻。

4. 地面铺装导致干基环割

如果地面铺装靠近树干基部，随着干径的生长增粗，会逐渐逼近铺装。如果铺装材料质地脆而薄，则会导致铺装圈的破碎、错位和突起，甚至破坏路牙或挡墙；如果铺装材料质地厚实，则会导致树干基部或根颈处皮部和形成层的割伤，影响园林植物生长，严重时输导组织彻底失去输送养分功能导致园林植物死亡。

观察与识别：观察地面铺装对各类园林植物造成伤害的差异。

（二）预防地面铺装危害的主要措施

1. 树种选择

选择较耐土壤密实和对土壤通气要求较低及抗旱性强的树种。较耐土壤密实和对土壤通气要求较低的树种如国槐、绒毛白蜡、栾树等，在地面铺装的条件下较能适应生存，不耐密实和对土壤通气要求较高的树种如云杉、白皮松、油松等则适应能力较低，不适宜在这类树种地面进行铺装。

2. 采用通气透水的步道铺装方式

目前应用较多的透气铺装方式是采用上宽、下窄的倒梯形水泥砖铺设人行道。铺装后砖与砖之间不加勾缝，下面形成纵横交错的三角形孔隙，利于通气；砖下衬砌的灰浆含有大量空隙，透气透水，再下面是富含有机质的肥土（图 1-4-3）。另外，在人行道上采用水泥砖间隔留空铺砌，空挡处填砌不加沙的砾石混凝土的方法，也有较好的效果（图 1-4-4）。也可以将砾石、卵石、树皮、木屑等铺设在行道树周围，在上面盖有艺术效果的圆形铁格栅，既对园林植物生长大有裨益，又具美学效应。

3. 铺装材料的改进

园林绿地人行道铺装，在各方面条件允许的情况下，改成透气铺装（图 1-4-5、图 1-4-6），促

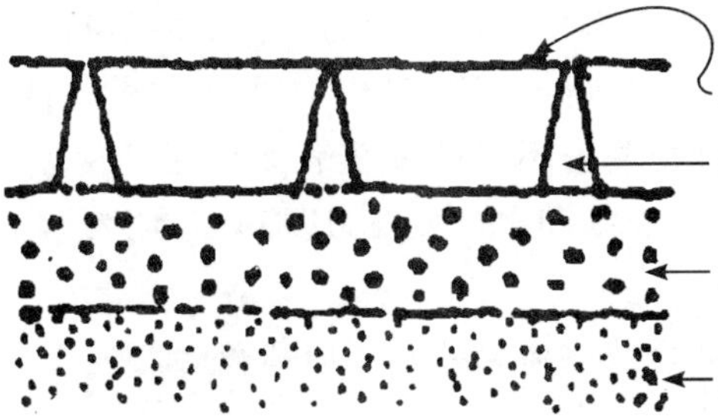

图 1-4-3 砖铺透气地面断面示意图

图 1-4-4 水泥砖与无沙砾石混凝土交替铺砌的透气透水地面

进土壤与大气的气体交换。透水性铺装由于自身一系列与外部空气及下部透水垫层相连通的孔隙构造，其上的降水可以通过本身与铺地下垫层相通的渗水路径渗入下部土壤，因而对于地下水资源的补充具有重要的作用；透水性地面铺装可以使地下动植物及微生物的生存空间得到有效的保护，体现了自然生物环境的可持续发展的要求，因而很好地体现了"与环境共生"的可持续发展理念，因此透水性铺装既兼顾了人类活动对于硬化地面的使用要求，又能通过自身性能接近天然草坪和土壤地面的生态优势减轻城市硬化地面对大自然的破坏程度。

图 1-4-5 透气性地砖砖缝构造

图 1-4-6 透气性铺装与地面绿化结合

“环保型覆盖物”是一种美观而具有多项环保功能的绿化辅助材料，主要利用废弃的树皮、树叶、松针、木片、种实壳等植物材料和沙砾、卵石、碎石、布条等非植物性材料制成。在城区绿化，道路两侧，乔灌木树干周围等植物覆盖不了的土壤表面使用环保型覆盖物来代替地面铺装，既能防止杂草生长，又能防止土壤板结和水分蒸发，还能减轻地表扬尘，增加地面色彩景观与空间趣味性，丰富人性空间。

做一做：在园林绿地上实训各类预防地面铺装危害的措施。

三、土壤紧实度的危害与防治

（一）土壤紧实度对园林植物的影响

人为的践踏、车辆的碾压、市政工程和建筑施工时地基的夯实及低洼地长期积水等是造成土壤紧实度增高的原因。土壤紧实会使表层土壤容重大，土壤固相、液相、气相三相中，固体、液体相对偏高，气相偏低，土壤透气和渗透能力差，通气孔隙度减少，土壤温度变化增大。生长在其上的植物根系分布浅，根系常生长畸形，并因得不到足够的氧气根系霉烂，长势衰弱，以致植株死亡。

机械组成不同的土壤压缩性也各异。在一定的外界压力下，粒径越小的颗粒组成的土壤体积变化越大，因而通气孔隙减少也越多。一般砾石受压时几乎无变化，沙性强的土壤变化很小，壤土变化较大，变化最大的是黏土。

市政工程和建筑在施工中将心土翻到上面，心土通气孔隙度很低，微生物的活动很差或根本没有。所以，在这样的土壤中树木生长不良或不能生长。加之，施工中用压路机不断地压实土壤，致使土壤更紧实，孔隙度更低。

在夯实的地段上栽植植物时，大多数只将栽植穴内的土壤刨松，所以植物可以暂时成活生长。但因栽植时穴外的土壤没有刨松，这样种植穴内外的土壤紧实度不同，加之坑外经常有人踩，更使紧实度增加。由于穴外的密实度明显大于穴内，植物长大以后，穴内已经不能容纳如此多的根系，可是根系又很难向外扩展，最后植物根系因穴内的营养不足而死亡。

观察与思考：观察土壤紧实度对园林植物造成的影响。

（二）防治措施

1. 做好绿地规划与维护工作

在绿地规划时合理开辟道路，使游人不乱穿行，以免践踏绿地。在人群易穿行的地段，贴出告示或示意图，引导行人的走向；也可以做栅栏将树木围护起来，以免人为踩压。

2. 适时耕翻与扩穴

将压实地段的土壤用机械或人工进行耕翻，疏松土壤，降低土壤的密实度。耕翻的深度，根据压实的原因和程度决定，通常因人为的践踏使土壤紧实度增高，压得不太坚实，耕翻的深度较浅；夯实和车辆碾压使土壤非常坚实，耕翻得要深。根据耕翻进行的时间又分为春耕、夏耕和秋耕。在种植穴内外通气孔隙差异较大的情况下，根据植物生长的情况，适时进行扩穴，最大可扩至树冠垂直投影范围，增大根系生长空间。还可在翻耕时适当加入有机肥，既可增加土壤松软度，还能为土壤微生物提供食物，提高土壤肥力。

3. 栽前深翻

低洼地填平改土后才能进行栽植。在夯实的地段种植树木时，最好先进行深翻，为树木生长创造疏松的土壤环境，如不能做到全面地深翻土壤，应扩大种植穴，以减少中期扩穴的麻烦。

做一做：在园林绿地上实训各类预防土壤紧实度危害的措施。

四、土壤固体侵入体的危害与防治

(一)土壤固体侵入体的危害

土壤固体侵入体是指由外界进入土壤的特殊物质，就城市而言主要是城市生活废弃物和工业废弃物。土壤侵入体来源于多方面，有的是战争或地震，引起房屋倒塌；有的因老城区的变迁；有的是因为市政工程；有的是因兴修各种工程、建筑或填挖方等，都可能产生土壤侵入体，因此，土壤侵入体主要是建筑垃圾、各种渣砾等，成分复杂。其中有的土壤侵入体对园林植物有利于植物的生长，如少量的砖头、石块、瓦砾、木块等，可以增加土体内的大孔隙，并对外力的压踏有一定的支撑作用，避免土壤变紧实，提高土壤的通气透水能力，促进根系生长。当土壤固体侵入体太多时，则改变土壤质地，阻碍植物根系的伸展和生长，降低有效土体深度，致使土壤量少，并使土壤持水能力下降，缺少有机质，干旱贫瘠，影响植物的生长，甚至死亡。有的土壤固体侵入体如石灰、水泥等建筑垃圾本身对植物生长就有伤害作用，轻者使植物生长不良，重者很快使植物致死。同时建筑垃圾使土壤的 pH 升高，由于土壤偏碱，土壤中矿物元素的有效性降低，土壤微生物的活动受阻，从而影响园林植物的生长。

观察与思考：观察土壤固体侵入体对园林植物造成的影响。

(二)防治措施

1. 换土

如果土壤固体侵入体干扰严重，必须将大的石块、建筑垃圾等有害物质清除，并适当掺入沙土，多施厩肥、堆肥等有机肥，改良土壤理化性状。若土层中含渣砾太多，应全部更换成适合植物生长的自然土和农田土。将老路面、老地基打穿或部分清除，才能解决根系生长空间与排水的问题。

2. 栽植适宜的树种

土壤固体侵入体含量在 20%以下，而且土壤不紧实时，土壤水、肥、气、热条件好，有利于植物生长。当土壤固体侵入体含量在 20%～30%时，侵入体的干扰会使土壤通气性好，但保水、保肥性差，适宜好气性树种生长。当土壤固体侵入体含量在 31%～40%时，侵入体的干扰会使土壤大孔隙多，通气性好，但保水、保肥性差，只能栽植好气性树种和抗性较强的植物种类，特别是耐干旱、耐贫瘠的植物，但长势弱。土壤固体侵入体含量达 40%以上时，土壤水分、养分匮乏，不再适宜栽植植物。

做一做：在园林绿地上实训各类预防土壤固体侵入体危害的措施。

【操作方法】

1. 采用目测踏查法，对城市建设中人工填土、挖土、地面铺装、土壤紧实度等对园林绿地植物的危害进行调查，观察其受害程度与树种、品种以及周边环境条件有无直接关系，并列表记载。

2. 实施并熟练掌握换土、根区通气排水系统、改良土壤、修剪、通气透水的步道铺装、扩穴、深翻等各类防灾措施。

【注意事项】

1. 进行土壤深度变化、土壤紧实度、地面铺装、土壤固体侵入体等灾害调查时，选样范围要大且典型。

2. 挖土造成严重伤根的园林植物，修剪地上部分形成的伤口面积大时，应先用2%的硫酸铜溶液消毒，之后涂保护剂（保护蜡和豆油铜素剂效果较好）。

3. 扩穴时要保证根系至少有3 m^3 疏松的土壤，增加树干基部土壤表面积比增加土壤深度更有利于园林绿地植物的生长。

4. 对挖土引起的根系伤害必须及时进行消毒并用草炭等保湿材料覆盖，防止根系干枯。

5. 在工程建设施工时，如地下管道、电缆的埋设、地下商场、停车场等，最好避开树冠投影区施工或在根下的土壤中凿隧道铺设管线。

【任务考核标准】

表 1-4-3 其他危害防除技术任务考核参考标准

序号	考核项目	考核内容	考核标准	考核方法	标准分值
1	基本素质	学习工作态度	态度端正，学习精力集中，学习方法多样，积极主动，全部出勤，否则将酌情扣分。	单人考核	5
		团队协作	具备团队合作精神，积极与小组成员合作，共同完成工作任务，否则将酌情扣分。	单人考核	5
2	专业技能	土层深度变化的危害与防治	能够根据当地土壤深度变化的危害状况，制定合理的防治方案并组织实施。方案及操作不规范者，酌情扣分。	小组考核	15
		地面铺装的危害与防治	能够根据当地地面现铺装的危害状况，制定合理的防治方案并组织实施。方案及操作不规范者，酌情扣分。	小组考核	20
		土壤紧实度的危害与防治	能够根据当地土壤紧实度的危害状况，制定合理的防治方案并组织实施。方案及操作不规范者，酌情扣分。	小组考核	15
		土壤固体侵入体的危害与防治	能够根据土壤固体侵入体的危害状况，制定合理的防治方案并组织实施。方案及操作不规范者，酌情扣分。	小组考核	15

续表 1-4-3

序号	考核项目	考核内容	考核标准	考核方法	标准分值
3	职业素质	方法能力	独立分析和解决问题的能力强，能主动、准确地表达自己的想法。	单人考核	5
		工作过程	能够广泛查阅、收集和整理资料，工作过程规范，有完整的工作任务记录，字迹工整。	小组考核	10
		自测训练与总结	及时准确地完成自测训练，总结报告结果正确，电子文本规范，体会深刻，上交及时。	单人考核	10
	合　计				100

【知识训练】

一、选择题

1. 园林植物易发生的自然灾害主要是(　　)等。

A. 冻害　　B. 雷击　　C. 雪害　　D. 风害

2. 越冬防寒树体保护的措施有(　　)。

A. 灌"冻水"　　B. 埋土　　C. 根颈培土　　D. 树干包草

3. 树干涂白，可预防(　　)等。

A. 冻伤　　B. 日灼伤　　C. 病害　　D. 虫害

4. 园林植物易遭受的低温危害有(　　)等。

A. 冻害　　B. 冻旱　　C. 树干冻裂　　D. 霜害

5. 风害对园林植物造成的伤害有(　　)。

A. 风倒　　B. 风折　　C. 偏冠　　D. 偏心

二、填空题

1. 冻拔又称________，冻拔的发生与园林植物的________、________、________、________等有很密切的关系。

2. 在成熟枝条的各种组织中，形成层最抗寒，皮层次之，木质部、髓部最不抗寒。因此，轻微冻害只表现________部变色，中等冻害时________部变色，严重冻害时________部会发生变色。

3. 冻害一般在________期发生，霜害一般在________期发生。

4. 高温对园林植物危害有________、________、________。

5. 根环束是指园林植物的根环绕________或________生长且逐渐逼近其皮层，像金属丝捆住枝条一样，使园林植物生长衰弱，最终________被环割而导致植株的死亡。

6. 同一植物处于不同的物候期，耐高温的能力有所不同，________最强，________最弱。

7. 雷击伤害的园林植物的症状有________、________、________等。

8. 人工填土随树种、年龄、长势、填土类型等对园林植物产生不同的危害。槭树、桦木、杨树、受害程度由重到轻依次为________。同一树种幼树比老树________，黏性人工填土比疏松、多孔的填土对园林植物的危害________。

9. 为降低风害，在风口和多风地区，树木经常修剪成________的树形。

10.铺装地面栽植的环境具有________、________、________的特点。

三、名词解释

1.冻害

2.寒害

3.根颈灼伤

4.土壤侵入体

四、问答题

1.低温危害园林植物的养护措施有哪些?

2.抗低温伤害的主要预防措施是什么?

3.简述融雪剂危害的园林植物的养护措施。

4.简述树干涂白液的配方及配制方法。

5.简述污水对园林植物的危害与防治。

6.简述地面铺装对园林植物的危害。

7.影响风害发生的条件有哪些?

【技能训练】

技能训练1 常见园林植物冻害调查

(一)内容提示

(1)确定调查对象,可以为木兰类、棕榈类、松类、女贞类的一些常绿乔木树种,也可以为银杏、悬铃木、国槐、紫薇等落叶树种。

(2)选择地点,可以郊区为主、市区为辅,也可以市区为主、郊区为辅。

(3)小组分区,用目测踏查法对受冻害园林植物按受冻害程度统计标准进行统计。

(附:林木受冻害程度统计标准Ⅰ级:植株10%叶片的叶面或叶缘受害枯萎;少数或新梢出现冻斑;Ⅱ级:植株50%叶片受害枯萎或脱落;10%芽或新梢受害枯萎;Ⅲ级:植株90%叶片受害枯萎或脱落;50%以上新梢受害枯萎;Ⅳ级:叶片几乎全部被冻死;小枝大部分被冻坏。)

(二)作业

写出调查报告。

技能训练2 越冬防寒设施的使用

(一)内容提示

1.保护根颈和根系

(1)冬灌封冻水 晚秋园林植物进入休眠期到土地封冻前,灌足一次冻水。灌冻水的时间掌握在霜降以后小雪之前,水后及时封高堰。

(2)堆土　在园林植物根颈部分堆土,土堆高 40～50 cm,直径 80～100 cm(依园林植物大小具体确定)。堆土时应选疏松的细土,忌用土块。堆后压实,减少透风。

(3)堆半月形土堆　在园林植物朝北方向,堆向南弯曲的半月形土堆。高度依园林植物大小而定,一般 40～50 cm。

(4)积雪　大雪之后,在树干周围堆雪防寒。雪要求清洁,不含杂质,不含盐分。

2.保护树干

(1)覆盖　在 11 月中、下旬土地封冻以前,将枝干柔软,树身不高的灌木压倒覆土。或者先盖一层干树叶,再覆 40～50 cm 的细沙,防止抽条。

(2)卷干　用稻草或稻草帘子,将树干包卷起来,或直接用直径 2 cm 以上的草绳将树干一圈接一圈缠绕,直至分枝点或要求的高度。

(3)涂白　将石灰、水与食盐配成涂白剂涂刷树干。一般每 500 g 石灰加水 400 g,为了增加石灰的附着力和维持其长久性再加食盐 10 g,搅拌均匀即可使用。涂白时要求涂刷均匀,高度一致。

(4)打雪　大雪后对有可能发生雪压、雪折危害的树种,应注意打雪。

(二)作业

写出技能训练报告。

技能训练 3　园林绿地灾害防治方案设计

5 个方案中选择两个方案进行设计

(1)制定当地风害防治方案。

(2)制定当地高温危害防治方案。

(3)制定当地低温危害防治方案。

(4)制定当地融雪剂危害防治方案。

(5)制定当地地面铺装危害的防治方案。

【小经验】

1.蒸腾抑制剂或植物保暖肥

喷洒蒸腾抑制剂或增施植物保暖肥,对于春季易发生枯萎的树种,如紫薇、木槿、海桐、石榴、法国冬青、构骨、大叶黄杨、红枫等,宜于前一年初冬或当年早春适量喷洒蒸腾抑制剂,以减少枝条枯萎;植物保暖肥又称植物旱冻营养膜制剂,增施植物保暖肥可有效缓解植物因冻、旱引起的生理性病害。

2.汇集盐水法防止融雪后的盐水渗入

为防止融雪后的盐水渗入地下或污染地表水,英国采取了“汇集盐水”的方法。在城市路桥旁,铺设专用管道,收集融雪后的盐水,最终引流到污水处理厂。

3.含盐雪压成方砖

对于没来得及化掉的雪,日本北海道的环卫工人将含盐雪压成方砖,装车运到专门的工厂池子里处理,避免污染环境。

4. 喷施或浇灌有机酸(木酢液)

木酢液是利用各种杂木树枝等经过高温蒸馏出来的纯天然物质，主要成分是有机酸和酚类物质。北京市对受融雪剂危害的植物喷施或灌溉一定浓度的有机酸(木酢液)，通过络合作用，达到降低盐害的目的。

5. 装新型挡盐板

在隔离带、分车带周边安装新型挡盐板是新近出现的一种冬季绿化防护工具，采用全塑的环保材料。安装在绿化带外围，对绿化植物起到防风、防寒，防止融雪剂伤害的作用，帮助植物安全过冬。

【教学课件】

工作任务 1
园林植物常见
自然灾害防治技术

工作任务 2
酸雨、融雪剂、污水、
煤气等灾害防治技术

工作任务 3
填土、挖土、地面铺装
等危害的防除技术

【项目彩图】

项目彩图

模块二

园林绿地养护机具使用技术

项目　园林绿地养护机具使用技术

项目

园林绿地养护机具使用技术

学习目的

通过学习园林绿地养护机具的相关知识，掌握其使用、维护与保养规范，为做好园林绿地养护工作打下基础。

知识目标

了解园林绿地养护常用手工工具、修剪机具、灌溉机具、植保机具、草坪机具的种类、基本结构及作用特点。

能力目标

能够对园林绿地常见手工工具、修剪机具、灌溉机具、植保机具、草坪机具等正确地使用、维护与保养。

工作任务1　手工工具的使用技术

【任务目标】

掌握园林绿地常见手工工具使用的一般步骤及常用技术。

【任务内容】

1. 根据工作任务，采取课堂、校内外实训基地（包括园林绿地、苗圃、街道等）现场相结合的形式，通过查阅资料与网上搜集，获得园林绿地常用手工工具使用的基本知识。

2. 通过校内外实训基地，熟悉园林绿地常用手工工具的种类、用途及使用技术。

3. 对任务进行详细记载，并列表描述不同手工工具的用途及使用注意事项。

【教学资源】

1. 材料与器具:剪枝剪、绿篱剪、高枝剪、手锯、刀锯、苗圃铲、园艺锄、开山镐、硬齿耙等园林绿地常用手工工具。

2. 参考资料:有关园林常用手工工具的相关资料、各类教学参考书、多媒体教学课件、相关网站的资料等。

3. 教学场所:教室、实验(训)室以及苗圃、园林绿地等校内外实训基地。

4. 师资配备:每 20～25 名学生配备 1 名指导教师。

● 内容与操作步骤

园林绿地作业项目繁多,作业内容、作业对象及作业条件差异很大,因而需要的工具、机具种类也较多。在园林绿地养护作业中,除使用各种机械设备外,还使用大量各种功能的手工工具,如修枝剪、嫁接刀等。该类工具成本低,适用范围广,使用、维护方便,没有特殊的技能要求,一般不需要专门的系统培训,因而应用非常普遍。

一、手工工具的种类

园林手工工具种类很多,其分类方法通常有以下 2 种。

1. 根据适用范围划分

(1)通用型　是指大多数作业都可以使用的工具。

(2)专用型　是指某种特定作业所专门使用的工具。

(3)家用型　是指在庭院、花园等小范围绿地且较固定使用的小巧工具。

2. 根据使用功能划分

可分为剪、锯、刀、锹、铲、锄、镐、耙、镰、杈、刷、斧等(图 2-1-1)。

(1)剪　包括草剪、花剪、稀果剪、疏枝剪、树篱剪、高枝剪等。

(2)锯　包括弯把锯、鱼头锯、罗汉锯、弓线锯、手板锯、高枝锯等。

(3)锹　包括圆头锹、平方锹、尖头锹、单脊锹、闭脊锹等。

(4)铲　包括园艺苗圃铲、排水铲、沟槽铲、月牙铲、雪铲等。

(5)锄　包括园艺锄、松土锄、杂草锄、栽培锄等。

(6)镐　包括开山镐、挖根镐、尖头镐等。

(7)耙　包括硬齿耙(弯齿耙、平齿耙)、软齿耙(落叶耙、草耙)、滚齿耙(松土耙、边耙等)。

(8)镰　包括草镰、山镰等。

(9)杈　包括勾杈、平杈、肥料杈等。

(10)刷　包括板刷、滚刷等。

(11)斧　包括开山斧、劈木斧等。

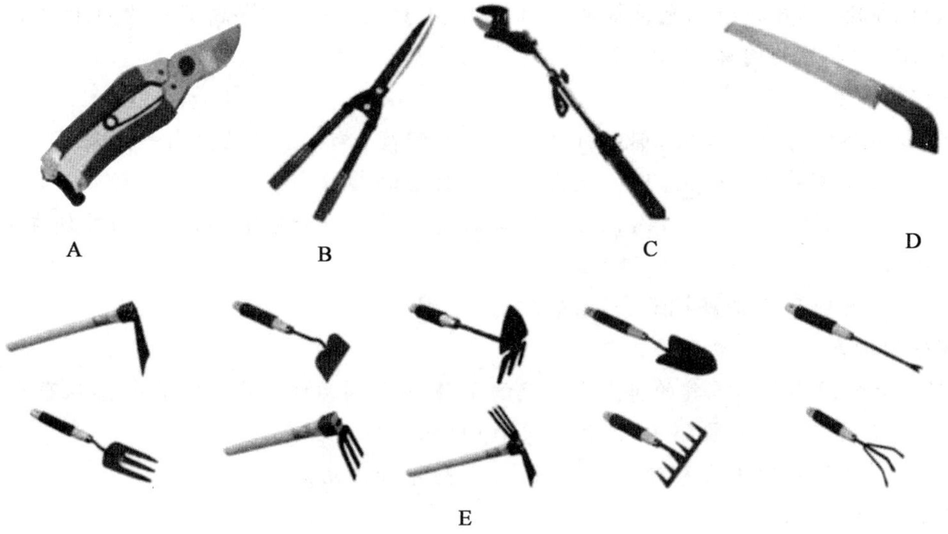

图 2-1-1 园林绿地常见养护手工工具

A. 修枝剪 B. 绿篱剪(平板剪) C. 高枝剪 D. 手锯 E. 小套花具(铲、耙、锄等)

观察与调查:到花市或生资商店,调查常见的园林手工工具类型。

二、手工工具的选择

手工工具的选择首先要看使用者,使用者有专业群体和个人。园林养护单位或机关、学校、团体内的专业绿化人员,一般应选择坚固、耐用、功能比较全面的通用工具;而家庭、业余园艺爱好者,工作量不大,并考虑到作为环境的点缀,应选用美观、小巧、强度一般的家用型工具。

根据作业内容选择专用型工具。如绿篱修剪,可选用不同规格的绿篱剪(平板剪),修剪效率高,修剪效果好;如要完成较高部位的修剪,一般选择高枝剪、高枝锯(图 2-1-2),既可免去登高作业的危险,又可较方便地观察整个树冠,从而更好地把握各部位的修剪程度。

图 2-1-2 高枝锯

三、手工工具的保养、维护

手工工具规范地保养与维护,可以保持工具良好的使用性能,延长其使用寿命。手工工具的工作部件多为金属材料制成,而金属材料容易生锈,严重时可能会失去使用价值。所以,手工工具的保养主要是防锈,用完后应及时擦洗干净,并涂上防锈油加以保护。存放环境应干燥、清洁。各种工具应归类存放,以便清点和存取。非专人使用的工具应建立工具使用卡,完善使用登记制度，并及时维修已损坏的工具，保证工具的完好率，提高工具的使用效率。

做一做：对常见的园林手工工具进行规范地维护、保养。

【操作要点】

1. 仔细观察需打磨的工具，确定打磨的部位和程度，传统的剪枝剪由一主动剪片和一被动剪片组成。主动剪片的一侧为刃口，是需要重点打磨的部位。

2. 将修枝剪在磨刀石上打磨：先将两剪片的支点螺丝拧开，将主动剪片的外侧在油石上打磨，以削薄刃口。

3. 手工工具使用后要擦拭干净，做好防锈。

【注意事项】

1. 对所要使用的手工工具的特点有一定的了解，并懂得维修的基本知识，才能从事此项工作。

2. 操作过程中注意力要集中，严禁说笑打闹，保障自身安全。

3. 工作中必须要按规定穿戴好工作服、安全帽等劳保用品。

【任务考核标准】

表 2-1-1　手工工具的使用技术任务考核参考标准

序号	考核项目	考核内容	考核标准	考核方法	标准分值
1	基本素质	学习工作态度	态度端正，学习精力集中，学习方法多样，积极主动，全部出勤，否则将酌情扣分。	单人考核	5
		团队协作	具备团队合作精神，积极与小组成员合作，共同完成工作任务，否则将酌情扣分。	单人考核	5
2	专业技能	手工工具种类识别	能够正确识别园林绿地常用的手工工具及其用途，否则将酌情扣分。	单人考核	15
		手工工具的使用	能够根据用途规范地使用各种园林绿地常用手工工具。操作不规范者，酌情扣分。	单人考核	25
		手工工具的维护	能够规范地对各种园林绿地常用手工工具进行维护。操作不规范者，酌情扣分。	单人考核	25
3	职业素质	方法能力	独立分析和解决问题的能力强，能主动、准确地表达自己的想法。	单人考核	5
		工作过程	能够广泛查阅、收集和整理资料，工作过程规范，有完整的工作任务记录，字迹工整。	小组考核	10
		自测训练与总结	及时准确完成自测训练，总结报告结果正确，电子文本规范，体会深刻，上交及时。	单人考核	10
	合　计				100

工作任务2　绿地修剪机具的使用技术

【任务目标】

了解常见的绿地修剪机具类型，并掌握其使用与保养技术。

【任务内容】

1. 根据工作任务，采取课堂、实验（训）室以及校内外实训基地（包括园林绿地、苗圃、草坪等）现场相结合的形式，通过查阅资料与网上搜集，获得相关绿地修剪机具使用与保养的基本知识。

2. 通过校内外实训基地，熟悉各类绿地修剪机具使用的基本操作。

3. 对任务进行详细记载，并列表描述各类绿地修剪机具使用的操作要点及注意事项。

【教学资源】

1. 材料与器具：绿篱修剪机、剪枝机、割灌机等。

2. 参考资料：各类教学参考书、相关挂图、彩色照片、多媒体教学课件、有关绿地修剪机具使用方法的资料及各网站相关资料等。

3. 教学场所：教室、实验（训）室以及苗圃、园林绿地等校内外实训基地。

4. 师资配备：每20～25名学生配备1名指导教师。

● 内容与操作步骤

园林绿地常见的修剪机具主要有绿篱修剪机、剪枝机、割灌机等。

一、绿篱修剪机

（一）往复式刀齿式电动绿篱修剪机

往复式刀齿式电动绿篱修剪机的动力，是用安装在手把内的电动机（220 V，120 W），通过直齿双向往复动刀杆，带动绿篱修剪机的动刀齿沿着固定刀齿上的导轨往复运动进行剪切作业的。这种往复刀齿式电动绿篱修剪机被广泛使用在绿篱修剪和观赏乔灌木修剪作业中。

电动绿篱机　　弧形宽带绿篱机　　宽带绿篱机

以日本丸山 HT230D-R 型绿篱修剪机(图 2-1-3)为例,这种绿篱修剪机的切割刀片往复直线运动,其结构由动力部分、传动部分、切割部分及操纵装置组成。日本丸山 HT230D-R 型绿篱修剪机的动力部分为单缸二冲程风冷式发动机,转速在 2 700～3 300 r/min 时发动机处于怠速运行状态,此时离合器小于接合速度,切割刀片不运行,当高于 2 700～3 300 r/min 时离合器开始接合,切割刀片进入运行状态,最高转速 9 300 r/min,刀片长度为 600 mm,后部手柄可旋转,发动机排量为 22.5 cm^3,油箱容积 0.5 L,点火方式为无触点电磁点火。传动部分为箱体结构,齿轮减速传动,被动齿轮(大齿轮)相连接的 180°对置双偏心滑块机构将主轴的运动传送给切割刀片,切割刀片为双面切割刀,动刀片由 2 片滑切型刀片组成,并支撑在机体壳的托刀板上。托刀板可增强切割器刚度,并有引导切割刀片运动的功能。操纵装置的油门固定在手把上,改变油门大小可控制汽油机转速,当汽油机转速超过 2 700～3 300 r/min 时,离心式离合器接合,通过减速器传动装置,改变切割工作装置的往复次数,最大切削直径 5 mm,尽管可以切割更大直径的枝条,但是这样做会加快机器的磨损。

图 2-1-3　日本丸山绿篱修剪机(HT230D-R 型)

(二)回转式绿篱修剪机

ZDY-1 型回转式电动绿篱修剪机(图 2-1-4)由 12 V 蓄电池提供动力,驱动输出功率为 40 W 的微型电动机带动旋转刀片旋转,工作时电动机驱动旋转刀片旋转切割绿篱。回转式电动绿篱修剪机的操纵部分,是装有电源插座的手柄和安装有开关的连接杆。当进行绿篱修剪作业时,先把蓄电池放在工作场地,接通绿篱修剪机电源,操作工人手持绿篱修剪机,开关打开后,电动机便带动直径 180 mm 回转刀齿相对固定刀齿旋转,这样便连续运转剪切作业。刀片切割最大直径为 10 mm 的嫩枝,该机不包括蓄电池的整机重量为 2 kg,旋刀片转速空转时为 4 000 r/min,作业时转速为 3 100 r/min。

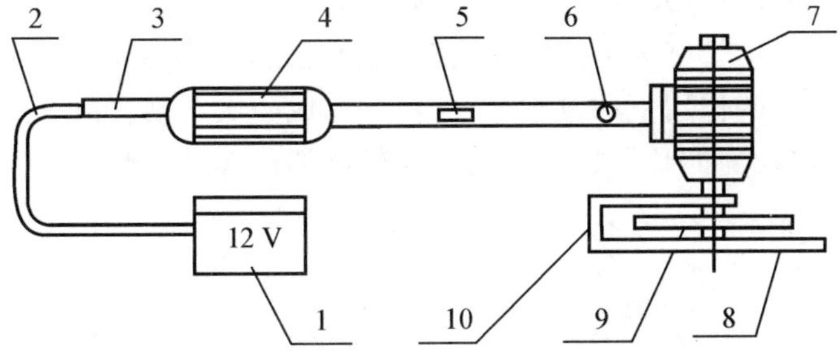

图 2-1-4 ZDY-1 型回转式电动绿篱修剪机结构

1.蓄电池 2.电线 3.电源插头 4.手柄 5.开关
6.调节阀 7.微型电机 8.定刀架 9.旋刀 10.定刀

(三)高枝绿篱修剪机

为适应高大园林乔灌木及绿篱的修剪,人们研制了高枝绿篱修剪机。国内常见的型号如EH-11 型高枝绿篱修剪机,杆长 2.3 m,切割刀长 500 mm,切割装置重 1.4 kg,整机重量 5 kg。高枝绿篱修剪机是在高杆手持割灌机工作装置拆卸后,把往复式双刀绿篱切割器安装在杆端进行修剪作业的一种修剪机。

国外产品如日本丸山、小松研制的高枝修剪机,主机为侧挂式,操纵杆长 1.21～2.16 m,安装有往复式刀片,修剪最大枝条直径可达 35 mm,通过操纵杆连接传递动力,从而实现高枝绿篱修剪。

此外,许多国外园林拖拉机上配备了发电机、泵等部件用于诸如绿篱修剪这样一些作业。当需要时,拖拉机带动发电机发电,发电机发出的电供电动机,通过软轴传至回转式或往复式切割器,实现高大乔木、灌木的树冠以及绿篱修剪作业,这种组合的机具可充分发挥拖拉机一机多用的目的,且工作效率比专用的修枝剪等机具高。

利用软轴传动的修剪机的优越性在于适应性强,工作部件(圆锯或切割刀片)可上下、左右自由移动,容易实现高枝绿篱修剪作业。其缺点是结构复杂,成本较高,修剪大树枝容易造成反弹,因此,在使用操作时必须注意安全。

做一做:规范操作各种绿篱修剪机。

电动高枝剪

二、高枝修剪机

高枝修剪机根据动力不同,分为液压、气动、电动、车载等形式;根据结构不同,分为单剪片和双剪片 2 种形式;根据刀片刃口分类,有直刃形、锯齿形、链式锯等。

(一)液压高枝剪

电动剪刀

液压高枝剪(图 2-1-5)一般由发动机、液压装置、油管、管杆、操纵手柄、液压修枝剪等组成。液压高枝剪工作时,液压油泵由发动机驱动,在液压油管路中装有溢流阀,用来调整系统压力。液压装置的压(进)油和回油管,接到操纵手柄的换向阀上,管杆连接在操纵手柄的压(进)油孔口中,高压油通过管杆传输到修枝剪的驱动油缸内。高枝剪作业时，进入油缸中的液压油推动活塞前进，使修枝剪动刀片绕轴转动剪断树枝。此时，操纵手柄的换向阀使管杆内的液压油与回油管连通，管杆内液压油卸压，修枝剪驱动油缸内的活塞，在回位弹簧的作用下回复到原位，由此完成一次切割。由于液压油传输是在管杆内进行的，因此，装上修枝剪的长管杆可以到达比较高的树枝进行修剪。

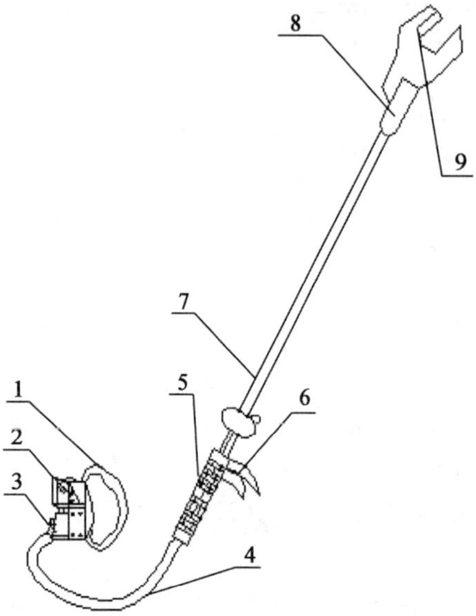

图 2-1-5 液压高枝剪结构示意图

1.背带 2.发动机 3.液压装置 4.油管 5.把手 6.操纵手柄 7.管杆 8.油缸 9.液压修枝剪

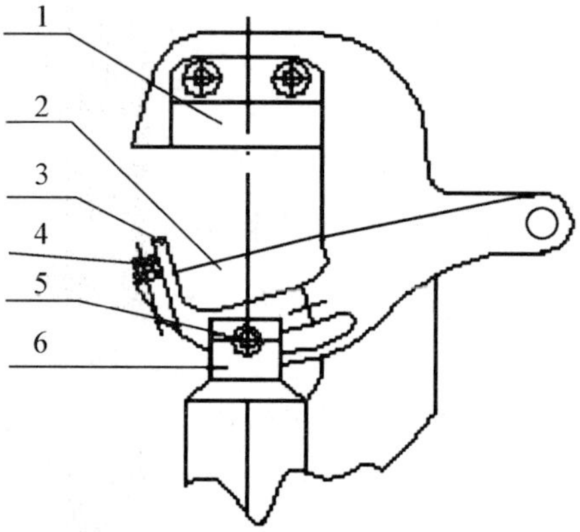

图 2-1-6 带有限径器的液压高枝剪结构

1.定刀片 2.动刀片 3.限径器 4.调整螺钉 5.回位螺钉 6.顶块

带有限径器的液压高枝剪工作过程是：园林操作工人把打开的刀口伸入到树枝后，加大汽油机转速，操纵控制阀打开，压力油进入修枝剪油缸，推动活塞杆上顶块，带动动刀片与定刀片合拢剪断树枝，松开操纵手柄，压力油流回油箱，修枝剪油缸卸荷，油缸内活塞在弹簧的作用下复位，刀口再次打开，完成一次切割过程。为了避免修枝剪刀片的损坏，修枝剪结构上设计有限径器，用来防止过大直径的树枝进入刀口，限径器可由回位螺钉调整。动、定刀片应该调整到同一剪切平面内，正常情况下，动、定刀片合拢后，全长范围内留有 0.5～1 mm 间隙，既能保护刀片不碰刃，又能防止由于错刃而切不断现象，当发现动、定刀片合拢后不符合要求时，可用调整螺钉或调整垫片进行刃口平面的调整。带有限径器的液压高枝剪结构如图 2-1-6 所示。

气压高枝剪工作过程与液压修枝剪基本相似，仅仅把液压变为气压工作，故本节不再赘述。

（二）车载式高枝修剪机

高大树木在园林风景中是不可缺少的景观，当乔木、灌木生长到一定高度，树冠生长到一定大小时，可能妨碍建筑、电线、公路交通等设施，适当修整树冠并降低树木高度，可以预防病虫害发生，促进树木新枝、嫩叶快速生长，减少火灾发生，因此，合理整枝是园林绿化管理必不可少的工作。而园林中的高大树木修剪，小型机具有时不能满足需要，如果依靠人工架梯作业，既危险又效率低。使用车载高枝修剪机，可以方便地到达所希望的树枝高度去修剪，不需爬树、登梯，无摔伤危险。把高空作业车上伸缩臂端部的作业斗卸去，装上摆动机构、抓具和剪切机构，构成了车载高枝修剪机（图 2-1-7）。这些机构均由车载液压装置和电器控制。我国研制的车载式高枝修剪机结构，剪切刀具是抓夹式平面双刃圆盘剪，由 2 个双作用单杆油缸直接驱动，能够抓夹树枝的直径为 30～200 mm，被剪树枝直径小于 200 mm，最大剪切力为 75 kN，该机设置有微调机构，是为了使刀具适应不同角度的树枝修剪，摆动机构由 1 套杠杆机构和 1 个双作用单杆油缸控制来实现 0°～45°的角摆动。这种车载高枝修剪机的液压折臂在需要的时候，可以放到任何高度，甚至到地面上，可以用来切割修剪树木根茎或地面灌木。

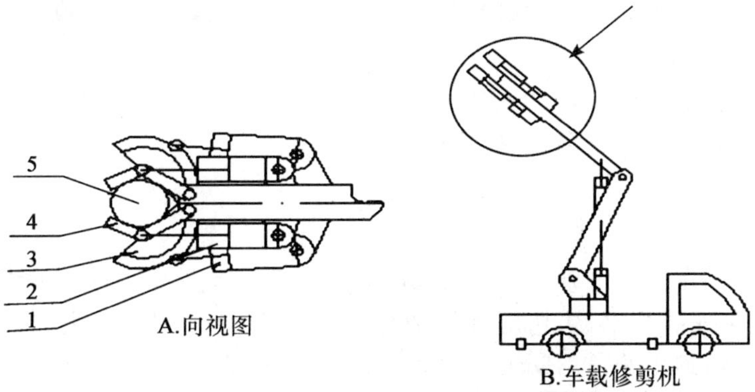

图 2-1-7　车载高枝修剪机结构

1. 剪切油缸　2. 抓具油缸　3. 剪切机构　4. 抓具　5. 待剪树枝

做一做：规范操作各种高枝修剪机。

三、割灌机

割灌机有多种类型，可用于林间道旁的不规整、不平坦的地面及野生草丛、灌木和人工草坪的修剪作业。其中便携式割灌机可以背挂在肩上或背上，手持操纵进行作业。除用于割灌外，还可用于果树的修枝、绿篱的修剪以及草坪修剪等。割灌机修剪的草坪不太平整，作业后场地显得有些凌乱，但它具有重量轻、机动性好、适应性强等优点，用途较广。

便携式割灌机一般都与小动力配套使用，按照传动部件的不同可分为软轴传动及硬轴传动 2 种。图 2-1-8 为一种硬轴传动双肩背挂便携式割灌机构造，它由发动机、传动部件、离合器、工作部件、操纵部件及背挂部件组成。发动机为风冷汽油机，提供动力。离合器的作用是连接或切断发动机与传动轴之间的动力并起超载保护的作用。当发动机转速达到离合器接合转速时（3 000 r/min 左右），离合器自动接合，通过套管里的传动轴将动力传递至减速箱减速，最后将动力传递给工作部件，使切割刀具旋转进行切割作业。当工作部件遇到障碍物、受到很大阻力时，发动机转速降低，离合器分离，切断动力，工作部件停止转动。这时应减小油门，解除发动机的负荷。

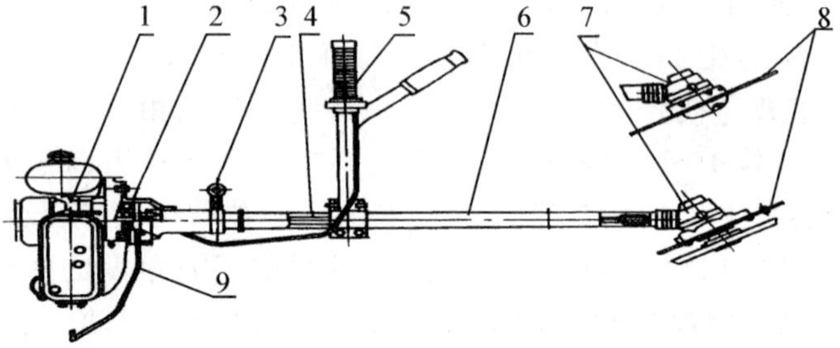

图 2-1-8 便携式割灌机构造

1.发动机 2.离合器 3.背挂部件 4.传动轴组合件
5.操纵部件 6.套管割灌机 7.减速器 8.工作部件 9.支脚

套管用于保护和支承传动轴,也便于手持套管进行工作。减速器内装有1对圆锥齿轮,用于减速并改变传动方向,便于工作部件进行割灌作业。

(一)工作部件

割灌机的主要工作部件是各种类型的旋转式切割头。要根据不同作业内容正确选择。修剪小草、嫩草可用尼龙绳切割器,切割杂草、嫩枝条可用双刃、3刃及8齿刀片,切割灌木、小乔木时宜用圆锯片。切割头的常用安装方法如下。

1.金属刀片的安装方法

(1)将刀片托夹具套在齿轮轴上,使用L形工具旋转固定。

(2)把割草刀片有文字的一面放在齿轮箱侧的刀片托上,把刀片孔正确地装在刀片托夹具的凸部上。

(3)刀片固定夹具凹面向割草刃侧,装在齿轮轴上。

(4)把附属螺栓罩放在刀片固定夹具上,在割刀片安装螺栓上放上弹簧垫和平垫圈,用力拧紧。

2.尼龙绳切割头的安装方法

(1)将刀片托夹具和刀片压夹具正确地安装在齿轮轴上。

(2)将安装螺栓拧入齿轮轴内,确保拧紧。

(3)将刀片托夹具用L形圆棒固定,并且将尼龙割刀主体拧在螺栓上用力拧紧。

(二)使用注意事项

(1)新的割灌机应按说明书的规定进行磨合后才可正式使用。

(2)发动机所用混合燃油应按一定比例并经搅拌均匀、过滤后方可加入油箱。

(3)发动机起动后应先低速运转几分钟,待机器达到正常温度后才能进行作业。

(4)割杂草、小灌木时,可双手左右摆动连续切割;切割胸径3～8 cm的乔、灌木时,只能由一方单向切割,1次伐倒;切割胸径8 cm以上乔、灌木时,应根据倒下的方向,先割下锯口,然后伐倒。

(5)卡锯时,应关小油门,抽出锯片,再继续工作,严禁离合器长时间打滑。

做一做:规范操作各种割灌机。

【操作要点】

1. 使用绿篱修剪机时,操作者要握紧手柄,在修剪时手不可抖动。
2. 使用高枝修剪机时,操作者要握紧把手,使剪口对准要修剪的枝条部位。
3. 使用割灌机时,操作者要握紧把手,注意力集中,使割灌机旋转刀片处于水平。

【注意事项】

1. 对所要使用的绿地修剪机具有一定的了解,并懂得维护的基本知识,才能从事此项工作。
2. 在对高处较大树枝修剪时,防止树枝砸伤人员或车辆等。
3. 操作过程中注意力集中,严禁说笑打闹,保障人员安全。
4. 工作中必须要按规定穿戴好工作服,安全帽等劳保用品。

【任务考核标准】

表 2-1-2 绿地修剪机具使用技术任务考核参考标准

序号	考核项目	考核内容	考核标准	考核方法	标准分值
1	基本素质	学习工作态度	态度端正,学习精力集中,学习方法多样,积极主动,全部出勤,否则将酌情扣分。	单人考核	5
		团队协作	具备团队合作精神,积极与小组成员合作,共同完成工作任务,否则将酌情扣分。	单人考核	5
2	专业技能	绿篱修剪机的使用与保养	能够规范地进行绿篱修剪机的使用与保养。操作不规范者,酌情扣分。	单人考核	20
		高枝修剪机的使用与保养	能够规范地进行高枝修剪机的使用与保养。操作不规范者,酌情扣分。	单人考核	25
		割灌机的使用与保养	能够规范地进行割灌机使用与保养。操作不规范者,酌情扣分。	单人考核	20
3	职业素质	方法能力	独立分析和解决问题的能力强,能主动、准确地表达自己的想法。	单人考核	5
		工作过程	能够广泛查阅、收集和整理资料,工作过程规范,有完整的工作任务记录,字迹工整。	小组考核	10
		自测训练与总结	及时准确完成自测训练,总结报告结果正确,电子文本规范,体会深刻,上交及时。	单人考核	10
	合 计				100

工作任务3 灌溉机具的使用技术

【任务目标】

了解常见的灌溉机具类型，并掌握其使用与保养技术。

【任务内容】

1. 根据工作任务，采取课堂、实验（训）室以及校内外实训基地（包括园林绿地、苗圃、草坪等）现场相结合的形式，通过查阅资料与网上搜集，获得相关绿地灌溉机具使用与保养的基本知识。

2. 通过校内外实训基地，熟悉各类绿地灌溉机具使用的基本操作。

3. 对任务进行详细记载，并列表描述各类绿地灌溉机具使用的操作要点及注意事项。

【教学资源】

1. 材料与器具：水泵、管道系统、喷头、自动化控制装置等。

2. 参考资料：各类教学参考书、相关挂图、彩色照片、多媒体教学课件、有关绿地灌溉机具使用方法及各网站相关资料等。

3. 教学场所：教室、实验（训）室以及苗圃、草坪、园林绿地等校内外实训基地。

4. 师资配备：每20～25名学生配备1名指导教师。

● 内容与操作步骤

灌溉是保证园林植物正常生长发育的措施之一。传统的灌溉方式如地面漫灌、洒水车喷水等费工费水，弊端较多。近年来，随着科技的不断发展，喷灌等先进的节水灌溉技术在绿地养护中得以迅速应用。

下面就灌溉机械的常见类型与使用方法进行简介。

洒水车

一、水泵

园林排灌机械中最主要的是水泵，每一种灌溉所需机械设备都离不开水泵，它把动力机械的机械能转变为所抽送的水的水力能，将水扬至高处或远处。园林灌溉用的水泵机组包括水泵、动力机（内燃机、电动机或拖拉机等）、输水管路及管路附件等。

（一）水泵的类型

园林绿地养护中所用的水泵有离心泵、轴流泵、混流泵和潜水泵4种类型（图2-1-9）。

1. 离心泵

离心泵是利用叶轮旋转的离心力扬水的水泵。其流量小，扬程高，类型规格多，是园林作业中，尤其是喷、滴灌系统里应用广泛的主要泵型。离心泵按叶轮的数量分为单级泵和多级泵，按吸水的方式分为单吸泵和双吸泵，按轴的安装形式分为立式泵和卧式泵。园林作业中应用的离心泵型有如下几种。

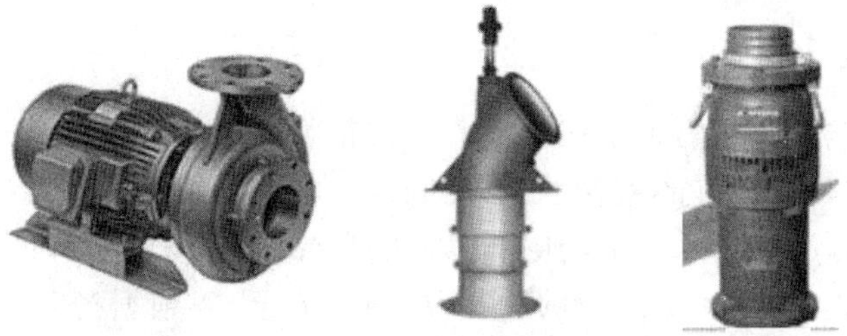

A. 离心泵　B. 轴流泵　C. 潜水泵

图 2-1-9　各类型水泵

(1)单级单吸离心泵(如 IB、IS 泵)　单个叶轮,单侧吸水,悬臂安装的卧式离心泵。

(2)单级双吸离心泵(如 S 型泵)　单个叶轮双侧吸水的卧式离心泵。

(3)喷灌离心泵和喷灌自吸离心泵(如 BP 和 BPZ 型泵)　专用于喷灌系统的离心泵。

(4)井泵　有浅井泵(如 J 型泵)和深井泵(如 JD 型泵)。浅井泵是单级单吸立式短轴离心泵,深井泵是多级单吸立式长轴离心泵。

2. 轴流泵

轴流泵是利用叶轮旋转时叶片对水的轴向推力引水的水泵。其流量大,扬程低,适用于低扬程的平原和圩区。轴流泵按叶片的安装形式分为固定叶片式、半调节式和全调节叶片式;按泵轴的安装形式分为立式泵(ZL 型)、卧式泵(ZW 型)和斜式泵(ZX 型),其中立式泵应用较多。

3. 混流泵

既利用叶轮的离心力又利用叶轮的轴向推力扬水。其流量和扬程介于离心泵和轴流泵之间,适用于平原和丘陵地区。混流泵按其外形和结构分为蜗壳式混流泵和导叶式混流泵。蜗壳式混流泵结构外形类似 B 型离心泵;导叶式混流泵,其结构外形类似轴流泵。

4. 潜水泵

潜水泵是由立式电动机与离心泵(或轴流泵、混流泵)组成一体的提水机械。整个机组潜入水中,有作业面(浅水)潜水泵和深井潜水泵。有体积小、重量轻、移动和安装方便等特点。因水泵和电机潜入水中,没有吸水管和底阀等部件,故水力损失少,启动前不用灌水,操作简便。

(二)水泵的安装

水泵吸水时其叶轮进口处形成真空。理论上当真空达到最大值(绝对压力等于零)时,水泵吸上高度应为 10 m。但实际上由于水泵制造工艺和吸水管路内的水流阻力以及泵内的水力损失等的影响,都不可能达到这一高度。一般离心泵最大允许吸上真空高度 Hs＝6～8 m。若超过这一真空值,将导致水泵汽蚀现象的产生。所谓汽蚀现象,就是水泵叶轮进口处的真空度达到某一值时,即等于或低于在同一温度下水的汽化压力时,水便汽化,形成许多气泡。它随水进入高压区,气泡受压破灭,周围的水以极高的速度和极大的频率向气泡中心冲击,产生很大的局部冲击力,打击、腐蚀叶片表面,使金属表面疲劳剥落,形成蜂窝状的缺陷。水泵运行出现汽蚀现象时,机组产生噪声与振动,水泵性能遭到破坏,严重时甚至扬水中断而不能工作。

(三)水泵的使用

(1)水泵要尽可能安装在靠近水源的地方。管路铺设应短且直,尽量少用弯头以减少管路阻力。对进水管要求具有良好的密封性能,不能漏气漏水。

(2)工作前关闭离心泵出水管上的闸阀,以减轻启动负荷。有吸程的水泵要对进水管和泵壳充水或抽真空,以排净空气。具有可调式叶片的轴流泵,要根据扬程变化情况,调好叶片角度。轴流泵、深井泵的橡胶轴承需注水润滑。

(3)运转中要调好填料压盖的松紧度,检查轴承的温升和润滑情况。经常观察真空表和压力表,并注意机组声响和振动,发现问题及时处理。

(4)工作后检查各部件有无松脱,基础、支座有无歪斜、下沉等情况。离心泵和混流泵在冬季使用完后,应放净水管和泵壳内的积水,以免积水结冻,胀裂泵壳和水管。

做一做:规范操作各种水泵。

二、喷灌系统

喷灌即喷洒灌溉,是将具有一定压力的水通过专用机具设备由喷头喷射到空中,散成细小水滴,像下雨一样均匀地洒落在园林绿地,供给园林植物水分的一种先进的节水灌溉方法。

(一)喷灌系统的组成

喷灌系统由水源、水泵动力机组、管道系统和喷头等组成。有的还配有行走、量测和控制等辅助设备。现代先进的喷灌系统还可以设置自动控制系统,以实现作业的自动化。

1. 水源

城市绿地一般采用自来水为喷灌水源,近郊或农村选用未被污染的河水或塘水为水源,有条件的也可用井水或自建水塔。

2. 水泵动力机组

水泵是对水加压的设备,水泵的压力和流量取决于喷灌系统对喷洒压力和水量的要求。园林绿地一般有城市电网供电,可选用电动机为动力。无电源处可选用汽油机、柴油机作动力。

3. 管道系统

输送压力水至喷洒装置。管道系统应能够承受系统的压力和通过需要的流量。管路系统除管道外,还包括一定数量的弯头、三通、旁通、闸阀、逆止阀、接头、堵头等附件。

4. 喷头

把具有压力的集中水流分散成细小水滴,并均匀地喷洒到地面或植物上的一种喷灌专用设备。

5. 控制系统

在自动化喷灌系统中,按预先编制的控制程序和植物需水量要求的参数,自动控制水泵启、闭和自动按一定的轮灌顺序进行喷灌所设置的一套控制装置。

(二)喷灌系统的类型

依管道敷设方式,喷灌系统可分为固定式、移动式和半固定式 3 类。

1. 固定式喷灌系统

除喷头外,其他设备均作固定安装。水泵动力机组安装在固定泵房内,干管和支管埋入地下,竖管安装在支管上并高出地面,喷头固定或轮流安装在支管上作定点喷洒。该系统操作简便,生产效率高,可实现自控,便于结合施肥和喷药,占地少。但设备投资大,适用于经常喷灌的苗圃、草坪和需要经常灌溉的草花区。

2. 移动式喷灌系统

组成该系统的全部设备均可移动,仅需在田间设置水源。喷灌设备能在不同地点轮流使用,这种机组结构简单,设备利用率高,单位面积投资少,机动性好。缺点是移动费力、路渠占地多。按喷头的数目分为如下 2 种形式。

(1)单喷头移动喷灌系统　由水泵动力机组、1 根输水软管和 1 个喷头组成的移动式机组,在田间按一定间距布设水源(塘、井或明渠)。机组依靠水源移动作定点单喷头喷洒。按机组移动方式分为手抬式、推车式(图 2-1-10)、拖拉机牵引式和悬挂式等。

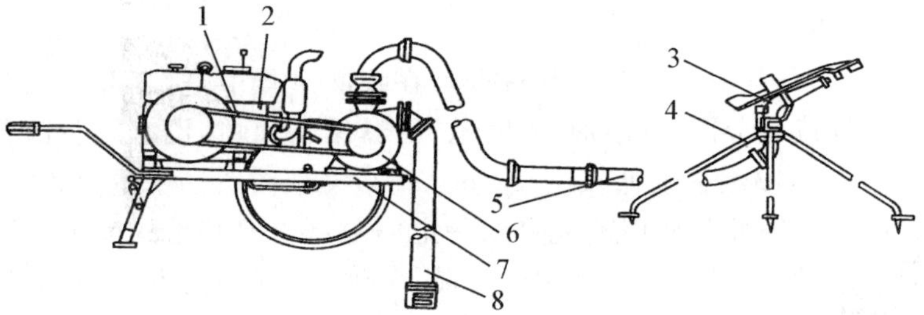

图 2-1-10　推车式喷灌机组

1. 传动装置　2. 柴油机　3. 喷头　4. 支架　5. 压水管　6. 离心泵　7. 机架　8. 吸水管

(2)多喷头管道式移动喷灌系统　由水泵动力机组、1 根或多根管道和装在管道上的多个喷头组成的移动式机组。需在田间设置水源(水渠或水塘)。机组移动并作定点多喷头喷洒。与单喷头系统相比,其突出优点是可采用低压小喷头、耗能低、雾化好、受风影响小和喷灌质量高。

3. 半固定式喷灌系统

该系统综合了固定式和移动式喷灌系统的优点而克服了两者的部分缺点,将水泵动力机组和干管固定安装,只移动装有若干喷头的支管,干管上每隔一定距离设有给水栓给支管供水。支管和喷头反复使用,减少了管材与喷头的用量,节省了投资,但要在喷灌后的泥泞中移动支管,劳动强度仍较大,为此可采取以下措施:一是选用轻便管材和附件;二是每个系统多配备几组支管,等地面稍干后依次移动;三是使支管能自走。支管能自走的半固定式喷灌系统有时钟式喷灌机、平移式喷灌机、软管式喷灌机和绞盘式喷灌机多种形式,它们一般在大面积喷灌中得到应用。

(三)喷灌系统类型的选择

喷灌系统的选型应根据地形、植物、经济和设备条件等具体情况，考虑各种形式喷灌系统的特点，综合分析比较，以做出最佳选择。一般可按如下原则选型：

(1)在喷灌次数频繁、地形坡度陡以及劳动力成本高的绿地地区，可采用固定式喷灌系统。

(2)在地形平坦、灌溉次数少的绿地地区宜采用移动式或半固定式喷灌系统，以提高设备利用率。

(3)在有 10 m 以上自然水源的地方应尽量选用自压喷灌系统，可降低动力设备的投资和运行成本。

(四)喷头

喷头又称洒水器，是喷灌系统的主要组成部分。它将具有一定压力的水流喷射到空中，散成细小的水滴并均匀地散布在所控制的灌溉面积上。喷头的性能直接影响喷灌的质量。喷头的种类很多，按其工作压力和控制范围的大小可分为低压(近射程)喷头、中压(中射程)喷头和高压(高射程)喷头，目前用得最多的是中射程喷头，其工作压力在 300～500 kPa，射程在 20～40 m。按结构和喷洒工作特性分为固定散水式喷头、旋转射流式喷头。

1. 固定散水式喷头

固定散水式喷头又称漫射式喷头。其特点是在喷灌过程中，所有部件相对于竖管是固定不动的，水流在全圆周或部分圆周(扇形)同时散开，其结构简单，没有旋转部分；水流分散，水滴细，射程短(5～10 m)，喷灌强度低(15～20 mm/h)，多数喷头的水量分布不均匀，近处喷灌强度比平均喷灌强度大，因此其使用范围受到一定的限制。但其结构简单，没有旋转部件，所以工作可靠，而且要求的工作压力低，常用于公园、草地、苗圃和温室等处；另外还适用于时针式和平移式等喷灌系统上，以节约能源。固定散水式喷头按结构形式分为折射式、缝隙式、离心式和孔管式。

2. 旋转射流式喷头

旋转射流式喷头是目前国内外使用最为普遍的一种喷头形式。主要由喷嘴、喷管、粉碎机构、转动机构、扇形机构、弯头、空心轴及轴套等部分组成。它是使压力水流通过喷管及喷嘴形成 1 股(或 2～3 股)集水水舌射出，水舌在空气阻力及粉碎机构作用下形成细小的水滴，又因为转动机构使喷管和喷嘴围绕竖轴缓慢旋转，这样水滴就会均匀地喷洒在喷头的四周，形成一个半径等于喷头射程的圆形或扇形的湿润面积。转动机构和扇形机构是旋转式喷头的重要组成部分，因此常根据转动机构的特点将其分成摇臂式、叶轮式和反作用式 3 种。

(五)喷灌系统的使用

1. 喷头的选择

根据灌溉面积大小、土质、地形、植物种类、不同生长期的需水量等因素合理选择。播种和幼嫩植物选用细小水滴的低压喷头，一般植物可选用水滴较粗的中、高压喷头。黏性土和山坡地，选用喷灌强度低的喷头；沙质地和平坦地，选用喷灌强度高的喷头。此外，根据喷洒方式的要求不同，可选用扇形或圆形喷洒的喷头。

2. 喷头的布设

喷灌系统多采用定点喷灌，可以是全圆喷洒，也可以扇形喷洒。喷头配置的原则是：保证喷洒不留空白,并有较好的均匀度。常用的配置方式有正方形、正三角形、矩形和等腰三角形4种。

3.管网布置

布设管网,应综合考虑水源、地形地势、主要风向、植物布局和灌溉方式等因素,进行技术经济比较后,才能得出最优方案。布置的管网应使管道总用量最少。一般干管直径75～100 mm,支管直径38～75 mm,支管应与干管垂直或按等高线方向安装。在支管上各喷头的工作压力应接近一致。竖管垂直安装在支管上,一般高出地面1.2 m左右为宜。管道在纵横方向布置时应力求平顺,尽量减少转弯、折点或逆坡布置。在平坦地区的支管应尽量与植物种植和作业方向一致,以减少竖管对机耕的影响。为便于半固定管道式和移动管道式喷灌系统的喷洒支管在田间移动,一般应设置2套支管轮流使用,避免刚喷完后就在泥泞的土地上拆移支管。移动管道式喷灌系统的干管应尽量安放在地块的边界上,避免移动时损伤植物。另外,应根据轮灌要求设置适当的控制设备,一般1条支管装置1套闸阀;在管道起伏的高处应设置排气装置,低处设置泄水装置。

4.管材的选择

应根据管网要承受的水压力、外力等因素,结合各种管材的优缺点、性能规格和适用条件来选择,还应考虑单价、使用寿命和市场供应等情况。目前工程中使用较多的管材种类有石棉水泥管(JG 22-64)、PVC管(SG 78-75)、PE管(GB 6674-86)、铸铁管和水煤气钢管(YB 234-65)等。

管材选择与管径确定通常应遵循如下技术要求:应能承受设计所要求的工作压力;应有足够大的内径,内壁尽量光滑,以减少压力损失;便于运输,易于安装和施工;移动管道应轻便、耐撞击、耐磨和能经受风吹日晒;确定管径时,可凭经验或简单估算确定。

三、自动化灌溉系统

灌溉系统实现自动控制可以精确地控制灌水周期,适时适量供水;提高水的利用率,减轻劳动强度和运行费用;可以方便灵活地调整灌水计划和灌水制度。因此,随着经济的发展和水资源的日趋匮乏,灌溉系统的自动控制已成必然趋势。

自动化控制系统有全自动化和半自动化2种。全自动化灌溉系统运行时,不需要人直接参与控制,而是通过预先编制好的程序和根据植物需水参数自动启、闭水泵和阀门,按要求进行轮灌。自动控制部分设备包括中央控制器、自动阀门、传感器等。半自动化灌溉系统不是按照植物和土壤水分状况及气象状况来控制水,而是根据设计的灌水周期、灌水定额、灌水量和灌水时间等要求,预先编制好程序输入控制器,在田间不设传感器。

各种灌溉技术都有其各自的特点、适应性和局限性,生产中应因地制宜地选择使用。

做一做:规范操作各种喷灌系统。

【操作要点】

1.根据水源情况,选择合适的水泵类型,水泵尽可能安装在靠近水源的地方;进水管应有良好的密封性能。

2.管线的铺设,在满足灌溉的前提下,应短而直,尽量少用弯头,避免逆坡布管。

3.支管应与干管垂直或按等高线方向安装,竖管与支管应垂直。

【注意事项】

1. 对所要使用的灌溉机具有一定的了解，并懂得维护的基本知识，才能从事此项工作。

2. 在对水泵动力机组操作时，要注意人身安全。

3. 采用定点喷灌时，保证喷洒不留空白。

【任务考核标准】

表 2-1-3 灌溉机具的使用技术任务考核参考标准

序号	考核项目	考核内容	考核标准	考核方法	标准分值
1	基本素质	学习工作态度	态度端正，学习精力集中，学习方法多样，积极主动，全部出勤，否则将酌情扣分。	单人考核	5
		团队协作	具备团队合作精神，积极与小组成员合作，共同完成工作任务，否则将酌情扣分。	单人考核	5
2	专业技能	水泵的选择、安装及使用	能够根据实地条件选择合适的水泵类型并安装，能够规范地进行常用类型水泵的使用与保养。操作不规范者，酌情扣分。	小组考核	30
		喷灌系统的设计及安装使用	能够根据实地条件设计合理的喷灌系统并安装使用。操作不规范者，酌情扣分。	小组考核	35
3	职业素质	方法能力	独立分析和解决问题的能力强，能主动、准确地表达自己的想法。	单人考核	5
		工作过程	能够广泛查阅、收集和整理资料，工作过程规范，有完整的工作任务记录，字迹工整。	小组考核	10
		自测训练与总结	及时准确完成自测训练，总结报告结果正确，电子文本规范，体会深刻，上交及时。	单人考核	10
	合 计				100

工作任务 4 植保机具的使用技术

【任务目标】

了解常见的植保机具类型，并掌握其使用与保养技术。

【任务内容】

1. 根据工作任务，采取课堂、实验(训)室以及校内外实训基地(包括园林绿地、花圃、苗圃、草坪等)现场相结合的形式，通过查阅资料与网上搜集，获得相关植保机具使用与保养的基本知识。

2. 通过校内外实训基地，熟悉各类植保机具使用的基本操作。

3. 对任务进行详细记载，并列表描述各类植保机具使用的操作要点及注意事项。

【教学资源】

1. 材料与器具：背负式喷雾器、踏板式喷雾器、背负式电动喷雾器、手持电动离心式喷雾器、背负式弥雾喷粉机、喷药车等。

2. 参考资料：当地气象资料、有关园林植物病虫草害的历史资料、各类教学参考书、相关挂图、彩色照片、多媒体教学课件、病虫草害彩色图谱(纸质或电子版)、有关植保机具使用方法的资料、各网站相关资料等。

3. 教学场所：教室、实验(训)室以及园林植物病虫草害危害较重的校内外实训基地。

4. 师资配备：每20～25名学生配备1名指导教师。

● 内容与操作步骤

园林绿地中园林树木、草坪、花卉病虫草害的防治方法很多，但目前仍以化学防治最为迅速有效。因此，借助于施药机械进行化学防治仍是目前园林绿地病虫草害防治的重要手段。专门用于病虫草害防治的机械称为植物保护机具，简称植保机具。这类机械的用途包括：喷洒杀菌剂或杀虫剂防治植物病虫害；喷洒除草剂消灭杂草；喷洒药剂对土壤消毒、灭菌等。目前，国内外植物保护机械化总的趋势是向着高效、经济、安全方向发展。在提高劳动生产率方面，如加大喷雾机的工作幅宽、提高作业速度、发展一机多用、联合作业机组，同时还广泛采用液压操纵、电子自动控制，以降低操作者劳动强度；在提高经济性方面，提倡科学施药，适时适量地将农药均匀地喷洒在植物上，并以最少的药量达到最好的防治效果。要求施药精确，机具上广泛采用施药量自动控制和随动控制装置，使用药液回收装置及间断喷雾装置，同时还积极进行静电喷雾应用技术的研究等。此外，更注意安全保护，减少污染，随着绿地养护向着深度和广度发展，开辟了植物保护综合防治手段的新领域，生物防治和物理防治器械和设备将有较多的应用，如超声技术、微波技术、激光技术、电光源在植保中的应用及生物防治设备的开发等，常见的植保机具有手动喷雾器、机动喷雾机、喷药车等。

小型电动打药机　　　　雾炮

一、手动喷雾器

手动喷雾器是用人力来喷洒药液的一种机械。它结构简单、使用操作方便、适应性广，在园林植物病虫害防治中应用广泛。目前，生产中常见的主要有背负式喷雾器和踏板式喷雾器。

(一)背负式喷雾器

1. 结构

图2-1-11为一种常用的手动背负式喷雾器，它属于液体压力式喷雾器，主要由活塞泵、空

气室、药液箱、喷杆、开关、喷头和单向阀等组成。工作时，操作人员将喷雾器背在身后，通过手压杆带动活塞在缸筒内上、下往复运动，药液经过进水单向阀进入空气室，再经出水单向阀、输液管、开关、喷杆由喷头喷出。

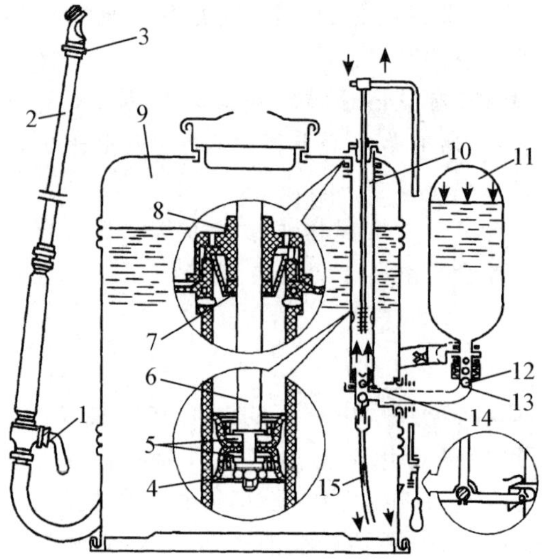

图 2-1-11　手动背负式喷雾器结构

1.开关　2.喷杆　3.喷头　4.固定螺母　5.皮碗　6.活塞杆　7.毡圈　8.泵盖　9.药液箱　10.缸筒　11.空气室　12.出水单向阀　13.出水阀座　14.进水单向阀　15.吸水管

2.使用与保养

(1)根据需要选用合适的喷杆和喷头。特别是NS-15型、WS-20型背负式手动喷雾器具有多种喷射部件。

(2)工农-16型等喷雾器上的新牛皮碗在安装前应浸入机油或动物油(忌用植物油)，浸泡24 h。向泵筒中安装塞杆组件时，应注意将牛皮碗的一边斜放在泵筒内，然后使之旋转，将塞杆竖直，用另一只手帮助将皮碗边沿压入泵筒内，就可顺利装入，切忌硬行塞入。

(3)背负作业时，应每分钟掀动摇杆15～22次。操作喷雾器时不可过分弯腰，以防药液从桶盖处溢出溅到身上。

(4)加注药液，不许超过桶壁上所示水位线。空气室中的药液超过安全水位线时，应立即停止打气，以免空气室爆炸。

(5)喷雾器每天使用结束后，应倒出桶内残余药液，加入少量清水继续喷洒干净，并用清水清洗各部分，然后打开开关，置于室内通风干燥处存放。铁制桶身的喷雾器，用清水清洗完后，应擦干桶内积水，然后打开开关，倒挂于室内干燥阴凉处存放。所有皮质垫圈，贮存时应浸足机油，以免干缩硬化。

(6)若短期内不使用喷雾器，应将主要零部件清洗干净，擦干装好，置于阴凉干燥处存放。若长期不用，则要将各个金属零部件涂上黄油，防止生锈。

(二)踏板式喷雾器

1.结构

主要由液压泵、空气室、机座、杠杆部件、三通部件、吸液部件和喷洒部件组成(图2-1-12)。

液压泵为柱塞式，主要由缸体、柱塞、V形密封圈、进水阀及出水阀等组成。空气室用铸铁制成，呈壶形。机座由灰口铁铸造而成。整个喷雾器组均安装在机座上，它能够承受机器各部分产生的力。杠杆部件由踏板、框架、连杆、连杆销、摇杆和手柄等组成，其作用是传递动力，带动框架、连杆，使柱塞在缸体内左右运动，进行吸液和压液的工作。三通部件由出水三通、垫圈、斜口、胶管螺帽和胶管夹环等组成，供出液用。吸液部件由吸液盖、进液管夹环、吸液头体等组成。一般吸液胶管内径为13 mm，长为1 750 mm。在吸液头体内装有吸液头滤网，它的作用是在吸液时进行过滤，防止杂质吸入泵内影响喷雾。喷洒部件与一般喷雾器的喷洒部件基本相同，但因工作压力比背负式手动喷雾器高，所以，耐压性能应较高些。喷雾胶管一般配有单喷头和双喷头，也可配小型可调喷枪使用。

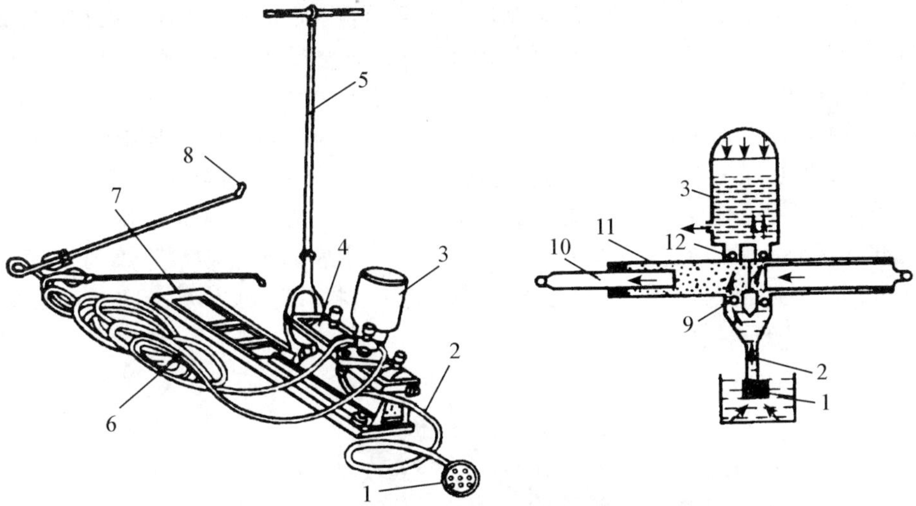

图 2-1-12　踏板式喷雾器结构

1.过滤器　2.吸管　3.空气室　4.双缸往复式柱塞泵　5.摇杆　6.出水管
7.踏板　8.喷头　9.进液阀门　10.柱塞　11.缸筒　12.出液阀门

踏板式喷雾器是一种喷射压力高、射程远的手动喷雾器。操作者以脚踏机座，用手推摇杆前后摆动，带动柱塞泵往复运动，将药液吸入泵体，并压入空气室，形成0.8～1.0 MPa的压力，即可进行正常喷雾。踏板式喷雾器目前在绿地养护中应用广泛。

2.使用与保养

(1)药液在使用之前必须先经过过滤，以免杂质堵塞喷孔而影响喷雾质量。

(2)该喷雾器没有装压力表和安全装置，使用时凭感觉估计压力大小，以能正常喷雾为宜。吸水座必须淹入药液内以免产生气隔。

(3)当中途停止喷药时，必须立即关闭开关，停止推动摇杆。

(4)不允许两人同时推摇杆，以免超载工作而使胶管破裂和损坏机具。

(5)各注油孔和活动部分应经常注润滑油，油杯内必须注满黄油，每天将油盖拧紧1～2圈。

(6)每天使用完毕，将吸液头拿出药液容器，继续摇动摇杆，排出机内的剩余药液。将空气室内的药液排除干净，再用清水或碱水清洗干净。清洗后拆下出液胶管和喷枪。把出液胶管悬挂在阴凉干燥的地方，将喷枪的直通开关打开，放尽喷杆内的残液。

(7)在使用硫酸铜及石灰硫黄合剂等高度腐蚀性的药液时，使用完毕必须立即用清水或热碱水洗净后擦干,决不能使药液留存在机具内。

(8)使用完毕,在保存前用热碱水冲洗机具内外;封闭进液接头和出液接头;在活动部分涂润滑油脂,并用纸包封,以便防尘和防腐蚀。

(9)每年秋季用完后,应拆洗、清理、检查和换密封圈、橡胶垫、螺钉、螺母等,封好存放。

二、担架式机动喷雾机

(一)类型

担架式机动喷雾机,是由发动机带动液泵产生高压,用喷枪进行宽幅远射程喷雾的植保机械。常见机型有金蜂-40型担架式机动喷雾机和工农-36型担架式机动喷雾机。

1.金蜂-40型担架式机动喷雾机(图2-1-13)

该喷雾机由动力和喷雾两部分构成。动力采用小型发动机,如165F柴油机等;喷雾部分由ZMB240型隔膜泵混药器、喷射部件等组成。金蜂-40型机动喷雾机流量大、压力高、射程远,属中等雾滴型喷洒,耐磨蚀性好,能经受脱水状态运行。在水源丰富地区可以就地吸水、自动混药,因此它适应性强,用途广泛,可应用于园林的病虫害防治和喷洒除草剂,还可用于高山提水、废水处理以及喷洒粪液等,该机型结构简单紧凑、操作维修方便、耐磨损、耐腐蚀、寿命长,是我国目前较理想的植保机具。

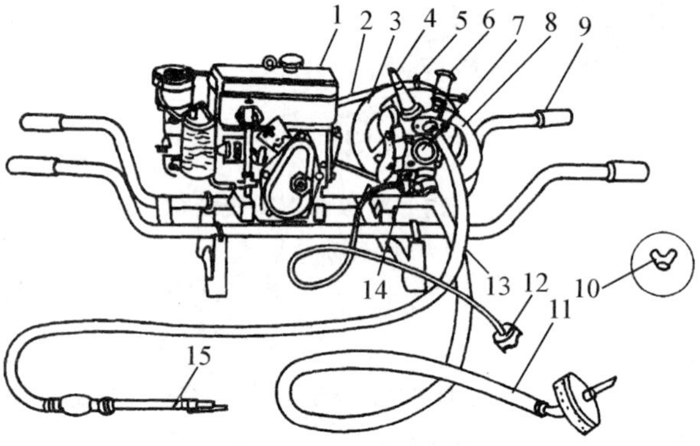

图2-1-13 金蜂-40型担架式机动喷雾机

1.165F柴油机 2.三角皮带 3.皮带轮 4.压力表 5.空气室 6.调压阀 7.隔膜泵 8.回水管组件 9.机架 10.三通 11.过滤器 12.吸药过滤器 13.出水管 14.吸药开关 15.喷枪

2.工农-36型机动喷雾机(图2-1-14)

主要由三缸活塞式液泵、混药器、吸水滤网、喷射部件、机架、柴油机(或汽油机)等组成。三缸活塞泵包括液泵主体、进液管、出水阀、空气室、调压阀、压力表和截止阀。液泵主体由泵筒、活塞、连杆、曲轴和曲轴箱组成,当动力通过三角皮带使曲轴做旋转运动时,连杆即带动活塞在泵筒内做往复运动,进行吸液和压液。出水阀靠弹力与阀座紧贴,当活塞压液时,出水阀即被顶开。空气室对液泵起稳定压力作用,以保证均匀、持续的喷雾。调压阀用来控制喷雾机的喷射压力。当空气室内的液体压力超过弹簧对阀门的压力时,液体使阀门开大,回流量增加,空气室内的压力即下降到调压阀所调节的压力,此时回流量相应减少。使用过程中,如发生压力不稳或持续上升,可按顺时针方向扳足卸压柄进行卸压,以避免损坏机件或发生其他事故。压力指示器显示液体压力大小，通常安装在调压阀的接头上，和调压阀连在一起。弹簧伸缩推动标杆上下，由指示帽的刻线指示液泵的压力。截止阀连接在气室座上。当需要排液时，打开截止阀，可协助调压阀调整液泵的工作压力。

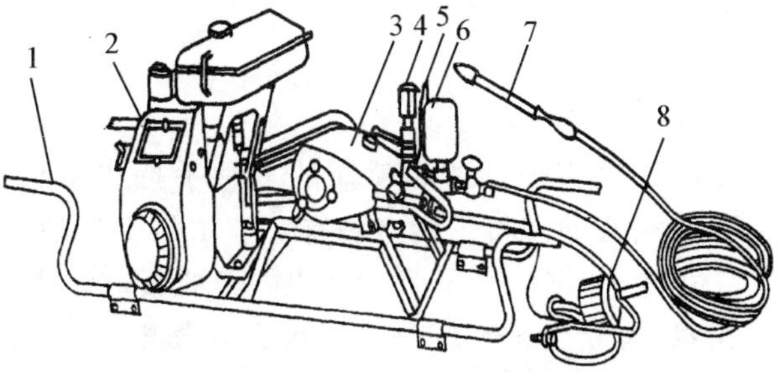

图 2-1-14　工农-36 型机动喷雾机

1.机架　2.发动机　3.泵体　4.调压阀　5.压力指示器　6.空气室　7.喷洒部件　8.吸水滤网

(二)使用与保养

(1)按说明书规定的牌号向曲轴箱内加入润滑油至规定的油位。以后每次使用前及使用中都要检查，并按规定对汽油机或柴油机检查及添加润滑油。

(2)正确选用喷洒及吸水滤网部件。

(3)启动前，检查吸水滤网，滤网必须沉没于水中。将调压阀的调压轮按反时针方向调节到较低压力的位置，再把调压柄按顺时针方向扳足至卸压位置。

(4)启动发动机，低速运转 10～15 min，若见有水喷出，并且无异常声响，调节调压手柄，使压力指示器指示到要求的工作压力。

(5)用清水进行试喷。观察各接头处有无渗漏现象，喷雾状况是否良好。

(6)作业完后，应在使用压力下，用清水继续喷洒 2～5 min，清洗泵内和管路内的残留药液，防止药液残留内部腐蚀机件。

(7)卸下吸水滤网和喷雾胶管，打开出水开关；将调压阀减压，旋松调压手轮，使调压弹簧处于自由松弛状态。排除泵内存水，并擦洗机组外表污物。

(8)定期更换曲轴箱内机油。遇有因膜片(隔膜泵)或油封等损坏，曲轴箱进入水或药液，应及时更换零件修复好机具并提前更换机油。清洗时应用柴油将曲轴箱清洗干净后，再换入新的机油。

(9)机具长期贮存时，应严格排除泵内的积水，防止天寒时冻坏机件。应卸下三角皮带、喷枪、喷雾胶管、喷杆、混药器、吸水滤网等，清洗干净并晾干。能悬挂的最好悬挂起来存放。

三、其他喷雾机具

(一)背负式电动喷雾器

在药液箱内装有电动液泵，可大大减轻劳动强度。如山东卫士植保公司生产的 WS-18D 型电动喷雾器。该喷雾器采用自动喷洒系统和药箱一体化设计，装有电动的高压隔膜泵，蓄电池为 12 V、7 A，电池容量大，电能转换效率高，工作时间长。1 次充足电后，可连续工作(4±0.5)h，间歇工作 5 h。具有阀芯式掀压开关，不易渗漏，操作灵活简便，打开电源开关后，打开药液开关，开始工作；关闭药液开关，电泵自动断电停止工作；再开药液开关，电泵自动连电开始工作。噪声小，安全性能好，具有模仿人体后背形状曲线的药液箱，并备有背带垫和腰带，背负操作舒适。

(二)手持电动离心式喷雾器

采用微型电机，驱动离心式喷头进行离心喷雾的一种手持式喷雾器。常见的如 3WD-60 型手持电动离心式喷雾器，在空心的塑料手柄中装有 8 节 1 号干电池，喷头的旋转动力为 7～8 W 的微型电机，转速为 7 000～8 000 r/min。工作时，药液瓶中的药液在自重下经过离心式喷头的中心喷嘴，流入双齿盘（雾化盘）的夹缝中，双齿盘在微电机驱动下高速旋转，在离心力作用下将药液甩出。

做一做：规范操作各种喷雾器。

四、弥雾喷粉机

弥雾喷粉机是多用途的喷洒机械。它的特点是用一台机器更换少量部件即可进行弥雾、超低量喷雾、喷粉、喷洒颗粒、喷烟等作业。背负式弥雾喷粉机由于具有操纵轻便、灵活、生产效率高等特点，广泛用于较大面积的草坪养护、苗圃和林业生产中。

(一)背负式弥雾喷粉机的结构

背负式弥雾喷粉机主要由机架、离心风机、汽油机、油箱、药箱和喷洒装置等部件组成，如图 2-1-15 所示。

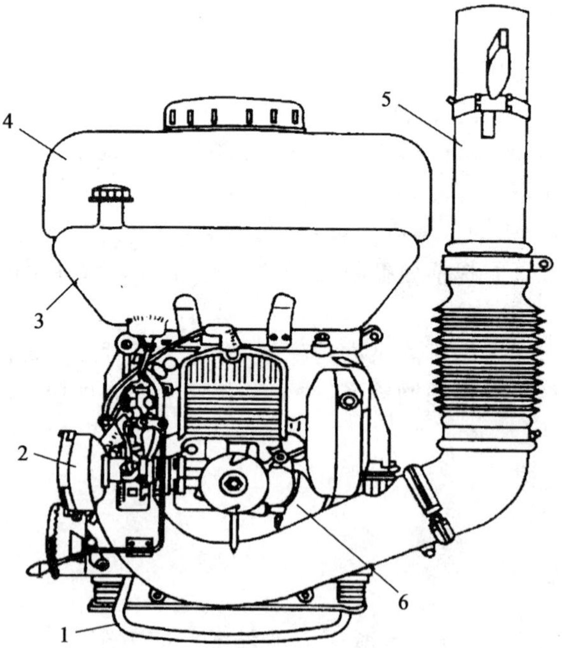

图 2-1-15　背负式弥雾喷粉机

1. 机架　2. 汽油机　3. 汽油箱　4. 药液箱　5. 喷管　6. 风机

(二)背负式弥雾喷粉机的使用与保养

(1)使用前,应首先检查机器各零部件是否齐全、安装是否可靠。对于新机或刚刚启封的机具,应将缸体内的机油排除干净,并检查压缩比和火花塞跳火是否正常。

(2)喷雾作业时,全机应处于喷雾作业状态。加药液之前,用清水试喷一次,检查各处有无渗漏。加液不要过满,以免从过滤器出气口处溢进风机壳里。喷粉作业时,全机应处于喷粉状态。关好粉门后加粉,粉剂应干燥,不得含有杂草、杂物和结块,加粉后旋紧药盖。启动发动机,使处于怠速运转。背起机具后,调整油门开关,使汽油机稳定在额定转速左右,开启药液手把开关即可开始作业。

(3)无论进行喷雾还是喷粉,应顺风作业。停止作业时,应先关闭粉门或粉液开关,然后再关闭汽油机。汽油机必须使用混合燃油,汽油与机油的比例为 15∶1,为了安全防火,加油时必须停机。

(4)使用完毕后,清理药箱内残存的药液或粉剂,洗刷药箱,检查各连接处是否有漏水、漏油现象,并及时排除。清除机器表面油污和灰尘,检查各连接螺栓紧固情况,保养后应将机器放在干燥通风处,切勿靠近火源。

(5)长期存放时将机器全部拆开,仔细清洗各零部件上的油污和灰尘,清洗药箱、风机和输油管。将风机壳清洗干净,晾干后涂一层防锈黄油予以保护。

(6)各种塑料件应避免长期曝晒,不能磕碰、挤压,所有零部件用塑料罩盖好,置于通风干燥处。

做一做:规范操作各种喷粉器。

五、喷药车

喷药车又称洒药车、药物喷洒车、农药喷洒车,主要用于喷洒农药,还具有运水、排水、应急消防等功能。动力有机载柴油机、拖拉机 PTO 动力输出轴或液压输出动力。喷洒方式有喷杆喷洒、轴流风机辅助远程喷洒、喷枪喷洒等。控制方式有手动、半自动及智能化电脑控制喷洒等,可做到根据标靶形状喷洒,目标自动识别喷洒,节约药量达 30%以上。药箱容积从 50 (189 L)～1 500 加仑(5 670 L)可选。

做一做:规范操作各种喷药车。

【操作要点】

1.使用背负式喷雾器喷雾时,操作者不可过分弯腰,防止药液从桶盖处流出溅到操作者身上。喷药时,应注意控制喷杆的高度,防止雾滴飘失。

2.使用背负式机动喷雾喷粉机作业前,应首先校正操作者的行走速度,并按行走速度和喷量大小,核算施药量。喷药时严格按预定的喷量大小和行走速度进行。

3.喷洒的药液应洁净,以免堵塞喷嘴。粉剂应干燥无结块,无其他杂质。

【注意事项】

1.背负式喷雾器加注药液时,切不可超过桶壁上所示的水位线,否则工作时泵筒盖处会漏药。

2.喷过除草剂的喷雾器,必须彻底清洗,包括药液箱、胶管、喷杆、喷头等,否则下次喷洒其他农药时很可能对植物产生药害。

3. 使用背负式机动喷雾喷粉机过程中，必须注意防毒、防火、防机器事故发生。背机时间不宜过长，可3～4人组成一组，轮流作业。操作者必须佩戴口罩，避免顶风作业，禁止喷管在操作者前方以“八”字形交叉方式喷洒。发现有中毒症状时，应及时就医。

4. 机动喷射式喷雾机工作时需要有回流搅拌药液，以免沉淀，切勿无水启动。

【任务考核标准】

表 2-1-4　植保机具的使用技术任务考核参考标准

序号	考核项目	考核内容	考核标准	考核方法	标准分值
1	基本素质	学习工作态度	态度端正，学习精力集中，学习方法多样，积极主动，全部出勤，否则将酌情扣分。	单人考核	5
		团队协作	具备团队合作精神，积极与小组成员合作，共同完成工作任务，否则将酌情扣分。	单人考核	5
2	专业技能	手动喷雾器的使用与保养	能够规范地进行手动喷雾器的使用与保养。操作不规范者，酌情扣分。	单人考核	10
		担架式机动喷雾机的使用与保养	能够规范地进行担架式机动喷雾机的使用与保养。操作不规范者，酌情扣分。	小组考核	15
		其他喷雾机具的使用与保养	能够规范地进行其他喷雾机具的使用与保养。操作不规范者，酌情扣分。	小组考核	15
		弥雾喷粉机的使用与保养	能够规范地进行弥雾喷粉机的使用与保养。操作不规范者，酌情扣分。	单人考核	15
		喷药车的使用与保养	能够规范地进行喷药车的使用与保养。操作不规范者，酌情扣分。	小组考核	10
3	职业素质	方法能力	独立分析和解决问题的能力强，能主动、准确地表达自己的想法。	单人考核	5
		工作过程	能够广泛查阅、收集和整理资料，工作过程规范，有完整的工作任务记录，字迹工整。	小组考核	10
		自测训练与总结	及时准确完成自测训练，总结报告结果正确，电子文本规范，体会深刻，上交及时。	单人考核	10
合　计					100

工作任务5 草坪机具的使用技术

【任务目标】

了解常见的草坪机具的类型，并掌握其使用与保养技术。

【任务内容】

1.根据工作任务，采取课堂、实验（训）室以及校内外实训基地（包括园林绿地、苗圃、草坪等）现场相结合的形式，通过查阅资料与网上搜集，获得相关草坪机具使用与保养的基本知识。

2.通过校内外实训基地，熟悉各类草坪机具使用的基本操作。

3.对任务进行详细记载，并列表描述各类草坪机具使用的操作要点及注意事项。

【教学资源】

1.材料与器具：播种机、施肥机、草坪修剪机、草坪打孔机、草坪修边机等。

2.参考资料：各类教学参考书、相关挂图、彩色照片、多媒体教学课件、有关草坪机具使用方法资料、各网站相关资料等。

3.教学场所：教室、实验（训）室以及草坪、园林绿地等校内外实训基地。

4.师资配备：每20～25名学生配备1名指导教师。

● 内容与操作步骤

草坪是高度培育的特殊草地，它不仅需要大量的工作量来建植，而且，建坪之后还需大量的劳动来养护管理，以维持其正常的生产性能。因此，草坪质量的高低，功能的大小，往往与投入的劳动量成正相关。

随着草坪面积的扩大、质量的提高，草坪业逐渐由单一的人工作业向半机械化、机械化、自动化过渡，草坪作业的机械化已成为当今草坪工作者十分关注的问题。

草坪业在我国是近几年兴起的年轻产业，草坪建植和管理、耕耘整地、播种，草坪草的修剪、杀虫、杀菌等药剂的喷施，以及草坪的更新作业都日益离不开机械的作用。高尔夫球场、足球场、草坪网球场、棒球场以及橄榄球场等管理要求程度较高的草坪地，各种各样的机械器具，使用更是必不可少的。

草坪机具是指在草坪作业中使用的机械和设备，按其生产用途可分为草坪建植机械和草坪养护机械。草坪建植机械主要包括播种、施肥机械以及铲草坪机等；草坪养护机械包括剪草机、割灌机、打孔机、梳草机、开沟机、修边机等。

一、播种、施肥机械

（一）播种机

草坪播种是将草坪的种子直接播种在坪床上的一种建坪方法。主要采用2种方法，一种是撒播，一种是喷播。前者使用的是撒播机，后者使用的是喷播机。

1.草坪撒播机

草坪撒播机是一种靠转盘的离心力将种子抛撒播种的机械，有的撒播机还可用于草坪施肥作业。撒播机的排种器为离心式排种器，其结构如图2-1-16所示，为一个高速旋转的圆盘，圆盘上部有4条齿板，种子箱内的种子，通过排种口落到圆盘上的齿板之间，此时圆盘在驱动机构作用下高速旋转，种子在离心力的作用下不断沿径向由内向外滑动，当种子脱离圆盘后，继续沿径向运动，在空中散开，均匀撒落到地面上。

草坪撒播机有拖拉机牵引式、悬挂式、便携式、步行操纵自走式(手扶自走式)等多种结构形式。

(1)便携式(手提式)播种机　该机由贮种袋、机座手摇转动装置、旋转飞轮等部分组成(图2-1-17)。使用时一人即可操作，播种者只需将背带套在肩上，摇动摇把，贮种袋下的旋转飞轮便会把种子旋播出去。下种口的大小可以调节，即根据种子的大小、播种量的多少调节下种速度。该机体积小，重量轻，结构简单，灵活耐用，不受地形、环境和气候的影响。适用于中等面积和复杂地形条件下的草坪播种。

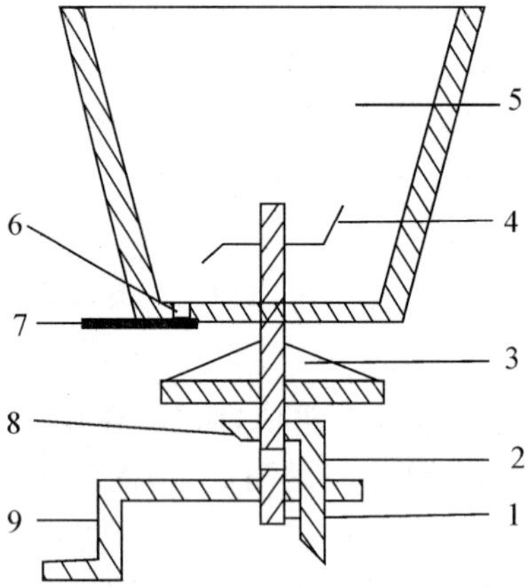

图2-1-16　手摇撒播机结构

1.机架　2.垂直锥齿轮　3.撒播盘　4.搅拌轮　5.种子箱
6.下种孔　7.种量调节板　8.水平锥齿轮　9.摇把

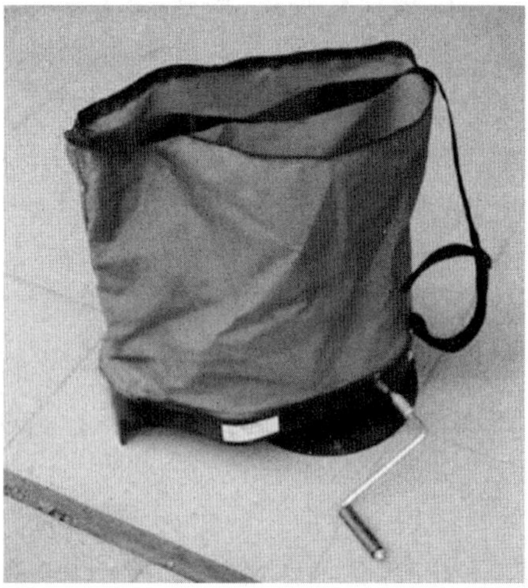

图2-1-17　便携式播种机

(2)手推式撒播机　手推式撒播机的种子箱位于机架之上，机架由手柄和托架组成，地轮位于机架之下支撑机架并传递动力。地轮轴中央有1对锥齿轮，完成种子的撒播。其播种量通过种量调节板调节。

(3)手扶自走式撒播机　手扶自行式撒播机由行走和播种两部分组成，行走部分由一小汽油机驱动，小型汽油机的动力通过链传动减速后传给行走轮，行走轮的转动通过装在轮轴上的1对圆锥齿轮传给星形转盘，用于播种。

(4)牵引式撒播机　由拖拉机牵引作业，它由料斗、排种量调节装置、撒播转盘、转盘驱动装置、行走轮、牵引架等组成。拖拉机在行驶时，带动撒播机的行走轮在地面滚动，行走轮的转动通过装在轮轴上的1对圆锥齿轮增速并改变转动方向后，驱动撒播转盘在水平面内旋转，落在转盘上的种子即靠离心力撒播出去。装种子的料斗安装在转盘的上方，料斗下部设排种量调节装置和排种孔，种子通过调节孔下落到转盘上。

2. 草坪喷播机

草坪喷播机是利用气流或液力进行草籽播种的机械。目前使用比较广泛的是液力喷播机。它是以水为载体，将草籽、纤维覆盖物、黏合剂、保水剂及营养素经过喷播机混合、搅拌后按一定比例均匀地喷播到所需种植草坪的地方，经过一段时间的人工养护，形成初级生态植被。草坪喷播具有以下优点：特别适合在山地、坡地进行施工。喷播形成的自然膜和覆盖在地表的无纺布可有效地起到抗风保湿、抗雨水冲刷的作用；任意选择适合生长的草种品种。草种品种可以根据气候、土壤、用途及草坪的特性任意选择，也可以将多个品种进行混合播种，利用他们的不同特性起到互补的作用，从而达到最佳效果播种均匀，省时高效，适合高尔夫球场、足球场等大面积施工，观赏效果好。喷播所用的植物材料本身就呈绿色，再加上地表覆盖的无纺布也是绿色，所以喷播后没有裸露的土地，视觉效果好，10 d 左右可揭去无纺布，20 d 后经过修剪即可初步成坪。

液力喷播机有车载式和拖挂式两种机型，车载式是将喷播设备装在载重汽车的车厢板上；而拖挂式是装在拖车上，由汽车或拖拉机牵引行使。液力喷播机的基本构造都相似，主要有发动机、浆泵、装载箱、软管和喷枪组成。

(1)发动机　大多数喷播机都具有独立的发动机，主要用于驱动浆泵和搅拌装置，一般为四行程汽油机，功率一般在几千瓦至几十千瓦。

(2)浆泵　浆泵是使混合浆液产生一定的压力，通过软管、喷枪喷射出去，常用耐腐蚀离心泵，工作压力为 0.6～1.0 MPa。

(3)装载箱　主要用于贮存浆液，由尼龙或不锈钢制成，具有防腐、防锈功能，其容量是产品的重要指标。装载箱内设有搅拌机械和液力循环搅拌管道，其目的是将水、种子、纤维覆盖物、黏合剂、染色剂、化肥等在罐内搅拌，形成均匀的浆液。发动机通过搅拌装置以机械传动或液压传动来驱动带有翼片的驱动轴，使搅拌装置可正反转搅拌；液力循环通过系统本身内的 1 根支管，通过浆泵将一部分浆液向混合罐内喷射，使混合罐内的浆液循环搅动进行混合。喷射系统中设有安全阀，在喷枪停止喷射时，浆液从安全阀回到装载箱。

(4)喷枪　喷枪是浆液的喷洒部件。有长嘴、短嘴和鸭嘴多种形式，可根据不同的作业对象和地貌特征来选用。

3. 草坪补播机

已建成的草坪，由于一些人为或自然的原因，经常在某些部位会发生无草皮或草株过稀的现象，这就要求进行补种或补播。补播可以使用普通的草坪播种机，但由于播前要进行相应的整地，需动用多台机械，且由于面积通常都比较小，因此经济上不一定合算。在这种情况下，一些集整地、播种于一身的专用草坪补播机问世了。草坪补播机有拖拉机悬挂式、步行操纵自走式等形式。步行操纵自走式补播机，由 1 台汽油机驱动，前部设有旋转圆盘耙，能开出窄缝式的播种沟；中部有导种管，将由种子箱经排种器排出的种子导入播种沟，后部还装有覆土圆盘，对播下的种子进行覆土。

(二)施肥机

为了促进草坪生长，必须适时对草坪进行施肥。而施入的肥料必须均匀地散到草坪表面，才能使草坪草生长整齐一致，采用施肥机械施肥，能高效、均一地把化肥施入草坪，大大优于人工撒施。

由于草坪的草种是小颗粒状，草坪施肥一般也是喷撒颗粒状或粉状肥料。因此，草坪播种和施肥机械可以相互借用。其使用方法也基本类似。一般颗粒肥料可使用点播机或撒播机。

施肥机的种类很多，按照施肥方式不同，可分为便携式、手推式、拖拉机悬挂式和牵引式等。按照施肥机的工作原理不同，草坪施肥机有离心圆盘式撒肥机、气力式撒肥机、摆管式撒肥机等。较小面积的草坪施肥可选用便携式或手推式施肥机，大面积草坪应考虑采用拖拉机驱动施肥机。拖拉机驱动的播种施肥机械的具体操作与整地机械基本相同。手推式是用人力代替拖拉机的动力，主要用于小型地块的播种施肥作业。操作过程中，关键是按使用说明书以及草坪播种施肥的要求，通过播种施肥机械本身的调节装置调节所需的播种量和施肥量。为确保均匀施肥，可把规定数量的肥料分成 2 份：其中 1 份按南北方向撒施，另 1 份按东西方向撒施。在施肥前，先将肥料装到撒肥机上行走 20 m 以检验撒肥机是否按规定数量施肥。

1. 手推式施肥机

手推式施肥机主要用于小面积或小片草坪地的施肥作业，由安装在轮子上的料斗、排料装置、轮子和手推把组成。常用的为传送带式施肥机，由料斗、橡胶传送带、刷子等组成。传送带位于料斗的底部，在传送带运动方向一侧，传送带与料斗之间有一较大间隙，该间隙的大小通过料斗调节螺栓调节，以控制施肥量。作业时，颗粒状或粉状固体肥料通过这一间隙由传送带传出料斗，再由刷子将传送带端头的肥料刷向草坪，传送带和刷子都由推行的地轮驱动，机器前进的方向与传送带运动方向相反。

2. 拖拉机驱动施肥机

这类机器主要为拖拉机悬挂式或牵引式，主要适用于大中型草坪的施肥作业。

(1)转盘式施肥机　由料斗、转盘、搅拌器、传动装置等组成(图 2-1-18)。转盘式施肥机的肥料装载斗是 1 个倒锥形，下部有调节侧板，用以调节料斗下部边缘与转盘之间的间隙，即施肥量。转盘安装在料斗的底部，转盘上有沿径向布置的挡板，转盘由拖拉机动力输出轴通过传动机构驱动旋转。在料斗中还安装有搅拌器，它与转盘一起转动，以保证料斗中的肥料能源源不断地向转盘供料。作业时，转盘高速旋转，搅拌器也高速旋转，肥料从料斗与转盘的间隙落入转盘，在旋转离心力的作用下，肥料从转盘甩出撒向草坪。转盘式施肥机有多种规格，其施肥效率主要受施肥机的规格和肥料种类的影响。如 1 台料斗容量为 300 kg 的施肥机，当施粉状肥时，其施肥的宽度是 5 m，施颗粒状肥时施肥宽度为 12 m；另 1 台料斗容量为 600 kg 的施肥机，当施粉状肥时，其施肥的宽度是 10 m，施颗粒状肥时施肥宽度为 16 m。

(2)摆动喷管式施肥机　由料斗、摆动喷管、施肥量调节盘、搅拌装置和传动机构等组成(图 2-1-19)。料斗为倒锥形，在料斗的底部有出料孔，可使肥料进入摆动的喷管中。施肥量调节圆盘安装在出料孔上。通过转动调节圆盘，可使圆盘上的长三角孔与料斗出料孔的重合面积发生变化，从而可调节进入摆动喷管的肥料量；两者重合面积越大，施肥量也越大，反之则小，甚至完全关闭，调节圆盘的转动由调节杆控制。为保证料斗能顺利出料，在料斗中安装有搅拌装置，而摆动喷管与一偏心装置相连接；在作业时，拖拉机的动力输出轴驱动搅拌装置和偏心装置，使摆动喷管不断摆动，把由料斗通过调节圆盘进入喷管的肥料喷洒在草坪上。

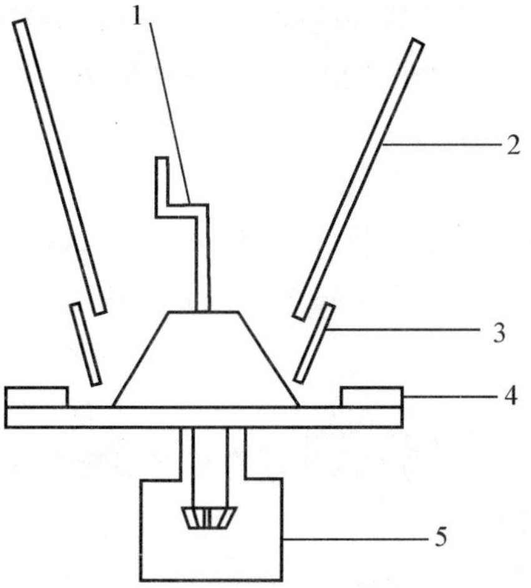

图 2-1-18　转盘式施肥机结构示意图

1. 搅拌器　2. 料斗　3. 料斗调节侧板　4. 转盘　5. 锥齿轮

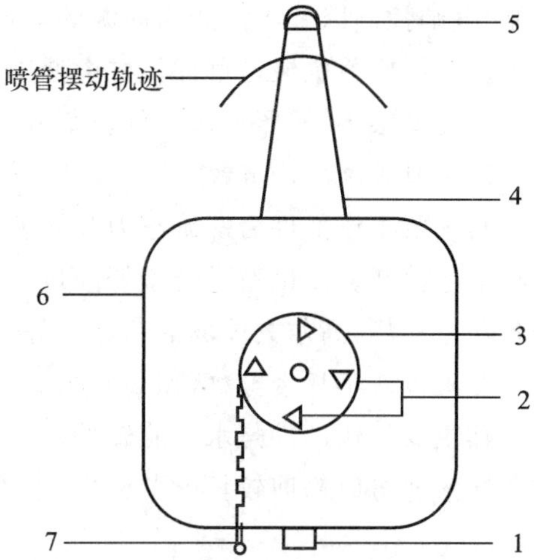

图 2-1-19　摆动喷管式施肥机结构示意图

1. 上悬挂点　2. 长三角形孔　3. 调节盘　4. 摆管　5. 喷口　6. 料斗　7. 调节杆

3. 施肥机的使用与保养

施肥机施肥量的正确调节是使用的关键环节，在使用时首先应通过调节施肥机本身的施肥量调节装置调节所需的施肥量；其次注意调节撒肥装置距离地面的高度，同时还应注意施肥机的前进速度应与撒肥装置撒肥的速度相适应，撒到草坪地面上的肥料既不宜太密也不宜过稀。

由于草坪所施的肥料大多数为酸性或碱性，很容易造成部件受潮而被腐蚀。虽然有些机械的零部件采用了耐酸碱的材料，但如果不注意保养仍会产生排料不顺利、机件运转不良甚至卡死现象。在使用时，应注意以下几方面问题：

(1)每次施肥作业后，应将残留在机器内的肥料清理干净，如果第 2 天仍要施肥作业，也不要将肥料留在料斗中，更不能将施肥机留在露天过夜。

(2)在 1 个施肥周期结束后，应将撒肥作业的工作部件拆下来进行清理，并注意清洗不能拆卸件上残留的肥料，所有清洗好的零部件待晾干后涂上机油。

(3)将涂好机油的零部件安装回施肥机(如果发现被腐蚀损害的零部件及时更换)，并用盖布或罩子将施肥机罩住，以防止灰尘落到涂机油的机件上。

做一做：规范操作各种草坪播种、施肥机械。

二、草坪修剪机

草坪修剪机简称剪草机，其主要作用是对草坪进行定期修剪。在草坪养护中占有重要地位。

(一)草坪修剪机的类型

草坪修剪机的发展，从最初的人力手推至今日的内燃机驱动、电动、液压式、气垫式、电子控制、电脑控制以及太阳能为能源的全自动、低噪声的高智能修剪机的问世，已有100多年的历史。草坪修剪机械是草坪机械中使用最普遍、生产量最大、也是类型最多的一种机械。草坪机械的类型很多，按照工作部件剪草方式分有以下几种。

1. 滚刀式草坪修剪机

其主要工作部件为螺旋滚刀和底刀，呈螺旋线排列的刀片上有刃口，滚刀转动时，螺旋刀片将草茎剪断。该机型适合于切削量较小的草坪修剪。主要用于地面平坦、质量较高的草坪，如各种运动场、高尔夫球场的精修区等。

2. 旋刀式草坪修剪机(图2-1-20)

其主要工作部件是水平旋转的切割刀，工作时利用刀片的高速旋转而将草茎割断。旋刀式草坪修剪机以修剪较长的草为主，适用于普通草坪的使用。

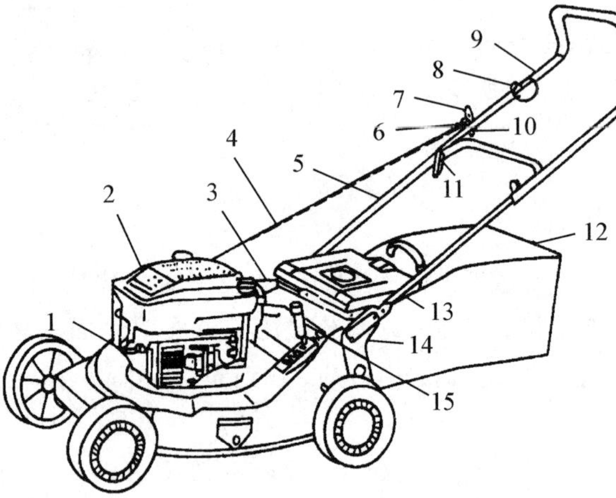

图2-1-20　WB530A型旋刀式草坪修剪机结构示意图

1.火花塞　2.发动机　3.油门拉线　4.启动绳　5.下推把　6.固定螺栓　7.启动手柄　8.油门开关　9.上推把　10.螺母　11.锁紧螺母　12.集草袋　13.后盖　14.支耳　15.调茬手柄

3. 往复式草坪修剪机

其主要工作部件是一组作往复运动的割刀，长度600～1 200 mm。这种修剪机主要用来修剪较长的草，如用于公路两侧、河堤绿化地带及杂草灌木丛的作业。

4. 甩刀式(亦称链枷式)草坪修剪机

其主要工作部件为在垂直平面内旋转的切割刀片，称为甩刀，工作时由于离心力的作用使刀片绷直飞速旋转，将草茎切断并抛向后方。适合于切割茎秆较粗的杂草。

5. 甩绳式割草机

这种割草机是将割灌机的工作头上的圆锯片或刀片以尼龙绳或钢丝绳代替，割草时草坪植株与高速旋转的绳子接触的瞬间被其粉碎而达到割草的目的。

草坪修剪机按作业方式又可分为手推式、自行式、乘坐式、拖拉机牵引式等类型。

(二)使用说明

草坪修剪机在使用过程中必须严格执行操作规范，以确保人身安全及机器的使用寿命。草坪修剪机的种类很多，但操作使用基本相似，下面以 WB530A 型草坪修剪机为例具体介绍其使用方法。

1. 使用前的准备工作

(1)操作者在开始使用以前，必须认真阅读使用说明书，熟悉机器的各部分结构，并全面检查机器是否处于正常状态，特别是运动件和防护装置必须安装牢固。步行操作者不能光脚或穿开口的凉鞋操纵机器，应穿坚固的鞋靴，并戴安全眼镜。彻底检查剪草机将要工作的区域，除去所有石头等坚硬物体，以免损坏修剪机或伤到作业人员。步行操纵的草坪修剪机不要在湿草上作业，不要在超过 15°的斜坡上作业。

(2)检查发动机。检查机油时，将草坪修剪机放置在一水平位置，发动机熄火的状态，待油面静止后再抽出机油尺，先用清洁布擦去机油，然后再插入机油盘内检查机油尺沾油的位置。机油尺上一般刻有两个刻度线。如果机油位置低于下刻度线，请添加到上刻度。如果机油过低就不能使用草坪修剪机，否则引起发动机故障。但也不要超过上刻度，机油过多，会引起功率下降和冒烟。值得注意的是：如果机油尺上带有旋紧螺纹，检查机油位置时只要插入而不要旋入机油尺。

草坪修剪机一般采用的是四冲程发动机，因此，必须使用纯汽油，不能使用机油和汽油的混合油。加油时应避免油箱中进入脏物、灰尘和水。检查空气滤清器外部的泡沫塑料滤芯和内部的纸式滤芯，如有必要，一定要清洗。

2. 使用时注意的问题

机器作业时，不要让旁人进入作业区，特别要注意儿童的情况，要注意屋角、树后或其他物体挡住视线时儿童的情况。要事先计划好机器的行走路线，按路线进行作业，以提高作业效率。

在作业中如发现有刀片撞击外物现象，应立即关闭发动机，拔下火花塞导线，仔细检查切割装置和其他部件受损情况，必要时进行修理或更换，要确保一切正常后才能再次起动发动机，继续进行作业。在作业中如发现机器产生不规则的振动，应立即关闭发动机，拔下火花塞导线，并仔细检查振动的原因。通常，机器振动是将要出现危险的先兆或警告，一定要查找原因，如刀片松动、刀片受到损伤、发动机安装螺栓松动等，都能引起机器振动，一定要排除故障后才能继续作业。

在作业中不要触摸发动机散热片和消声器，以免引起烫伤，同时也不要在机器运行情况下向发动机加油，加油时一定要关闭发动机。

要经常检查刀片是否损坏或磨损，如裂缝或缺口等；当发现刀片弯曲或损坏时，必须立即更换新刀片，为了安全和良好的切割性能，每 2 年应更换 1 次刀片，要经常检查刀片紧固螺栓，防止松动，并及时更换损坏的螺栓。

3.修剪机的保养

(1)发动机的保养

①定期更换润滑油。新机器使用5 h后就应更换润滑油。以后每使用50 h或1个工作季度更换一遍机油。排油可以从底部排油孔排出或从顶部的注油孔倒出,排油应在热机时进行。

②清洁空气滤清器。每工作50 h左右清洗1次空气滤清器,先将空气滤清器拆下,取出其中的滤芯,放在干净的平面上轻打,直至所吸附的灰尘抖落干净。若滤芯很脏,则应更换或用低泡沫洗涤剂和热水的混合液清洗,然后用水冲净、晾干。

③保持汽油机清洁。每年应拆下并更换输油路中的汽油滤清器。在清洗汽油滤清器前,应放完油箱里的汽油。

(2)刀片的保养　经常检查草坪修剪机切割刀片的锋利度、平衡度和直度,钝的刀片将使修剪的草坪参差不齐,并引起发动机载荷过大;弯曲或失去平衡的刀片会产生过大的振动。变钝的刀片可以进行刃磨,而弯曲或有裂缝的刀片必须更换。在每次检查刀片时,必须注意要把火花塞高压线拔下来,检查时要戴上防护手套。

轻度变钝的刀片一般用锉刀锉几下即能恢复,很钝或有缺口的刀片必须从修剪机上卸下来,在刃磨机上刃磨,切削刃理想的刃磨角为30°,刀片的两端要同样刃磨,以保持刀片的平衡,刃磨后应检查其平衡性。失去平衡的刀片在高速旋转时会引起激烈振动,从而导致刀轴轴承的损坏和刀盘体产生裂纹,严重时会使发动机曲轴变形。刀片在平衡前应确认是经过刃磨并已擦干净的,平衡时将刀片中心轻放在锥体平衡器的锥体上,观察两边平衡状况,将重的一侧做上记号,通过再次刃磨适量去掉一些金属,以最终达到两侧完全平衡,切不可用磨削刀片的翼翅来达到平衡。在没有平衡器的情况下,也可用改锥穿进刀片中心孔观察刀片是否与地面平行来确定其平衡度,当刀片与地面平行时,则此刀片基本是平衡的。

(3)机壳的保养　机壳内部必须在每次使用完毕后进行清理,防止修剪下的碎草、树叶、污泥或其他东西紧紧附着在上面,既产生锈蚀,也会影响出草通道的通畅。长期不使用时,放尽机内汽油,彻底清洁机器内外,在转动部件和刀片表面涂上黄油,然后将机器放入包装箱内储存。

做一做:规范操作各种草坪修剪机具。

三、草坪打孔机

在草坪养护管理过程中,除了进行正常的修剪外,还要定期进行施肥、打孔、疏草等一系列养护工作,同样离不开各种园林机械。

在草坪上按一定的密度打出一些一定深度和直径的孔洞称为打孔。这是草坪养护、复壮的一项有效措施,可使草根通气、渗水,改善地表排水,促进草根对地表营养的吸收,切断根茎和匍匐茎,促进新的根、茎生长,同时还可以在打孔后进行补播。尤其在践踏严重的草坪上,如足球场、高尔夫球场的球盘,进行打孔处理是十分必要的。草坪打洞养护的主要机械设备是草坪打孔机。草坪打孔机是利用打孔刀具按照一定的密度和深度对草坪进行打孔作业的专用机械。根据刀具在作业时的运动方式,打洞机分成垂直打洞机和滚动打洞机,这两种打洞机都可以有步行操纵的和乘坐操纵的。

(一)草坪打孔刀具

根据草坪打孔透气要求的不同,通常有几种类型的刀具用于草坪打孔作业。

(1)扁平深穿刺刀　这种刀具主要用于土壤通气和深层土壤耕作。

(2)空心管刀　由于刀具为一空心圆管,打洞作业时可以将洞中土壤带出,留于草坪的洞可以填入新土,实现在不破坏草坪的情况下更新草坪土壤。用这种刀具进行打孔作业有助于肥料进入草坪根部,加快水分的渗透和空气的扩散。

(3)圆锥空心刀　这种刀具在作业时刺入草坪而留下孔洞,洞的四周土壤被压实,其主要目的是尽快排除草坪表面的积水。

(4)扁平切根刀　主要用于切断草坪草的根系,促使草坪更好地生长。

(二)手工打孔机

这种打孔机结构简单,是在 1 个金属框架上端装有 2 个手柄,下端装有 4～5 个打孔锥(分空心和实心 2 种)。作业时,由一人操作,双手握住手柄,在打孔点将中空管刀压入草坪土壤一定深度,然后拔出管刀,打孔就算完成。由于管刀是空心的,在管刀压入地面穿刺土壤时芯土将留在管刀内,再打下一个孔时,管芯内的土向上挤入一圆筒形容器内。该圆筒既是打孔工具的支架,也是打孔时芯土的容器。当容器内芯土积存到一定量时,从其上部开口端倒出。打孔管刀安装在圆筒的下部,由两个螺栓压紧定位。松开螺栓,管刀可上下移动用以调节打孔深度。这种打孔机主要用于机动打孔机不适宜的场地及局部小块草地,如绿地中树根附近、花坛四周及运动场球门杆四周的打孔。

(三)机动打孔机

机动打孔机,主要依靠动力机带动打孔刀具对草坪进行打洞透气作业。

1. 机动打孔机的类型

(1)按机器的结构形式分为手扶自行式和拖拉机悬挂牵引式。

①手扶自行式打孔机(图 2-1-21)　其功率为 5.88～11.77 kW,作业能力约 1 200 m^2/h,作业幅度为 600～800 mm,孔径 9～16 mm。可以安装上回收器,除打孔外,还能清理场地杂物。但它移动迟缓,机件结构复杂。适于足球场、网球场、高尔夫球场球穴区、发球区等处使用手扶自行式打孔机有不同的口径,一般有 6、10、12 mm 3 种。不同孔径打孔锥可打出不同大小的孔洞,达到不同草坪要求的目的。孔距也有不同,用 6 mm 的打孔锥,孔距为 25 mm×25 mm,孔洞细而密。打孔深度可以调节,调整范围为 25～100 mm。

打孔机作业时,每个平板随水平轴旋转,板上打孔锥就因自重而插入和拔出土中。打孔锥是空心的,土可以从锥中心排出,适用于草皮整修、填沙和补播。如果是实心圆形锥,插入草皮,将孔周围土壤挤实,除能破碎草皮外,还有助于草坪表面的排水作用。

②拖拉机悬挂牵引式打孔机　是由拖拉机牵引的大型草坪打孔机组,它具有更为广泛的

图 2-1-21 手扶自行式打孔机

用途。该机包括一系列四边形或圆形的平板，平板均匀地固定在水平轴上，每个平板的对角上装上固定的或角度可调的打孔锥。当平板随水平轴旋转时，板上的打孔锥就因自重而插入或拔出土中。

(2)按打孔刀具的运行方式分为垂直打孔式和滚动打孔式。

①垂直运动的草坪打孔机 这种类型打孔机在进行打孔作业时刀具垂直上下运动，使打出的通气孔垂直于地面而没有挑土现象，从而提高打孔作业质量。

②滚动式草坪打孔机(图 2-1-22) 其主要特点是在滚动的圆辊式圆盘上安装打孔刀具，当圆辊或圆盘滚动时，打孔刀具即入土打孔。

图 2-1-22 手扶滚动式草坪打孔机

2. 打孔机的使用与保养

(1)发动机的启动

①启动前的准备工作 检查发动机机油位，将发动机放置在一水平位置上，并将加油口周

围清洗干净。取下机油尺，用干净布擦去机油，然后重新插入油底中，再次取下机油尺，检查机油尺的刻度。如果油面过低，就应添加机油，一直添加到油尺中的上刻线。注意：机油油面过低，会引起发动机故障；但油面也不要超过上刻度，机油过多，会引起功率下降和冒烟。检查空气滤清器的滤芯是否堵塞，如有必要，一定要保养。

②启动和熄火 发动机启动时，应将燃油开关扳至打开位置，阻风门开关扳至阻风门位置。注意：如果发动机处于热机或空气温度较高时，不要使用阻风门，应将油门位置扳至快速位置启动。启动时将启动绳轻轻地向外拉，直至感到有阻力后再迅速拉动。熄火时移动油门到停止位置，然后将燃油开关扳到关闭位置。

(2)打孔机使用时注意的问题 对于需要打孔的草坪地(坡度小于30°)，在开始工作前将可能引起危险事故的石头、电线等物品清除干净。打孔前对草坪进行喷水，方能达到理想打孔效果。对于草地上的喷头、电线等需要躲避的物品要做好标记，以防工作中触及。工作前要检查减速箱油面，然后使后轮处于最低位置，确定皮带张紧程度，离合应收放自如。启动发动机，调整油门到操作者正常行走速度，以便操作者能始终舒适地控制机器，机器运转时，不得将手或脚置于可移动或转动的零部件旁，操作过程中禁止打开传动护罩装置。

(3)打孔机的技术保养 在进行任何维护保养以前，一定关闭发动机。为防止发动机突然启动，将开关按钮扳至关闭(OFF)位置，并拔掉火花塞连接线。定期对草坪打孔机的检查和调整是非常必要的，按时保养可延长草坪打孔机使用寿命。在条件较恶劣的情况下使用机器时，保养次数应相应增加。新机怠速磨合5～6 h，热机更换机油后，方可正常使用。

①每次使用前，检查发动机机油油面，齿轮箱油面，检查空气滤清器。

②第1个月或第1次工作20 h，更换发动机机油和齿轮箱齿轮油，给后轮轴轴承注润滑脂。

③每3个月或累计工作50 h，清洗空气滤清器并更换纸式滤芯。同时还应更换发动机机油、齿轮箱齿轮油，并给后轮轴轴承注润滑脂。

④每6个月或累计工作100 h，更换发动机机油，检查、清洁火花塞，必要时调整其间隙。

⑤每1年或累计工作300 h，检查、调整气门间隙；检查汽油箱和滤芯。

⑥每两年检查1次燃油油管，必要时加以更换。

⑦汽油机运转100～300 h后，应用木片或竹片清除发动机内积炭1次，但要注意积炭不得进入缸体和气门座。

(4)打孔机的保管 如果3个月以上不使用草坪打孔机，则应按以下方法保管：保存草坪打孔机的地方应无潮气、无尘埃，同时使机器处于水平位置；拧松燃油管，排干燃油箱中的燃油；松开化油器放油螺栓，放净其中的燃油；重新拧上放油螺栓，连接燃油管线，将燃油开关扳至关闭(OFF)位置；拧下火花塞，并向气缸内注入5～10 mL清洁的机油，转动发动机曲轴数圈，使机油均匀分布于缸套内壁上，然后装上火花塞；更换发动机机油；将启动绳拉至压缩上止点，以关闭进排气门，防止脏物进入气缸和腐蚀发动机；为防止腐蚀，草坪打孔机发动机表面应涂一层薄机油，给后轴轴承注润滑脂，链条涂机油，打孔针也要涂机油，各连接部位涂机油。

做一做：规范操作各种草坪打孔机具。

四、草坪修边机

草坪修边机(图 2-1-23)用于边界修整,切断蔓伸到草坪界限以外的根茎。草坪修边机通常以汽油机或电动机为动力,动力仅供切刀运行,机体则由人推动。

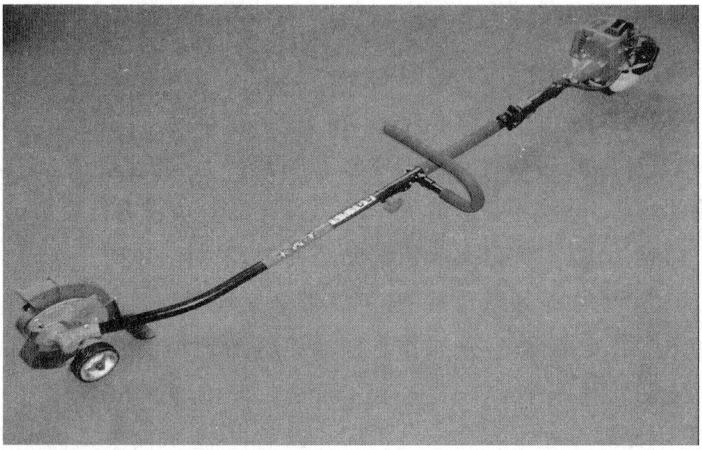

图 2-1-23 草坪修边机

草坪修边机是由一组垂直刀片组成,这些刀片装在马达轴或由小型三角皮带驱动的轴上。刀片突出于草地边缘,且高速旋转,锐利的刃口,像旋转式割草机一样将草坪切开。可进行水平修剪、斜角修剪和垂直修边。切割的深度由机体前面的滚筒或支撑轮控制,提高滚筒则切割深度增加。

(1)水平修剪　修剪树篱下面以及边角部的草坪时,把刀片调至水平位,前轮向离开刀片方向移动并锁住,即可修剪一般草坪机难以修剪的隐蔽处草坪。

(2)斜角修剪　斜角修剪花木根部草坪时有 8 档倾角可调,修剪效果十分出色。

(3)垂直修边　可十分方便地垂直修剪草坪边沿。

做一做:规范操作各种草坪修边机具。

【操作要点】

1. 使用播种机时,要做好播种量的调节。
2. 使用施肥机时,应做好施肥量的调节。
3. 使用草坪修剪机时,应调节好切削量。
4. 使用打孔机打孔时,要根据草坪要求,选择合理的孔径及孔距。

【注意事项】

1. 对所要使用的草坪机具有一定的了解,并懂得维护的基本知识,才能从事此项工作。
2. 在使用播种机播种时,要提前进行试播,以确定能否播种及播种量的大小。
3. 在使用施肥机施肥时,要保证合适的施肥量及均匀施肥。
4. 草坪修剪后,撒落的剪草要及时清理干净,避免影响草坪生长。

【任务考核标准】

表 2-1-5 草坪机具的使用技术任务考核参考标准

序号	考核项目	考核内容	考核标准	考核方法	标准分值
1	基本素质	学习工作态度	态度端正，学习精力集中，学习方法多样，积极主动，全部出勤，否则将酌情扣分。	单人考核	5
		团队协作	具备团队合作精神，积极与小组成员合作，共同完成工作任务，否则将酌情扣分。	单人考核	5
2	专业技能	播种机的使用与保养	能够规范地进行常用播种机的使用与保养。操作不规范者，酌情扣分。	单人考核	10
		施肥机的使用与保养	能够规范地进行常用施肥机使用与保养。操作不规范者，酌情扣分。	单人考核	15
		修剪机的使用与保养	能够规范地进行常用修剪机的使用与保养。操作不规范者，酌情扣分。	小组考核	15
		打孔机的使用与保养	能够规范地进行常用打孔机的使用与保养。操作不规范者，酌情扣分。	小组考核	15
		修边机的使用与保养	能够规范地进行常用修边机的使用与保养。操作不规范者，酌情扣分。	小组考核	10
3	职业素质	方法能力	独立分析和解决问题的能力强，能主动、准确地表达自己的想法。	单人考核	5
		工作过程	能够广泛查阅、收集和整理资料，工作过程规范，有完整的工作任务记录，字迹工整。	小组考核	10
		自测训练与总结	及时准确完成自测训练，总结报告结果正确，电子文本规范，体会深刻，上交及时。	单人考核	10
	合 计				100

● 相关知识

各类园林机具的维护常识

(一)水泵的维护

(1)放尽水泵和管路内的剩水。

(2)如拆卸方便，可将水泵和管路拆下来，并清理干净。

(3)检查滚珠轴承，如内外套磨损、旷动、滚珠磨损或表面有斑点都要更换。尚可使用的用汽油或煤油将轴承清洗干净后涂黄油保存。

(4)检查叶轮上是否有裂痕或小孔，叶轮固定螺母是否松动，如有损坏应修理或更换。检查叶轮减磨环处间隙，如超过规定值，应修理或更换。

(5)若水泵和管道都不拆卸时，应用盖板将出口封好，以防杂物进入。

(6)传动胶带不用时，应把胶带拆下，用温水清洗擦干后保存在没有阳光直接照射的地方，不要存放在有油污、腐蚀物及烟雾的地方。无论在何种情况下，都不要使胶带沾上机油、柴油或汽油等油类物质，不要对胶带涂松香和其他黏性的物质。

(7)把所有螺钉、螺栓用钢丝刷刷洗干净，并涂上机油或浸在柴油中保存。

(二)手动喷雾器的维护

(1)作业结束后要倒净残存药液，并用清水喷洒几分钟，以冲洗喷射部件。如果喷洒的是油剂或乳剂药液，要先用热碱水洗涤器具，再用清水冲洗。

(2)拆下喷射部件，打开开关，流尽废水。卸下泵筒，倒出积水，擦干。将皮碗取下放入润滑油或动物油内浸透，重新装好。将喷雾器放在阴凉干燥处。

(3)如长时间不用，应把药液桶内外都擦洗干净，并在各接头部分涂润滑油，以防生锈。皮碗应取出用纸包好，到使用时再装。

(4)使用喷枪和混药器时，先将吸水滤网放入水田或水沟里(水深必须在 5 m 以上)，然后装上喷枪，开动水泵，用清水进行试喷，并检查各接头有无漏水现象。在水田吸水时，吸水滤网上要有插杆。

(5)混药器只与喷枪配套使用，要根据机具吸药性能和喷药浓度，确定母液稀释倍数，然后配制母液。

(6)机具如无漏水即可拔下 T 形接头上的透明塑料吸引管。拔下后，如果 T 形接头孔口处无水倒流，并有吸力，说明混药器完好正常，就可在 T 形接头的一端套上透明塑料吸引管，另一端用管封套好，将吸药滤网放进事先稀释好的母液桶内，开始喷洒作业。

(三)担架式喷雾机的维护

(1)每天作业完后，应在使用压力下，用清水继续喷洒 2～5 min，清洗泵内和管路内的残留药液，防止药液残留内部腐蚀机件。

(2)卸下吸水滤网和喷雾胶管，打开出水开关；将调压阀减压手柄往逆时针方向扳回，旋松调压手轮，使调压弹簧处于自由松弛状态。再用手旋转发动机或液泵，排除泵内存水，并擦洗机组外表污物。

(3)按使用说明书要求，定期更换曲轴箱内机油。遇有因膜片(隔膜泵)或油封等损坏，曲轴箱进入水或药液，应及时更换零件修复好机具并提前更换机油。清洗时应用柴油将曲轴箱清洗干净后，再换入新的机油。

(4)当防治季节工作完毕，机具长期贮存时，应严格排除泵内的积水，防止天寒时冻坏机件。应卸下三角皮带、喷枪、喷雾胶管、喷杆、混药器、吸水滤网等，清洗干净并晾干，能悬挂的最好悬挂起来存放。

(5)对于活塞隔膜泵，长期存放时，应将泵腔内机油放净，加入柴油清洗干净，然后取下泵的隔膜和空气室隔膜，清洗干净放置阴凉通风处，防止过早腐蚀、老化。

(四)草坪修剪机的维护

(1)刀片　要经常检查刀片和联轴器的连接情况。使用中当刀片撞到其他物体时应及时检查，刀片磨损严重的应及时更换。

(2)机壳　机壳内部要经常清理，碎草、污泥等物紧附壳内会影响出草并产生锈蚀。清理机壳时可将草坪机倾斜，但需注意倾斜方向，必须使空滤芯的一侧朝上，以防空滤芯被油污弄脏，造成通气不畅。

(3)汽油机　保持汽油机清洁。每年应拆下并更换输油路中的汽油滤清器。在清洗汽油滤清器前，应放完油箱里的汽油。

(4)润滑　新机器使用 5 h 后就应更换润滑油。以后每使用 50 h 或 1 个工作季度更换 1 遍机油。排油可以从底部排油孔排出或从顶部的注油孔倒出，排油应在热机时进行。

(5)滤清器　每工作 50 h 左右清洗 1 次空气滤清器，先将空气滤清器拆下，取出其中的滤芯，放在干净的平面上轻打，直至所吸附的灰尘抖落干净。若滤芯很脏，则应更换或用低泡沫洗涤剂和热水的混合液清洗，然后用水冲净、晾干。

(6)贮存　长期不用时应放尽机内汽油，然后拉响机器，至机器自行熄火，使化油器内的汽油完全燃烧干净。因为汽油存放时间过长，会形成胶状，堵塞化油器。贮存前应彻底清洗机器内外表面，并在转动部件和刀片表面涂油防锈。

【知识训练】

一、填空题

1. 园林手工工具种类很多，分类的方法也很多，从适用范围来看，可以分为________型、________型和________型。

2. 园林绿地养护中所用的水泵有________泵、________泵、________泵和________泵 4 种类型。

3. 喷灌系统由________、________、________和________等组成。有的还配有________、________和________等辅助设备。

4. 微灌可分为________灌、________灌、________灌和________灌等类型。

5. 手动背负式喷雾器属于液体压力式喷雾器，主要由________、________、________、________、________、________和________等组成。

6. 草坪修剪机的类型很多，按照工作部件剪草方式分为________草坪修剪机、________草坪修剪机、________草坪修剪机、________草坪修剪机和甩绳式割草机。

7. ________是保证园林植物正常生长发育的重要管理措施之一。

8. 草坪________机用于边界修整，切断蔓伸到草坪界限以外的根茎。

二、选择题

1. 手工工具的保养主要是(　　)。

A. 防锈　　B. 打磨　　C. 擦洗　　D. 润滑

2. 坡地、铁路、公路边，为能尽快成坪而采用的播种方式为(　　)。

A. 牵引式播种机　　B. 手摇撒播机　　C. 喷播机　　D. 手摇直播机

3. 在草坪上按一定的密度打出一些一定深度和直径的孔洞称为（　　）。

A. 镇压　　B. 播种　　C. 打孔　　D. 修剪

4. 微灌技术灌溉水有效利用率高，一般比地面灌溉可省水（　　）。

A. 10%～20%　　B. 30%～50%　　C. 50%～60%　　D. 80%以上

5. 喷药车可节约药量达（　　）。

A. 30%以上　　B. 40%以上　　C. 50%以上　　D. 60%以上

6. 我国传统的灌溉方式是（　　）。

A. 渗灌　　B. 喷灌　　C. 滴灌　　D. 地面灌溉

7. 城市绿地一般采用的喷灌水源是（　　）。

A. 自建水塔　　B. 井水　　C. 自来水　　D. 河水

8. 利用叶轮旋转时叶片对水的轴向推力引水的水泵称为（　　）。

A. 离心泵　　B. 混流泵　　C. 轴流泵　　D. 潜水泵

9. 将具有一定压力的水通过专用机具设备由喷头喷射到空中，散成细小水滴的灌溉方法称为（　　）。

A. 渗灌　　B. 喷灌　　C. 滴灌　　D. 地面灌溉

三、问答题

1. 手工工具如何进行保养与维护？
2. 水泵如何使用？
3. 喷灌系统由哪些部件组成？
4. 怎样进行喷灌系统的使用？
5. 简述微灌系统的组成及作用。
6. 简述微灌技术特点。
7. 何为自动化灌溉系统？
8. 简述手动喷雾器的结构及工作原理。
9. 常用的草坪养护机具有哪些？各有何作用？
10. 喷头按结构和喷洒工作特性分为哪些形式？各有何特点？

【技能训练】

技能训练 1　修枝剪的打磨

(一)内容提示

(1)仔细观察需打磨的工具，确定打磨的部位和程度，传统的修枝剪由一主动剪片和一被动剪片组成。主动剪片的一侧为刃口，是需要重点打磨的部位。

(2)将修枝剪在磨刀石上打磨：先将两剪片的支点螺丝拧开，将主动剪片的外侧在油石上打磨，以削薄刃口。

(3)注意的问题

①支点螺丝是反牙，即与一般螺丝的丝牙方向相反。

②主动剪片的内侧一般不打磨，以免主动剪片与被动剪片间产生较大缝隙，导致使用时

"夹枝"。

③打磨主动剪片外侧时，把握好打磨角度，即打磨面与打磨工具工作面的夹角，特别防止打磨角度过大，打磨面过小，刃口纵深过短，影响使用，反之，打磨角度过小，刃口纵深过宽，导致"倒刃"，即刃口太薄，容易折断而造成缺刻。

④支点螺丝不宜拧得太紧，否则会导致剪片活动不灵。

(二)作业

简述修枝剪打磨时应注意的问题。

技能训练 2　离心泵的使用

(一)内容提示

1.水泵的起动

(1)检查水泵机组连接是否可靠，转动部分是否灵活，润滑油面是否合适等。

(2)起动前，向吸水管及泵体内充满清水，将空气排净后再起动。有闸阀的水泵，起动前应将闸阀关闭。

(3)起动后，待水泵转速正常，再慢慢打开闸阀，一直调节到所需的流量为止。闸阀关闭运转时间不要超过 3 min，以免水泵发热而损坏零件。

2.水泵的运行

(1)经常听水泵和动力机的声音是否正常，若有杂音，立即停机排除。

(2)注意轴承温度，以不烫手为合适，一般不超过 50℃。

(3)检查填料压盖螺母的松紧度，以能渗出少量水为合适。

3.水泵的停车

先慢慢关闭闸阀，并逐渐降低动力机转速，再停机。长期停车放置的水泵和寒冷的冬季，要将泵体及管路内的水排净。

(二)作业

简述离心泵的使用规程。

技能训练 3　担架式喷雾机的使用

(一)内容提示

(1)将喷枪、吸水管等部件与喷雾机连接好。给汽油机加入汽油，检查机油油面。

(2)将吸水滤网放入装满清水的水缸内，吸药滤网放入另一个盛有药液的水缸内(也可用清水代替)。

(3)将调压轮旋松，卸压手柄扳到"卸压"位置。

(4)起动汽油机。当正常出液时，关闭截止阀，把卸压手柄扳到"加压"位置，转动调压轮，将压力调到要求的喷雾压力。

(5)打开截止阀,即可进行喷雾作业。

(6)喷雾结束时,先降低压力,卸压手柄扳到“卸压”位置,再关闭截止阀。

(7)让汽油机怠速运转 2～3 min 后,熄火停机。

(8)用拉绳拉动汽油机几次(不起动),排出泵内积液。

(二)作业

简述担架式喷雾器的使用规程。

技能训练 4 割灌机的使用

(一)内容提示

(1)使用前必须对各零部件认真检查,在确保没有螺钉松动、漏油或损伤变形等异常情况方可开始作业,特别是刀片及刀片连接部位更应仔细检查。

(2)操作者应穿工作鞋、紧身衣,戴防护眼镜,以保证操作者的人身安全。

(3)使用金属刀片时,割草的动作是从右向左摇晃机体来进行的,每次刀片吃进的深度:一般杂草为刀片直径的 1/2,草茎较硬的以刀片直径的 1/3 为妥。使用尼龙绳割草时,作业时发动机的转速比使用金属刀片时加大 50%。

(4)割灌机动力为单缸二冲程风冷汽油机,燃料为混合燃料,机油与汽油的混合比一般为 1∶20 或 1∶25,不可错误添加燃料。

长期存放前必须彻底检修。燃料箱中的燃料全部倒出后,起动机器让其空转至自然熄火为止,确保化油器内燃料燃烧干净,以便存放。

(二)作业

简述割灌机的使用规程。

技能训练 5 草坪修剪机的使用

(一)内容提示

1.使用前的检查

(1)检查草坪修剪机各零部件有无松脱、损坏,必要时要对其进行更换。

(2)检查机油及汽油。机油应在机油标尺范围内,汽油应用 90 号以上的汽油。机油、汽油不能混用。

(3)检查空气滤清器。检查空滤芯有无脏堵,每使用 8 h 应清理空滤芯,每使用 50 h 应更换纸质空滤芯。

(4)调整好剪草高度。选择合适的剪草高度,将调节手柄调到合适的高度。

(5)根据需要装上集草袋或出草口。

2. 起动

(1)打开油门开关,使控制杆与熄火螺钉断开(带加浓装置的汽油机,冷起动时先按加浓按钮 3 次)。

(2)握住起动手柄,缓慢拉起动绳至有阻力作用时,马上连续快速拉动起动绳,待汽油机起动后,再将起动手柄缓慢放回原处。起动器有回弹装置的松开手柄,起动绳自动复原。

(3)带刹车的汽油机应先拉紧刹车把手,再拉起动绳。

(4)将油门控制手柄调整到所需的转速位置,即可开始工作。

3. 工作

(1)割草前必须清理草坪上的石头、树枝等障碍物,不可移障碍物要作醒目标志。潮湿的场地不允许操作,因为路滑危险并伤害机器。

(2)根据草的高度及茂盛情况,掌握草坪修剪机的推行速度。转弯操作时,手推式草坪修剪机应将推把向下按,使前轮离地转弯。自行式草坪修剪机转弯时先松开离合器手把,然后两手将推把向下按,使前轮离地转弯。

4. 停机

将油门控制手柄推至慢速位置,运转 2 min 后,再推到停止位置,让发动机熄火。

(二)作业

简述草坪修剪机的使用规程。

【小知识】

1. 离心式水泵运转时泵有震动的原因

(1)水泵和电动机中心未对好,检查调整。

(2)水管固定的不正确,检查调整。

(3)支架轴承间隙大,检查调整。

(4)轴弯曲,检修,更换新轴。

(5)叶轮或平衡盘歪斜,检修。

(6)地脚螺丝松弛,基础不紧固,拧紧地脚螺栓或研究解决基础问题。

2. 离心式水泵运转时轴承发热的原因

(1)油不干净或油量不足,清洗轴承,换油或加油。

(2)油圈不转或不灵活,检查处理。

(3)轴瓦间隙太小,适当调整(加垫或刮瓦)。

3. 离心式水泵运转时水泵外壳发热的原因

在闸门关闭或无水情况下,水泵工作时间过长,停泵冷却,再开动时注意。

【小经验】

1. 离心式水泵在启动时不出水的原因

(1)在启动前未注水或未注满水,应停泵重新将水注满。

(2)吸水高度过大,应降低吸水高度,使不超过 6 m。

(3)吸水管漏气或有气泡,应检查吸水管,消灭漏气。

(4)水龙头堵塞,应清理水龙头。

(5)转数太低,检查动力情况。

2. 离心式水泵启动后水泵排水量很小的原因

(1)叶轮进水口被杂物堵塞,叶轮损坏或被堵塞,检查水泵第1段,清理杂物或更换叶轮。

(2)水龙头局部被堵塞,检查清理。

(3)吸水管路接头不严密,检查接头对口,上紧或换垫。

(4)叶轮的筋磨损,口环密封圈磨损过大,检查确认后,更换口环密封圈。

吹风机

树叶粉碎机

树枝粉碎机

【教学课件】

工作任务1
手工工具的使用技术

工作任务2
绿地修剪机具使用技术

工作任务3
灌溉机具的使用技术

工作任务4
植保机具的使用技术

工作任务5
草坪机具的使用技术

园林绿地养护机具
使用技术-相关知识

【项目彩图】

项目彩图

模块三
园林绿地常规养护技术

项目一　园林树木移栽成活期的养护管理技术

项目二　古树名木的养护管理技术

项目三　各类园林植物的常规养护技术

项目一

园林树木移栽成活期的养护管理技术

学习目的

能够运用所学知识，熟练掌握对新移植的园林树木进行土、肥、水的管理及整形修剪技术，掌握园林绿地植物的各种自然灾害及病虫害的防治方法，提高新栽树木的成活率。结合当地的具体环境气候特点，制定合理的园林树木移栽养护管理计划并组织实施。

知识目标

掌握普通园林树木移栽成活机理、不同类别树种养护管理技术方面的知识，掌握绿化工程大树移栽成活期的养护管理技术知识。

能力目标

掌握新移植的园林树木养护管理技术和方法；能熟练操作养护管理器具，制定适合当地特点的园林树木移栽养护管理计划和措施。

工作任务1　普通树木移栽成活期的养护管理技术

【任务目标】

在实训教师指导下完成对新移植的落叶乔灌木、常绿乔灌木的固定、施肥、浇水、中耕除草、修剪、防治病虫害等养护管理工作。

【任务内容】

1. 根据工作任务，采取课堂、实验(训)室以及校内外实训基地(园林绿地)现场相结合的形式，通过查阅资料与网上搜集，获得普通园林树木移植成活期的养护管理基本知识。

2. 根据实训季节，制定校内外实训基地普通园林树木移植成活期的养护管理计划和具体的养护管理措施，掌握普通园林树木移植成活期的具体养护管理技术。

3. 对任务进行详细分析、记载，并列表描述普通园林树木移植成活期的技术，总结成功经验和不足。

【教学资源】

1. 材料与器具：支撑木棍、铁丝、钳子、铁锹、锄头、灌溉设施、涂白液、修枝剪、喷雾器、生根粉等。

2. 参考资料：当地气象资料、水文地质，有关园林绿地的普通园林树木移植成活期的历史资料、各类教学参考书、多媒体教学课件、相关网站的资料等。

3. 教学场所：教室、实验(训)室以及校内外园林实训基地。

4. 师资配备：每 20～25 名学生配备 1 名指导教师。

● 内容与操作步骤

园林树木栽植工作结束后要及时加强养护管理，尤其要注意第 1 年是树木成活的关键时期。在此期间，如果及时养护管理，则会促进树木的水分平衡，增进树木的长势，提高其对外界各种不良环境的抵抗力。如若忽视养护，必然会使树木生长不良，甚至年年栽树年年死，影响保存率。“三分栽，七分管”在树木的移栽成活期显得更为重要。

树木移栽后环境发生了变化，需要精心养护。普通树木在移栽成活期要注意以下几个问题。

一、扶正、培土

新移栽树木浇水或透雨后必须进行全面检查：①树干出现晃动的应松土夯实、固定；②树盘出现部分或全部下陷的，要及时覆土填平；③防止水分过多，出现积水现象而导致根系腐烂；④要铲土耙平树盘处堆积过厚的土壤，防止深埋影响根系的呼吸作用，进而影响树木发育。

为了防止新栽苗木倾斜、倒伏，栽植后需设扶木支撑。支撑树木的扶木松动的，要及时重新绑扎加固；对于发生倒伏的树木必须重新进行栽种；树木栽后不久就出现倾斜的，应立即扶正；根系已经深扎土壤的落叶树种应在休眠期间扶正，常绿树种在秋末扶正。扶树时要注意尽量减轻对根系的损伤，先将树体根部背斜一侧的土挖开，再将树体扶正，还土踏实；带土球树体，不可强推猛拉致土球松裂，影响树木成活。树木扶正后要设立木支撑。

培土是园林树木生长过程中，根据需要在园林树木生长地添加部分土壤基质，以增加土壤厚度保护根系，改善土壤结构的措施。北方寒冷地区一般在晚秋初冬进行压土，可起到保温防冻、积雪保墒的作用。压土厚度要适宜，过薄起不到压土作用，过厚对树木生长发育不利，“沙压黏”或“黏压沙”要薄，厚度一般为 5～10 cm；压半风化石块可厚些，但不要超过 15 cm。连续多年压土，土层过厚会抑制树木根系呼吸，影响树木生长，造成根颈腐烂，树势衰落，为防止对根系的不良影响，可适当扒土露出根颈。

观察与思考：新栽树木浇水后，土壤下陷，如不及时还土踏实，会出现什么情况？

二、水分管理

树木在整个生命过程中，水分有其突出的影响作用。在正常情况下，土壤田间持水量以60%～70%为宜。当土壤水分含量过低时，根系停止生长；当土壤中的水分含量过多、空气含量减少时，根系的呼吸作用减弱，植物的正常生长受到影响，甚至受到抑制；当土壤严重缺氧时，根系被迫进行无氧呼吸，易引起烂根死亡。当大气干旱，会引起植物降低光合作用的效率，难以形成花芽。天气长期干旱或者涝淹积水，同样可以引起植物体的各种不良症状，直至造成死亡。俗话说：水多要命，水少生病，就是这个道理。

常用水源一般为自来水、井水、池塘水、湖水、河水、天然泉水以及经过处理后的工业与生活废水。池塘水、湖水、河水以及井水往往含有多种有机物质，是较好的灌溉用水。必要时可使用工业与生活废水，但要经过处理达标后方可使用，否则不能作为灌溉用水。

(一)园林树木的浇水

1.根据不同的时期与气候状况浇水

(1)干旱季节　每年的4～6月为北方地区的干旱季节，此时雨水较少，又正值树木旺盛生长，需水较多，水分的供需产生矛盾，在这个时期对于绿地都需要浇水。

(2)雨季　每年的7～8月为雨季，虽然此时树木生长旺盛，需水多，但是雨季降水较多，空气湿度大，一般不需要浇水。相反，雨水过多时，应注意排水。若遇到干旱之年特别是大旱之年，必须要及时浇水、浇足。

(3)秋季　每年的10～11月为秋季，秋季气温逐渐降低，应使树木组织生长充实，充分木质化，增强抗性，以利于安全过冬。一般情况下，为避免徒长，不浇水，如过于干旱，可适量浇水。

(4)初冬季节　每年的11～12月树木停止生长逐渐进入休眠，为提高树木抗性安全过冬，此时应灌1次封冻水，对于边缘树种安全越冬特别有利。

2.根据植物树种、栽植年限浇水

(1)树种不同对水分的需求不同

阳性树种：对水分的要求相对较少。有些树种如国槐、刺槐、侧柏、臭椿、柽柳、文冠果等很耐旱；有些则耐水淹，如柳树、垂柳、杨树类。另外，肉质根的植物，一般来说也较耐旱，如银杏、牡丹、泡桐等。

耐干旱的树种：如胡杨、锦鸡儿、樟子松、紫穗槐等，一般情况下可不浇水或少浇水；对于喜湿润的树种，如枫杨、水曲柳、赤杨、水杉等，则应注意浇水。

阴性植物：要求有较高的空气湿度和土壤湿度，不仅应多浇水，且要适当增加空气的湿度。

观花树种：特别是花灌木的浇水量与次数应比一般树种要多一些。

应注意，耐旱的也不能长期干旱，喜湿的也不能长期过湿；另外，有些树种具有相反方向的抗性，如最抗旱的紫穗槐，其耐水的能力也很强；而刺槐同样耐旱，却不耐水湿。总之，应掌握各种树种的不同习性，根据气候不同，灵活掌握，注意相应变通。

(2)栽植年限不同浇水次数也应不同　对于新栽植的树木一定要连续浇水 3 次，第 1 次 24 h 以内，水量不要太大，主要起压实土壤作用；2～3 d 第 2 次水，水量要足；10 d 内浇上第 3 遍水，水量要大，浇透，以后转入后期养护。每次浇水后均应整堰、堵漏、培土、扶直树干。新栽植的乔木树种，还要连续浇水 3～5 年，灌木则要至少 5 年，方可转入正常养护管理。对于新栽植的常绿树，特别是常绿阔叶树，还应于早晚向树冠上喷水、喷雾，才有利于成活。而定植多年的，生长开花正常的，一般不再浇水，但是在干旱年景浇不浇水，还应视具体情况而定。

新栽的树木、小苗、灌木、阔叶树要优先浇水，多年定植的树木、大树、乔木、针叶树可缓浇或后浇水。

一般年份全年浇水需 6 次，安排在 3 月、4 月、5 月、6 月、9 月、11 月各 1 次。在干旱的年份以及其他原因造成干旱的，应适当增加浇水的次数。在雨量较多的年份，应适当减少浇水的次数，并要注意排水。

3. 根据不同的土壤状况浇水

城市园林绿地的浇水，应根据不同的土壤类型、质地、结构等有所区别。

(1)黏重土壤　黏重的土壤保水力强，浇水次数与浇水量应相对减少，同时应多施有机肥及沙质土，增强通透性能，以改良土壤的结构。

(2)沙质土壤　沙质土壤保水力差、易于漏水，浇水次数应适当增加，亦可小水勤浇，同样应多施有机肥或掺入黏土，改良土壤结构，以增加保水保肥性能。

(3)低洼地　低洼地容易造成积水，因此低洼地应要小水勤浇，不要造成积水，应注意加强排水。

(4)盐碱地　盐碱地浇水要大水浇灌，可起到压碱的作用，还要注意改良土壤，如施酸性肥料或有机肥等。

4. 与其他养护措施结合浇水

城市园林绿地的浇水应与施肥相结合，施化肥前应先浇透水，再施肥，可取得更好的效果。

浇水后应进行中耕除草、培土、覆盖等养护措施相结合，以起到保墒的作用。在绿地生长季节应做到有杂草必除，雨后必锄，浇水后必中耕划锄，这对于保墒、减少土壤水分的蒸发有极大的好处。通过锄地，可起到湿地锄干，干地增湿的良好作用。

(二)浇水量

(1)因树种不同以及土质、气候条件、植株的大小、树种状况等原因，浇水量应有所不同。要按照不同的树种习性进行浇水，对喜水不耐旱的树种要适当多浇水，对于耐旱树种要少浇或者不浇水。

(2)浇水时应浇足，使水渗透到树木主要根系集中分布的区域，严禁仅造成表土湿润而底土长期干燥现象。一般已开花的乔木树种，浇水应渗透到土层 80～100 cm 的深处，就是要渗透到树木根系的主要分布层。适宜的浇水量一般以达到土壤最大持水量的 60%～80%为宜。

(3)每次每株树木的最低浇水量，要使水渗透到树木的根系主要分布区域，一般乔木约 90 kg，灌木约 60 kg，原则是要浇透。

(三)浇水方式及注意事项

1. 浇水方式

(1)单坑浇水　适于株行距较远、地势不平坦、人流较多的绿地或行道树等,每棵树筑一个水围浇水,且浇水均匀。

(2)连片浇水　适于株行距较密、地势平坦、人流较少、水源充足的地方,几棵树连片加大水围浇水,但有时不均匀。

(3)喷灌　绿地内预先设置好供水管道,安装自动喷头进行浇水,在低矮灌木和草坪上采用这种方式浇水。不仅起到浇水的作用,还可改善绿地周围空气的湿度,为园林植物的生长创造良好的生长环境。

(4)滴灌　比喷灌更先进、更节水、更合理的一种形式,用水管引到树木的根部附近自动定时控制水量和时间,使水分定时滴出,节约水源。

2. 注意事项

(1)树坑的水围应开在树冠正投影的范围,大小适宜,不要过深,以免伤根。水围内底面应平坦,如有漏水应及时筑好。

(2)浇水要均匀、水量要充足。

(3)待水渗透后,应及时覆盖、封土,必要时进行中耕,以切断土壤中的毛细管,防止水分蒸发,以利于保墒。

(4)浇水的水温与气温不要相差过大,如刚刚从深井中提出的水与气温相差过大,应将提出的水先放置一段时间后再行浇水,浇水一般夏季应于早晚进行,冬季应于中午前后进行。

观察与思考:植物浇水过多和浇水不足的症状,二者有何区别?如何判断?

三、抹芽去萌与补充修剪

新栽树木到了生长季节,树干、树枝上会萌发出许多嫩芽、嫩枝,消耗过多树体营养,使树木顶端优势不明显,树冠生长不优美。为了使树木生长茁壮,树体优美,在春季萌发时,在树枝上合理位置选留饱满的嫩芽,随时摘除多余的嫩芽。此外,新栽树木在移栽前虽然已经过修剪,但在挖掘、装运、假植等操作过程中,常常会使芽受到损伤,或由于其他原因使部分芽不能正常萌发,以致出现枯梢现象,此时应及时疏除嫩芽或剪至嫩芽、幼芽以上。

在树木生长期间,对生长部位不当的枝条也要及时剪除,使树冠生长均匀和通风透光。如果发现新栽树木开始枯萎,则需要采取强修剪措施。对于截顶(冠)或重剪栽植的树木,因所留芽的位置不合适或剪口芽长势太弱,易形成枯桩或出现新发枝条较弱现象,此时应进行补充修剪(或称复剪)。在这种情况下,待最靠近剪口而位置合适的强壮新枝长至5～10 cm(或半木质化)时,剪去母枝上的残桩,但不能过于靠近保留枝条而削弱其生长势,也不应形成新的枯桩。修剪树木的工具必须锋利,剪口平滑,若剪口较大,应在剪口上涂抹防腐剂。对于已经恢复长势的行道树,在生长期间要随时剪除影响架空电线、交通、建筑和其他公用设施的枝叶。树木落叶休眠后，疏去主枝上生长过密的侧枝，并剪掉枯枝、弱枝、有虫卵或受损的枝条。

四、松土除草

因浇水、降雨及人类活动等影响，常使根旁泥土板结，影响树木的生长发育。因此，对新移栽的树木要及时进行松土，以改善土壤的物理性状，促进土壤与大气的气体交换，同时，松土也利于保墒。土壤水分是通过土壤毛细管蒸发到空气中的，疏松表土时切断了土壤的毛细管，从而阻止了土壤中水分向空气散失，有利于树木新根的生长与发育。但在树木成活期间，松土要注意不能过深或过浅，过浅达不到松土应起的作用，过深则会伤及新根系，合理的松土深度一般在 6～7 cm，松土时要把生长在表土层的浮根切断，使根系向下层土壤深扎，深根可以提高树木的抗旱、抗倒伏性能。

有时树木基部附近会长出杂草藤蔓与树木争夺水分、养分和生存空间，应及时除掉，否则会严重影响树木生长。除草结合松土，根据“除早、除小、除了”的原则进行，一般每隔 20～30 d 除草 1 次。

松土除草的方式与地势、土壤、树木种类、树木的不同生长阶段等条件有关，通常为防止根系受到损伤，树根附近适宜松得浅些，树根外围适当深些；树小时浅些，树大时深些；地势低易浅，地势高易深；沙土易浅，黏土易深；夏秋季浅些，冬季深些。

观察与思考：刚锄过的杂草如果不及时清理，会不会复活？

五、施肥

新栽树木在栽种前，可结合挖坑换土，在挖好的坑底施入腐熟的堆肥、粪肥等作基肥。已移栽的树木在新根没形成前或没有较强的吸收能力之前，不应干施化肥，最好等到第 1 个生长季结束后施入。移栽的第 1 个夏季可以在土壤中施用一种完全平衡的化肥稀释液。因为此时树木已经形成了吸收营养液的足够根系，但由于新栽树木的根系幼嫩，要求肥料不能过浓，否则会影响树木生长发育，可采用腐熟的稀薄人粪尿或沤制的饼肥水。

此外，还可进行根外（叶面）追肥，通过根外追肥一方面增加部分空间的空气湿度，降低叶面温度，起到减小蒸腾的作用；另一方面叶肉细胞吸收了营养，缓解了树木根系养分吸收不充足，提高成活率。叶面肥料是特为叶片施用而配制的植物营养液，在叶片长至正常叶片大小的一半时开始喷雾，叶面喷肥要严格掌握浓度，以免烧伤叶片，最好在阴天或上午 10 时以前和下午 4 时以后喷施，以免气温高，溶液很快浓缩，影响喷肥或导致药害。建议用 1%磷酸二氢钾，每隔 10 d 喷 1 次，重复 4～5 次，效果良好。

园林树木施肥量受树种、土壤的贫瘠程度、肥料的种类以及各个物候期需肥情况等多方面的影响，很难确定统一的施肥量。树种不同，对养分的要求也不一样，如梓树、茉莉、梧桐、梅花、桂花、牡丹等树种喜肥沃土壤，沙棘、刺槐、悬铃木、油松、臭椿等则耐瘠薄土壤。开花结果多的大树应较开花、结果少的小树多施肥，树势衰弱的也应多施肥，不同的树种施用的肥料种类也不同，木本油料树种应增施磷肥，酸性花木杜鹃、山茶、栀子花、八仙花等应施酸性肥料，幼龄针叶树不宜施用化肥。

可根据对叶片的分析而定施肥量，树叶所含的营养元素量可反映树体的营养状况，所以可用叶片分析法来确定树木的施肥量。此法不仅能查出肉眼可见的症状，还能分出多种营养元素的不足或过剩，以及能分辨两种不同元素引起的相似症状，而且能在病症出现前及早测知。

此外，土壤分析对于确定施肥量更为科学和可靠。

园林树木施肥应注意的事项：

(1)由于树木根群分布广，吸收养料和水分全在须根部位，因此，施肥要在须根部的四周，不要靠近树干。

(2)根系强大，分布较深远的树木，施肥宜深，范围宜大，如油松、银杏、臭椿、合欢等；根系浅的树木施肥宜浅，范围宜小，如法桐、紫穗槐及花灌木等。

(3)有机肥料要充足发酵、腐熟，切忌用生粪；化肥必须完全粉碎成粉状，不宜成块施用。

(4)施肥后(尤其是追化肥)，必须及时适量灌水，使肥料渗入土内。

(5)应选天气晴朗、土壤干燥时施肥。阴雨天由于树根吸收水分慢，不但养分不易吸收，而且肥分还会被雨水冲失，造成浪费。

(6)沙地、坡地、岩石易造成养分流失，施肥要深些。

(7)氮肥在土壤中移动性较强，可以浅施渗透到根系分布层内，被树木吸收；钾肥的移动性较差，磷肥的移动性更差，宜深施至根系分布最深处。

(8)基肥因发挥肥效较慢，应深施；追肥肥效较快，宜浅施，树木能及时吸收。

(9)城镇园林绿化地施肥，在选择肥料种类和施肥方法时，应考虑到不影响市容卫生，散发臭味的肥料不宜施用。

观察与思考：园林树木施肥应注意哪些问题？

六、成活调查与补植、间植

新移栽的树木是否成活是园林绿化的关键，是栽植效果的体现。新栽树木的成活与生长调查时间，最好在秋末以后进行。由于深秋或早春新栽的树木，在生长季初期，一般都能伸展枝叶，但是其中有些树木并不是真正的成活，而是一种“假活”，是因为树干、根系及枝条内所贮存的水分和养分而促其发芽。一旦气温上升，蒸腾加剧，导致树体水分亏损，这些树木就会出现萎蔫现象，若不及时救护，就会在高温干旱期间死亡。因此，至少要经过一个生长季高温干旱的考验以后才能确定新栽树木是否成活。

对新栽树木的成活与生长状况的调查方法是分地段对不同树种进行系统抽样或全部调查。如果所栽树木已经成活，则需要测定树木的新梢生长量，以确定其生长势的等级；对已经确定为死亡的树木要仔细观察，分析其地上与地下部分的状况，找出导致树木死亡的主要原因。其中可能有移栽树体本身的问题，主要表现为地上部分树木枝叶过多，地下根系不发达；还有可能是树木挖掘时的问题，根系的严重损伤或须根少甚至只有大根，没有须根；土球损坏或假土球等；在运输中树体出现严重的机械损伤；栽植时由于树穴过小或太浅等原因，使树木根系不能舒展，甚至出现窝根；栽植回填土过松，根系不能与土壤充分接触；反季节移栽等原因。调查之后，做好详细的记录，并评定栽植效果，分别统计各树种成活率及死亡的主要原因，写出调查报告，确定补植任务，提出进一步提高移栽成活率的措施与建议。

关于死亡树木的补植问题，可以视情况分别对待：一是如果在移栽初期，就发现某些树木已经死亡，确定没有挽救的可能，则应立即补植；二是由于季节、树种习性等原因，在生长季补植不能确保成功的，可在适于栽植的季节补植。补植季节：落叶树应在春季土壤解冻以后发芽以前补植，或在秋季落叶以后土壤冰冻以前补植；针叶树、常绿阔叶树应在春季土壤解冻以后发芽以前补植，或在秋季新梢停止生长后降霜以前补植。对补植树木的要求，原则上应选用原来树种，规格也应相近，若改变树种或规格则应与原来的景观相协调。补植行道树树种应与同路段树种一致。对补植的树木从补植之日起，补植后应加强养护管理，直至树木成活。

对于生长多年的园林绿地的树木，因为造景需要进行密植，经过长时间的生长，植物树冠变大，植物生长空间变小，严重影响树形和生态，应有计划地进行间植或伐除。

做一做：调查新移栽的树木的成活率，同时根据情况进行补植、间植。

【操作要点】

1. 根据不同园林树木的生长需要和某些特定的要求，对树木固定，进行土壤浇水、施肥、中耕除草、修剪、防治病虫害等园林养护技术措施。

2. 能正确使用铁锹、锄头、修枝剪、灌溉工具等不同的养护管理工具。

3. 熟练掌握园林花木扶正培土、水分管理、施肥、修剪、除草等各类养护管理方法。

【注意事项】

1. 进行各类树木扶正时要注意尽量减轻对根系的损伤；带土球树体，不可强推猛拉致土球松裂，影响树木成活。

2. 根据需要在园林树木生长地添加部分土壤基质，压土厚度要适宜，土层过厚会抑制树木根系呼吸，造成根颈腐烂，影响树木生长，树势衰落。

3. 不同的树种对水分的需求是不一样的，要根据不同季节、不同树种、不同土壤进行浇水，过多过少都对植物生长不利。

4. 修剪树木的工具必须锋利，使剪口平滑，若剪口较大，应在剪口上涂抹防腐剂。

5. 园林树木施肥量受树种、土壤的贫瘠程度、肥料的种类以及各个物候期需肥情况等多方面的影响，很难确定统一的施肥量，要灵活掌握。

【任务考核标准】

表 3-1-1 普通花木移栽成活期养护管理任务考核参考标准

序号	考核项目	考核内容	考核标准	考核方法	标准分值
1	基本素质	学习工作态度	态度端正,学习精力集中,学习方法多样,积极主动,全部出勤,否则将酌情扣分。	单人考核	5
		团队协作	具备团队合作精神,积极与小组成员合作,共同完成工作任务,否则将酌情扣分。	单人考核	5
2	专业技能	扶正培土	能够正确地将树体扶正、固定,土壤回填踏实,并不伤及土球根系;压土厚度适宜。操作不正确酌情扣分。	小组考核	10
		水分管理	能够正确使用浇水工具,并能根据不同树种、不同季节、不同土壤,采用正确的浇水方式和浇水量。操作不当,浇水过多过少都要酌情扣分。	小组考核	20
		抹芽去萌与补充修剪	能够正确使用修剪工具,摘除多余嫩芽,剪掉枯枝、弱枝、有虫卵、受损、过密、生长位置不当的枝条。操作不当,要酌情扣分。	单人考核	15
		施肥	能够根据不同树种、土壤贫瘠程度、各个物候期的需肥情况,确定肥料种类和用量。判断不全者,酌情扣分。	单人考核	10
		松土除草	能够正确除草工具,深浅适宜,不伤及根系。操作不当者,酌情扣分。	单人考核	10
3	职业素质	方法能力	独立分析和解决问题的能力强,能主动、准确地表达自己的想法。	单人考核	5
		工作过程	能够广泛查阅、收集和整理资料,工作过程规范,有完整的工作任务记录,字迹工整。	小组考核	10
		自测训练与总结	及时准确完成自测训练,总结报告结果正确,电子文本规范,体会深刻,上交及时。	单人考核	10
	合　计				100

工作任务2 大树移栽成活期的养护管理技术

【任务目标】

了解大树移植的作用，掌握不同季节、不同规格和生长年限的大树移栽后的养护管理方法、措施及养护要点。

【任务内容】

1. 根据工作任务，采取课堂、实验（训）室以及校内外实训基地（园林绿地、苗圃等）现场相结合的形式，通过查阅资料与网上搜集，获得相关大树移植后养护管理方面的基本知识。

2. 通过校内外实训基地，对不同季节、不同规格和生长年限的大树移栽后的养护管理方法、措施进行实际操作，掌握大树移栽后的养护管理技术要点。

3. 对所参与和操作的养护管理技术进行详细记录，仔细观察后期效果，总结每项管理技术的优点与不足以及以后的补救措施。

【教学资源】

1. 材料与器具：支撑木桩、铁丝、钳子、草绳、稻草、塑料薄膜、铁锹、锄头、灌溉设施、遮阳网、涂白液、修枝剪、喷雾器、蒸腾抑制剂、输液管、营养液、生根粉等。

2. 参考资料：当地气象资料、水文地质，有关园林绿地的自然灾害、园林植物病虫害的历史资料、各类教学参考书、多媒体教学课件、相关网站的资料等。

3. 教学场所：教室、实验（训）室以及校内外园林实训基地。

4. 师资配备：每20～25名学生配备1名指导教师。

● 内容与操作步骤

一、大树移植的作用

（一）园林绿化中大树的界定

1. 按树木生长的生命周期

通常是指树龄10年以上，进入青年期后期或壮年期前期的树木，甚至树龄更大的树木。

2. 按树木规格

树干胸径大于20 cm的落叶乔木，树干胸径大于15 cm或树高大于5 m的常绿乔木；地径大于20 cm的灌木或冠高冠幅超过2 m的灌木，都属于大树移植的范围。

（二）大树移植的作用

1. 提高绿化质量，快速建成景观效果

为了提高园林绿化、美化造景效果，经常会采用大树移植，它能在最短时间内改善城市的园林布置和城市环境景观，较快地发挥园林树木的功能效益，及时满足重点工程、大型市政建设绿化、美化等要求，因此大树移栽已成为城镇园林绿化施工中的一项重要内容，对于城市园林来说具有特殊作用。

2.体现园林艺术、园林园艺造景的重要内容

无论是以植物造景，还是以植物配景，如果要反映景观效果，都必须选择理想的树形，体现艺术的景观内容。而幼年树难以实现艺术效果，只有选择成型的大树才能创造理想的艺术作品。

然而，大树的再生能力较幼树明显减弱，移植后一段时间内树体生理功能大大降低，树体常常因供水不足，水分代谢失去平衡而枯萎，甚至死亡。因此，必须了解大树移栽的基本原理，准确掌握大树移栽的先进配套技术，确保大树移栽成活。

二、大树移植后的养护管理措施

大树在某一地生长了几十年，甚至上百年，适应了当地的气候、环境和生态，此时移植到新的地方，就要适应新的气候、环境条件，大树移植后首要任务是采取必要的养护管理措施，促其成活，尽快恢复树势。

大树移植一般分为修剪后移植和全冠移植。落叶乔木一般都要进行重剪后带土球移植，对于根系萌发力强的树种可只带护心土不带土球移植；常绿乔木都是全冠移植，如果树冠稠密庞大，可进行适当的疏枝修剪，利于减少树体水分蒸腾和风的阻力。

大树移植的养护管理措施分为地上部分和地下部分。地上部分包括包干、树冠喷水、遮阴、输液、喷施蒸腾抑制剂、修剪、树干固定支撑；地下部分包括控水、生根粉液灌根、增强土壤通气性、施肥用药、抗寒防冻、土壤保温等措施。

（一）支撑固定、包干

大树的树体大，受大风的影响较严重，为防止大树遭风袭后歪斜、倾倒，影响根系生长及美观，定植完毕后必须及时设立支柱支撑、进行树体固定。支柱要坚固，可选用金属、木桩、钢筋混凝柱等，一般正三角桩最利于树体稳定，支撑点以树体高 2/3 处为好，支柱立于土堰以外，深埋 30 cm 以上，但注意不要损坏土球或打在根上，将土夯实，支柱的方向一般均迎风。同时要求支架与树皮交接处可用旧鞋底或草包等作为隔垫，以免磨伤树皮。另外考虑到美观，应与周围环境相协调。支柱立好后树木必须保持直立。一般在大树根系恢复良好时撤除支架。

如果想提高大树植株的成活率，必须经过树干包扎处理。经包干处理后：①可避免强光直接照射树干及北方春季大风的吹袭，有效地减少树干、树枝的水分蒸发；②可贮存一定量的水分，使枝干经常保持湿润状态；③可有效地调节枝干温度，减少突然的高温和低温对枝干的伤害。

针对不同地区、不同的树种及树木不同的生长时期采用不同的方法，常见的包干保湿方法有：稻草包干、塑料薄膜包干、黑遮阳网包干、麻袋片包干、稻草与薄膜混合包干等。

1.稻草包干

稻草是最常见的包干材料，成本低廉，容易获得，是包干保湿最传统的材料。稻草包干有 2 种处理方法：第 1 种是直接用稻草绳包干（图 3-1-1），即用浸湿的草绳从树干基部缠绕至顶部；第 2 种是将稻草竖向排列在树干上，再用绳子捆绑好，但排列的稻草不能太薄，最好包裹 2 层以上。研究证明，采用上述 2 种方法对桂花、樟树、白玉兰等树进行包干处理，结果第 2 种方法处理的树木成活率比第 1 种高。其原因是：采用稻草绳包干，水分不易从枝顶部流落到下部，水分散失速度较快，且草绳之间的空隙比第 2 种稻草包干大，更加容易造成水分的流失。

2. 塑料薄膜包干

大树移栽时，采用塑料薄膜包干，塑料薄膜应选用最薄的保鲜膜，此种膜一般在 60 d 内会自然风化。此法在树体休眠阶段效果较好。但塑料薄膜透气性差，不利于被包裹枝干的呼吸作用，因此在树体萌芽前应及时撤掉。尤其是高温季节，内部热量难以及时散发会引起高温，灼伤枝干、嫩芽或隐芽，对树体造成伤害。

3. 遮阳网包干

采用遮阴网包裹树干，是一种简单易行的做法。在对大王椰子顶部进行包干和不包干处理，结果不包干处理的大王椰子比遮阳网包干处理的顶部枯萎率要高，其主要原因是遮阳网起到了遮光降温的作用。但遮阳网包干处理的保水性较差，美观性也较差。

4. 麻袋包干

图 3-1-1　稻草绳包干

大树移栽采用麻袋包干也是常见的保温方法。麻袋的保水性较强，吸水性也较好，用双层包裹的效果尤佳。小叶紫薇、木棉、大叶榄仁、凤凰木等萌动期较长的树种，双层麻袋包干后能明显提高萌芽速度。而对于树皮厚、发芽时间长、树龄老的树采用此种方法处理后则可使树干的萌芽时间提前。

5. 树干缠绳绑膜

先将树干及主枝用粗草绳环环相扣捆紧，将草绳浇透水，再在稻草外面用薄膜包裹保湿，每圈薄膜高 8～10 cm，每圈之间留 2～5 cm 的通气带。基部地面覆膜压土，保湿调温效果明显，同样有利于成活。树干保湿也可在大树种植前进行，这样更为方便。此种方法优点是既能保湿、保水，又可透气。

每种包干方式都有自己的优缺点，对于不同的树种、季节和地区，可采取不同的包干方式，应灵活掌握。对于剪口比较大的主枝，虽经防腐处理，冬夏季节气温过高、过低和冬季风比较大，也要对剪口包扎，进行保护。

(二)树冠喷水

高温干燥季节，树体地上部分因蒸腾作用容易失水，使树体内的水分失去平衡，特别是全冠移植的树种，为达到树体内的水分平衡，必须及时喷水保湿。喷水时要求细而均匀，喷及地上各个部位和周围空间，为树体提供湿润的小气候环境。一般可采用高压水枪喷雾，每天喷水 2～3 次，1 周后，每天喷水 1 次，连喷 15 d 即可。对名贵和特大树木，可每天早晚向树木喷水 1 次，以增湿降温。另外也可以将供水管安装在树冠上方，根据树冠大小安装 1 个或若干个细孔喷头进行喷雾，效果较好，但较费工费料。为防止树体喷水时造成移植穴土壤含水量过高，应在树盘上覆盖塑料薄膜。

(三)遮阴

大树移植初期或高温干燥季节，树体的蒸发量逐渐增加，此时应搭建遮阳网棚(图 3-1-2)。一般要求荫棚的上方及四周与树冠保持 50 cm 左右的距离，既避免了阳光直射对树皮灼伤和树冠日灼危害，又保持了棚内的空气流动以及水分、养分的供需平衡。为不影响树木的光合作用，让树体接受一定的散射光，荫棚可采用70%的遮阳网。以后视树木生长情况和季节变化，逐步去掉遮阳网。

图 3-1-2　遮阳网棚

(四)喷施蒸腾抑制剂

大树移栽后1个月内，如果向树干喷施1次蒸腾抑制剂(图3-1-3)，可缩小植物气孔开张度，减少植物体内的水分散失，同时还能增加植物叶绿素含量提高植物抗旱能力，提高栽植成活率和促进树木的生长。在美国有些地区已经证明，抗蒸腾抑制剂的使用，对减少新栽常绿树的蒸腾十分有效。常见的蒸腾抑制剂有北京市园林科研所及上海园林绿化建设有限公司生产的可用于园林植物移植的蒸腾抑制剂，市面上也有其他厂家的同类产品出售。农业上常用的抗旱剂(如“旱地龙”等)也具有抑制植物蒸腾的功用。

此外，也可以在叶和干上喷各种蜡制剂，使所有的表面层结1层薄蜡，可以有效地减少蒸腾。

观察与思考：*树冠喷水和喷施蒸腾抑制剂能不能同时使用？*

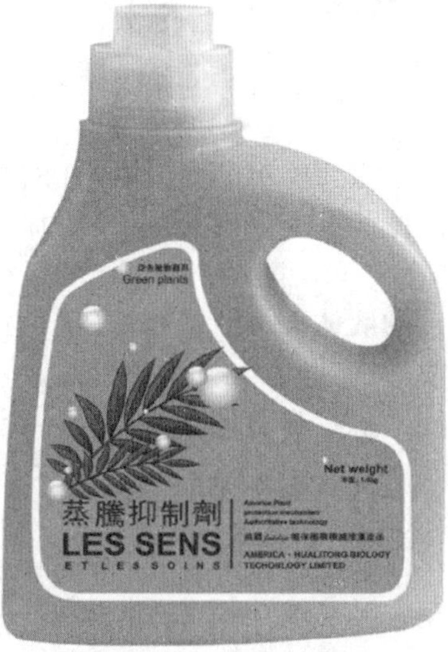

图 3-1-3　蒸腾抑制剂

(五)输液

对栽后的大树采用树体内部给水的输液(图3-1-4、图3-1-5)方法，可解决新移栽大树的水分供需矛盾，促其成活。具体方法为：在植株根颈上面20～30 cm处用刮铲刮去老皮，以露出新皮为宜。输液洞孔数量的多少应与树体大小相匹配，大树胸径10～20 cm的刮两块皮，20～30 cm的刮四块皮，30 cm以上刮6块皮，每个相邻的孔上下错开5 cm左右，即孔在两个水平面上均匀摆开，这是为了输液时更快更好地吸收。输液洞孔孔径大小应与输液插头直径相匹配，在刮去皮的地方用电钻打孔，钻头斜向下45°角，深度保持在3～5 cm。在所打孔上方

1.3 m 处用锤子钉上钉子，在钉子上挂上施它活等营养液，等液体流出时把输液器插入。一袋营养液一般需 3～5 h 输完，待液体输完后，拔出针头，用棉花团塞住输液孔（再次输液时夹出棉塞即可）。输液次数及间隔时间根据气候特点如干旱程度、气温高低和树木对水分的需求情况确定，一般 4 月份移栽后开始输液，9 月份植株完全脱离危险后结束输液，并用波尔多液涂封孔口。注意有冰冻的天气不宜输液，以免冻坏植株。

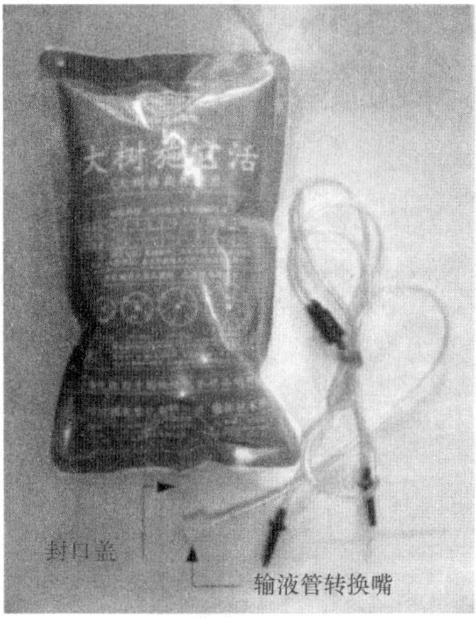

图 3-1-4 输液袋

图 3-1-5 树干基部输液

需要注意的是，输液孔的数量多少和孔径大小应与树干粗细及输液器插头相匹配。输用液体配制应以水为主，同时加入微量植物激素和矿质元素，每 1 L 水中溶入 ABT6 号生根粉 0.1 g 和磷酸二氢钾 0.5 g。另外，近几年开发生产的树干注入型活力素也可用作输液剂。输入的液体既可使植株恢复活力，又可激发树体内原生质的活力，从而促进生根萌芽，提高移栽成活率，既省工又节省投资。

观察与思考：树冠喷水、输液、喷施蒸腾抑制剂能不能同时使用？

（六）控水

新移植的大树，一般栽后需要 24 h 内浇第 1 次水，此次水量不宜过大、过急，主要起到压实土壤的作用；2～3 d 浇第 2 次水，水量要足；7 d 后再浇第 3 次透水，之后就可以转入后期养护。新移植的大树的根系在挖掘、运输等过程中一般会受到损伤，吸水功能减弱，对土壤水分需求量相对较小。因此，只要保持土壤适当湿润即可。如果浇水量过大，会导致土壤的透气性差、土壤温度较低和抑制根系的呼吸等不良反应的出现，进而影响根系的恢复和发新根，严重的甚至还会促进病菌微生物的发育，会出现沤根、烂根等现象。为此，要严格控制浇水量，谨慎浇水，既要保证树木根系周围的土壤经常处于湿润状态，但又不应饱和。同时，在地势低洼易积水处，要开排水沟，保证雨天及时排水，做到雨止水干。此外要保持适宜的地下水位高度（一般要求 1.5 m 以下）。在地下水位较高时，要挖沟排水；汛期水位上涨时，可在根系外围挖深井，用水泵将地下水排至场外，严防淹根。在干旱季节，要密切注意浇水，最好能保证土壤含水量达到最大持水量的 60%左右。

(七)生根粉液灌根

为了有效促进新移栽树木发新根,目前很多工程绿化单位选用新型高效生根制剂灌根,激发根系强劲生长力,使树体迅速恢复活力,大大提高移栽成活率,达到树体健壮,长势强旺的良好效果。在临近萌芽时,可结合浇水加入 200 mg/kg 的 NAA 或 ABT 生根粉液灌根或快活林稀释 400～600 倍液促进主根发达,侧根萌发,形成庞大根系。

(八)增强土壤通气性

土壤通气性是指土壤空气与大气之间不断进行气体交换的性能,又叫作土壤的呼吸作用。维持土壤适当的通气性,是保证土壤空气质量,维持土壤肥力不可缺乏的条件。土壤质地疏松,透水通气性好,温度上升快,有利根系的生长。黏重板结的土壤,通气透水性差,阻力大,土温上升慢,根系分布浅,侧根少,扩展范围小,不利根系生长。因此,怎样保证新移植树木土壤的通气性是移栽成活的关键。首先在树木移栽时采用加放人工透气管的方法,改善新移栽树木根部的透气性,人工透气管可用无纺布包裹通气管制成,在无纺布袋中放置一定直径的塑料管,并用珍珠岩填满,放置于树木根部,管长以从树木的根部至地表为宜,在土壤中人为营造出透气空间,使大气能深入土壤中,改善树木根部的透气性。在实际操作中需要经常检查土壤通气设施,如果发现有积水或堵塞现象,要及时清理,以经常保持良好的透气性能。其次要做好中耕松土工作,慎防土壤板结。对新栽树木的周围土壤防止人为的践踏,可以根据需要安置防护栏。此外,在园林地面的铺装上,尽可能采用透气性的铺装材料,从而使土壤保持自然的密实度,确保土壤气体和外界正常交换。最后,利用土壤中有益生物的作用,改善土壤结构。例如,利用蚯蚓在土壤中钻洞和吞土排粪等的生命活动,能改变土壤的物理性质,使板结贫瘠土壤变成疏松多孔,同时蚯蚓的排泄物,还可以被其他土壤微生物利用,形成以蚯蚓为中心的生态环境,降解土壤中的有害物质,改变土壤的结构,改变土壤的化学性质,提高土壤的保墒通气透水能力,创造一个良好的土壤环境,从而促进新移栽园林树木根系的生长。

(九)施肥用药,保护新芽

大规格工程绿化苗木新芽萌发后,对根系具有自然而有效的刺激作用,能促进根系的萌发。因此,在移植初期,特别是移植时进行重修剪的树体所萌发的芽要加以保护,要特别加强喷水、遮阳、防治病虫害等日常养护工作,可让其任意抽枝发叶,以保证新梢的正常生长,当确保树体成活后可以根据树体生长发育需要和园林绿化的需要再进行修剪整形。

大树栽植后不久,如发现新叶停止生长,甚至个别发生枝叶萎蔫,此时可以实验性地进行叶面喷肥,通常喷洒尿素,也可以根据具体情况,喷洒配制的植物营养液,每隔 7～10 d 喷 1 次,连续 4～5 次。

施肥有利于恢复长势,大树移植初期,根系吸肥能力低,宜采用根外追肥,一般半个月左右 1 次。用尿素、硫酸铵、磷酸二氢钾等速效肥料制成浓度为 0.5%～1%的肥液,喷施时间最好选择阴天的 7～9 时和 17～19 时进行,此时段的树叶活力强,吸收能力好,遇雨天应重喷 1 次。若栽前未施基肥,栽后待根系恢复后,可进行土壤施肥,此时施用的肥料为最好是稀释的有机肥,也可用少量的化肥,但要求肥料溶液不可过浓,使用量不可过多,可与浇水配合同时施用。

栽后的大树因起苗、修剪、运输形成各种伤口,同时又有新萌发的幼嫩树叶,树体对外界的抵抗力减弱,因此容易感染病虫害,坚持以防为主,根据树种特性和病虫害发生发展规律,勤检查，一旦发生病虫害，要对症下药，及时防治。可用百菌清、多菌灵、甲基托布津、吡虫啉、甲维盐等农药混合喷施，在树木生长期分4、7、9月3个阶段，每周喷药1次，基本能达到防治目的。例如，春季移栽龙柏、蜀桧等树木时，一定要在栽后喷药防治双条杉天牛及柏肤小蠹等害虫。

观察与思考：大树第一年新长出的枝条能不能修剪？

（十）抗寒防冻，地面保温

新移植大树易受低温危害，应做好防冻保温工作。防冻方法一般根据环境条件、季节、树种的不同而有所差异，如热带、亚热带树种北移需要注意以下两方面内容：一方面，在入秋后要控制氮肥，增施磷、钾肥，并逐步延长光照时间，提高光照强度，以提高树体及根系的木质化程度，提高自身的抗寒能力。另一方面，在入冬寒潮来临前，可采取覆土、地面覆盖，设立风障、搭制塑料大棚等方法加以保护。尤其对新植的雪松等抗寒性较差的大树，移栽当年更应格外注意，以防前功尽弃。北方的林木特别是带冻土移栽的树木，必须注意根系保护，地面覆盖主要是减缓地表蒸发，防止土壤板结，以利于通风透气。通常采用泥炭土、腐殖土或树叶、秸秆、锯末、地膜等对定植穴树盘进行土面保温，但最好的办法是采用“生草覆盖”，亦即在移栽地种植豆科牧草类植物，在覆盖地面的同时，既改良了土壤，还可抑制杂草，一举多得。移栽后要在早春土壤解冻时，再及时把保温材料撤除，以利于土壤解冻，提高地温，促进根系生长。正常季节移栽的树木，要在封冻前浇足浇透封冻水，并及时进行干基培土（培土高度30～50 cm）。立冬前用草绳将树干及大枝缠绕包裹保暖，既保湿又保温。涂白也是树体的重要保护措施之一。9～10月份进行干基涂白，能够延迟树木萌芽，涂白高度1.0～1.2 m。涂白剂的配制成分一般为：水10份、生石灰3份、石硫合剂0.5份、食盐0.5份，外加少许黏着剂，以便延长涂白期限。遇有冰雪天气，要及时扫除穴内积雪，特别寒冷时，还可采用覆盖草木灰等办法避寒。

做一做：通过多种措施，对新移栽的树木进行防寒保温。

【操作要点】

1. 根据大树规格选用合适的材料种类作为支撑材料，支撑方式要合理、稳固，树干支撑位置要有保护措施，避免伤及树干。

2. 根据季节、树木种类和规格选用合适的材料、方式进行包干。

3. 树冠喷水时，水滴要成雾状，细致均匀，喷及各个位置和空间，避免水流过大，对树冠造成伤害。

4. 搭建遮阳网要给大树留出一定的空间，进行光合作用，保持遮阴网下空气流通，并结合喷施抑制蒸腾剂。

5. 根据大树的生长状况，判断是否输液、灌生根粉液、施肥浇水、药物防治和修剪。

【注意事项】

1. 在操作树木支撑时要注意安全，同学之间要协同配合，避免损伤树干。

2. 夏季进行包干的树种要经常检查，防止在潮湿的环境条件下滋生真菌。

3. 防止树体喷水时造成移植穴土壤含水量过高，应在树盘上覆盖塑料薄膜加以保护。

4. 输液孔的数量多少和孔径大小应与树干粗细及输液器插头相匹配。

5. 要严格控制浇水量，谨慎浇水，既要保证树木根系周围的土壤经常处于湿润状态，但又不应饱和，最好能保证土壤含水量达到最大持水量的60%左右。浇水结合松土除草，增强土壤通气性。

6. 大树树体及新萌发的幼嫩树叶，对外界的抵抗力减弱，因此容易感染病虫害，以防为主，根据树种特性和病虫害发生发展规律，勤检查，一旦发生病情、虫害，要对症下药，及时防治。确保树体成活后根据树体生长发育需要和园林绿化的需要行修剪整形。

【任务考核标准】

表 3-1-2　大树移栽成活期养护管理任务考核参考标准

序号	考核项目	考核内容	考核标准	考核方法	标准分值
1	基本素质	学习工作态度	态度端正，学习精力集中，学习方法多样，积极主动，全部出勤，否则将酌情扣分。	单人考核	5
		团队协作	具备团队合作精神，积极与小组成员合作，共同完成工作任务，否则将酌情扣分。	单人考核	5
2	专业技能	支撑固定	能够根据树木规格大小，正确选用支撑材料，采取正确的固定方式将树体固定。操作不正确，支撑桩不够稳定、伤及树体，酌情扣分。	小组考核	15
		包干	根据不同树种、规格、季节，选用包装材料，采用正确的包干方式。操作不当，包装不结实，酌情扣分。	小组考核	10
		浇水、松土、除草	能够正确地使用浇水、松土、除草工具，并能根据不同树种、不同季节、不同土壤，采用正确的浇水方式和浇水量。水干后松土、除草，深浅适宜。操作不规范，酌情扣分。	单人考核	15
		遮阴、喷水、输液	协同配合搭遮阳棚，正确使用喷水工具，选取输液位置适当，输液孔的数量多少和孔径大小，与树干粗细及输液器插头相匹配。操作不规范，酌情扣分。	小组考核	15
		施肥、用药	能够根据不同树种，土壤贫瘠程度，各个物候期的需肥情况，确定肥料种类、施肥方式和用量。根据病虫害发生状况，准确用药。操作不规范，酌情扣分。	单人考核	10
3	职业素质	方法能力	独立分析和解决问题的能力强，能主动、准确地表达自己的想法。	单人考核	5
		工作过程	能够广泛查阅、收集和整理资料，工作过程规范，有完整的工作任务记录，字迹工整。	小组考核	10
		自测训练与总结	及时准确完成自测训练，总结报告结果正确，电子文本规范，体会深刻，上交及时。	单人考核	10
	合　计				100

【知识训练】

一、填空题

1.需要支撑的树木,可采取________、________、________方法,支撑应牢固,常用通直的木棍、竹竿作支柱,长度一般根据树木的高度而定,要求能够支撑树木的________处即可。

2.对于截顶或重剪栽植的树木,因所留芽的位置不合适或剪口芽太弱,易形成枯桩或发枝较弱,此时应进行________。在这种情况下,待最靠近剪口而位置合适的强壮新枝长至________ cm时,剪去母枝上的残桩。

3.一般新移栽树木的除草结合松土进行,每________ d 1次,根据"________、________、________"的原则进行。松土深度一般在________ cm为宜,松土时要把生长在表土层的浮根切断,使根系向下深扎,深根可抗旱、抗倒伏。松土除草的方式与________、________、________等条件有关。

4.常见的包干保湿方法有:________、________、________、________、________等。

5.北方树木特别是带冻土移栽的树木,必须注意根系保护,移栽后要用________、________、________、________、________等对定植穴树盘进行土面保温。

6.对于倒伏的树木必须重新栽种,如果树木刚栽不久就发生倾斜,应立即扶正。否则,落叶树种应在________扶正,常绿树种在________扶正。

7.新栽树木,一般乔木必须连续灌水________年,灌木________年为宜。

8.涂白也是树体的重要保护措施之一。________月份进行干基涂白,能够延迟树木萌芽,涂白高度________ m。涂白剂的配制成分一般为:水________份,生石灰________份,石硫合剂________份,食盐________份,外加少许________,以便延长涂白期限。

二、判断题

1.树木在整个的生命过程中,水分有其突出的影响作用。在正常情况下,土壤田间持水量80%以上。( )

2.阳性树种因为长时间接受光照,对水分需求较多。( )

3.园林树木施肥时应选择阴雨天,因为此时水分充足,肥料溶解快,利于根的吸收。( )

4.大树经包干处理后,可避免强光直接照射树干及北方春季大风的吹袭,有效地减少树干、树枝的水分蒸发。( )

5.为防止树体喷水时造成移植穴土壤含水量过高,应在树盘上覆盖塑料薄膜。( )

6.搭建遮阳网棚一般要求荫棚的上方及四周与树冠保持20 cm左右的距离。( )

7.输液孔的数量多少和孔径大小应与树干粗细及输液器插头相匹配。( )

8.涂白是树体的重要保护措施之一,2~3月份进行干基涂白。( )

9.大树移植成活后可以根据树体生长发育需要和园林绿化的需要进行修剪整形。( )

10.植物经过长时间的生长,树冠变大,植物生长空间变小,严重影响树形和生态,应有计划地进行间植或伐除。( )

三、问答题

1.怎样解决死亡树木的补植问题?

2.采取哪些措施可以提高新移栽树木根系土壤的通气性?

3.对新移栽的树木进行树干包扎的作用是什么?

4.大树移植的作用有哪些?

5.园林树木施肥应注意哪些问题?

【技能训练】

技能训练　园林绿地苗木移栽保活措施调查

(一)内容提示

(1)选取当地某一绿地作为调查对象,了解绿地规模大小,选用树木的种类、规格大小,土壤状况,气候,环境条件。

(2)根据绿地新移植的园林树木种类,制定表格,分组配合调查。可按常绿乔木、常绿灌木、落叶乔木、落叶灌木分组配合,也可分区配合。

(3)分析所要调查的树种配置是否合理,枝、干、叶是否生长良好。对于不同规格的树种采取了哪些保活措施。

①地上部分措施调查　包括包干、支撑固定、保护新芽、涂白、遮阴、输液等。

②根系恢复和保护措施调查　包括树盘的土面保温、人工透气管、生根粉、排水沟等。

(4)结合当地的具体环境气候特点,制定一份合理的园林树木移栽养护管理计划和措施。

(二)作业

写出调查报告。

【小知识】

1.人工植皮和桥接治疗枝干伤面

对伤面不大的枝干,可在生长季进行移植新鲜树皮,并涂以10%萘乙酸,然后用塑料薄膜包扎缚紧。对皮部受伤面很大的枝干,可于春季萌芽前进行桥接以沟通输导系统,恢复树势。方法是剪取较粗壮的1年枝条,将其嵌接入伤面两端切出的接口,或利用伤口下方的徒长枝或萌蘖,将其接于伤面上端,然后用细绳或小钉固定,再用接蜡、稀黏土或塑料薄膜包扎。

2.堆种防水

堆种就是在种植园林植物时,开挖的种植坑较浅,一般仅为土球的1/3～1/2,植物土球放入种植坑后进行填土,对高出地面的土球,采用从地面放坡堆土的种植方法。这样的种植方法,因为种植坑较浅,坑底高于地下水位,可有效防止地下水对植物根系造成危害。

【小经验】

1.盐碱地移栽雪松大树的促活方法

盐碱地雪松大树移栽时,根系喷快活林大树移栽生根粉水溶液促发新根,同时适当的修剪枝条。定植后,每天向树体喷水1次,坚持1个月。每10 d向树体喷“中威抗蒸剂”1次,缩小叶片气孔开张度,减少水分蒸腾,有利于提高根系活力。

2.树干伤口的治疗方法

对于树干伤口的治疗可以采取以下办法:首先用锋利的刀刮净削平四周,使皮层边缘呈弧形,然后用药剂(2%～5%硫酸铜液,0.1%升汞溶液,石硫合剂原液)消毒,然后涂抹保护剂,保护剂要容易涂抹、黏着性好,受热不融化,不透雨水,不腐蚀树体组织,一般用铅丝较好;如用激素涂剂(含 0.01%～0.1%萘乙酸膏)对伤口愈合更有利。

3.行道树打桩拉绳支撑树干效果好

为防止大风吹袭或行人触摸撞碰造成树干摇摆松动,对于一般干径在 10～15 cm 的行道树,还必须及时打桩拉绳固定,可先在树干两侧约 50 cm 处各打 1 个高 1～1.5 m 的木桩,中间横 1 根粗实木棍,架在 2 个木桩上端,两头分别用铁丝捆牢,横木棍的中间恰好是树的主干,用绳把主干捆扎固定在横木棍上即可。对于更高更粗的大树,可于主干外围 1.5 m 处打 3 个低矮木桩,分别用粗铁丝或麻绳一端固定捆扎在树主干中上部,另一端捆系于木桩上。

【教学课件】

工作任务 1
普通树木移栽成活期的
养护管理技术

工作任务 2
大树移栽成活期的
养护管理技术

【项目彩图】

项目彩图

项目二

古树名木的养护管理技术

学习目的

通过学习古树名木的养护管理技术的相关知识，掌握古树名木衰老原因及其相应的复壮技术，为做好园林绿地整体养护工作打下基础。

知识目标

理解古树名木的概念以及研究与保护的意义；掌握古树名木衰老的原因及相应的复壮与养护技术。

能力目标

能够结合现场准确地诊断古树名木衰老或生长不良的原因；能够根据古树名木的实际，制定切实可行的复壮与养护管理措施并付诸实施。

工作任务1　古树名木调查及衰老原因诊断技术

【任务目标】

学习古树名木调查及衰老原因的相关知识，并掌握其诊断技术。

【任务内容】

1. 根据工作任务，采取课堂、校内外实训基地（包括园林绿地、街道、名胜古迹等）现场相结合的形式，通过查阅资料与网上搜集，获得相关古树名木调查、衰老原因及其诊断的基本知识。

2. 通过校内外实训基地，熟悉古树名木调查、衰老原因及其诊断的基本操作。

3. 对任务进行详细记载，并列表描述古树名木调查、衰老原因及其诊断的过程，并找出主导因子。

【教学资源】

1. 材料与器具：围尺、量尺、钢卷尺、测高器、自制表格等。

2. 参考资料：有关古树名木的相关资料、各类教学参考书、相关挂图、彩色照片、多媒体教学课件、相关网站的资料等。

3. 教学场所：教室以及有名木古树的街道、园林绿地、名胜古迹等校内外实训基地。

4. 师资配备：每20～25名学生配备1名指导教师。

● 内容与操作步骤

一、古树名木的调查、登记、存档备案

古树名木是我国活的文物，是无价之宝，各地区应组织专人进行细致的调查，摸清我国的古树资源，以挖掘其研究和应用的价值。调查的内容包括树种、树龄、树高、冠幅、胸径、生长势、生长地的环境（土壤、气候等情况）以及对观赏、研究的作用。同时还应搜集有关古树的历史及其他资料，如有关古树的诗、画、图片、地方志、传说、神话故事、奇闻逸事等。对以上各项应逐一进行详细记载，并在调查的基础上分级整理，拍摄照片存档备案。总之，群策群力逐步建立和健全我国的古树档案。必要时，还可以用MIS（计算机信息管理系统）为古树资源管理提供帮助。建立树木信息网，为树木佩带电子身份牌，并与有关部门建立的树木档案相连。

在古树调查、分级的基础上，要进行分级养护管理。对于生长一般、观赏及研究价值不大的，可视具体条件实施一般的养护管理；对于年代久远、树姿奇特兼有观赏价值和文史及其他价值的，应拨专款派专人养护，并随时记录备案。

在建立健全古树名木资源档案的基础上，还应给它们建立生长情况档案，每年都要分株记明其生长情况和采取的养护管理措施等，供以后养护管理时参考。

二、古树衰老的原因

古树按其生长来说，已经进入衰老更新期。世界上任何事物都有其生长、发育、衰老、死亡的客观规律，古树也不例外，但是古树的衰老，还与其他因素有关。经调查，古树生长环境条件的恶化是古树衰老的主要原因，其中主要有以下几个因素。

1. 土壤板结，通气不良

古树生长之初，立地条件都比较优越，环境条件都比较好，多生长在宫、苑、寺、庙或是宅院内、农田旁，其土层深厚，土质疏松，排水良好，小气候适宜。经过历史的变迁，人口剧增，随着经济的发展，人们生活水平的提高，许多古树所在地开发成旅游点，旅游者越来越多，加之有些古树或姿态奇特，或具有神话传说，招来的游客更多，车压、人踏等使土壤密实度过高，通透性差，限制了根系发展，甚至造成根系尤其是吸收根的大量死亡。

2. 土壤剥蚀，根系外露

古树历经沧桑，土壤裸露，表层剥蚀，水土流失严重。不但使土壤肥力下降，而且表层根系易遭干旱和高温伤害而死亡，还易造成人为擦伤，抑制树木生长。

3. 树基周围铺装面过大

有些地方用水泥、砖或其他铺装材料在树下铺装，仅留很小的树池，这样会影响树木地下与地上部分气体的交换，使古树的根系处于透气性相当差的环境中，极大地影响了古树根系的生长。

4. 土壤严重污染

在个别地区，有人在公园古树林中搭帐篷开各式各样的展销会、演出会或驻扎队伍进行操练。这不仅使该地土壤密实度增加，同时这些人在古树林中乱倒污水，有些地方还开辟临时性的厕所，造成土壤含盐量极度增加。

5. 挖方和填方的影响

挖方的危害与土壤剥蚀相同，填方则易造成根系缺氧窒息死亡。道路及道路工程施工，破坏了古树的形态及立地条件。

6. 营养不良

古树经过成百上千年的生长，消耗了大量的营养物质，养分循环利用差，几乎没有什么枯枝落叶归还给土壤，人工又没有或很少施肥。这样，不但土壤有机质含量低，而且有些必需的元素也十分缺乏；另一些元素反而可能过多而产生危害。

有些古树栽在垫基土上，栽树时只将树坑中换了好土，树坑外土质不良又坚硬。树木长大后，根系很难向坚硬土中延伸，由于根系活动范围受到限制，营养缺乏，致使古树衰老，甚至死亡。

7. 水分过多

自冷季型草坪引进后，有不少地方在古树下栽种，观赏效果确实不错。但是冷季型草坪需要水分较多，特别是在炎热的夏季，一天中需要喷水数次方可满足草坪生长的需要。而有些古树（如油松等），则会因根部水分过多，缺乏氧气，造成根系生长不良，甚至烂根。另外，地势低洼，排水不畅，加之连续降雨等，也会因水分过多而使古树生长不良。

8. 病虫危害

树木感染病虫害后，生长不良，树势衰弱，也就是说，树木长势的衰弱与病虫害也有关；而树木生长衰弱以后又易受病虫害的侵袭，特别是古松和古柏，长势衰弱以后，很容易招小蠹甲的危害，最后死亡的直接原因并不是因古树衰老死亡，而是由于病虫的伤害而致死。除小蠹甲伤害外，天牛类、病菌侵入等都会加速古树的衰老与死亡。

9. 自然灾害

雷击、风折、雪压、雹打、干旱、雨淞、灾震等自然灾害都会对树木造成不同程度的影响，削弱树势，严重时会导致树木死亡。如黄山风景管理处，每年在大雪时节都要安排人员及时清雪，以免雪压毁树。

10. 人为损害

由于各式各样的原因，在树下乱堆东西（如建筑材料水泥、石灰、沙子等），尤其是水泥和石灰，堆放不久树木就会被烧死。还有些古树因树体高大、姿态奇特而被人为神化，成为部分人进香朝拜的对象，日积月累，导致香火伤及树体；还有些人对树木的保护意识不强，在树上乱画、乱刻、乱钉钉子挂各式各样的东西及晾晒衣服，甚至折枝等，使树体受到严重的破坏。

11. 空气污染

随着城市化进程的不断推进，各种有害气体如二氧化硫、氟化氢、氧化物和二氧化碳等造成了大气污染,古树名木不同程度地承受着这些污染物的侵害,过早地表现出衰老症状。

12.盲目移植

近年来,随着城镇化水平的提高,许多地方盲目通过"大树进城""古树搬家"的途径,借以提升城市绿化的档次与品位。一些人经不住高额利润的诱惑,参与盗卖、盗买古树、名木,致使许多珍贵大树在迁移过程中严重受害,栽植后往往生长不良,甚至死亡。目前,这种现象业已成为古树名木遭受破坏的主要原因。

诸如以上原因,古树生长的条件日渐变坏,不能满足树木对生态条件的要求,树体再遭受摧残损伤,古树很快衰老,以致死亡。

想一想:古树衰老的原因有哪些?

三、古树衰老的诊断

树木诊断的程序与方法同样适用于古树,但在诊断中应注意以下3个问题。

1.查明古树衰老的主导因子

引起古树衰老的原因极为复杂,如土壤缺少某些营养元素,土壤紧实度过高,土壤含水量过多或过少,土壤含盐总量过高,树体病虫害,树干严重机械损伤等。其中一种或几种原因都有可能造成古树生长的衰弱,甚至死亡。但是,在不同地区,引起衰弱的主要原因不尽相同,即使在同一地区,引起衰弱的主要原因也有明显的差异。因此,要因地制宜采用合理的措施才能取得良好的复壮效果。这就需要调查本地区古树生长的环境条件和树体状况,准确诊断引起古树衰弱的原因,特别是引起衰弱的主要原因。

2.划分古树衰弱的等级,确定复壮的重点

在古树调查后,按标准样株的枝、叶、冠、干、根的各项生长指标,对照弱树的各项生长指标进行古树等级的划分,确定衰弱程度。除濒死株和部分极度衰弱株很难复壮外,其余等级均可因地制宜采取复壮措施,但应以衰弱株为重点复壮对象。

3.研究合理的复壮技术方案

在查明引起古树衰弱原因及划分衰弱等级的基础以后,随即研究复壮技术措施。当由于两个以上原因造成古树生长衰弱时,如因病虫害、土壤缺乏营养,或土壤含水过少(自然含水量为5%~7%)等,宜采用综合性复壮技术措施。当由于单一原因造成衰弱时,如因地势低洼积水引起烂根而生长衰弱,其他条件均好,那么进行地下排水工程即可收到良好效果。

想一想:诊断衰老古树时,需注意哪些问题?

【操作要点】

1.古树名木自然生长状况调查内容要全面。

2.建立古树名木信息网,让古树佩带电子身份牌,并与建立的树木档案相连。

3.根据古树名木自然生长状况及已采取的养护管理措施,确定衰老的主导因子,划分衰弱等级,研究合理的复壮技术方案。

【注意事项】

1.古树名木调查及衰老原因诊断是专业性和技术性较强的工作,所以从事调查的人员,要对古树名木的特性有一定的了解,并有一定的知识与技能。

2.确定古树衰老原因时,一定要全面、科学、严谨,避免主观臆断。

【任务考核标准】

表 3-2-1　古树名木调查及衰老原因诊断技术任务考核参考标准

序号	考核项目	考核内容	考核标准	考核方法	标准分值
1	基本素质	学习工作态度	态度端正，学习精力集中，学习方法多样，积极主动，全部出勤，否则将酌情扣分。	单人考核	5
		团队协作	具备团队合作精神，积极与小组成员合作，共同完成工作任务，否则将酌情扣分。	单人考核	5
2	专业技能	古树名木的调查、登记、存档备案	能够全面规范地进行古树名木的调查、登记、存档备案。操作不全面、不规范者，酌情扣分。	小组考核	25
		古树衰老的原因	能够全面地调查古树衰老的原因。查摆不全者，酌情扣分。	单人考核	20
		古树诊断	能查明古树衰老的主导因子，正确划分古树衰弱的等级并确定复壮的重点。操作不全面者，酌情扣分。	小组考核	20
3	职业素质	方法能力	独立分析和解决问题的能力强，能主动、准确地表达自己的想法。	单人考核	5
		工作过程	能够广泛查阅、收集和整理资料，工作过程规范，有完整的工作任务记录，字迹工整。	小组考核	10
		自测训练与总结	及时准确完成自测训练，总结报告结果正确，电子文本规范，体会深刻，上交及时。	单人考核	10
	合　计				100

工作任务 2　古树名木复壮技术

【任务目标】

初步掌握古树名木的养护管理技术措施和主要复壮方法，对长势濒危的古树提出合理的抢救措施。

【任务内容】

1. 根据工作任务，采取课堂、校内外实训基地（包括园林绿地、街道、名胜古迹等）现场相结合的形式，通过查阅资料与网上搜集，获得相关古树名木复壮技术的基本知识。

2. 通过校内外实训基地，掌握古树名木的复壮与养护的技术措施。

3. 对任务进行详细记载，并列表描述古树名木的复壮养护技术等。

【教学资源】

1. 材料与器具：有机肥、青灰加麻刀、乳胶、农药等；根据养护古树的具体情况准备其他的材料与工具等。

2. 参考资料：有关古树名木复壮的相关资料、各类教学参考书、相关挂图、彩色照片、多媒体教学课件、相关网站的资料等。

3. 教学场所：教室以及有名木古树的街道、园林绿地、名胜古迹等校内外实训基地。

4. 师资配备：每 20～25 名学生配备 1 名指导教师。

● 内容与操作步骤

一、改善地下环境

根系复壮是古树整体复壮的关键，改善地下环境就是为了创造根系生长的适宜条件，增加土壤营养，促进根系的再生与复壮，提高其吸收、合成和输导功能，为地上部分的复壮生长打下良好的基础。

（一）施腐叶土

如果树势衰弱是由土壤营养不良，紧实度高等原因引起的，可以采用施腐叶土的方法解决。具体方法如下：

腐叶土是用松树、栎树、槲树、紫穗槐等落叶（60%腐熟落叶加 40%半腐熟落叶混合），再加少量 N、P、Fe、Mn 等元素配制而成。这种腐叶土含有丰富的矿物质元素，富含胡敏素和黄腐酸等，可促进古树根系生长，同时有机物逐年分解与土粒胶合成团粒结构，从而改善了土壤的物理性状，促进微生物活动，将土壤中固定的多种元素逐年释放出来（$Fe^{3+} \rightarrow Fe^{2+}$），复壮后 3～5 年内土壤的通气孔隙度保持在 12%～15%。从而提高了根系的吸收、合成和输导功能，为地上部分的复壮生长打下良好的基础。

施腐叶土分放射沟施和长条沟施。放射沟是从树冠投影距树干约 1/3 的地方向外挖 4～12 条沟，沟应内浅外深，内窄外宽，沟宽为 40～70 cm，深 60～80 cm，沟长约 2 m。每穴除施腐叶土外，同时施入粉碎的麻酱渣和尿素（每沟施麻酱渣约 1 kg，尿素 50 g），为了补充磷肥可加入少量粉碎的动物骨头和贝壳等物，然后覆土约 10 cm，踏平踩实。如果株行距大，也可以采用长条沟施，沟长 2 m 以上，宽 40～70 cm，深 60～80 cm，做法同上。应注意的是埋土要高出地面，不能凹下，以免积水，如有积水应在下层增设盲沟或排水管等地下排水设施。

如果古树衰老不严重，沟施条件不具备，也可以采用穴施。在树冠的投影下，距树干 1.5～2.0 m 或更远一点的地方挖穴，穴直径 40～80 cm，深 80 cm。穴内填入的物质与沟施相同，也可以不同，可以施入松针土，再加入少量的豆饼或尿素即可。无论沟施还是穴施，都应该就地取材，如没有腐叶土，将修剪下来的无用的枝条埋入沟（穴）中，令其慢慢地腐烂，就是过去复壮古树采用的“埋树条”法。

为了防止土壤被踏实，可以施腐叶土与铺梯形砖和铺草皮结合。其下层做法与上述措施相同，而覆土后在其上铺上大下小的特制梯形砖，砖与砖之间不勾缝，留出通气道，下面用石灰砂浆对砌(砂浆用石灰、沙子、锯末配制，比例为 1∶1∶0.5)。同时还可以在其上面种上草花或铺草皮，并围上栏杆禁止游人践踏；或在其上铺带孔的水泥砖或铁箅子，对古树复壮都有良好的作用。

(二)土壤翻晒

如果古树的衰老是由于周围地上铺冷季型草坪，水分过多通气不良而引起的，在这种情况下，必须将树冠投影下面的草坪移走，先将表土起出，放在一边，然后顺着主根深挖，将其土放在另一边，深度 20 cm 以下，注意树穴不能被雨淋，下雨时要用塑料布将树穴盖上，土壤经过晾晒 4～7 d，将原土加入松针土(1∶1)拌匀，再加入 70%甲基托布津(2.5 g/m^2)等，要与 50～100 倍的细土拌匀。以后其上不要再种冷季型草，可种土麦冬、崂峪苔草等。

(三)设置复壮沟(孔)

有些古树生长不良是由于地下积水，影响通气造成的，在这种情况下，可采用挖复壮沟、铺设通气管和砌渗水井的方法，以增加土壤通透性，使积水通过管道、渗水井排出或用水泵抽出。

复壮沟深 80～100 cm，宽 80～100 cm，长度和形状因地而定。有时是直沟，有时是半圆形或 U 形沟，沟内回填物大多是腐叶土和各种树枝及增补的营养元素等。回填的树枝多为紫穗槐、杨树等阔叶树种的枝条，或者是冬季修剪下来的各种树木枝条，将其截成 40 cm 的枝段后埋入沟内，树枝之间以及树枝与土壤之间形成大的空隙，古树的根系可以在枝间穿行生长。为改善营养，增施的营养元素根据需要而定。北方的许多古树，以 Fe 元素为主，再施入少量的 N、P 元素。硫酸亚铁($FeSO_4$)使用剂量按长 1 m、宽 0.8 m 复壮沟施入 100～200 g，最好掺入少量的麻酱渣，以更好地满足古树对营养的要求。

复壮沟的位置在古树树冠投影外侧，回填处理从沟底开始，共分 6 层：沟底部先垫 20 cm 厚粗沙(或陶粒、砾石)；其上铺 10 cm 厚树枝；在树枝上填入 20 cm 厚的腐叶土；在上面又铺 10 cm 厚的树枝；上面又填入腐叶土 20 cm；最上一层为 10 cm 厚的素土。

安装的通气管为金属、陶土或塑料制品，管径 10 cm，管长 80～100 cm，管壁有孔，外面包棕片等物，以防堵塞。每棵树按 2～4 根垂直埋设，下端与复壮沟内的树枝层相连，上部开口加上带孔的铁箅盖，既便于开启通气、施肥、灌水，又不会堵塞。

渗水井设置在复壮沟的一端或中间，井深 1.3～1.7 m，直径 1.2 m，四周用砖垒砌而成，下部不用水泥勾缝，井口周围抹水泥，上面加带孔的铁盖。井比复壮沟深 30～50 cm，可以向四周渗水，因而可保证古树根系分布层内无积水。雨季水多时，水如不能尽快渗走，可用水泵抽出。井底有时还需向下埋 80～100 cm 的渗漏管(图 3-2-1)。

经过这样处理的古树，地下沟、井、管相连，形成一个既能通气排水，又能供给古树营养的复壮系统，创造出适合于古树生长的优良土壤条件，因而达到了古树复壮的目的。

往往由于各种原因不能构筑复壮沟，也可以挖通气孔。通常在树冠的投影下，挖 3～4 穴，穴深 60～80 cm，穴直径 60～80 cm，穴壁用砖垒砌，穴内放入疏松的有机质，上面加上带孔的铁盖即可。有的穴壁不用砖垒砌，内放入十几条蚯蚓，既可将周围土壤疏松，又可以增加土壤的肥力。

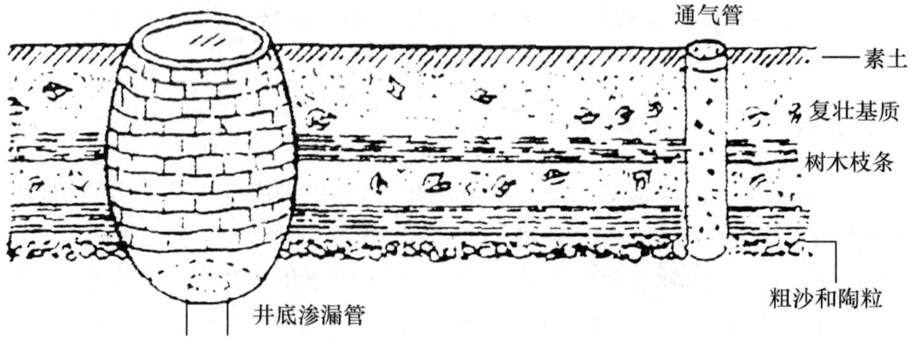

图 3-2-1 复壮沟—通气—透水系统

(四)换土

古树几百年甚至上千年生长在一处,土壤里的肥分有限,时间长了会出现缺肥症状;再加上人为的踏实,使土壤通气不良,排水也不好,对根系生长极为不利,地上部分常出现生长不良现象。北京故宫园林用换土的办法抢救濒危的古树,使之复壮,效果良好。

古树根部换土是件不容易的事情,只有在古树垂危时才应用,所以将"换土"作为对濒危古树抢救的主要措施。

(五)进行透气铺装或种植地被

为了解决古树表层土壤的通气问题,常在树下、林地人流密集的地方加铺透气砖。透气砖的材料和形状可根据需要设计。在人流少的地方,种植豆科植物,如苜蓿、白三叶及垂盆草、半枝莲等地被植物,除了改善土壤肥力外还可提高景观效益。

(六)施用植物生长调节剂等药剂

给植物根部及叶面施用一定浓度的植物生长调节剂,如将植物生长调节物质 6-苄基腺嘌呤(6-BA)、激动素(KT)、玉米素(ZT)、赤霉素(GA_3)及生长调节剂(2,4-D)等应用于古树复壮,有延缓衰老的作用。

其他如施用助壮素(用稀土元素配成)、生物混合制剂(由"5406"、细胞分裂素、农抗 120、农丰菌、生物固氮肥混合而成)施用后也能促进古树根系生长,提高古树的生长势。

最近市场推出的"天然植物活力素",是抽取松柏类树木和某些草类中的有效成分,以特殊方法制成的营养液,它的独特作用在于活化植物细胞,并可以直接提供营养,提高光合作用的效率和植物机体的免疫力,从而提高古树名木、衰弱树木的生长势。试验证明,在长势衰弱的白皮松上使用这种天然植物活力素,1 个月后,长势明显增强,新芽饱满,生机盎然。其使用方法包括打孔灌根、根部漫灌、叶面及树干喷雾、注入树干等。

思考与操作:归纳促进古树复壮的各种地下改良措施,并逐一进行操作。

二、加强地上保护

(一)立支柱或支架

古树由于生长年代久远，有的主干中空，有的主枝死亡，造成树冠失去均衡，树体倾斜；古树树体衰老后，枝条又容易下垂，因而需用他物支撑。根据树体倾斜程度与枝条下垂程度的不同，可采用单支柱支撑或双支柱支撑。有的古树不单纯一个树枝下垂，有时 2～3 个，甚至更多的枝条下垂，在这种情况下用单根支柱支撑很难看，最好采用棚架式支撑，如北京故宫御花园内的龙爪槐、皇极门内的古松均用棚架式支撑，效果很好。

(二)打箍或堵树洞

有些古树被大风吹刮后，枝干扭裂，发生此种情况时，应立即给扭裂的枝干打箍，以防枝干断裂。古树枝、干上有了树洞必须立即堵上，以防其蔓延扩大。方法是先将洞内的朽木清除，刮去洞口边缘死组织，用药剂(氟化钾、硫酸铜)消毒后进行填充，推广使用的填充材料是聚氨酯塑料以及高压注入还氧树脂密封等。堵树洞时应做到填充物与木质部接触处充分贴紧，不可留有孔隙，填充物表面不要高于木质部。树干上的小洞可用木桩钉楔填平或用桐油与 3～5 份锯末混合堵塞。

(三)加设围栏、护板、标识牌

为了防止游人践踏，使古树根系生长正常并保护树体，可在来往行人较多的古树周围，加设围栏、松土或种植有益的地被植物；露出地面的根应用腐殖土覆盖，在地表加设护板、支柱、网罩或架空铺装(图 3-2-2)，以免造成新的伤害；安装标志，标明树种、树龄、等级、编号，明确养护管理单位，设立宣传牌，介绍古树名木的重大意义与现状，可起到宣传教育、发动群众保护古树名木的作用。

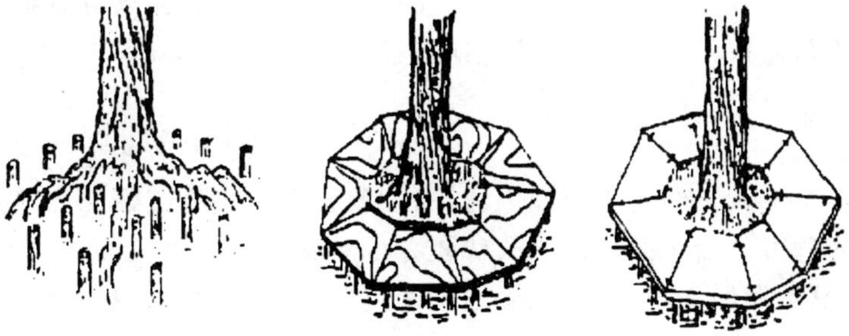

支柱　　木板　　水泥板

图 3-2-2　架空铺装保护露根

(四)设避雷针

据调查有一些古树遭受过雷击，严重影响树势，有的古树因受雷击后未得到很好的治疗与抢救，甚至很快死亡，所以，高大的古树必须安置避雷针。如果古树已遭受雷击，应立即将烧伤部分锯除，刮平伤口，涂上保护剂；并将劈裂枝打箍或支撑；如有树洞要及时补好树洞；并加强养护和管理措施。

(五)整形修剪

由于古树名木的特殊性，应由相关人员进行研究，制定科学合理的整形修剪方案，并报有关部门批准。应以保持原有树形为基本原则，必要时剪去过密枝、病虫枝等。对有重大意义或价值的古树，为充分保持原貌，有时要对枯枝作防腐处理。

(六)疏花疏果

当植物缺乏营养或生长衰退时，常出现多花多果现象，这是植物生长发育的自我调节，但大量结果会造成植物营养失调，古树发生这种现象时后果更为严重。采用药剂疏花疏果，则可降低古树的生殖生长，扩大营养生长，恢复树势而达到复壮的效果。如在国槐开花期喷洒50 mg/L 萘乙酸加 200 mg/L 赤霉素效果较好；秋末对于侧柏、龙柏喷洒 200 mg/L 萘乙酸，对于抑制翌年产生雌雄球花的效果很有效。

(七)施肥、灌水、松土

古树长时期生长在一处，其所在地土壤常常缺乏必要的营养成分，因而需经常给古树施肥。其方法一般在树冠投影下开沟或挖穴，深度应在根系主要分布层(40～50 cm)，沟宽 40～70 cm，沟长 100～200 cm；穴直径 70～100 cm，在沟内施有机肥、少量的化肥、适量的微量元素，有的还同时加入马蹄掌或麻酱渣。但要注意一定在科学判断或化验测定的基础上进行，应“对症下药，有的放矢”，施肥后要及时灌水。平时应注意给古树灌水，早春灌水防晚霜危害和防春旱，秋冬季浇水防冻旱，夏季降水极少的年份也需给古树灌水。灌水后应立即松土，防止水分蒸发，同时也增加通透性。

古树生长地应经常进行松土，特别是经常有人践踏的古树周围土壤更应经常进行耕翻，春耕、夏耕、秋耕都要进行。有些人认识不到这一点，是非常错误的，有很多古树因经常踩压，古树根系因得不到足够的氧气而生长衰弱，甚至死亡。有的古树下面还可以种上花草或铺草坪，一方面防止游人践踏，另一方面还可以防止地表径流，以免水土和养分流失。

(八)病虫害防治

病虫危害是古树生长衰弱的重要原因之一，如危害古松柏的红蜘蛛、天牛、蠹虫等，都会对古树造成毁灭性的危害。由于面对的是长势较差的古树及较难防治的病虫害，因而要经常观察，掌握病虫害的发生发展情况，进行正确地诊断与防治，在防治方法上应采取化学防治与人工防治、生物防治、机械物理防治、园林技术措施有机结合的综合治理方法。

(九)树体喷水

由于城市空气中有许多污染的浮尘，古树的叶片截留灰尘极多，既影响光合作用，也影响观赏效果。北京很多公园常常用喷水方法进行洗树，此项措施费工费水，所以过去只在公园的重点区域采用。现在有不少的公园设置了高喷，从而可大面积地洗树。

(十)在古树周围栽植同类幼树或靠接小树复壮濒危古树

在古树周围栽植生命能力强的同类幼树,可起到活化土壤、促进古树生长的作用。古松、古柏树与壳斗科植物以及菌根类植物三者之间互有促进和共生作用。因此,可在古松、古柏树附近栽植壳斗科植物以及菌根植物,以起到促进作用;而阔叶树、速生树、灌木、杂草则对针叶古树的生长有抑制作用,因而在古树周围 3 m 的范围内不得种植,并进行清理。

相关研究证明,靠接小树复壮遭受严重机械损伤的古树,具有激发生理活性、诱发新叶、帮助复壮等作用。小树靠接技术主要是要掌握好实施的时期、刀口切面以及形成层的位置,即除严冬、酷暑外,最好受创伤后及时进行。关键是先将小树移栽到受伤大树旁并加强管理,促其成活。在靠接小树的同时,结合深耕、松土则效果更好。实践证明,小树靠接治疗小面积树体创口,比通常桥接补伤效果更好,更稳妥,有助于早见成效。

实践中对古树的复壮和养护不是单一的,而是综合进行的。2003 年北京怀柔红螺寺 800 年的“紫藤寄松”经过专家的会诊,实施了综合复壮和养护措施,现在已经“返老还童”。

紫藤寄松生长在红螺寺三圣殿前西侧,一松两藤,松高 6 m,枝分九杈,平直地向四面八方延伸,两盘碗口粗的藤萝蔓犹如龙蟠玉柱,绕松而生,松藤构成一把天然的巨伞,遮满整个院落,其遮阴面积足有 400 m^2 之多。人常说“藤缠松,松必死”,而这对藤松却已共同生活了 800 多个春秋。

2004 年初,发现两盘藤萝蔓中的一个已经枯死一半,只有树皮勉强活着,树叶呈灰绿色,树干上留有明显的虫粪,木质部已经朽烂,紫藤寄松处于濒危的状态,必须要进行复壮与医治。在专家的指导下,开始为紫藤寄松实施了有效的治疗——输液。将配制好药液的吊瓶挂在树上,每个树干挂 5～6 个。在输液时需要精心调试输液的速度,每个吊瓶大约耗时 3 h。总共为紫藤寄松输液达 15 kg。随后又对紫藤寄松的根部实施地下局部换土,并在树木的旁边设置了一条复壮沟,沟内多放菌根基质,并灌施增加钙质和防治病虫的营养液,以提高古树、名木根系的代谢能力。为了辅助古树对抗病虫害的能力,在一些古树的枝杈上悬挂了鸟笼,以供食虫鸟类在此栖息。

随着科学技术的不断进步,为这些古树、名木安装“芯片”,使之成为“芯片树”将成为可能,届时可在办公室内适时检测古树、名木的细微变化,以便在第一时间及时发现问题,及时采取对症措施,使这些“绿古董”青春常在。

思考与操作:归纳促进古树复壮的各种地上保护措施,并逐一进行操作。

【操作要点】

1. 灌水及排涝:春季土地解冻后至 5 月应浇水 2～3 次,以利于春季发芽。晚秋至土地封冻前浇足越冬水(可连续浇 2～3 次),雨季树下不积水,可用明沟、暗管或盲沟等方法排除。

2. 科学施肥:在早春或晚秋,沿树冠垂直投影外缘,采取环状穴施或放射沟施方法。其深度以 30～50 cm 为宜,尽量保护根系不受损伤。多施腐熟的有机肥,掺入适量的化肥,施肥后立即浇足水。

3. 剪去干枯枝，封堵树洞：及时修剪干枯枝，涂防腐剂保护；树干发生空洞的古树，应先将洞口朽木全刮掉，用5%硫酸铜消毒后，填充清洗消毒的干燥防腐木料，然后用青灰加麻刀掺入乳胶，将洞口抹平封严。

4. 病虫防治：对于古树的病虫害应尽量采用人工防治和生物防治方法。如需喷药要注意细心周到，防止产生药害。

【注意事项】

1. 要对所复壮的树木特性有一定的了解，并懂得复壮的基本知识，才能从事此项工作。
2. 立支柱或支架时，要防止损伤树皮。
3. 在高处进行打箍或堵树洞作业时，梯子要放置稳固，并有专人把守。

【任务考核标准】

表 3-2-2 古树名木复壮技术任务考核参考标准

序号	考核项目	考核内容	考核标准	考核方法	标准分值
1	基本素质	学习工作态度	态度端正，学习精力集中，学习方法多样，积极主动，全部出勤，否则将酌情扣分。	单人考核	5
		团队协作	具备团队合作精神，积极与小组成员合作，共同完成工作任务，否则将酌情扣分。	单人考核	5
2	专业技能	制定古树名木复壮技术方案	能够根据古树名木调查结果及其原因分析，制定科学合理的复壮养护方案。方案不规范者，酌情扣分。	小组考核	15
		改善地下环境	能够规范合理地进行古树名木地下环境的改善措施。操作不规范者，酌情扣分。	小组考核	25
		加强地上保护	能够规范合理地进行古树名木地上保护措施。操作不规范者，酌情扣分。	单人考核	25
3	职业素质	方法能力	独立分析和解决问题的能力强，能主动、准确地表达自己的想法。	单人考核	5
		工作过程	能够广泛查阅、收集和整理资料，工作过程规范，有完整的工作任务记录，字迹工整。	小组考核	10
		自测训练与总结	及时准确完成自测训练，总结报告结果正确，电子文本规范，体会深刻，上交及时。	单人考核	10
	合 计				100

● 相关知识

一、古树名木研究、保护的意义

(一)古树、名木的概念

所谓古树是指树龄在百年以上的树木,其中凡树龄在500年以上的为国家一级古树;300～499年为二级古树;100～299年为三级古树。所谓名木是指珍贵、稀有的树木和具有纪念意义、历史价值的树木。古树、名木往往是身兼二职,既是古树,又是名木;也有古树不名或名而不古的,但都应引起高度重视,加以特殊地保护和研究。古树、名木是地球上唯一以生命形态记述人类社会发展轨迹的不可复制的活的历史文物。它们不仅是弥足珍贵的植物资源、生态资源和景观资源,还是各个历史时期人类社会、自然气候、地理变迁和人文历史沿革不可替代的铁证。千百年来,它们傲居所有先它而逝的生物体的生命巅峰,虽历经磨难,仍然活到今天并将继续活下去,向世人展示了它顽强的生命力。

我国历史悠久,历史遗留在寺院庙宇、古典园林、风景名胜等地的许多古树、名木,有些是世界罕见的古树,这些古树被誉为珍贵的“活化石”“活文物”“绿古董”。我国历代都十分珍惜这些古树、名木,它不仅构成了我国园林中独特的瑰丽景观,而且也是我国传统文化的瑰宝。今天对于这些宝贵的生物文物资源,国家高度重视,各地政府制定了相应的保护性法规,强化对古树、名木管理的严肃性。

(二)研究与保护的意义

古树、名木是城市绿化、美化的一个重要组成部分,是一种不可再生的自然和历史文化遗产,具有重要的科学、历史和观赏价值,有些树木还是地区风土民情、民间文化的载体和表象,是活的文物。它与人类历史文化的发展和自然界历史变迁有关,是历史的见证,对其实施有效的保护具有现实意义。因此,古树对于考证历史、研究园林史、植物进化、树木生态学和生物气象学等都有很高的价值。

1. 古树名木的社会历史价值

古树记载着一个国家、一个民族的发展历史,是国家、民族与地域文明程度的标志。我国传说中的周柏、秦松、汉槐、隋梅、唐银杏等,这些“活化石”“活文物”“绿古董”均可作为历史见证。北京景山崇祯皇帝上吊的古槐(现在已非原树),是记载农民起义的丰碑;北京颐和园东宫门内的两排古柏,曾遭受八国联军火烧颐和园时的残酷烧烤,从此靠近建筑物的一面没有了树皮,这是帝国主义侵华罪行的铁证。

2. 古树名木的文化艺术价值

不少古树曾使历代文人、学士为之倾倒,为之吟咏感怀,它们在中国文化史上有其独特的地位。如扬州八怪中的李蝉,曾有名画“五大夫松”,是泰山名木艺术的再现。此类为古树而作的诗画为数极多,都是我国文化艺术宝库中的珍品。

3. 古树名木的园林景观价值

古树是历代陵园、名胜古迹的佳景之一。它们苍劲古老、姿态奇特,万千中外游客流连忘返。如北京天坛公园的“九龙柏”,团城上的“遮阴侯”,香山公园的“白松堂”,介台寺的“活动松”“卧龙松”“九龙松”……不仅使游人看到它们的风姿，而且听到它们美好的神话传说，大大地增加游兴。

4. 古树名木的自然历史研究价值

古树的生长与所经历生命周期中的自然条件，特别是气候条件的变化有着极其密切的关系。年轮的宽窄和结构是这种变化的历史记载，因此在树木生态与生物气象研究方面有很高的研究价值。

5. 古树名木在研究污染史中的价值

树木的生长与环境污染有着极其密切的关系。环境污染的程度、性质及其发生年代，都可在树体结构与组成上反映出来。美国宾夕法尼亚州立大学用中子轰击古树年轮取得样品，测定年轮中的微量元素，发现汞、铁和银的含量与该地区的工业发展有关。

6. 古树名木在研究树木生理中有特殊的意义

树木的生长周期很长，相比之下人的寿命却短得多，它的生长、发育、衰老、死亡的规律，我们无法用跟踪的方法加以研究，古树的存在就把树木生长、发育在时间上的顺序展现为空间上的排列，使我们能以处于不同发育阶段的树木作为研究对象，从中发现该树种从生到死的总规律。

7. 古树名木对于树种规划有很大的参考价值

古树多为乡土树种，对当地气候和土壤条件有很强的适应性，因此古树是树种规划的最好依据。例如，对于干旱、瘠薄的北京市郊区种什么树合适，30 年来变来变去。新中国成立初期认为刺槐比较合适，不久证明刺槐虽然耐干旱，幼苗速生，但对土壤肥力反应敏感，很快出现生长停滞，长不成材；20 世纪 60 年代认为油松最有希望，因为解放初期造的油松林当时正处于速生阶段，山坡上一片葱绿可爱；但是不久后便封顶，不再长高，这时才发现，幼年时不够速生的侧柏却能稳定生长。北京的古树中恰侧柏最多，故宫和中山公园都有很多古侧柏，这说明它是经受了历史考验的北京地区的适生树种，如果早日领悟了这个道理，在树种选择中就可以少走许多弯路。上海古树中，银杏、榉树占 40%以上，对当地选择适地树种，促进绿化事业的发展有重要参考价值。

8. 稀有、名贵的古树名木对保护种质资源有重要的价值

如上海古树名木中的刺楸、大王松、铁冬青等都是少见的树种，在当地生存下来更具有一定的经济价值和科学研究价值。同时，目前有的住宅开发商以当地现存的古树名木为依托，宣扬“人杰地灵”“物华天宝”的地域文化，以此进行促销；并以古树命名，如香樟苑、银杏苑、樟树苑、橡树园等，因备受居民的喜爱而畅销。

二、古树名木的复壮与养护的基本原则

1. 恢复和保持古树原有的生境条件

古树在一定的生境下已经生活了几百年，甚至数千年，说明它十分适应其历史的生态环境，特别是土壤环境。如果古树衰弱的原因是由近年土壤及其他条件的剧烈变化所致，则应该尽量恢复其原有的状况，如消除挖方、填方、表土剥蚀及土壤污染等。对于尚未明显衰老的古树，不应随意改变其生态条件。在古树周围进行建设时，在建厂、建房、修厕所、挖方、填方等必须首先考虑对古树、名木是否有不利影响。如有不利影响则应采取措施消除。否则，由于环境特别是土壤条件的剧烈变化影响树木的正常生活，导致树体衰弱，甚至死亡。此外，风景区游

人践踏造成古树周围土壤板结，透气性日益减退，严重地妨碍树根的吸收作用，进而减少新根的发生、生长速度和穿透力。密实的土壤使微生物无法生存，使树根无法获取土壤中的养分，同时密实的土壤缺少空气和自下而上的空间，导致树木根系因缺氧而早衰或死亡，所以应保证古树有稳定的生态环境。

2. 养护措施必须符合树种的生物学特性

任何树种都有一定的生长发育和生态学特性，如生长更新特点对土壤的水肥要求以及对光照变化的反应等。在养护中应顺其自然，满足其生理和生态要求。如肉质根树种，多忌土壤溶液浓度过大，若在养护中大肥大水，不但不能被其吸收利用，反而容易引起植株的死亡。树木的土壤含水量要适宜，古松柏土壤含水量一般以14%～15%为宜，沙质土16%～20%为宜；银杏、槐树一般应以17%～19%为宜，最低土壤含水量为5%～7%。合理的土壤N、P、K含量一般是土壤碱解N为0.003%，速效P为0.002%，速效K为0.01%。当土壤N、P、K低于这些指标时，应及时补充。

3. 养护措施必须有利于提高树木的生活力，增强树体抗性

该类措施包括灌水、排水、松土、施肥、树体支撑加固、树洞处理、防治病虫害、安装避雷针及防止其他机械损伤等。

【知识训练】

一、名词解释

1. 古树

2. 名木

3. 复壮沟

二、填空题

1. 调查古树名木时，所涉及的调查指标大致有________、________、________、________、________、________、________、________。

2. 古树复壮的养护措施及主要包括________、________、________、________、________、________、________、________、________等。

三、问答题

1. 研究保护古树名木有何意义？

2. 古树诊断时应注意哪几个问题？

3. 古树衰老的原因有哪些？

4. 古树养护的基本原则是什么？

5. 古树综合复壮的措施方法有哪些？

【技能训练】

技能训练1　古树名木的调查

(一)内容提示

1. 古树自然状况调查

调查内容：树种、树龄、树高、冠幅、胸径、生长势、病虫危害、自然灾害、人为损伤等。见表3-2-3。

表 3-2-3 古树自然状况调查表

序号	树种	树龄	树高	胸径	冠幅	古树等级	生长势	病虫危害	自然灾害	人为损伤
1										
2										
3										

2.对古树名木落实养护管理措施的调查

调查内容:是否有围栏保护,地上树冠垂直投影外沿 2 m 范围内或距树干 7 m 以内是否有不透气铺装。在树体上是否有钉、缠绕铁丝、绳索、悬挂杂物。是否对病虫害进行防治,是否对自然灾害、人为损伤采取相应措施等。见表 3-2-4。

表 3-2-4 古树实施养护管理措施调查

项　目	现　状
1.古树级别	
2.围栏保护	
3.地面铺装	
4.病虫危害	
5.自然灾害	
6.树体损伤	
7.修复措施	
8.土壤状况(水分、养分、物理状况)	

3.对古树名木的历史及其书画、图片、神话传说等的调查

调查内容:古树名木的人文历史典故、神话传说以及与其有关的书画、图片等相关内容。

(二)作业

调查 3 株古树,填表 3-2-3 和表 3-2-4。

技能训练 2 古树名木的养护与复壮

(一)内容提示

1.养护措施

(1)灌水及排涝　春季土地解冻后至 5 月应浇水 2～3 次,以利于春季发芽。晚秋至土地封冻前浇足越冬水(可连续浇 2～3 次),雨季树下不积水,可用明沟、暗管或盲沟等方法排除。

(2)科学施肥　在早春或晚秋,沿树冠垂直投影外缘,采取环状穴施或放射沟施方法。其深度以 30～50 cm 为宜,尽量保护根系不受损伤。多施腐熟的有机肥,掺入适量的化肥。施肥后立即浇足水。

(3)增设保护围栏和松土　应在树冠垂直投影范围设围栏保护,以防车流人流损伤根部、

碾压土壤。对树下土壤每年春秋各翻耕一次，增加土壤透气性。

(4)防止树体倾斜　对树冠生长不平衡，易倾斜或倒伏，造成死亡或扭裂，树木主干侧枝伸延较长的枝杈，都应设支撑。

(5)剪去干枯枝，封堵树洞　及时修剪干枯枝，涂防腐剂保护；树干发生空洞的古树，应先将洞口朽木全刮掉，用5%硫酸铜消毒后，填充清洗消毒的干燥防腐木料，然后用青灰加麻刀掺入乳胶，将洞口抹平封严。

(6)病虫防治　对于古树的病虫害应尽量采用人工防治和生物防治方法。如需喷药要注意细心周到，防止产生药害。

2. 衰弱树木的复壮

(1)排除地下、地上各种有害物质及障碍物，使根系得以生长，树枝正常延伸。

(2)对树根及干基有烂皮、腐朽、蛀干现象的，要及时防治病虫害。

(3)经诊断缺肥的弱树，应科学合理施肥。

(4)土壤不适宜，影响根系生长发育的要改良土壤。如在树冠垂直投影边缘挖沟掺砂石，增加土壤透性。

(二)作业

对3株古树调查后写出复壮方案。

【小知识】

国外古树、名木研究概况

在国外，日本研究出树木强化器，埋入树下来完成树木的土壤通气、灌水及供肥等工作。美国研究出肥料气钉，解决古树表层土供肥问题。德国在土壤中采用埋管、埋陶粒和高压打气等解决通气问题；用土钻打孔灌液态肥料，用修补和支撑等外科手术保护古树。英国探讨了土壤坚实、空气污染等因素对古树生长的影响。

【教学课件】

工作任务1
古树名木调查及
衰老原因诊断技术

工作任务2
古树名木复壮技术

古树名木的养护管理
技术-相关知识

【项目彩图】

项目彩图

项目三

各类园林植物的常规养护技术

学习目的

通过学习，掌握各类园林植物的常规养护技术，并能熟练地进行操作。

知识目标

掌握园林植物常规养护的技术要领，为能够根据园林植物的生长状况制定切实合理的养护管理措施奠定基础。

能力目标

能够制定本地区园林绿地养护管理的年、季、月计划，并能按计划要求熟练地进行整形修剪、肥水管理、病虫防治等常规养护工作。

工作任务1　常绿乔木类树种的养护管理技术

【任务目标】

掌握常绿乔木养护的技术要领，并能根据技术要求规范地进行整形修剪、肥水管理、病虫防治等操作。

【任务内容】

1. 根据工作任务，采取课堂、实验（训）室以及校内外实训基地（包括园林绿地、花园、苗圃等）现场相结合的形式，通过查阅资料与网上搜集，获得常绿乔木养护管理的基本知识。

2. 通过大量校内外实训基地的实际操作，熟练掌握常绿乔木养护管理的技术规范与操作要点。

3. 对任务进行详细分析、记载，并列表描述养护管理过程中的技术环节与注意事项。

【教学资源】

1. 材料与器具:本地区常见的常绿乔木(可以根据需要安排不同规格的树木)5～10 株(或每组 2 株);修剪工具(剪枝剪、高枝剪、梯子等);肥料、农药及相关的器具;各类浇水设施;工作服、手套、记录簿、皮尺等。

2. 参考资料:当地气象资料、有关园林树木资源方面材料、教学参考书、多媒体教学课件、常绿乔木的彩色图片(纸质或电子版)、有关本地园林绿地养护方面地方标准或法规资料等。

3. 教学场所:教室、实验(训)室以及栽植有常绿乔木的园林绿地等校内外实训基地。

4. 师资配备:每 20～25 名学生配备 1 名指导教师。

● 内容与操作步骤

一、整形修剪

1. 雪松

树干通直,雄伟壮观。庭园门前对植或孤植,广场作为主景树。

整形修剪:

雪松幼苗具有主干顶端柔软而自然下垂的特点,为了维护中心主枝顶端优势,幼时重剪顶梢附近粗壮的侧枝,促使顶梢旺盛生长;如原主干延长枝长势较弱,而其相邻的侧枝长势特别旺盛时,则剪去原头,以侧代主,保持顶端优势。其干的上部枝要去弱留强,去下垂枝,留平斜向上枝。回缩修剪下部的重叠枝、平行枝、过密枝。剪口处应留生长势弱的下垂侧枝、平斜侧枝作头。主枝数量不宜过多、过密,以免分散养分。在主干上间隔 0.5 m 左右,组成一轮主枝。主干上的主枝条一般要缓放不短截,使树疏朗匀称,美观大方(图 3-3-1)。

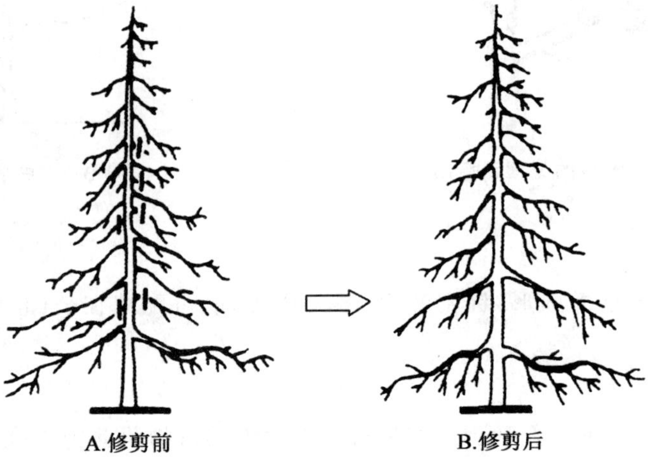

图 3-3-1 雪松修剪示意图

2. 黑松

高大常绿乔木。树冠呈椭圆形,树干葱郁,挺拔苍翠,雄伟壮观,姿态古雅,是庭园、工厂、沿海地区的绿化好树种。

整形修剪：

5～6 年生的黑松可暂不修剪。为了使黑松粗壮生长，干、枝分明，将轮生枝修除 2～3 个，保留 2～3 条向四周均衡发展，保持侧枝之间的夹角相近似。还要短截或缩剪长势旺盛粗壮的轮生枝，控制轮生枝的粗度，即它的粗度为着生处主干粗的 1/3 以内，使各轮生枝生长均衡（图 3-3-2）。

春季，当顶芽逐渐抽长时，应及时摘去 1～2 枚长势旺、粗壮的侧芽，以免与顶芽竞争，使顶芽集中营养向上生长。当树高长到 10 m 左右时，可保持 1∶2 的冠高比。

3. 白皮松

常绿乔木。阳性树种，幼树较耐阴，深根性，寿命长。它树形多姿，树皮演变成粉白色的鳞片，十分别致，为我国著名观赏树种。

整形修剪：

密植的白皮松主侧枝生长少，而中央领导干高，生长量大，中心主枝优势较强，能形成较大的主干和圆球形的树冠。冬季整形修剪，把枯枝、病虫枝和影响树形美观的枝条剪除。要控制中心主枝上端竞争枝的发生，整形时及时剪除竞争枝，扶助中心主枝迅速生长，以形成理想的整齐密集的宽圆锥形树冠（图 3-3-3）。

图 3-3-2 黑松轮生大枝的处理示意图

图 3-3-3 白皮松修剪示意图

4. 五针松

常绿乔木。树冠呈椭圆形，针密叶短，姿态优美，既可配植在公园、庭园，又可制作树桩盆景。

整形修剪：

松类植物的整枝修剪应在秋到冬季进行。因为松类植物萌芽力不强，而秋至冬季新芽生长结束，老叶已落，树液流动缓慢，宜于修剪。可将弯曲枝、圆弧枝、枯萎枝、病虫枝从基部剪掉。一般松类观赏树木常用摘芽和掀叶方法提高观赏价值。

摘芽，宜春末进行。因松树的芽轮生，在同一高度会长出多个小枝，摘芽时保留不同方向的 1～2 枚芽，再剪去先端 1/3，其余用手摘去。因最初长出的新芽一般无用，摘掉后叶从基部长出，便形成美丽的密生枝(图 3-3-4)。

揪叶，秋天进行。对过度茂盛的枝叶进行揪叶，其方法是用左手抓住枝端，右手将树叶向下抹。揪叶后，使冠内通风透光，促使枝条长出更多的新芽。

5. 云杉

常绿乔木。干直，树冠圆锥形。顶芽发达，一般具有明显的中心主干，大枝斜展、小枝纤细，幼年树冠略呈圆柱形。环境绿化成片种植，远望浑然洁白，如云栖止景观，别具特色。

整形修剪：

随年龄的增长，树冠逐渐由圆柱形变为广椭圆形。当树高生长到 3 m 以上时，中心主干下部主枝要逐渐剪除 2～3 个，以当年顶端的新主枝来递补。

自春季新芽萌动开始到夏初为止是云杉的加长生长阶段。在此期间要不停地修剪新生的嫩梢。当嫩枝梢长到 3 cm 左右时，将它剪掉 1/2～2/3，以防止侧枝无限制生长，促使它们加粗生长，保持稠密的树冠，并且防止树膛中空(图 3-3-5)。

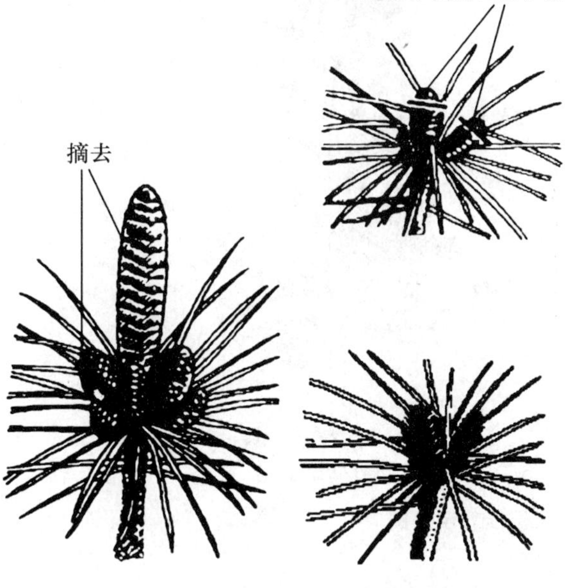

图 3-3-4　五针松摘芽示意图

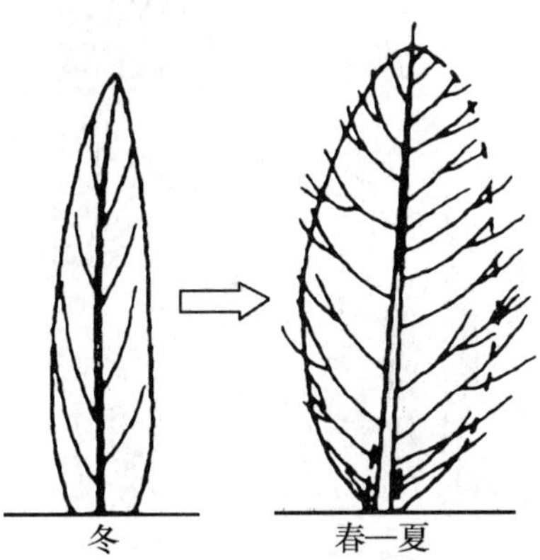

图 3-3-5　云杉修剪示意图

6. 罗汉松

常绿乔木。枝密平展，圆锥形树冠。适于庭园孤植、对植、群植、行列植，可修剪成各种造型供观赏。

整形修剪：

为了保住中心主干，可对几个粗壮竞争枝进行短截，剪口处留 2 次枝。这些处理过的竞争枝，在修剪后的第 1 年生长较弱，往后每年在主干上按一定间隔选留 2～3 个主枝，使其相互错落分布，而后分别短截先端，下面要长留，上面要短留，多余的侧枝及时剪除。以后每年修剪时注意，使主干上的主枝形成螺旋式上升的分布序列。主枝长度自下而上逐个缩短，使整个树冠构成典型的圆锥柱形(图 3-3-6)。

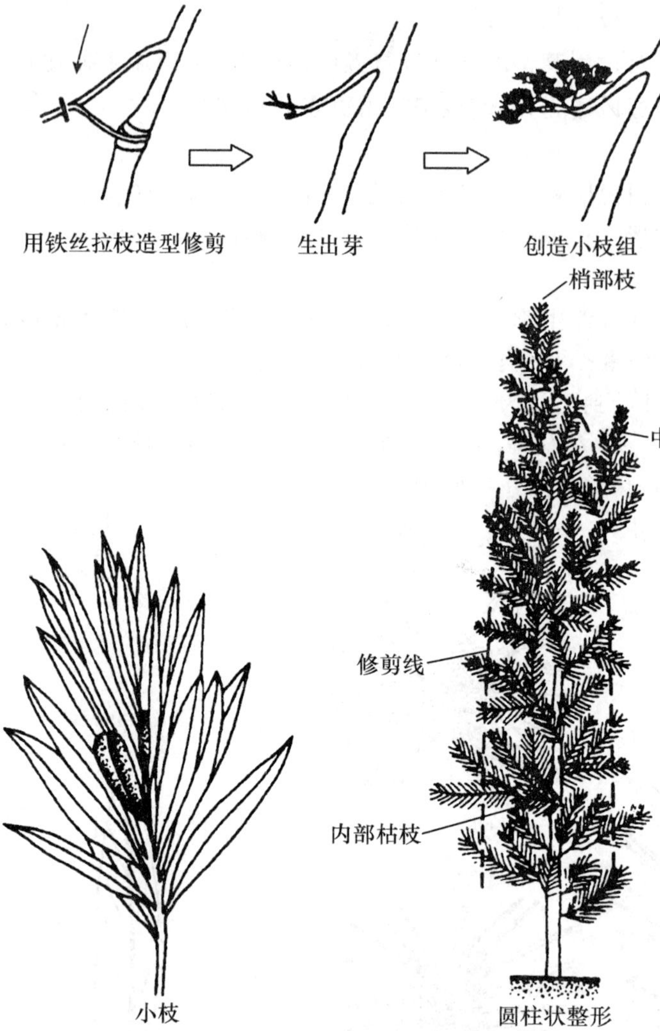

图 3-3-6　罗汉松修剪示意图

7. 圆柏

常绿乔木。枝条密生，树冠卵形或圆锥形。老树秃顶，古趣盎然。适于建筑门前、道路两边对称布置，或沿围墙栽植作为花卉的背景树，单株孤植于庭园可观赏其优美的造型。

整形修剪：

幼树主干上距地面 20 cm 范围内的枝全部疏去，选好第 1 个主枝，剪除多余的枝条，每轮只保留 1 个枝条作主枝。要求各主枝错落分布，下长上短，呈螺旋式上升。如创造游龙形树冠，则可将各主枝短截，剪口处留向上的小侧枝，以便使主枝下部侧芽大量萌生，向里生长出紧抱主干的小枝。在生长期内，当新枝长到 10～15 cm 时，修剪 1 次，全年修剪 2～8 次，抑制枝梢徒长，使枝叶稠密成为群龙抱柱形。应剪去主干顶端产生的竞争枝，以免造成分叉树形。主干上主枝间隔 20～30 cm 时及时疏剪主枝间的瘦弱枝，以利通风透光。对主枝上向外伸展的侧枝及时摘心、剪梢、短截，以改变侧枝生长方向，造成螺旋式上升的优美姿态（图 3-3-7）。

8. 龙柏

龙柏树体高大瘦削，枝叶抱干盘旋而上，叶色浓绿，树姿秀丽，树形优美，因此为我国园林中的常见绿化树种。龙柏成行成排的配植，气氛庄严肃穆，故为纪念性园林中不可缺少的树种。

整形修剪：

龙柏幼树往往出现主弱侧强，下强上弱的情况，如不进行人工整形，不仅高生长速度受到影响，而且树姿也易遭破坏，失去观赏价值。因此，整形前一定要细细观察树形，确定主干和主枝的分布情况，决定整形方式。

圆柱形：其主要特点是主干明显，主枝数目较多。为此，幼时整形，首先要将主枝配备得当。再将主干上距地面 20 cm 范围内的侧枝，自主干分生处疏去，然后确定好第 1 个主枝。凡是出自主干同一局部的枝条，虽分生在各个方向，也不能容许其同时存在，必须剪除多余的，即每轮只选留 1 个作主枝。第 2 个主枝，应当与第 1 主枝有一定间隔，且要与它错落分布。第 2 与第 3 主枝、第 3 与第 4 主枝等，都应依次向上分布成螺旋式上升的姿态。枝序一般以 1/5～1/3 为宜。其次，要将各主枝短截，剪口处留向上的小侧枝，以便使主枝下部侧芽大量萌生向里生长的小枝，形成紧抱主干的游龙形。还要注意将各个主枝修剪成下长上短，以确保圆柱形的形态(图 3-3-8)。第三，将新生的柔软而下弯的主干延长枝，用竹木等支撑物进行引缚，以保持其顶端生长的优势地位。

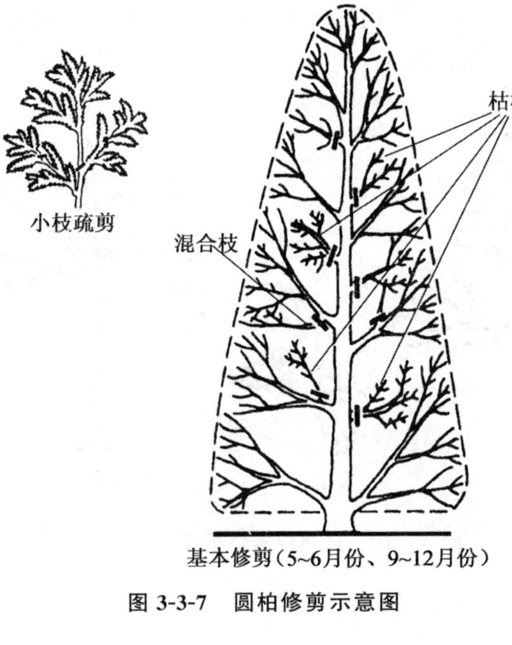

图 3-3-7 圆柏修剪示意图

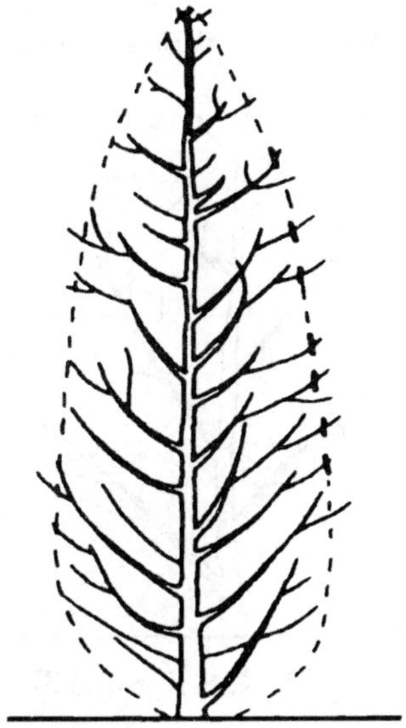

图 3-3-8 龙柏 5～6 月份摘心

各类主枝的短截工作，在生长期内每当新枝长到 10～15 cm 时，一般要剪截 1 次，全年要修剪 2～8 次，以抑制枝梢徒长，使枝叶积密，形成群龙抱柱状态的树形。

在基本定形的基础上，今后各年修剪大致如此反复进行即可。要注意控制主干顶端产生竞争枝，不使造成分杈树形。主干上主枝间隔，主枝间的瘦弱枝要及早疏剪，以利通风透光。同时，每年要对主枝向外伸展的侧枝，及时进行摘心、剪梢或短截，以改变侧枝生长方向。不断造成螺旋式上升的优美姿态。

飞跃型：这种树形系南京市苗圃管理处提倡和推行的。其方法是：在主干中上部，除均匀地保留少量主、侧枝，让其突出生长，不能修剪外，其余的主、侧枝则一律进行短截。全树新梢不论长短，进行类似的短截修剪，每年为 6～8 次。但要注意，使突出树冠的主、侧枝，其长度应保持在树冠直径的 1～1.5 倍，以形成“巨龙”飞跃出树冠的状态。

9. 侧柏

常绿乔木。树冠圆锥形，栽为行道树或庭园树，显得古雅、肃穆，亦可做绿篱的材料。

整形修剪：

在 11～12 月的初冬或早春进行修剪。剪掉树冠内部的枯枝、病枝，同时还要修剪密生枝及衰弱枝。若枝条过于伸长，则于 6～7 月进行 1 次修剪，以保持完美的树形，并促进当年新芽的生长。剪掉枝条的 1/3，使整个树势有柔和感(图 3-3-9)。

10. 香樟

常绿大乔木。树冠椭圆形。1 年生的播种苗要进行 1 次剪根移栽，以促进侧根生长，提高大树移栽时的成活率。

整形修剪：

将顶芽下生长超过主枝的侧枝疏剪 4～6 个，剥去顶芽附近的侧芽，以保证顶芽的优势。如侧枝强、主枝弱，也可去主留侧，以侧代主，并剪去新主枝的竞争枝，并且修去主干上的重叠枝，保持 2～3 个为主枝，使其上下错落分布，从下而上渐短。生长季节，要短截主枝延长枝附近的竞争枝，以保证主枝顶端的优势。定植后，注意修剪冠内轮生枝，尽量使上下 2 层枝条互相错落分布。粗大的主枝，可回缩修剪，以利扩大树冠(图 3-3-10)。

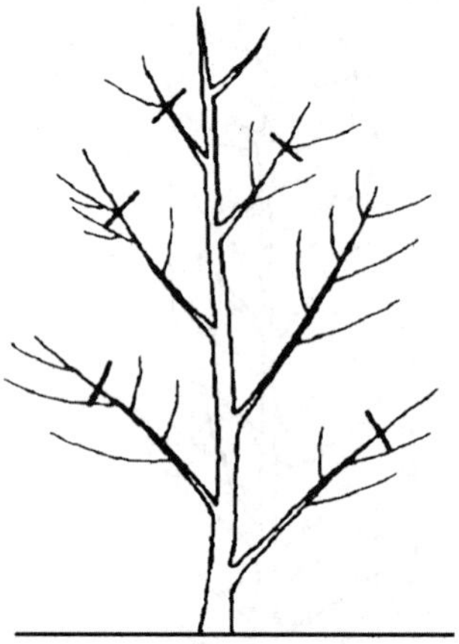

图 3-3-9　侧柏修剪示意图

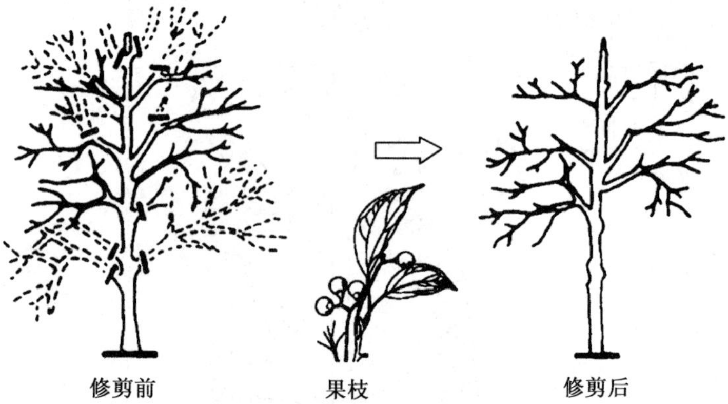

图 3-3-10　香樟修剪示意图

11. 珊瑚树

常绿小乔木或中乔木。树冠倒卵形，枝叶繁茂，较耐修剪。在庭园外围作为绿篱、绿墙，分隔空间。防风，防噪声。

整形修剪：

3～4 月、6～7 月、10～11 月都可修剪。因为珊瑚树丛生性强，生长迅速，可以进行强修剪，以利防止风、雪将长枝折断，创造树墙、绿篱等各种造型。独立栽植时，每年要从根部剪除分蘖枝。春季疏剪有利于冠内通风，宜短剪枝端加以整形。夏季和秋季剪除扰乱树形的徒长枝(图 3-3-11)。

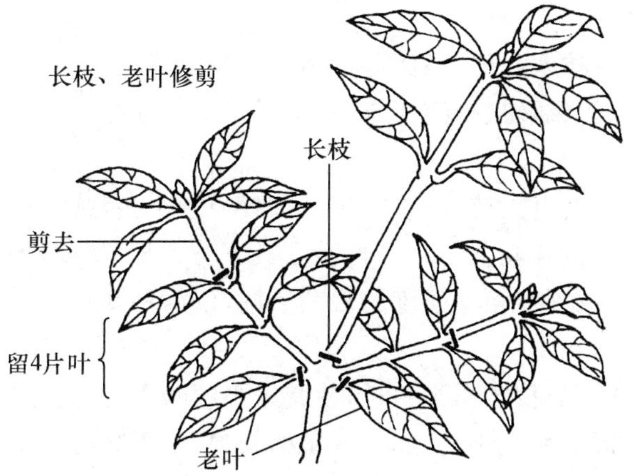

图 3-3-11 珊瑚树修剪示意图

12. 广玉兰

常绿乔木。树冠为椭圆形，树姿雄伟壮丽，叶大光亮，四季常青。适于庭园孤植、丛植，或对植门前。

整形修剪：

幼时，要及时剪除花蕾，使剪口下壮芽迅速形成优势，向上生长，并及时除去侧枝顶芽，保证中心主枝的优势。定植后回缩修剪过于水平或下垂主枝，维持枝间平衡关系。使每轮主枝相互错落，避免上下重叠生长，充分利用空间。夏季随时剪除根部萌蘖枝，各轮主枝数量减少1～2 个。疏剪冠内过密枝、病虫枝。主干上第 1 轮主剪枝剪去朝上枝，主枝顶端附近的新枝注意摘心。降低该轮主枝及附近枝对中心主枝的竞争力(图 3-3-12)。

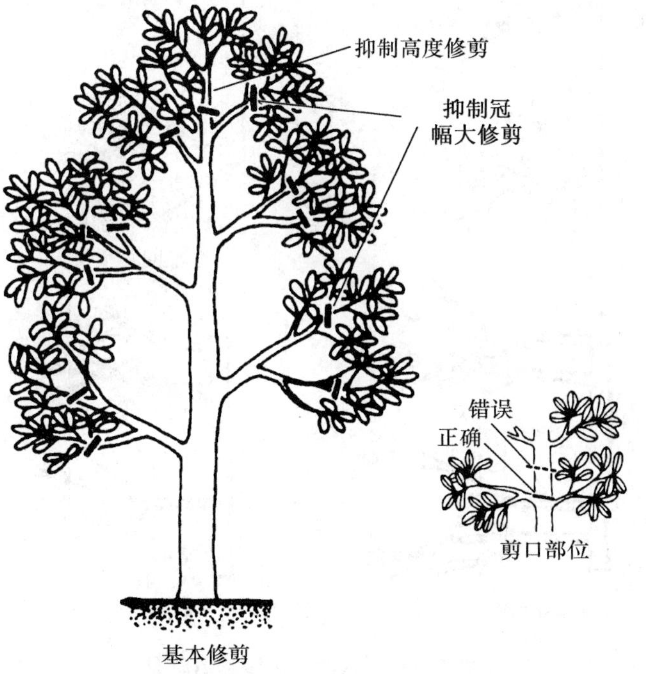

图 3-3-12 广玉兰修剪示意图

13. 大叶女贞

常绿乔木或灌木状。枝条开展，呈倒卵形树冠。根系发达，萌蘖力、萌芽力强，耐修剪，抗污染，怕雪压。适宜做绿篱、绿墙、行道树等。

整形修剪：

主干无明显延长枝的女贞大苗，应选留生长位置与主干一致的枝条短截，作为主长枝。同时要将剪口下方对生的 2 枚芽剥去 1 枚。再剥去其下方 2 对芽，其余强健主枝应按位置及其强弱情况或剪除过密枝，或进行相应强度的短截措施，以压抑其长势，促进中心主枝旺盛生长，形成强大主干。

同时，要挑选位置适宜的枝条作为主枝，使其适当的间隔，错落分布。进行短截，短截要从下至上，逐个缩短，使树冠下大上小。经 3～5 年的修剪，主干高度够了，可停止修剪，任其自然生长(图 3-3-13)。

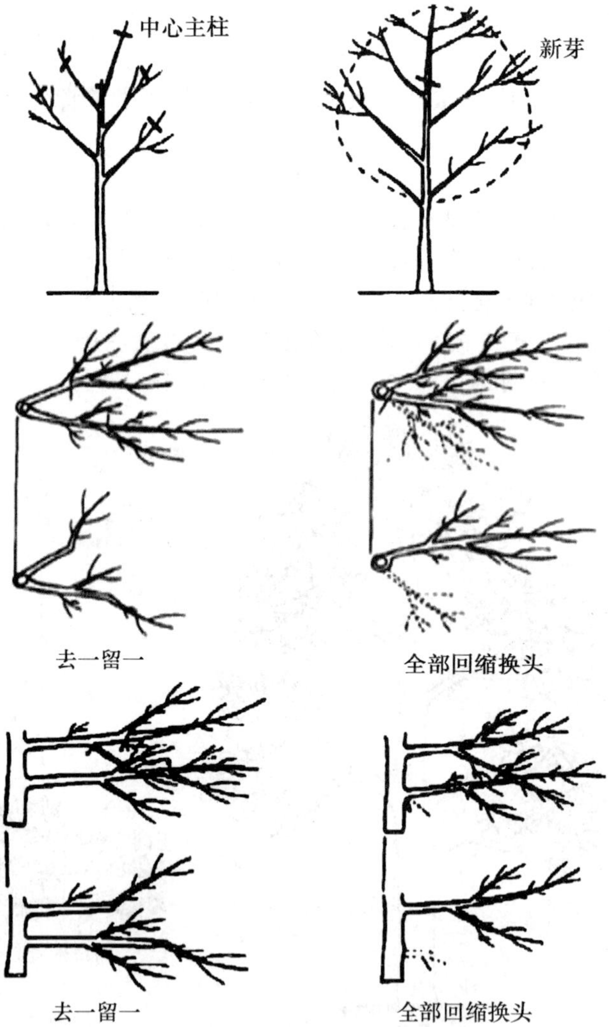

图 3-3-13 大叶女贞修剪示意图

14. 石楠

常绿灌木或小乔木。石楠树冠圆形，枝叶浓密，早春嫩叶鲜红，秋季叶绿果红。孤植于庭园、草坪、花坛，丛植于岔路口，列植于道旁、水边，或作绿篱，均极相宜。

整形修剪：

枝条细、萌发力强的植株，应进行强修剪或疏剪部分枝条，以增强树势；对那些萌生力弱而又粗壮的枝条，应进行轻剪，促使多萌发花枝。如树冠较大，在主枝中部选合适的侧枝代主枝。重修剪强壮枝条，将 2 次枝回缩修剪，以侧枝代主枝，缓和树势；短修剪弱小枝条，留 30～60 cm。如树冠不大，应短剪 1 年生的主枝。

花后，5～7 月份石楠生长旺盛，应将长剪枝剪去，促使叶芽生长。冬季，以整形为目的，剪去那些密生枝，保持生长空间，促使新枝发育(图 3-3-14)。

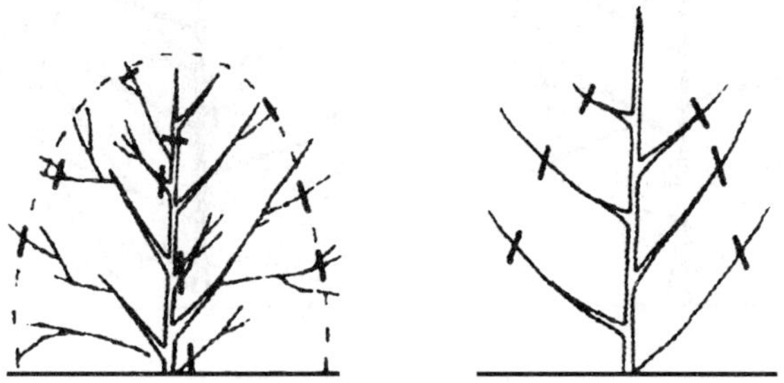

冬季修剪　　夏季（5～7月份）修剪

图 3-3-14　石楠修剪

15. 龙眼

常绿中乔木。分枝多，呈冠状，干部粗糙。为典型的南亚热带植物，喜温暖湿润气候，畏霜冻。耐旱，耐瘠，忌积水洼地，较耐阴。在南方丘陵山地土层深厚的酸性红壤和溪河沿岸冲积地上均生长良好。

整形修剪：

幼树 2 m 定干。定干后留 3～4 个均匀分布、生长粗壮的主枝。在主枝上每隔 30～50 cm 留 2～3 个副主枝，形成球形树冠。3～4 年生幼树，应及时剪去细弱枝、下垂枝、病虫枝和交叉枝等。对生长过于旺盛的枝条可进行短截；对开始结果的树，每年要进行 3～5 次整芽。

春季 4～5 月剪去杂乱枝、细弱枝、徒长枝；夏季每根主枝上保留 1～3 个新梢，剪去其余新梢。6～7 月剪除落花枝的空果穗、结果少的弱果穗，促使秋天枝芽萌发；秋季 9～10 月进行修剪，剪去采果损伤的枝条，促进秋梢生剪去枯枝、过密枝、病虫枝，培养良好的结果母枝(图 3-3-15)。

16. 棕榈类

常绿乔木。单干式树形，干圆柱形，耸直而不分枝，干皮生有棕色皮，棕皮剥落后即有环状痕迹。树冠伞形，叶簇生干顶端向外开展，叶形掌状如扇，树干挺拔秀丽，树冠较小，适宜小空间种植。庭园中可植于建筑物前、路旁等，不抗风。

整形修剪：

该树无分枝，只有扇形叶片生长在单干的顶部。因此，可随时修剪下垂的枯叶。另外，秋季可将黑色的果枝从基部剪去(图 3-3-16)。

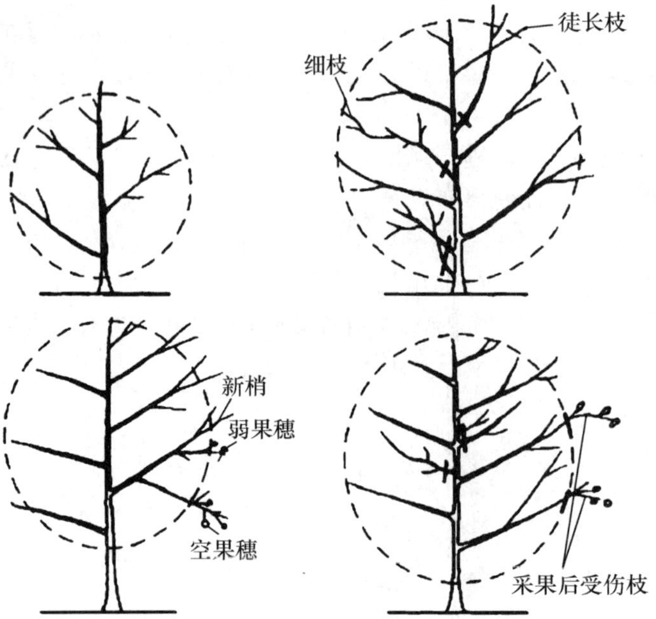

图 3-3-15 龙眼修剪示意图

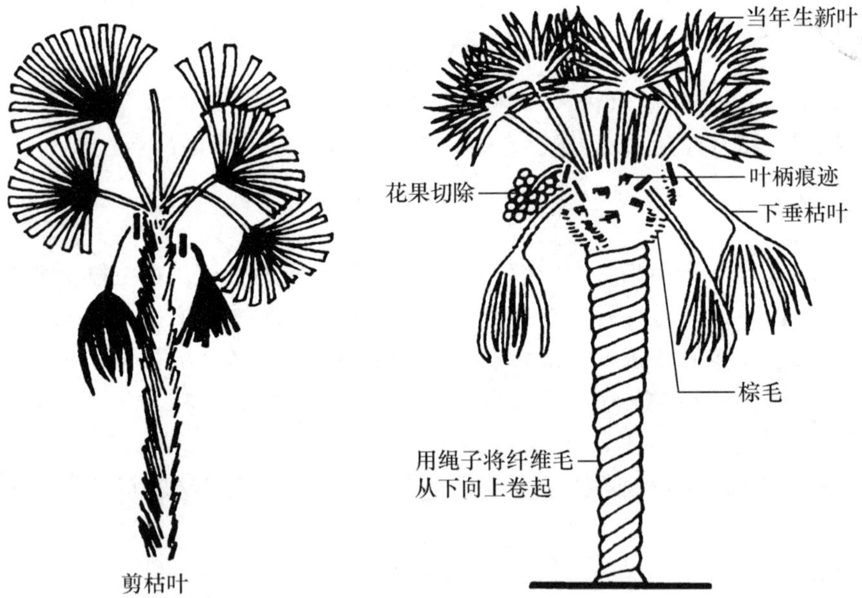

图 3-3-16 棕榈类修剪示意图

做一做:结合当地实际,对常绿乔木树种进行整形修剪。

二、肥水管理

(一)施肥

根据常绿树生物学特性和环境条件、施肥的种类来说应以有机肥为主,同时适当施用化学肥料,施肥方式以基肥为主,基肥与追肥兼施。根据栽培环境特点采用不同的施肥方式。同时,园林中对树木施肥时必须注意环境的美观,避免产生恶臭有碍游人的活动,应做到施肥后随即覆土。

1.施肥时应注意的事项

掌握树木在不同物候期内需肥的特性,在充足的水分条件下,新梢的生长很大程度取决于氮的供应,其需氮量是从生长初期到生长盛期逐渐提高的。随着新梢生长的结束,需要量会减少。在新梢缓慢生长期,还需要一定数量的钾肥,钾肥能加强植物的生长和促进花芽分化。树木在春季和夏初需肥多,树木生长的后期,对氮和水分的需要一般很少,但在此时,土壤所供吸收的氮及土壤水分却很高,所以,此时应控制灌水和施肥。

树木施肥受外界环境条件(光、热、气、水、土壤反应、土壤溶液的浓度)的影响。光照充足,温度适宜,光合作用强,根系吸肥量就多,如果光合作用减弱,则树木从土壤中吸收营养元素的速度也变慢。土壤水分含量与发挥肥效有密切关系,土壤水分亏缺,施肥有害无利。由于肥分浓度过高,树木不能吸收利用,而遭毒害。积水或多雨地区肥分易淋失,降低肥料利用率。因此,施肥应根据当地土壤水分变化规律或结合灌水施肥。

土壤的酸碱度对植物吸肥的影响较大。在酸性反应的条件下,有利于氨态氮的吸收;而中性或微碱性反应,则有利于硝态氮的吸收。

肥料的性质不同,施肥的时期也不同。施后易被土壤固定的肥料,如碳酸氢氨、过磷酸钙等宜在树木需肥前施入;迟效性肥料如有机肥料,需腐烂分解矿质化后才能被树木吸收利用,故应提前施用。

2.基肥的施用时期

在生产上,施肥一般分基肥和追肥。基肥施用时期要早,追肥要巧。

基肥是在较长时期内供给树木养分的基本肥料,所以宜施迟效性有机肥料,如堆肥、厩肥、圈肥及作物秸秆、树枝、落叶等,使其逐渐分解,供树木较长时间吸收利用。基肥分秋施和春施,秋施基肥正值根系秋季生长高峰,伤根容易愈合,增施有机肥可提高土壤孔隙度,使土壤疏松,有利于土壤积雪保墒,防止冬春土壤干旱,并可提高地温,减少根际冻害。秋施基肥,有机质腐烂分解的时间较充分,可提高矿质化程度,翌年春天可及时供给树木吸收和利用,促进根系生长。春施基肥,肥效发挥较慢,到生长后期肥效发挥作用,造成新梢2次生长,对树木生长发育不利。

3.肥料的用量

根据不同树种而异,喜肥树种适当多施而耐瘠薄的树种可少施,小树少施,大树多施,幼龄针叶树不宜施用化肥。施肥量过多或不足,对树木生长发育均有不良影响。

4.施肥的方法

施肥效果与施肥方法有密切关系,把肥料施在距根系集中分布层稍深、稍远的地方,利于根系向纵深扩展，形成强大的根系，扩大吸收面积，提高吸收能力。

具体施肥的深度和范围与树种、树龄、土壤和肥料性质有关。如白皮松、油松、马尾松，树木根系强大，分布较深远，施肥宜深，范围也要大一些；根系浅的红松、华山松施肥应较浅；幼树根系浅，一般施肥范围较小而浅；并随树龄增大，施肥时要逐年加深和扩大施肥范围，以满足树木根系不断扩大的需要。追肥应在树木需肥的关键时期及时施入，每次少施，适当增加次数，既可满足树木的需要，又减少了肥料的流失。氮肥在土壤中的移动性较强，浅施也可渗透到根系分布层内被树木吸收；钾肥的移动性较差，磷肥的移动性更差，所以，宜深施至根系分布最多处。

做一做：结合当地实际，对常绿乔木树种进行施肥管理。

(二)浇水

1. 气候与时期不同，对灌水的要求不同

4～6 月份是树木发育的旺盛时期，需水量较大，在这个时期一般都需要灌水；7～8 月份为雨季，本期降水较多，空气湿度大，故不需要多灌水，在遇大旱之年，在此期也应灌水；9～10 月份在北方地区是秋季，树木准备越冬，因此在一般情况下，不应多灌水，以免引起徒长。但过于干旱，也可适量灌水；在冬季，树木已经停止生长，为了使树木很好越冬，不会因为冬春干旱而受害，所以在此期应灌封冻水，特别是在华北地区越冬尚有一定困难的边缘树种一定要灌封冻水。

2. 树种不同，对灌水的要求不同

耐旱的深根性树种灌水量少；而浅根的树种则灌水量要多；喜欢湿润土壤的树种，则应注意灌水。

3. 栽植年限不同，对灌水的要求不同

刚刚栽种的树，一定要灌 3 次水，方可保证成活。新栽乔木需要连续灌水 3～5 年(灌木最少 5 年)，土质不好的地方或树木因缺水而生长不良以及干旱年份，均应延长灌水年限，直到树木扎根较深后；对于新栽常绿树，常常在早晨向树上喷水，有利于树木成活。

观察与思考：常绿乔木树种灌水措施的制定与哪些因素有关？

三、病虫害的识别与防治

1. 松落针病

[识别要点] 危害多种松树，多发生在 1～2 年生的松针上。受害初期为黄色小斑点，逐渐发展成黄色斑段，颜色加深，后期变成红褐色。晚秋针叶变黄脱落。晚秋病叶上可产生细小黑点。该病菌以菌丝体在落叶或树枝病叶上越冬。子囊孢子借风雨传播，该病菌没有再次侵染。高湿环境有利于发生。

[防治措施] ①加强养护管理，增强抗病力。②随时清扫落叶，摘去病叶，以减少侵染来源。冬季对重病株进行重度修剪，清除发病枝干上的越冬病菌。③休眠期喷施 3～5 波美度石硫合剂，生长季节喷洒 70% 代森锰锌可湿性粉剂 800～1 000 倍液、10% 世高水分散粒剂 2 000～3 000 倍液。

2. 圆柏叶枯病

[识别要点] 当年新发针叶及嫩梢发病重。发病针叶由绿变黄，最后变为枯黄色，引起针叶早落。发病严重时，树冠满布枯黄病枝叶，当年不易脱落，次年春天掉落。病原菌以菌丝体在病残枝条上越冬，分生孢子借气流传播，自伤口侵入。小雨有利于分生孢子的产生和侵入，小树发病较重。

[防治措施] 参照松落针病。

3. 罗汉松叶枯病

[识别要点] 多发生于枝梢嫩叶，初期叶片发红，病斑呈不规则形，由叶尖向叶基部蔓延，造成叶片先端呈段状坏死。病斑后期为淡褐色。随着病害的发展，后期叶片病部的正反面均产生小黑点。病菌以分生孢子盘和菌丝体在病叶或病落叶上越冬。翌春，当气温上升至15℃左右时，菌丝开始生长蔓延，产生分生孢子。孢子借风雨传播，从伤口侵入。

[防治措施] 参照松落针病。

4. 松针锈病

[识别要点] 危害多种松树，感病叶片初期出现黄色斑段，上生黄色小点，后变为黄褐色至黑褐色，随后病叶上出现橙黄色、扁平似舌的突起物，最后病叶枯黄脱落。由锈菌引起，病害发生时期因各地气候条件不同而有差异。

[防治措施] ①及时清除病枝芽、病落叶，以减少病原。②加强管理，降低湿度，注意通风透光，增施磷钾肥，提高植株的抗病能力。③发病初期可喷洒12.5%烯唑醇可湿性粉剂2 000～3 000倍液、10%世高水分散粒剂稀释2 000～3 000倍液。

5. 圆(桧)柏锈病

[识别要点] 主要危害桧柏、圆柏、龙柏、翠柏等，最初在针叶、叶腋及小枝上出现黄色小斑点，后稍隆起，有时枝条上形成膨大的纺锤形菌瘿越冬，翌年春季遇雨后，菌瘿吸水膨胀成黄色的胶质物，产生病菌随气流向外传播，再危害海棠等植物。

[防治措施] ①园林规划设计时，应尽量避免上述柏类植物与海棠类植物为邻。②3～4月冬孢子角胶化前在桧柏上喷洒1∶2∶100倍的石灰倍量式波尔多液，或50%硫悬浮液400倍液抑制冬孢子堆遇雨膨裂产生担孢子。

6. 松烂皮病

[识别要点] 该病又称枝枯病，危害赤松、油松、华山松、云南松等树木的2～10年生枝条，主要是皮层部分受害。1～3月间，部分小枝、侧枝或主干上部的针叶变黄绿，后渐变红褐，枝干因失水而渐渐皱缩干枯，针叶脱落。病菌为习居菌，在常态下以腐生的形式存在，当松树遭受旱、涝、冻及虫伤，生长衰弱时，才能侵染危害。

[防治措施] ①加强养护管理，合理整枝，彻底清除病死树。②适地适树，防治冻、旱、涝害等造成的伤口，减少病菌的侵染途径。③药剂防治：春季喷洒1∶2∶100的波尔多液、0.5～0.8波美度的石硫合剂、10%世高水分散粒剂稀释2 000～3 000倍液、12.5%烯唑醇可湿性粉剂2 000～3 000倍液。

7. 松材线虫病

[识别要点] 被侵染的松树针叶失绿，并逐渐黄萎枯死，变红褐色，最终全株枯萎死亡。但针叶长时间不脱落，有时直至翌年夏季才脱落。从针叶开始变色至全株死亡约30 d。外部症状的表现，首先是树脂分泌减少至完全停止分泌，蒸腾作用下降，继而边材水分迅速降低。病

树大多在9月至10月上、中旬死亡。松材线虫病的近距离传播主要靠媒介主要是松褐天牛。高温低湿有利于病害的发生。

[防治措施] ①加强检疫。②清除传播媒介松褐天牛。③熏蒸处理：应对原木及板材进行化学或物理方法处理，用溴甲烷40～60 g/m^3 熏蒸，或放入水中浸泡100 d，杀虫效果可达80%。④药剂防治：对庭院、公园、风景区及行道树等散生树种，古松名木，可用涕灭威、呋喃丹、丰索磷、灭线磷等内吸杀线虫剂进行根埋，或注射树干。

8. 棕榈干腐病

[识别要点] 又叫枯萎病，病害多从树冠下部的叶柄基部开始发生。初期病部为黄褐色，并沿叶柄逐渐扩展到全叶，致使叶片枯死。以后病斑扩大到树干并产生紫褐色病斑，致使维管束变色坏死，树干腐烂，树干上叶片枯萎，植株渐趋死亡。病菌在发病植株上越冬。翌年5月分生孢子借风雨等传播。棕榈受冻伤后，易发生干腐病。如果剥棕太多，树势衰弱，也易发病。

[防治措施] ①加强管理，做好防冻工作。适时适量剥棕，以清明前后为宜，并及时清除病死株和重病株，以减少侵染源。②药剂防治：从3月下旬或4月上旬开始，每10～15 d喷药1次，连喷3次，树梢及树心喷药要周全。药剂可用50%多菌灵可湿性粉剂500倍液、70%甲基托布津可湿性粉剂500倍液、75%百菌清可湿性粉剂800倍液。

9. 散尾葵叶斑病

[识别要点] 主要危害叶片，初期产生黄褐色小斑点，不规则，周围有水渍状绿色晕圈，病斑扩展相互连接成不规则形斑块。叶间叶缘发病较多，严重时叶片枯焦，干枯卷缩，似火烧状。病斑中部暗色或灰白色，边缘色深。后期，病部形成黑色小斑点。病菌以菌丝体或分生孢子盘在病叶上越冬。分生孢子借风雨传播。密度大，病害发生严重。高温、多雨有利于发病。病菌主要从气孔与伤口侵入。

[防治措施] ①合理施肥浇水，使植株生长健壮。②及时清除病残叶，减少病菌来源。③药剂防治：发病初期喷洒10%世高水分散粒剂2 000～3 000倍液、40%福星乳油3 000倍液、70%代森锰锌可湿性粉剂800～1 000倍液、12%速保利可湿性粉剂800～1 000倍液、47%加瑞农可湿性粉剂600～800倍液、6%乐比耕可湿性粉剂1 500～2 000倍液。

10. 蒲葵黑点病

[识别要点] 主要危害叶片，初期为黄色小斑点，扩大后病斑变为圆形或长圆形，黑褐色，边缘明显，外围有黄色圈，病斑生黑色粒点，大多中部开裂。病菌以子座或菌丝体在病叶上越冬。在广州，全年皆可发病。在温暖、多雨以及栽植过密、通风不良的情况下，发病严重。

[防治措施] 参照散尾葵叶斑病。

11. 松梢螟

[识别要点] 又名微红梢斑螟，幼虫钻蛀中央主梢及侧梢，使松梢枯死，中央主梢枯死后，侧梢丛生，树冠成扫帚状，严重影响树木生长，幼树主干被害严重的，整株枯死。各地发生世代数不同，江苏、浙江、上海等地每年2～3代，生活史不整齐。以幼虫在被害梢的蛀道或枝条基部的伤口内越冬。次年3月底至4月初越冬幼虫开始活动，在被害梢内向下蛀食。

[防治措施] ①消灭越冬虫源。如秋季清理枯枝落叶及杂草，并集中烧毁。②在幼虫危害期可人工摘虫苞。③发生面积大时于初龄幼虫期喷50%辛硫磷乳油1 000倍液、敌敌畏1份+灭幼脲3号1份1 000倍液、10%氯氰菊酯乳油2 000～3 000倍液。④开展生物防治。卵期释放赤眼蜂，幼虫期施用白僵菌等。

12. 马尾松毛虫

[识别要点] 主要危害马尾松，也危害湿地松、火炬松等。颜色变化大，有灰白、灰褐、黄褐、茶褐等色。老熟幼虫体长 38～88 mm，体色棕红色或灰黑色，有纺锤形倒伏鳞毛贴体，鳞毛色泽有银白和银黄 2 种。1 年发生 2～4 代，发生世代的多少随不同地区而异。一般于 11 月间以 4、5 龄幼虫聚集在树皮缝隙间、树下杂草内、石块或叶丛中越冬。卵产于松针或小枝上，聚集成块。

[防治措施] ①结合修剪、肥水管理等消灭越冬虫源。②于幼虫越冬前，干基绑草绳诱杀。③药剂防治：发生严重时，可喷洒 2.5％溴氰菊酯乳油 1 500～2 000 倍液、50％磷胺乳剂 1 000～1 500 倍液、25％灭幼脲 3 号稀释 1 000 倍液喷雾防治。④生物防治：利用松毛虫卵寄生蜂或用白僵菌、青虫菌、松毛虫杆菌等微生物制剂使幼虫致病死亡。

13. 松茸毒蛾

[识别要点] 以幼虫危害日本五针松、雪松、马尾松、黑松、云南松等。取食针叶中部，造成断叶。成虫体灰黑色，前翅灰褐色，有多条褐色或黑褐色的波状横纹。老熟幼虫体长 35～45 mm，头红褐色，体棕黄色，密生黑毛。年发生 3～4 代，以蛹越冬。翌年 4 月成虫羽化，成虫昼伏夜出，有趋光性，飞翔力强。初孵幼虫能吐丝下垂，3 代幼虫分别于 5～6 月、7～8 月、10 月危害，11 月份在树皮缝隙内、石块下、土洞内、草根处吐丝结茧化蛹越冬。老熟幼虫有群集结茧化蛹习性。

[防治措施] ①清除枯枝落叶和杂草，在树干上帮草把诱集幼虫越冬，第二年早春摘下烧掉，并在树皮缝、石块下等处搜杀越冬幼虫等。②灯光诱杀成虫。③人工摘除卵块及群集的初孵幼虫。结合日常养护寻找树皮缝、落叶下的幼虫及蛹。④药剂防治：幼虫期喷施 5％定虫隆乳油 1 000～2 000 倍液、2.5％溴氰菊酯乳油 4 000 倍液、25％灭幼脲 3 号胶悬剂 1 500 倍液、40.7％毒死蜱乳油 1 000～2 000 倍液；用 10％多来宝悬浮剂 6 000 倍液或 5％高效氯氰菊酯 2 000 倍液喷射卵块。

14. 侧柏毒蛾

[识别要点] 又名柏毒蛾、柏毛虫。主要危害侧柏、桧柏、圆柏和黄柏等柏树类。成虫体长 20 mm，体灰褐色，雌蛾前翅浅灰色，略透明，雄蛾前翅灰褐色。老熟幼虫长 25 mm，灰绿或褐色，头黄褐色，前胸背板和臀板为黑色，腹部黄褐色。各节毛瘤上着生褐色细毛。1 年发生 2 代，以幼虫和卵在树干缝内和叶上越冬。3 月下旬越冬卵孵化，幼虫也开始活动危害，6 月中旬出现成虫，成虫有趋光性。幼虫危害期分别发生在 4～5 月、7～8 月及 9 月。

[防治措施] 参照松茸毒蛾。

15. 樟叶木虱

[识别要点] 危害樟、香樟。以若虫刺吸叶片汁液，受害后叶片出现黄绿色椭圆形小突起，后突起逐渐形成紫红色虫瘿，导致提早落叶。成虫体黄色或橙黄色，若虫椭圆形，初孵为黄绿色，老熟时为灰黑色。体周围有白色蜡质分泌物。1 年发生 1 代，少数 2 代，以若虫在被害叶背处越冬。翌年 4 月成虫羽化。两代若虫孵化期分别发生在 4 月中下旬、6 月上旬。

[防治措施] ①苗木调运时加强检查，禁止带虫材料外运。结合修剪，剪除带卵枝条。②若虫发生盛期(叶背出现白色絮状物时)喷施机油乳剂 30～40 倍液，25％扑虱灵可湿性粉剂或 40％速扑杀乳油或 1％杀虫素 2 000 倍液。③保护天敌，如赤星瓢虫、黄条瓢虫、草蛉等，对樟叶木虱的卵和若虫都能捕食。

16. 柏小爪螨

[识别要点] 危害多种柏树，受害后鳞叶基部枯黄色，严重时树冠黄色，鳞叶间有丝网。雌螨体长 0.35～0.4 mm，椭圆形，褐绿或红褐色，雄螨稍小，近菱形。1 年发生 7～9 代，以卵在枝条、针叶基部、树干缝隙等处越冬。越冬卵翌年 3 月下旬至 4 月上旬孵化，5 月至 7 月上旬为危害盛期。

[防治措施] ①刮除粗皮、翘皮，剪除病、虫枝条，越冬量大时喷 3～5 波美度石硫合剂，消灭越冬成螨。亦可树干束草，诱集越冬雌螨，来春收集烧毁。②药剂防治：喷施 1.8%阿维菌素乳油 2 000～3 000 倍液、15%哒螨灵乳油 1 500 倍液等。③生物防治：保护瓢虫、草蛉、小花蝽、植绥螨等天敌。

17. 柏肤小蠹

[识别要点] 危害侧柏、桧柏、柳杉等。以成虫蛀食枝梢补充营养，常将枝梢蛀空，遇风即折断，发生严重时，常见树下有成堆的被咬折断的枝梢。幼虫蛀食边材，繁殖期主要危害枝、干韧皮部，造成枯枝或树木死亡。成虫体长 2.1～3.0 mm，赤褐或黑褐色。幼虫乳白色，体长 2.5～3.5 mm，体弯曲。在山东泰安 1 年发生 1 代，以成虫在柏树枝梢越冬。翌年 3～4 月成虫交尾产卵，4 月中旬初孵幼虫出现，主要在韧皮部构筑坑道危害。6 月中、下旬为成虫羽化，飞至健康柏树或其他寄主上危害，常将枝梢蛀空，遇风即折断。

[防治措施] ①加强检疫。对于调运的苗木加强检疫，发现虫株及时处理。②加强养护管理，合理修枝、间伐，增强树势，提高抗虫能力。③疏除被害枝干，进行杀虫处理。④诱杀成虫：根据小蠹虫的发生特点，可在成虫羽化前或早春设置饵木，以带枝饵木引诱成虫潜入，并经常检查饵木内的小蠹虫的发育情况并及时处理。⑤化学防治：在成虫羽化盛期或越冬成虫出蛰盛期，喷施 2.5%溴氰菊酯乳油、20%速灭杀丁乳油 2 000～3 000 倍液。

18. 松六齿小蠹

[识别要点] 危害红松、油松、樟子松、落叶松、华山松、高山松、云杉、云南松和思茅松等。成虫体长 4 mm 左右，短圆柱形，赤褐至黑褐色，有光泽，全体被有黄色长绒毛。幼虫老熟时体长不足 4 mm，头部黄褐色，体肥胖，乳白色。1 年发生 1 代，以成虫在寄主蛀道内越冬。5～8 月为越冬成虫危害与产卵期，生活史不整齐，6～8 月均可见到各虫期。入侵寄主有 2 次高峰，第 1 次在 6 月上旬，第 2 次在 7 月中旬。

[防治措施] 参照柏肤小蠹。

19. 双条杉天牛

[识别要点] 危害侧柏、桧柏和龙柏等柏树以及罗汉松、杉木等。该虫多危害衰弱树和管理养护粗放的柏树。被害初期树表没有任何症状，枝上出现黄叶时，已为时过晚，再看树皮早已环剥，皮下堆满虫粪。成虫鞘翅黑褐色，有两条棕黄色横带。幼虫体扁粗，乳白色。该虫 1 年发生 1 代，以成虫在树干蛹室内越冬。翌年 3 月上旬成虫咬椭圆形孔口外出产卵，3 月下旬初孵幼虫蛀入树皮，以 5 月中下旬幼虫危害最严重。

[防治措施] ①加强检疫。②栽种对天牛有抗性的树种。③加强管理，增强树势。④伐除虫源树，合理修剪，清除枯立木、风折木等。⑤人工捕杀成虫，锤击、手剥产卵刻槽杀卵，用铁丝钩杀幼虫。⑥饵木诱杀。⑦人工招鸟或释放管氏肿腿蜂等。⑧药剂防治：虫孔内塞入磷化铝片剂或磷化锌毒签，或用注射器注射 80%敌敌畏，然后用黏泥堵孔。在成虫羽化前喷 2.5%溴氰菊酯触破式微胶囊。

20. 松墨天牛

[识别要点] 又名松天牛、松褐天牛。危害松树、云杉、桧、栎等。以幼虫危害生长衰弱的树木与新伐倒木,成虫是松材线虫的重要传播媒介。成虫体长为 23 mm,赤褐或橙黄色,前胸背板有 2 条较宽的橙黄色纵纹,与 3 条黑色绒纹相间,每鞘翅有 5 条纵纹。老熟幼虫乳白色,扁圆筒形,前胸背板褐色,中央有波浪状横纹。1 年发生 1 代,以老熟幼虫在蛀道中越冬。3～4 月幼虫活动危害,成虫 5 月活动,有弱趋光性。

[防治措施] 参照双条杉天牛。

做一做:结合当地实际,对常绿乔木树种进行病虫防治。

【操作要点】

1. 修剪时应先考虑被处理对象的生物学特点以及修剪树木整体观赏性的影响,同时考虑粗枝的留茬高度和伤口处理,修剪后要及时清除杂物,保持绿地卫生。

2. 施肥时要选择好肥料的种类、施肥的方法,控制好施肥量,同时对不同规格的树木要注意其施肥的深度,施肥后要及时浇水。

3. 根据天气及园林植物的生长状况进行灌排水,浇水后要注意回土封堰。

4. 进行病虫防治时,应先准确地识别出病害、虫害的类别,然后再制定切实合理的综合治理方案。

【注意事项】

1. 严格执行操作规程,在高处作业要选择无风的天气,注意安全。

2. 在使用水管浇水时,要有专人看管,防止水的流失。

3. 病虫害防治的首选方案是综合治理措施,其次要注意对症下药、合理用药及安全用药。

【任务考核标准】

表 3-3-1 常绿乔木的养护管理技术任务考核参考标准

序号	考核项目	考核内容	考核标准	考核方法	标准分值
1	基本素质	学习工作态度	态度端正,学习精力集中,学习方法多样,积极主动,全部出勤,否则将酌情扣分。	单人考核	5
		团队协作	具备团队合作精神,积极与小组成员合作,共同完成工作任务,否则将酌情扣分。	单人考核	5
2	专业技能	常绿乔木的修剪	能够规范地进行常绿乔木的修剪。操作不规范者,酌情扣分。	单人考核	20
		常绿乔木的施肥	能够规范地进行常绿乔木的施肥。操作不规范者,酌情扣分。	小组考核	15
		常绿乔木的灌排水	能够规范地进行常绿乔木的灌排水。操作不规范者,酌情扣分。	小组考核	15
		常绿乔木病虫害的识别与防治	能够规范地进行常绿乔木病虫害的识别与防治。操作不规范者,酌情扣分。	单人考核	15

续表 3-3-1

序号	考核项目	考核内容	考核标准	考核方法	标准分值
3	职业素质	方法能力	独立分析和解决问题的能力强，能主动、准确地表达自己的想法。	单人考核	5
		工作过程	能够广泛查阅、收集和整理资料，工作过程规范，有完整的工作任务记录，字迹工整。	小组考核	10
		自测训练与总结	及时准确完成自测训练，总结报告结果正确，电子文本规范，体会深刻，上交及时。	单人考核	10
	合　计				100

工作任务2　落叶乔木类树种的养护管理技术

【任务目标】

掌握落叶乔木养护的技术要领，并能根据技术要求规范地进行整形修剪、肥水管理、病虫防治等操作。

【任务内容】

1.根据工作任务，采取课堂、实验（训）室以及校内外实训基地（包括园林绿地、花园、苗圃等）现场相结合的形式，通过查阅资料与网上搜集，获得落叶乔木养护管理的基本知识。

2.通过大量校内外实训基地的实际操作，熟练掌握落叶乔木养护管理的技术规范与操作要点。

3.对任务进行详细分析、记载，并列表描述养护管理过程中的技术环节与注意事项。

【教学资源】

1.材料与器具：本地区常见的落叶乔木（可以根据需要安排不同规格的树木）5～10株（或每组2株）；修剪工具（剪枝剪、高枝剪、梯子等）；肥料、农药及相关的器具；各类浇水设施；工作服、手套、记录簿、皮尺等。

2.参考资料：当地气象资料、有关园林树木资源方面材料、教学参考书、多媒体教学课件、落叶乔木的彩色图片（纸质或电子版）、有关本地园林绿地养护方面地方标准或法规的资料等。

3.教学场所：教室、实验（训）室以及栽植有落叶乔木的园林绿地等校内外实训基地。

4.师资配备：每20～25名学生配备1名指导教师。

● 内容与操作步骤

一、整形修剪

1. 银杏

落叶大乔木。树冠广卵形。树冠大，遮阴效果好，叶色秋天由绿变黄，适于孤植创造庭园主景。雄株适于观赏，雌株可以结果食用。

整形修剪：

幼树，易形成自然圆锥形树冠。短截顶端直立的强枝，可减缓树势，促使主枝生长平衡。冬季剪除树干上的密生枝、衰弱枝、病枝，以利阳光通透。为了保持冠内空间，主枝数一般保留3～4个。在保持一定高度情况下，摘去花蕊，整理小枝。成年后剪去竞争枝、枯死枝、下垂衰老枝，使枝条上短枝多，长枝少。雌株应尽快更新产生结果枝，以提高结果量。隐芽寿命长，易萌生小树，可随时剪除或移至其他地方。可随时进行修剪，整理树枝，使其体量大小与庭园相适应。由于生长势较强，可根据个人的爱好进行整形修剪(图 3-3-17)。

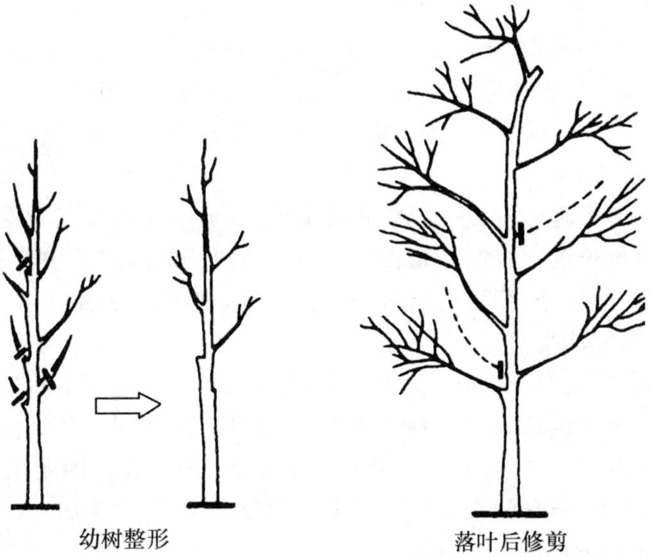

图 3-3-17　银杏修剪示意图

2. 国槐

落叶乔木。椭圆形或倒卵形树冠。树冠大而优美，花期较长，夏秋间槐花盛开，蜜蜂群集，为优良的蜜源植物。常孤植于建筑庭院或草坪一隅，也常用作行道树。

整形修剪：

早春，选留端直健壮、芽尖向上生长枝，截去梢端弯曲细弱部分，抹去剪口下5～6个芽。夏季，重剪竞争枝，除去徒长枝，培养中央领导干。幼时短截主干，每年留2～3个主枝。生长期，对主枝进行2～3次摘心，控制长势。每年主干向上生长1节，再留2个主枝，而主干下部则要相应疏剪1个主枝，维持整个叶面积不变。当冠高比达到1∶2时，则可任其自然生长。2～3年生幼树如果干形不好，可采用截干法来获得挺直的干形(图 3-3-18)。

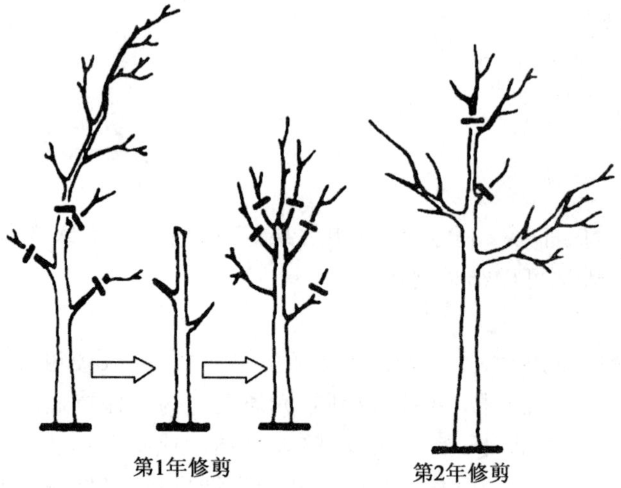

图 3-3-18 国槐修剪示意图

3. 龙爪槐

龙爪槐树冠形状奇特别致，十分潇洒美观。在园路两旁或建筑的出入口常常对称栽植或成丛栽植于草坪的角隅，均很适宜。有的将其孤植于古建筑旁，使景色更添古意；还可以盆栽供观赏。龙爪槐是由槐树高接繁殖而成，本身具有小枝弯曲下垂、树冠呈伞形的特点。

整形修剪：

龙爪槐根据其枝条下垂的特点一般整修成伞形，修剪主要以短截为主，适当结合疏剪。应根据枝条强弱决定短截长度。有的枝条较弱，则剪去较长部分，以集中养分使保留芽在来年抽出强壮枝条；生长健壮的枝条，则可适当增加留芽数量，使养分分散。通过抑强扶弱的方法使各主枝、各侧枝间生长势均衡。

每个主枝上的侧枝，要按一定间隔选留，并进行短截，使其长度不超过所从属的主枝，以明确从属关系。各个主枝上侧枝的安排要错落相间，充分利用空间。各级枝条上的小枝，只要不妨碍主、侧枝生长，应多留少疏，以扩大光合作用面积，促进生长。因龙爪槐枝条下垂，下垂部分的芽，由于极性影响生长很弱，在冬剪时要把这部分剪除(图 3-3-19)。

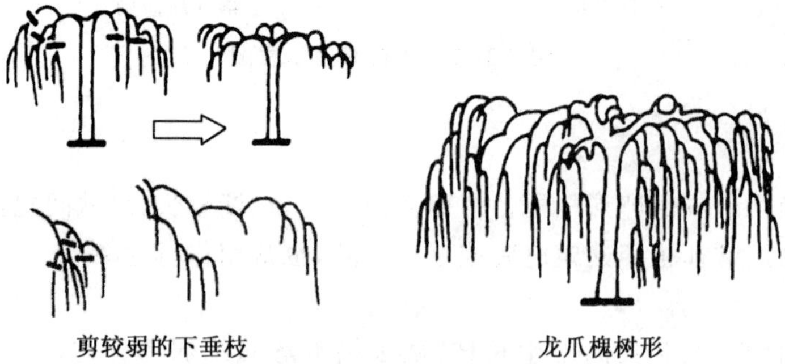

图 3-3-19 龙爪槐修剪示意图

以后各年修剪，要注意调节新枝伸展方向，以逐渐填补伞形树冠的空间，同时要剪除冠内的细弱枝、病枯枝，使其树冠通透，生长充实。

4. 合欢

落叶乔木。伞形树冠。花美，形似绒球，清香袭人；叶奇，日落而合，日出而开，给人以友好之象征。花叶清奇，绿荫如伞，植于堂前供观赏。作绿荫树、行道树，或栽植于庭园、水池畔等都是极好的树种。

整形修剪：

3～4 年幼树主干高达 2 m 以上时，可进行定干修剪。选上下错落的 3 个侧枝作为主枝，用它来扩大树冠。冬季对 3 个主枝短截，在各主枝上培养几个侧枝，彼此互相错落分部，各占一定空间。当树冠扩展过远，下部出现光秃现象时，要及时回缩换头，剪除枯死枝。因萌芽力弱，不耐修剪(图 3-3-20)。

图 3-3-20　合欢修剪示意图

5. 悬铃木

落叶大乔木。树皮光滑，合轴分枝，冠圆球形。发枝快，分枝多，再生能力强。树冠大，枝叶浓，是良好的行道树和庭阴树种。

整形修剪：

幼树时，根据功能环境需要，保留一定高度(3.5 m)，截去主梢而定干。在其上部选留 3 个各不同方向的枝条进行短截。剪口下留侧芽。在生长期内，及时剥芽，保证 3 大主枝的旺盛生长。

冬季可在每个主枝中选 2 个侧枝短截，以形成 6 个小枝。夏季摘心，控制生长。来年冬季在 6 个小枝上各选 2 个枝条短剪，则形成 3 主 6 枝 12 杈的杯状造型。以后每年冬季可剪去主枝的 1/3，保留弱小枝为辅养枝。剪去过密的侧枝，使其交互着生侧枝，但长度不应超过主枝。对强枝要及时回缩修剪，以防止树冠过大、叶幕层过稀。及时剪除病虫枝、交叉枝、重叠枝、直立枝。大树形成后，每 2 年修剪 1 次，可避免种毛污染(图 3-3-21)。

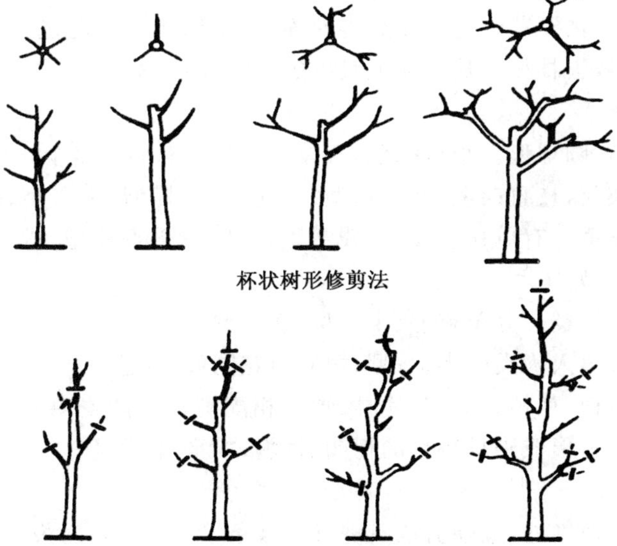

图 3-3-21　悬铃木修剪示意图

6. 柿树

落叶乔木。椭圆或圆锥形树冠。树形优美,叶大浓绿而有光泽,秋叶变红,果熟橙红色,久挂枝头,叶、果具佳,是观叶、观果优良的绿化树种。可作园景树及行道树。

整形修剪:

冬季修剪。幼时选择主干上生长旺盛的顶端部分枝作为中央主枝,其下面的2～3个枝当主枝后补。树冠成形后,整理弱枝,留生长好的枝,再剪去1/3。

成年树整形要避免树体生长势的衰弱。一般花芽在去年充实枝的顶部发育;而长的徒长枝、弱枝、结果枝不发育花芽。果多的长枝要注意疏果,以免枝条被压断(图3-3-22)。

图 3-3-22 柿树修剪示意图

7. 樱花

落叶乔木。树冠椭圆形。花色有红、白、粉红等,3～5朵组成伞形花序。樱花种类繁多,花形、花色各异,妩媚多姿,鲜艳夺目,是春季重要观赏花木。在公园、庭园,可植于建筑物前及道路两旁。

整形修剪:

幼时,整形使主干上的3～5个主枝形成自然开心形。主枝上下互相错落向四周展开,在第3主枝以上剪去中心主干,有利通风透光。开花后,腋芽萌动之前应及时剪除其他密生枝、下垂枝、重叠枝、徒长枝等。树冠成形后,冬季短剪主枝延长枝,刺激其中、下部萌发中长枝,每年在主枝的中、下部各选定1～2个侧枝,主枝上的其他中长枝,则可疏密留稀填补空间,增加开花数量。侧枝长大,花枝增多时,主枝上的辅养枝即可剪除。每年冬短剪主枝上选留出来的侧枝的先端,使中下部多生中、长枝。疏剪侧枝上的中、长枝,留的枝条则缓放不剪,使先端萌生长枝,中、下部产生短枝开花。过几年后再回缩剪,更新老枝。但老枝粗度宜在3 cm以内,以免难以愈合。冬季修去枯枝及从地面上长出的小枝(图3-3-23)。

8. 梅花

落叶小乔木。树冠圆球形。小枝绿色,有枝刺。品种有300多个,分为3个系。

(1)真梅系　直枝类,枝直向上,有江梅型、宫粉型、玉蝶型、朱砂型、绿萼型、洒金型、黄香型等。垂枝类,枝向下垂。有单粉垂枝型,残雪垂枝型,白碧垂枝型,骨红垂枝型等。龙游类,枝扭曲,仅有玉蝶龙游型。

(2)杏梅系　仅杏梅类。分单杏型、丰后型、送春型。

(3)樱李梅系　仅美人梅类一类、一型,嫩叶与花同放,紫色。

适于庭园孤植、对植、列植,也可与松林、竹丛相配植,具有“岁寒三友”之意。如庭园空间较大,可成丛、成片种植,形成别具特色的梅园、梅坞、梅亭、梅阁等。

整形修剪:

对发枝力强、枝多而细的,应强剪或疏剪部分枝条,增强树势;对发枝力弱、枝少而粗的,应轻剪长留,促使多萌发花枝。树冠不大者,短剪1年生主枝。树冠较大者,在主枝中部选一方向合适的侧枝代主枝。强枝重剪,可将2次枝回缩剪,以侧代主,缓和树势。弱枝少剪,留

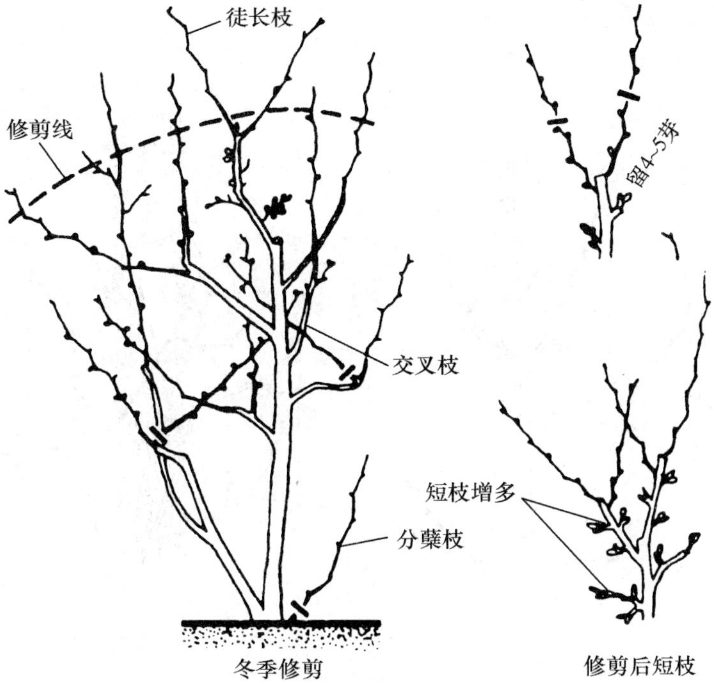

图 3-3-23　樱花修剪示意图

30～60 cm。主枝上如有 2 次枝，可短截，留 2～3 枚芽。3～6 月梅花树生长旺盛，所以开完花后，应将长剪枝剪去，促使叶芽生长。

冬天，以整形为目的，处理一些密生枝、无用枝，保持生长空间，促使新枝发育。花芽 7～8 月在当年新枝上分化，为了保证来年花开满树，对只长叶不开花的发育枝，强枝轻剪，弱枝重剪，过密的枝叶全部剪除。疏剪过密的侧枝，短剪中花枝，短花枝只留 2～3 枚芽。来年的中花枝发出短花枝，剪去前面 2 个短枝，再剪去下部的短枝，即可培养开花枝组。10 年左右的老树，回缩修剪主枝前部，用剪口下的侧枝代主枝，剪去其先端。剪去枯死枝，利用徒长枝重新培养新主枝。夏季，将地面上长出的杂枝和基部发出的萌蘖枝、病弱枝、无用剪枝剪掉，以保持光照和通风良好(图 3-3-24)。

9. 碧桃

落叶小乔木。树冠圆球形。花春天开放。花单生，色彩各异，多为粉红色。宜群植于山坡、溪畔、坞边，也可植于庭前、路侧、庭中等处。春日繁花似锦，颇有情趣。

整形修剪：

幼树时，使其 3 大主枝，交错互生与主干成 30°～60°角。来年冬短截各主枝，以利扩大树冠。剪口留强壮的下芽，培养主枝延长枝。树冠形成后，将强壮的骨干枝剪去 1/3，弱枝剪去 1/2。剪去长势较弱的第 2、3 主枝，留其向上生长的壮分枝作为延长枝并剪去 1/3。不断回缩修剪，控制侧枝长、粗不得超过主枝，行成自然开心形。还要疏剪过密的弱小侧枝，使其分布合理。短截过强过弱的小侧枝，使其生长中庸，强枝留下芽、弱枝留上芽。保留发育中庸的长枝(30～50 cm)开花为宜。花后短截，来年可多开花。花后，枝叶生长茂盛会杂乱无章，应及时剪去拥挤枝、无用枝。开花的强枝多留芽，弱枝少留芽及时回缩更新。每年早春萌芽前，短截所有的营养枝(图 3-3-25)。

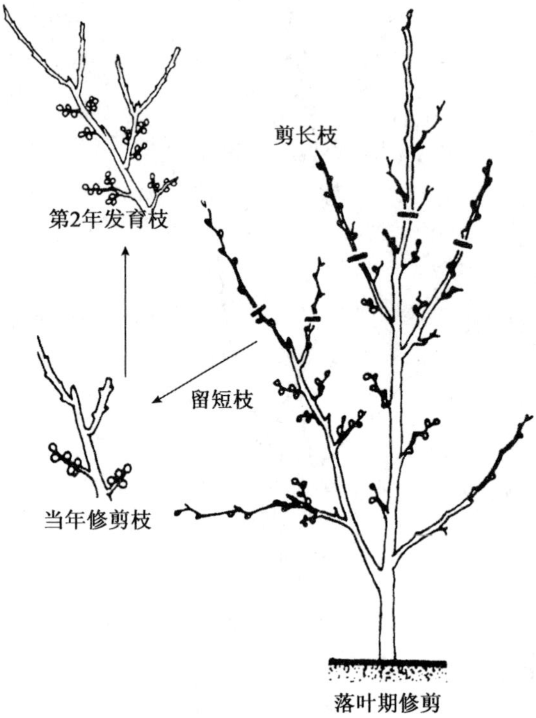

图 3-3-24 梅花修剪示意图

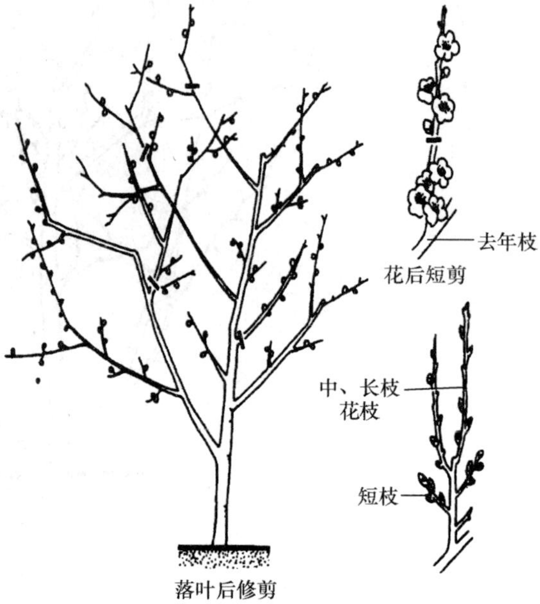

图 3-3-25 碧桃修剪示意图

10. 红叶李

落叶小乔木。球形树冠。花单生,水红色,蔽荫条件下,叶色不鲜艳。嫩叶鲜红,老叶紫红,在整个生长期满树红叶,园林中常作观叶风景树,与常绿树相配或在白粉墙前种植,可以创造各种园林植物景观。

整形修剪:

冬季修剪为宜。萌芽力强,当幼树长到一定的高度时,选留 3 个不同方向的枝条作为主枝,并对其进行摘心,以促进主干延长枝直立生长。如果顶端主干延长枝弱,可剪去,由下面生长健壮的侧主枝代替。每年冬季修剪各层主枝时,要注意配备适量的侧枝,使其错落分布,以利通风透光。平时注意剪去枯死枝、病虫枝、内向枝、重叠枝、交叉枝、过长和过密的细弱枝(图 3-3-26)。

11. 玉兰

落叶乔木。树冠卵形。白花单生枝顶,花大而香,早春开放。在庭园中,常对植于堂前或孤植点缀中庭。在庭园中与常绿针叶树混植,作前景树。

整形修剪:

花后到大量萌芽前修剪。为促进幼树高生长,早春可剪除先端附近侧芽。夏季,对先端竞争枝进行控制修剪,削弱其长势,保证主干先端生长优势,如不需高生长,可在 6 月初切去主枝末端,使其从低处另长新枝,立即修剪促进新梢长出,以利花芽 7～8 月在新梢顶部发育。主干上主枝适当多留,使上下主枝错落有致,具有一定空间和间隔。适当短剪先端,其后部容易形成中、短枝而提早开花。剪口下留外芽使枝条向外扩展。上长下短使树冠形成圆锥形。疏剪

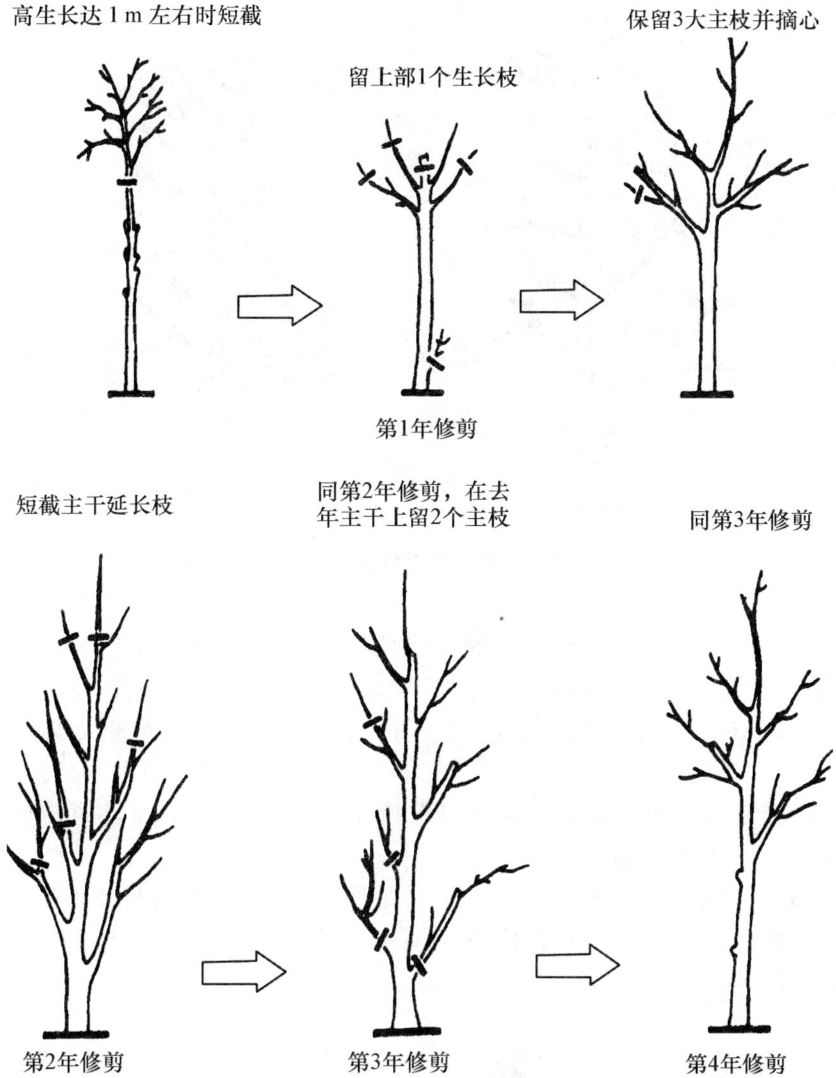

图 3-3-26 红叶李修剪示意图

主干上其他过密、上下重叠、无价值的枝条。短截各主枝延长枝先端，其上侧枝要留 1 左 1 右，间隔 20～30 cm。短截 1 年生侧枝先端，以利多生短枝，多开花。如果树冠大时，可暂留侧枝，或剪 1/2；如果树冠空间小时，回缩剪除侧枝上过多的小侧枝。冬季剪去病虫枝、并列枝、徒长枝。因愈伤能力差，一般少剪(图 3-3-27)。

12. 鹅掌楸

落叶大乔木。主干耸立，树冠圆锥形或长椭圆形。单叶互生，叶背苍白色，叶形马褂状，先端平截或微凹，两侧各具 1 列，秋季变为金黄色。

整形修剪：

有明显的主轴、主树梢，所以必须保留主梢。主树梢如果受损，必须再扶 1 个侧枝，作为主梢，将受损的主梢截去，并除去其侧芽。

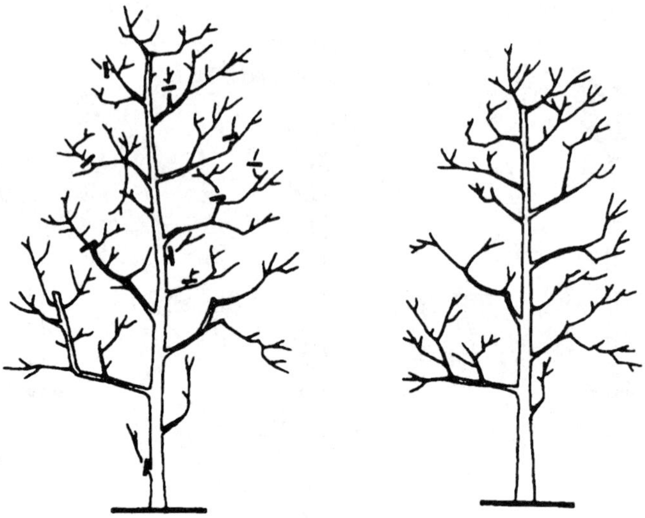

图 3-3-27　玉兰修剪示意图

为主轴极强的树种，每年在主轴上形成 1 层枝条。因此，新植树木修剪时每层留 3 个主枝，3 年全株可留 9 个主枝，其余疏剪掉。然后短截所留枝，一般下层留 30～35 cm，中层留 20～25 cm，上层留 10～15 cm，所留主枝与主干的夹角为 40°～80°，修剪后即可长成圆锥形树冠。

每 2 年正常修剪，5 年以后树的冠高比可保持在 3∶5 左右。日常注意疏剪树干内密生枝、交叉枝、细弱枝、干枯枝、病虫枝等。

以后每年冬季，对主枝延长枝重截去 1/3，促使腋芽萌发，其余过密枝条要疏剪掉。如果各主枝生长不平衡，夏季对强枝条进行摘心，以抑制生长，达到平衡。对于过长、过远的主枝要进行回缩，以降低顶端优势的高度，刺激下部萌发新枝(图 3-3-28)。

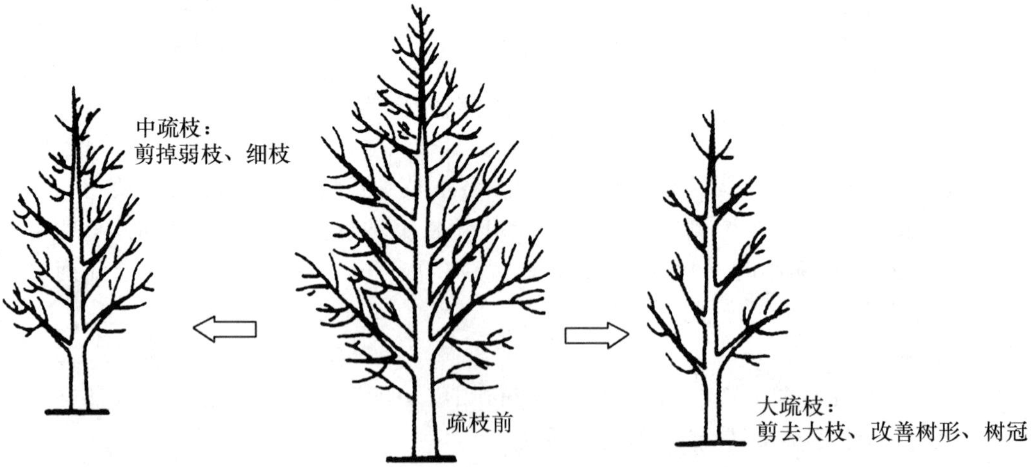

图 3-3-28　鹅掌楸修剪示意图

13. 旱柳

旱柳为合轴分枝式，故没有顶芽，冬季先端具有自枯性。因此，在自然生长情况下，侧枝不受主干顶端优势的限制而大量萌发，产生大量的分枝。如不进行合理修剪，常造成主干不明，影响干材培育。

整形修剪：

第 2 年冬剪，短截主干延长枝新梢 1/3，同样疏去剪口下 4～8 个小侧枝。其下的侧枝短截，剪口一定要低于主干延长枝，以保证其优势。上年所留的侧枝，随主干高度的增长，要逐个疏去，以提高枝下高。而在上部则要逐年相应地多留 2～3 个侧枝，以便更替。一般 3～5 年的植株，保留冠高比为 2∶3；6～10 年的为 1∶2；11～12 年的为 1∶3，以后则可停止修剪(图 3-3-29)。

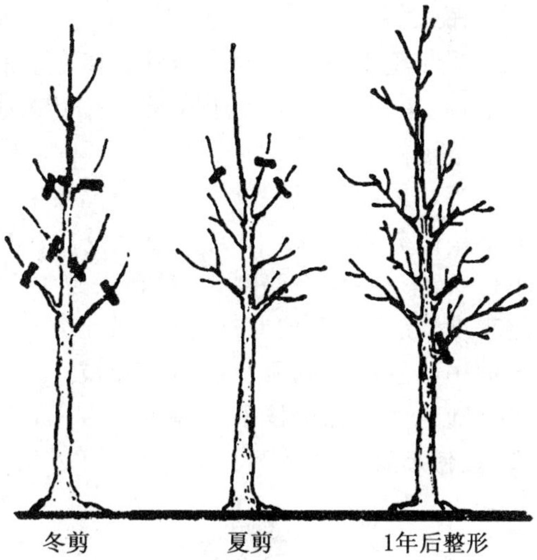

图 3-3-29　旱柳修剪示意图

14. 垂柳

落叶乔木，小枝细长，柔软而下垂。宜作庭园树、遮阴树或行道树。

因垂柳苗一般均较高大，在定植前要将主干顶端 1 年生部分进行短截。截去长度根据苗木强弱程度而定。强壮的可截短些；瘦弱的可截长些。剪口务必选留健壮芽，以形成强健新梢。如剪口附近生有小枝，应当剪去 3～4 个，以防与中心主枝竞争。主干高度 1/3 以下的侧枝，尽皆疏去。其上部枝条，可选 2～3 个相距 40～50 cm、相互错落分布的健壮枝，进行短截，作为第 1 层主枝。其余枝条，强壮的，可先行疏去；瘦弱的，则可缓放不剪，以扩大叶面积，增加光合作用面积，促进中心主枝的快速生长。

成形修剪第 2 年冬，短截中心主枝，同时剪去剪口附近的 3～4 个枝条。在新梢上再选留第 2 层主枝并短截先端(宜与第 1 层 3 个主枝错落分布)。然后对上年选留的主枝进行短截，剪口留上芽，以扩大树冠，但要控制其粗度不超过主干粗度的 1/3，这样，便能形成主干明朗、主枝成层、柳枝下垂的倒卵形树冠。以后几年的修剪，如同上年一样，每年留主枝 1 层，相应疏去最下 1 层主枝。随树高增长，枝下高不断提高，但主枝应维持在 5 个左右。到一定高度，即可停止修剪。每年仅将萌芽条以及过于低垂而又对观赏有碍的枝条适当修去即可(图 3-3-30)。

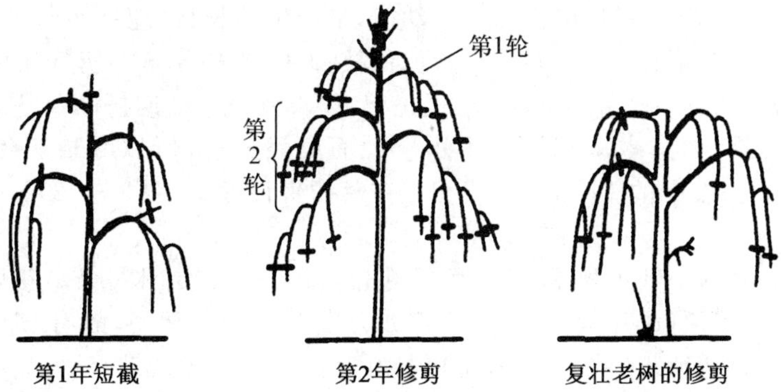

图 3-3-30　垂柳修剪示意图

15. 丁香

落叶灌木或小乔木。圆球形树冠。种类有：白花丁香、红花丁香、紫花丁香、荷花丁香、小叶丁香、花叶丁香、四季丁香等。枝叶茂密，花美而香，宜植于路边、窗前。

整形修剪：

当幼树的中心主枝达到一定高度时，根据需要剪截，留 4～5 个强壮枝作主枝培养。使其上下错落分布，间距 10～15 cm。短截主枝先端，剪口下留 1 个下芽或侧芽。主枝与主干角度小，则留下芽；反之留侧芽，并剥除另 1 个对生芽。过密的侧枝可及早疏剪。当主枝延长到一定程度、互相间隔较大时，宜留强壮分枝作侧枝培养，使主枝、侧枝均能得到充足的日照。逐步疏剪中心主枝以前所留下的辅养枝。

随时剪去无用枝条。因生命力强，1 年中可进行多次修剪，花后剪去前 1 年枝留下的 2 次枝，促使新芽从老叶旁长出，花芽可以从该枝先端长出（图 3-3-31）。

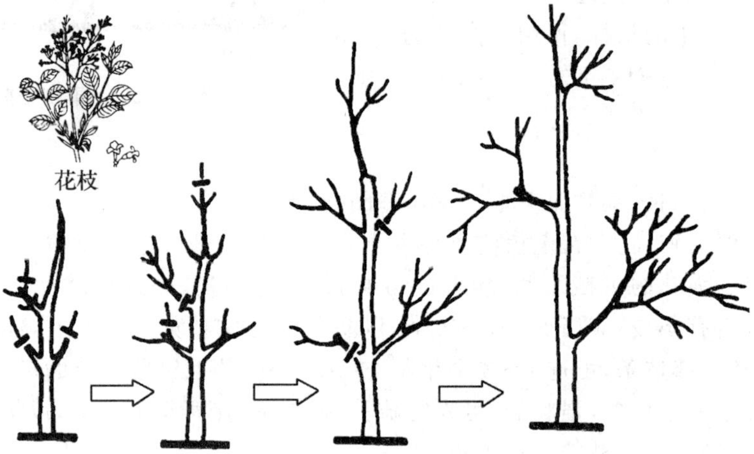

图 3-3-31 丁香修剪示意图

16. 鸡爪槭

落叶小乔木。树冠扁圆形或伞形。嫩叶青绿，秋叶红艳，小花紫红色，翅果幼时紫红，熟后变黄。整株姿态优美，为珍贵的色叶树木。植于园林之中、溪边、池畔、路隅、粉墙前，红叶摇曳，雅趣横生，是公园、庭园绿化常用观赏树。

修剪方法：

12 月至翌年 2 月或 5～6 月进行修剪。幼树，易产生徒长枝，应在生长期及时将它从基部剪去。新梢剪除后伤口易愈合，5～6 月短剪保留枝，调整新枝分布。使其长出新芽，创造优美的树形。成年树，要注意冬季修剪直立枝、重叠枝、徒长枝、枯枝、逆枝以及基部长出的无用枝。由于粗剪枝剪口不易愈合，木质部易受雨水侵蚀而腐烂成孔，所以尽量避免对粗枝的大剪。10～11 月剪去对生树枝中的 1 个，以形成相互错落的生长形式（图 3-3-32）。

17. 黄栌

落叶灌木或小乔木。叶色秋季变红，鲜艳夺目，每至深秋，层林尽染。花后，留有淡紫色羽毛状的长花梗，宿存枝顶，成片栽植时，远望宛如万缕罗纱缭绕林间，故有“烟树”之称，是著名的秋色观赏树种。宜丛植于斜坡、草坪，也可与红叶类树木组成秋景。

整形修剪：

宜在冬季至早春萌芽前进行修剪。幼树的整形修剪，要在定干高度以上选留分布均匀、不

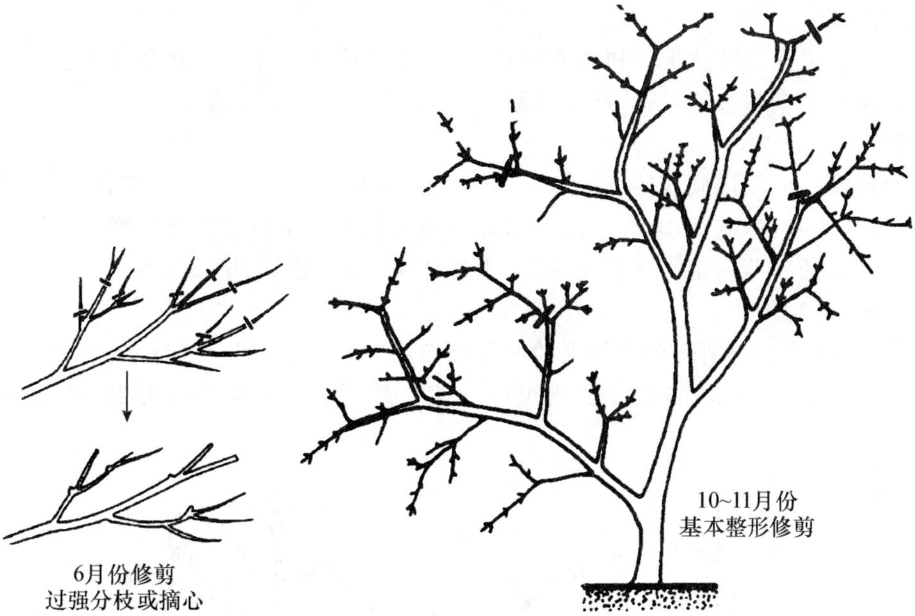

图 3-3-32 鸡爪槭修剪示意图

同方向的几个主枝形成基本树形。

冬季,短剪主枝条,以调整新枝分布及长势。剪掉重叠枝、徒长枝、枯枝、病虫枝、无用枝。

在生长期中,要及时从基部剪除徒长枝。平时要注意保持主干枝的生长,及时疏剪竞争枝,同时加强对侧枝和内膛枝的管理,以保证树体枝叶繁茂,树形优美(图 3-3-33)。

18. 流苏树

落叶小乔木。树形优美,枝叶繁茂,花瓣狭长线状,似若流苏、清丽宜人,盛花时,白雪满树,清丽悦目。是建筑物周围或公园溪边、池畔、路旁、草坪绿化的优美观赏树种。

整形修剪:

在苗期进行定干修剪,剪去不必要的侧枝,并培养均匀分布的骨干枝,成为主干明显的乔木。流苏树生长较慢,过度修剪会影响其树势,尤其是下部侧枝不能过度修剪,以保持树冠完整,否则开花时形成伞状,下部无花。平时要及时剪除乱枝、过密枝、徒长枝等(图 3-3-34)。

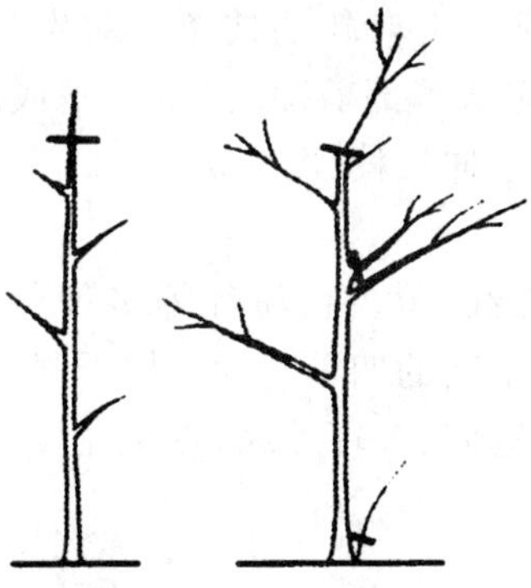

图 3-3-33 黄栌修剪示意图

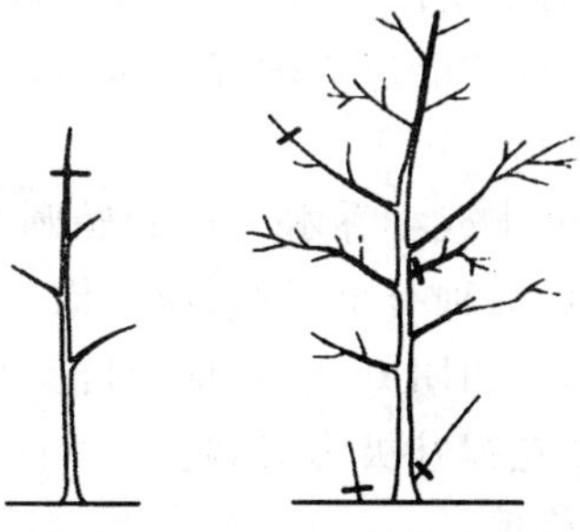

图 3-3-34 流苏修剪示意图

19. 栾树

落叶乔木。树冠近圆球形。树皮灰褐色，小枝皮孔明显。春季嫩叶多为红色，入秋叶色变黄，花小，金黄色。栾树根系发达，适应性强，是良好的行道树和庭荫树。

整形修剪：

栾树的修剪一般采用圆球形树冠。定干后，于当年冬季或翌年早春选留 3～5 个生长健壮、分布均匀的主枝，短截留 40 cm 左右，剪除其余分枝。为了集中养分促侧枝生长，夏季及时剥去主枝上萌出的新芽。第 1 次剥芽，每个主枝选留 3～5 枚芽；第 2 次留 2～3 枚，留芽的方向要合理，分布要均匀。

冬季进行疏枝短截，使每个主枝上的侧枝分布均匀，方向合理。短截 2～3 个侧枝，其余全部剪掉，短截长度 60 cm 左右。这样短截 3 年，树冠扩大，树干也粗壮，形成球形树冠（图 3-3-35）。

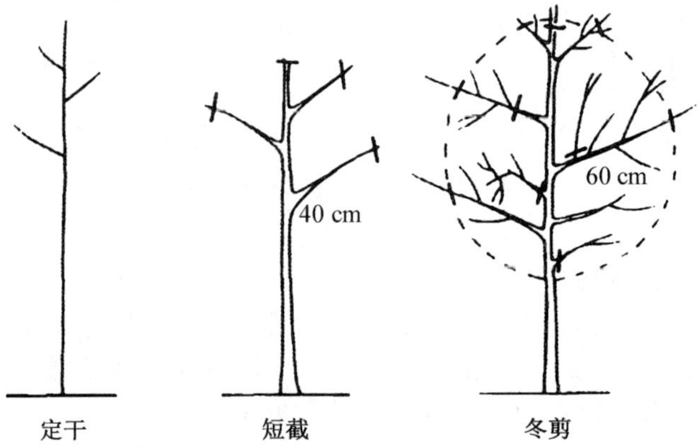

图 3-3-35　栾树修剪示意图

20. 七叶树

落叶乔木。树干通直，树冠开阔，树姿雄伟，叶大而形美，初夏又有白花开放，且花序如大烛台，蔚为可观，是世界著名的观赏树种之一。作行道树及庭园树绿化使用。

整形修剪：

树冠自然生长为圆球形。冬季至早春萌芽前进行修剪。七叶树的枝条为对生，常会出现一些不美观的逆向枝条、上向与下向的枝，对这些枝条均应从基部剪除，保留水平或斜向的枝条，这样全株才能形成优美的树形。夏季修剪过密枝与过于伸长枝（图 3-3-36）。

21. 石榴

落叶灌木或小乔木。树冠椭圆形。花顶生或腋生，有红、黄、白、粉红等多种色。果实球形，红黄色，品种有果石榴、花石榴、小石榴，还有常年开花不断的四季石榴。树干强壮古朴，枝叶浓密，丛株团团凝红，鲜艳夺目。在庭园中可植于阶前、庭间、草坪外缘，点缀花坛，或栽于竹丛外缘，红花绿叶极为美观。

整形修剪：

早春，将 1 年生苗距地 10～20 cm 处剪去上端，即可发出 3～5 个枝条。生长期内，不断剪修枝梢或摘心，促进多生 2 次、3 次枝。但要保持树丛内部通风、透光良好。每年选留 2～3 个

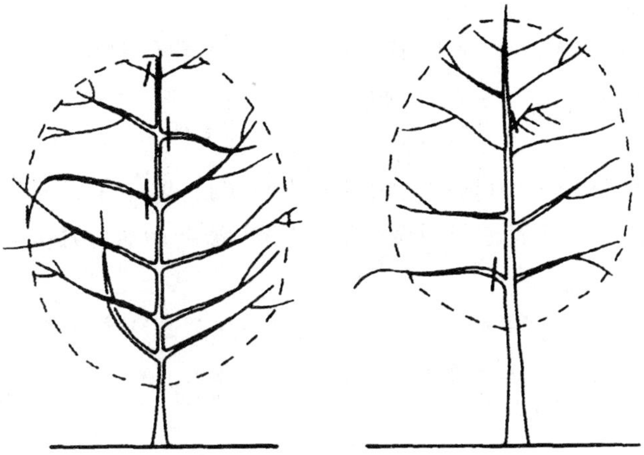

图 3-3-36 七叶树修剪示意图

枝作更新枝，剪除过密、无价值的枝。更新枝夏季生长一定长度后，就要摘心或剪梢。冬季剪去更新枝的 1/4～1/3 作为主干保留。每年冬季，剪去老干 2～3 个，保持 9～12 个 1 年生、2 年生、3 年生骨干枝条。平时要注意剪去萌生枝、冠内交叉枝、病虫枝。将 4 月新长出来的弱小枝修剪掉。夏天剪去拥挤枝和杂乱枝(图 3-3-37)。

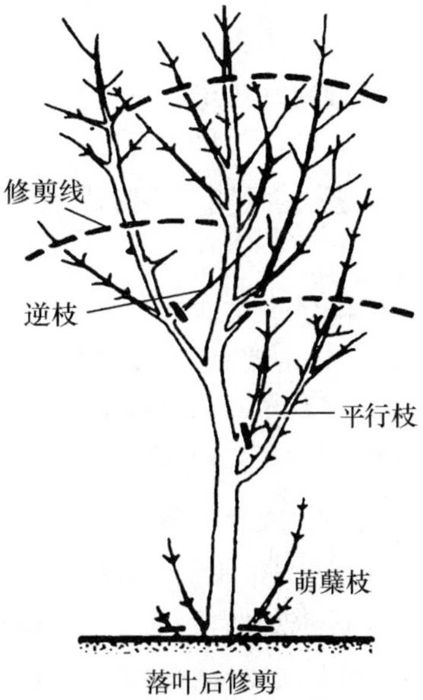

图 3-3-37 石榴修剪示意图

做一做：结合当地实际，对落叶乔木树种进行整形修剪。

二、肥水管理

处于园林绿地中的乔木树种一般不在养护期施肥，而是在栽植前，将有机肥施于种植坑内。如果树木处于土壤贫瘠的环境中，则应该进行追肥。

(一)施肥

是将肥料施入土壤中，通过根系吸收后，运往树体各个器官利用。

1. 施肥的位置

对于落叶乔木类的树种因其所处的位置不同，应采取不同的施肥方法。处于绿地中的乔木，可采取在树冠投影半径的 1/3 倍至滴水线附近，垂直深度应在密集根层以上 40～60 cm 部位挖坑来施肥；而作为行道树的乔木因条件限制，可采用在地下 20～30 cm 处轻翻土壤，使肥料与土混合的方法施肥。也可采用穴状施肥方法，就是指在施肥区内挖穴施肥，这种方法简单易行。

2. 土壤施肥的方法

地表施肥：生长在裸露土壤上的小树，可以撒施，但必须同时松土或浇水，使肥料进入土层才能获得比较满意的效果。要特别注意的是，不要在树干 30 cm 以内干施化肥，否则会造成根颈和干基的损伤。

叶面施肥：一般使用化肥经过溶解之后进行喷雾施肥，单一化肥的喷洒浓度可为 0.3%～0.5%，尿素甚至可达 2%。叶面施肥的喷洒量，以营养液开始从叶片大量滴下为准。

3. 施肥量

一般乔木树种可施腐熟的有机肥 5 kg 左右，但要注意必须要远离树干。

做一做：结合当地实际，对落叶乔木树种进行施肥管理。

(二)浇水

乔木树种一般根系发达，具有很强的耐旱能力，因此，浇水只在每年的春季树木开始展叶前进行。如果土壤保水能力差，可适当增加浇水次数和浇水量。

灌溉方法一般采用盘灌，方法是以干基为圆心，在地面筑埂围堰，在盘内灌水。盘深 20～30 cm，灌水前应先在盘内松土，便于水分渗透，待水渗完以后，铲平围埂，松土保墒。

观察与思考：落叶乔木树种灌水管理措施的制定与哪些因素有关？

三、病虫害的识别与防治

1. 银杏叶枯病

[识别要点] 发病初期叶片先端部分黄化，病斑呈波状，颜色较深，病健交界处明显，外缘有时还有宽窄不等的鲜黄色线带，后病斑渐向叶基延伸，使整个叶片变为褐色或灰褐色，提前枯萎脱落。每年 6 月上旬开始发病，8～9 月为发病盛期。主要是由链格孢菌、炭疽菌和盘多毛孢菌等复合侵染引起。

[防治措施] ①合理修剪，改善通风透光条件。②加强土肥水管理，增强树势，提高抗病力。③药剂防治：在高温高湿气候来临之前喷药，选用 70%甲基托布津可湿性粉剂 1 000 倍液、70%代森锰锌可湿性粉剂 600～800 倍液、50%扑海因 1 000 倍液、75%百菌清 1 000～1 500 倍液。

2. 樱花霉菌性穿孔病

[识别要点] 受害初期出现紫褐色针状小斑点，逐渐发展为近圆形病斑，病斑外缘红褐色，中央灰白色，边缘清晰并生有轮纹。病斑直径 2～5 mm。发病后期病斑两面可产生灰褐色霉状物，为病菌的分生孢子器。多以菌丝体在病组织中越冬。翌春产生分生孢子借风雨传播。自气孔侵入发病。

[防治措施] ①加强栽培管理，提高抗性。②及时清除病落叶，减少病害侵染源。③药剂防治：休眠期喷施 3～5 波美度石硫合剂；发病初期可选用 70%甲基托布津可湿性粉剂 1 000 倍液、10%世高水分散粒剂 3 000 倍液、40%福星乳油 3 000 倍液、70%代森锰锌可湿性粉剂 800 倍液。

3. 丁香褐斑病

［识别要点］主要危害叶片，病斑呈不规则形、多角形或近圆形，病斑直径 5～10 mm。病斑褐色，后期病斑中央组织变成灰褐色。病斑背面可生灰褐色煤层，即病菌的分生孢子和分生孢子梗。病斑边缘深褐色。发病严重时病斑相互连接成大斑。病菌以子座或菌丝体在病叶上越冬，分生孢子借风雨传播。由伤口或直接侵入。秋季多雨潮湿时发病较重。

［防治措施］参照樱花霉菌性穿孔病。

4. 梅花炭疽病

［识别要点］危害叶片及嫩梢，在叶片上初期为近圆形或椭圆形小褐斑，后期逐渐扩大成较大的斑。被害叶片极易脱落。嫩梢上的病斑为椭圆形溃疡斑，边缘稍隆起。以菌丝体和孢子在被害的嫩梢病斑上及落叶中越冬。翌年气温回升后，分生孢子借风、雨、昆虫传播，侵染新叶及嫩梢。4～5 月份开始发病，7～8 月份为发病盛期。栽植过密、通风不良、光照差均利于发病。

［防治措施］参照樱花霉菌性穿孔病。

5. 黄栌白粉病

［识别要点］危害叶片、嫩枝。初期叶面出现白色粉点，后渐扩大为近圆形白色粉霉斑，严重时霉斑相连成片。秋季叶片焦枯，影响观赏红叶。病菌以闭囊壳在落叶上或附着在枝干上越冬。翌年 5～6 月份，病菌孢子借风吹、雨溅等传播。7～8 月份为发病盛期。多雨、郁蔽、通风及透光较差时，病害发生严重。

［防治措施］①清除枯枝落叶，减少病害侵染源。②加强肥水管理，提高抗性。③药剂防治：休眠期喷施 3～5 波美度石硫合剂。发病初期可选用 25％敌力脱乳油 2 500～5 000 倍液、40％福星乳油 2 000～3 000 倍液、45％特克多悬浮液 300～800 倍液、15％绿帝可湿性粉剂 500～700 倍液。

6. 合欢枯萎病

［识别要点］我国华东、华北等省都有发生，引起合欢枯萎死亡。发病植株叶片首先变黄，萎蔫，最后叶片脱落。发病植株可一侧枯死或全株枯萎死亡。纵切病株木质部，其内变成褐色。夏季树干粗糙，病斑菱形，病部皮孔肿胀，可产生黑色液体。潮湿条件下产生大量粉红色分生孢子堆。该病菌由土壤带菌并传播，从伤口侵入。连作地块发病较重。

［防治措施］①清除病枝、病株，集中销毁，并用 20％石灰水消毒土壤。②定期松土，增加土壤通气性，并在春秋生长旺盛期给合欢施肥，以增加抗病能力。如遇无雨天气，干旱应行灌溉。③药剂防治：患病轻的植株，开穴灌浇 40％多菌灵胶悬剂 500 倍液、70％甲基托布津可湿性粉剂 800 倍液、50％代森铵水剂 400 倍液浇灌根部，用药量为 2～4 kg/m^2。

7. 槐树溃疡病

［识别要点］其症状表现有两种。由镰孢属真菌引起的溃疡病，多发生在 1～2 年生绿色小枝上。枝干上最初出现黄褐色水渍状、近圆形病斑，后扩展成梭形。较大的病斑中央略下陷，有酒糟味，呈典型的湿腐状。由小穴壳属真菌引起的溃疡病，初期与镰孢菌引起的溃疡病相似，但病斑颜色较深，边缘为紫黑色，病斑扩展迅速。后期病斑上产生许多黑色小点状的分生孢子器。病斑逐渐干枯下陷或开裂。病菌以分生孢子越冬，早春多自皮孔侵入，也可从伤口、叶痕、死芽等处侵入，潜育期 1 个月，无再侵染。镰孢菌型腐烂病 3 月开始发病，4 月达到

发病盛期，6～7 月停止发展，小穴壳菌型腐烂病发生较晚。病菌为弱寄生菌，植株衰弱是诱发该病的原因之一。

［防治措施］①加强出圃苗木检查，严禁带病苗木出圃，对插条进行消毒处理；重病苗木要烧毁，以免传播。加强栽培管理，提高抗病力。随起苗随栽植，避免假植时间过长。避免伤根和干部皮层损伤，定植后及时浇水等。②药剂防治：树干发病时可喷用 50％代森铵或 50％多菌灵可湿性粉剂 200 倍液、80％“402”抗生素 200 倍液喷雾；或用 2 波美度的石硫合剂涂抹病斑。茎、枝梢发病时可喷洒 50％退菌特可湿性粉剂 800 倍液、50％多菌灵可湿性粉剂 600 倍液、70％百菌清可湿性粉剂 600～800 倍液、65％代森锌可湿性粉剂与 50％苯来特可湿性粉剂混合液（1：1）1 000 倍液。

8. 桃缩叶病

［识别要点］危害叶片、嫩梢、花和果实。叶片早期发病卷曲畸形、变厚。发病新梢节间变短、肿大、扭曲、生长不良。发病部位正面可覆盖一层白粉状物，病叶逐渐干枯脱落。病菌孢子附着在枝条和芽鳞上越冬。1 年只有 1 次侵染。孢子靠气流传播，由气孔或表皮直接侵入。病菌发育最适温度为 20℃，低温多雨天气有利于发病。

［防治措施］①休眠期防治：在桃树芽膨大期，喷洒 5 波美度石硫合剂或 1：1：160 波尔多液，消灭越冬病菌。②对落叶严重的树体要加强肥水管理，提高抗病能力。③及时摘除病叶、病枝，集中烧毁。④药剂防治：桃芽萌动至露红期，喷洒 50％多菌灵可湿性粉剂 600～800 倍液、10％双效灵水剂 500 倍液等效果较好。

9. 樱花根癌病

［识别要点］病害发生于根颈部位，也发生在侧根上。最初病部出现肿大，不久扩展成球形或半球形的瘤状物，表面粗糙，褐色或黑褐色，表面龟裂。严重时地上部分表现为生长不良、叶色发黄。病原为细菌，随病残组织在土壤中存活 1 年以上。通过各种伤口侵入植株，通常土壤潮湿、积水、有机质丰富时发病严重，碱性土壤有利于发病。

［防治措施］①苗木栽种前用 1％硫酸铜液浸 5～10 min，水洗后栽植或利用抗根癌剂（K84）30 倍浸根 5 min 后定植。②发病轻植株可用 300～400 倍的抗菌剂“402”浇灌，也可切除瘤体后用 500～2 000 mg/kg 链霉素或 500～1 000 mg/kg 土霉素涂抹伤口。③对病株周围的土壤可按 50～100 g/m^2 的用量，撒入硫黄粉消毒。④细心栽培，避免各种伤口。

10. 大袋蛾

［识别要点］俗名吊死鬼，食性杂，以幼虫取食悬铃木、刺槐、泡桐、榆等多种植物的叶片，易暴发成灾。成虫雌雄异型。雌虫无翅，蛆型，雄蛾前翅翅脉黑褐色，翅面前、后缘略带黄褐色至黑褐色，有 4～5 个透明斑。多数 1 年 1 代。以老熟幼虫在袋囊内越冬。6 月中旬开始初龄幼虫从护囊内爬出，靠风力吐丝扩散。主要危害期为 7、8 月份。

［防治措施］①冬春人工摘除越冬虫囊，消灭越冬幼虫，平时也可结合日常管理工作，顺手摘除护囊。②用黑光灯或性激素诱杀雄成虫。③药剂防治：幼虫危害时，喷洒 90％晶体敌百虫 1 200 倍液、2.5％溴氰菊酯乳油 2 000 倍液、40.7％毒死蜱乳油稀释 1 000～2 000 倍液。④生物防治：用青虫菌或 Bt 制剂 500 倍液喷雾。保护袋蛾幼虫的寄生蜂、寄生蝇。

11. 黄刺蛾

［识别要点］危害樱花、梅花等多种花木。成虫体橙黄色，老熟幼虫体长 16～25 mm，黄绿色，体背面有一块紫褐色“哑铃”形大斑。蛹黄褐色，茧灰白色，茧壳上有黑褐色纵条纹，形似雀蛋。1 年发生 1～2 代，以老熟幼虫在枝杈等处结茧越冬，翌年 6 月出现成虫，卵散产或数粒相连。初孵幼虫取食卵壳，而后群集在叶背取食叶肉。7 月份老熟幼虫吐丝和分泌黏液做茧化蛹。

［防治措施］①灭除越冬虫茧。②灯光诱杀成虫。③化学防治：喷施细菌性杀虫剂灭蛾灵 1 000 倍液、90％晶体敌百虫 800～1 000 倍液，50％辛硫磷乳油 1 500 倍液、40.7％毒死蜱乳油 1 000～2 000 倍液，药杀应掌握在幼虫 2～3 龄阶段为好。④生物防治：Bt 乳剂 500 倍液潮湿条件下喷雾使用。保护天敌，如上海青蜂、姬蜂等。

12. 扁刺蛾

［识别要点］危害悬铃木、樱花等多种花木。成虫体、翅灰褐色，老熟幼虫体长 21～26 mm，体绿色或黄绿色。椭圆形，各节背面横向着生 4 个刺突，两侧的较长，第 4 节背面两侧各有 1 小红点。茧椭圆形，黑褐色，坚硬。1 年发生 1～3 代，以老熟幼虫结茧在土中越冬。6、8 两月为全年幼虫危害的严重时期。

［防治措施］参照黄刺蛾。

13. 褐边绿刺蛾

［识别要点］危害悬铃木、柳、杨、白蜡、榆、紫荆、樱花、白玉兰、广玉兰等。成虫体长约 15 mm，前翅基部有放射状褐色斑，后翅及腹部为黄褐色。老熟幼虫体长为 26 mm，圆筒形，体翠绿色或黄绿色。1 年发生 1～2 代，以老熟幼虫在树下土中结茧越冬。6 月成虫羽化，昼伏夜出，有趋光性。1 代发生区幼虫危害盛期在 7～8 月，2 代发生区幼虫分别发生在 6～7 月和 8～9 月，10 月幼虫老熟下树结茧越冬。

［防治措施］参照黄刺蛾。

14. 褐刺蛾

［识别要点］危害悬铃木、乌桕、梅花、桂花、樱花等。成虫体长为 18 mm，褐色，前翅前缘中部有两条暗褐色横带。老熟幼虫体长 24 mm，黄绿色，背中线为天蓝色，每节有 4 个黑斑，体侧枝刺长而大。1 年发生 2 代，以老熟幼虫在树根部表土中结茧越冬。5 月下旬至 6 月上旬成虫羽化，幼虫危害期为 6 月中旬至 7 月中旬和 8 月中下旬至 9 月，10 月上旬老熟幼虫开始结茧越冬。

［防治措施］参照黄刺蛾。

15. 舞毒蛾

［识别要点］危害栎、杨、柳等。成虫雌、雄异形。雌蛾体长约 28 mm。前翅有 4 条黑褐色锯齿状横线。雄蛾体长 16～21 mm。老熟幼虫体长 50～70 mm，头黄褐色，具“八”字形黑纹，体背有 2 纵列突出的毛瘤，前面 5 对为蓝色，后 6 对为红色。1 年 1 代，以卵在树皮上、石缝中越冬。翌年 4～5 月孵化，1 龄幼虫昼夜危害，2 龄后幼虫昼伏夜出，有吐丝下垂习性。雄、雌蛾均有趋光性。

［防治措施］①刮除老翘皮，摘除卵块及初孵的群集幼虫，清除枯枝落叶等。②灯光诱杀成虫。③结合日常养护寻找树皮缝、落叶下的幼虫及蛹。④药剂防治：幼虫期喷施 5％定虫隆乳油 1 000～2 000 倍液、40.7％毒死蜱乳油 1 000～2 000 倍液。⑤生物防治：招引保护食虫鸟

类及天敌昆虫；在1～3龄幼虫期，喷洒每毫升含 2×10^{6} 的舞毒蛾核型多角体病毒，每公顷用量300 mL，兑水1 000 kg喷雾。

16. 黄尾毒蛾

[识别要点] 黄尾毒蛾又名桑毛虫、金毛虫等。危害悬铃木、柳、海棠、桃、梅、杏等。成虫体白色，幼虫老熟时体长为32 mm左右，黄色。背线与气门下线呈红色，背线、气门上线与气门线均为断续不连接的黑色线纹，每节有毛瘤3对。该虫1年发生代数因地区不同而有差异，以3龄幼虫在粗皮缝或伤疤处结茧越冬。幼虫危害期分别发生在4月上旬、6月中旬、8月上旬、9月下旬。

[防治措施] ①消灭越冬虫体。清除枯枝落叶和杂草，在树干上帮草把诱集幼虫越冬，第二年早春摘下烧掉，并在树皮缝、石块下等处搜杀越冬幼虫等。②灯光诱杀成虫。③人工摘除卵块及群集的初孵幼虫。④药剂防治：幼虫期喷施5%定虫隆乳油1 000～2 000倍液、2.5%溴氰菊酯乳油4 000倍液、25%灭幼脲3号胶悬剂1 500倍液、40.7%毒死蜱乳油1 000～2 000倍液等。

17. 国槐尺蛾

[识别要点] 危害国槐，龙爪槐，成虫体长12～17 mm，体黄褐色，有黑褐色斑点。前翅有三条明显的黑色横线，近顶角处有一近长方形褐色斑纹。后翅只有2条横线，中室外缘上有一黑色小点。幼虫刚孵化时黄褐色，取食后变为绿色，老熟后紫红色。老熟幼虫体长30～40 mm。每年3～4代。以蛹在树下松土中越冬。5月中旬第1代幼虫危害，6月下旬及8月上旬，第2代、3代幼虫危害。

[防治措施] ①结合肥水管理，人工挖除虫蛹。利用黑光灯诱杀成虫。②幼虫期喷施杀虫剂，如生物制剂Bt乳剂600倍液、10%多来宝悬浮剂2 000倍掖、2.5%功夫乳油2 000～3 000倍液。③保护和利用天敌，如凹眼姬蜂、细黄胡蜂、赤眼蜂、两点广腹螳螂等。成片国槐林或公园内可释放赤眼蜂，其寄生率在40%～77%。

18. 美国白蛾

[识别要点] 美国白蛾危害桑、榆、杨、柳等，成虫体长9～12 mm，纯白色。雌蛾无斑点，触角为锯齿状。老熟幼虫体长28～35 mm，头黑色具光泽，腹部背面具1条灰褐色的宽纵带。背部毛瘤黑色，体侧毛瘤多为橙黄色，毛瘤上生白色长毛丛。1年发生2～3代，以茧内蛹在杂草丛、落叶层、砖缝及表土中越冬。初孵幼虫群集危害，并吐丝结网缀叶1～3片，随着虫龄增长，食量加大，更多的新叶片被包进网幕中。3代区幼虫发生在5～11月，以8月危害最严重。

[防治措施] ①加强检疫。②摘除卵块和尚群集危害的有虫叶。③冬季换茬耕翻土壤，消灭越冬蛹，或在老熟幼虫转移时，可在树干周围束草，诱集化蛹，然后解下诱草烧毁。④成虫羽化盛期利用黑光灯诱杀成虫。⑤保护和利用寄生性、捕食性天敌，用苏云金杆菌和核形多角体病毒制剂喷雾防治。⑥化学防治：喷施50%辛硫磷1 000倍液、95%巴丹可溶性粉剂1 500～2 000倍液或20%速灭菊酯乳油3 000倍液。

19. 榆蓝叶甲

[识别要点] 榆蓝叶甲又名榆蓝金花虫，以成虫、幼虫取食榆叶，常将叶片吃光。成虫体长7～8.5 mm，近长椭圆形，黄褐色，鞘翅蓝绿色，有金属光泽，头部具一黑斑。前胸背板中央有1个黑斑。老熟幼虫体长约11 mm，长形微扁平，深黄色。体背中央有1条黑色纵纹。北京、辽宁一年发生2代，均以成虫越冬。翌年4～5月份成虫开始活动，危害叶片。初孵幼虫剥食

叶肉，被害部呈网眼状，2 龄以后将叶食成孔洞。

[防治措施] ①消灭越冬虫源。清除墙缝、石砖、落叶、杂草下等处越冬的成虫，减少越冬基数。②利用假死性人工震落捕杀成虫或人工摘除卵块。③化学防治：各代成虫、幼虫发生期喷洒 80%敌敌畏和 90%敌百虫 1 000 倍液、40.7%乐斯本 800 倍液或 2.5%溴氰菊酯 2 000～3 000 倍液。④保护、利用天敌寄生蜂、瓢虫、小鸟等来减少虫害。

20. 斑衣蜡蝉

[识别要点] 斑衣蜡蝉危害臭椿、香椿、香樟、悬铃木、法桐等。成虫和若虫刺吸嫩梢及幼叶的汁液，造成叶片枯黄，嫩梢萎蔫，枝条畸形以及诱发煤污病。成虫灰褐色。前翅革质，基部 2/3 为浅褐色，上布有 20 多个黑点，端部 1/3 处为灰黑色。后翅基部为鲜红色，布有黑点，中部白色，翅端黑蓝色。若虫 1～3 龄体为黑色，4 龄体背面红色，有黑白相间斑点，有翅芽。1 年发生 1 代，以卵在枝干和附近建筑物上越冬。翌年 4 月若虫孵化，5 月上中旬为若虫孵化盛期。6 月中下旬成虫出现，成虫和若虫常常数十头群集危害，此时寄主受害更加严重。

[防治措施] ①消灭卵块。秋冬季节修剪和刮除卵块，以消灭虫源。②药剂防治：若虫初孵期结合防治其他害虫，喷施 5%氟氯氰菊酯（百树得）乳油 5 000 倍液、10%吡虫啉可湿性粉剂 2 000 倍液、25%快杀灵乳油 2 000 倍液及菊酯类药剂，应交替使用，以减缓害虫抗药性的产生。

21. 梨网蝽

[识别要点] 梨网蝽危害樱花、梅花、海棠、桃等花木。成虫和若虫在叶背刺吸汁液，正面形成苍白色斑点，背面有褐色粪便及产卵时留下的蝇粪状黑点。成虫体小，体形扁平，黑褐色。前胸背板两侧延伸成扇形，上有网状花纹。前翅略呈长方形，布满网状花纹，静止时前翅重叠，中间形成“X”纹。若虫身体两侧有明显的锥状刺突。以成虫在树皮裂缝、枯枝落叶、杂草丛中或土块缝隙中越冬。次年 4 月上、中旬，越冬成虫开始活动。全年 7～8 月份危害最严重。

[防治措施] ①加强养护。及时清除落叶和杂草，注意通风透光，创造不利于该虫的生活条件。②化学防治：发生严重时可用 10%吡虫啉可湿性粉剂 2 000～3 000 倍液、25%扑虱灵可湿性粉剂 2 000 倍液、40%速扑杀乳油 2 000 倍液等。③保护和利用天敌。草蛉、蜘蛛、蚂蚁等都是蝽类的天敌，当天敌较多时，尽量不喷药剂，以保护天敌。

22. 梧桐木虱

[识别要点] 梧桐木虱又叫青桐木虱，危害梧桐。以成虫和若虫群集于嫩梢或枝叶，吸汁危害。若虫分泌白色棉絮状蜡质物。成虫黄绿色，体长 4 mm 左右，头顶两侧陷入。触角丝状，足淡黄色，翅透明。若虫共 3 龄，虫体扁，略呈长方形，末龄近圆筒形，茶黄而微带绿色，体被较厚的白色蜡质层，翅芽发达，透明，淡褐色。1 年 2 代，以卵在枝叶上越冬。次年 4 月下旬至 5 月上旬越冬卵开始孵化，5～7 月份发生严重。

[防治措施] ①结合修剪，剪除带卵枝条。②若虫发生盛期（叶背出现白色絮状物时）喷施机油乳剂 30～40 倍液，25%扑虱灵可湿性粉剂 2 000 倍液、40%速扑杀乳油 2 000 倍液、10%吡虫啉可湿性粉剂 2 000～3 000 倍液等。③保护天敌，如赤星瓢虫、黄条瓢虫、草蛉等，对梧桐木虱的卵和若虫都能捕食。

23. 星天牛

[识别要点] 星天牛危害杨、柳、悬铃木、乌桕、相思树、樱花、海棠等。以成虫啃食枝干嫩

皮，幼虫钻蛀枝干危害。成虫体黑色，鞘翅具大小不规则的白斑约20个，鞘翅基部有黑色颗粒。卵长椭圆形，黄白色。老熟幼虫乳白色至淡黄色，前胸背板的“凸”字斑上有2个飞鸟形纹。南方1年1代，北方2～3年1代，以幼虫在被害枝干内越冬，翌年3月以后开始活动，6月中旬为成虫羽化盛期。产卵时先咬一“T”形或“八”字形刻槽。卵多产于树干基部和主侧枝下部。

[防治措施] ①加强检疫。②适地适树，选择抗性树种，避免危害。③加强管理，增强树势。④人工捕杀成虫。⑤寻找产卵刻槽，可用锤击、手剥等方法消灭其中的卵。⑥用铁丝钩杀幼虫。⑦饵木诱杀。⑧保护利用天敌，如人工招引啄木鸟，利用管氏肿腿蜂、啮小蜂等。⑨药剂防治：虫孔内塞入磷化铝片剂或磷化锌毒签，或用注射器注射80%敌敌畏，然后用黏泥堵孔。在成虫羽化前喷2.5%溴氰菊酯触破式微胶囊。

24. 光肩星天牛

[识别要点] 危害杨、柳、榆、槭、刺槐等园林树种，对糖槭危害最烈。成虫体黑色，体长22～35 mm，前胸两侧各有一较尖锐的刺状突起。鞘翅基部光滑，翅面上有白色绒毛斑纹20个左右。老熟幼虫体长约50 mm，浅黄色，前胸大而长，背板后端色较深，呈凸字形。1～2年发生1代，以幼虫在蛀道内越冬。成虫白天活动，取食被害植物的嫩枝皮，产卵前咬一椭圆形刻槽。成虫趋光性弱、飞翔力弱，敏感性不强，容易捕捉。

[防治措施] 参照星天牛。

25. 桑天牛

[识别要点] 危害杨、柳、榆、枫杨、柑橘、枇杷等。成虫啃食嫩枝皮层，幼虫蛀食枝干木质部。成虫体和鞘翅均为黑色，密被黄褐色绒毛。幼虫背板中央有3对尖叶状凹皱纹。南方每年1代，在北方2或3年完成1代，以未成熟幼虫在树干孔道中越冬。成虫于6、7月间羽化产卵，产卵痕呈“U”形。

[防治措施] 参照星天牛。

26. 桃红颈天牛

[识别要点] 危害桃、梅、海棠、樱花等。成体黑色发亮，前胸棕红色，具奇特的臭味。老熟幼虫乳白色，背板前缘和两侧有4个黄斑块，体侧密生黄棕色细毛，体背有皱褶。该虫2年(少数地区3年)发生1代，以幼虫在树干蛀道内越冬。翌年3～4月幼虫开始活动，6～8月为成虫羽化期，产卵于树皮裂缝中。

[防治措施] 参照星天牛。

27. 芳香木蠹蛾东方亚种

[识别要点] 危害柳、杨、榆、桦、白蜡、丁香等。以幼虫钻枝干或根际木质部。成虫灰褐色，雌虫头部前方淡黄色，雄虫色稍暗。触角栉齿状，紫色。胸腹部粗壮，灰褐色。前翅散布许多黑褐色横纹。老熟幼虫背部为淡紫红色，侧面稍淡，前胸背板有较大的凸字形黑斑。辽宁、北京2年发生1代，以幼虫在树干内越冬，第2年老熟后离开树干入土越冬。第3年5月间化蛹，6月出现成虫。卵产于离地1～1.5 m的主干裂缝，多成堆、成块或成行排列。

[防治措施] ①加强管理，增强树势。②及时剪除被害梢，减少虫源。③秋季人工捕捉地下越冬幼虫，刮除树皮缝处的卵块。④采用黑光灯或性信息素诱杀成虫。⑤幼虫孵化后未侵入树干前用40.7%毒死蜱乳油1 000～2 000倍液喷干毒杀。⑥幼虫初蛀入韧皮部或边材表

层期间，用40%氧化乐果乳剂柴油液(1∶9)涂虫孔。⑦棉球蘸50%敌敌畏乳油10倍液塞入虫孔并涂湿泥封闭。⑧保护和利用管氏肿腿蜂等天敌。

28. 小线角木蠹蛾

[识别要点] 危害国槐、银杏、榆、樱桃、樱花、丁香、海棠、悬铃木等。幼虫蛀食花木枝干的木质部，造成千疮百孔，与天牛危害状有明显不同。成虫体灰褐色，触角线状，翅面上密布黑色短线纹，前翅中室至前缘为深褐色。幼虫老熟时体背鲜红色，腹部节间乳黄色，前胸背板黄褐色，其上有斜"B"形黑褐色斑。该虫2年发生1代，以幼虫在枝干蛀道内越冬。6～9月为成虫发生期。产卵时将卵产在树皮裂缝或各种伤疤处，卵呈块状，粒数不等。幼虫孵化后先蛀食韧皮部，以后蛀入木质部。

[防治措施] 参照芳香木蠹蛾东方亚种。

29. 日本双齿长蠹

[识别要点] 危害国槐、刺槐、竹、紫藤、紫荆、栾树等。成虫与幼虫喜欢蛀食生长势弱、发芽迟缓及新移栽树的花木枝干，造成枯枝或风折枝。成虫体黑褐色，前胸背板发达，似帽状，可盖着头部。鞘翅密布粗刻点，后缘急剧向下倾斜，斜面有两个刺状突起。幼虫老熟时乳白色，略弯曲，蛴螬形。1年发生1代，以成虫在枝干韧皮部越冬。翌年3月下旬开始在越冬坑道内危害，4月下旬成虫飞出交配，将卵产在枝干韧皮部坑道内。5～6月为幼虫危害期。6月上旬始见成虫。10月下旬至11月上旬成虫迁移到1～3 cm粗的新枝条内，横向环形蛀食，然后在虫道内越冬。

[防治措施] ①加强检疫。对于调运的苗木加强检疫，发现虫株及时处理。②加强养护管理，合理修枝、间伐，增强树势，提高抗虫能力。③疏除被害枝干，进行杀虫处理。④诱杀成虫。根据小蠹虫的发生特点，可在成虫羽化前或早春设置饵木，以带枝饵木引诱成虫潜入，并经常检查饵木内小蠹虫的发育情况并及时处理。⑤化学防治。在成虫羽化盛期或越冬成虫出蛰盛期，喷施2.5%溴氰菊酯乳油、20%速灭杀丁乳油2 000～3 000倍液。

做一做：结合当地实际，对落叶乔木树种进行病虫防治。

【操作要点】

1. 修剪时应先考虑被处理对象的生物学特点以及修剪树木整体观赏性的影响，同时考虑粗枝的留茬高度和伤口处理，修剪后要及时清除杂物，保持绿地卫生。

2. 施肥时要选择好肥料的种类、施肥的方法，控制好施肥量，同时对不同规格的树木要注意其施肥的深度，施肥后要及时浇水。

3. 根据天气及园林植物的生长状况进行灌排水，浇水后要注意回土封堰。

4. 进行病虫防治时，应先准确地识别出病害、虫害的类别，然后再制定切实合理的综合治理方案。

【注意事项】

1. 严格执行操作规程，在高处作业要选择无风的天气，注意安全。

2. 在使用水管浇水时，要有专人看管，防止水的流失。

3. 病虫害防治的首选方案是综合治理措施，其次要注意对症下药、合理用药及安全用药。

【任务考核标准】

表 3-3-2　落叶乔木的养护管理技术任务考核参考标准

序号	考核项目	考核内容	考核标准	考核方法	标准分值
1	基本素质	学习工作态度	态度端正，学习精力集中，学习方法多样，积极主动，全部出勤，否则将酌情扣分。	单人考核	5
		团队协作	具备团队合作精神，积极与小组成员合作，共同完成工作任务，否则将酌情扣分。	单人考核	5
2	专业技能	落叶乔木的修剪	能够规范地进行落叶乔木的修剪。操作不规范者，酌情扣分。	单人考核	20
		落叶乔木的施肥	能够规范地进行落叶乔木的施肥。操作不规范者，酌情扣分。	小组考核	15
		落叶乔木的灌排水	能够规范地进行落叶乔木的灌排水。操作不规范者，酌情扣分。	小组考核	15
		落叶乔木病虫害的识别与防治	能够规范地进行落叶乔木病虫害的识别与防治。操作不规范者，酌情扣分。	单人考核	15
3	职业素质	方法能力	独立分析和解决问题的能力强，能主动、准确地表达自己的想法。	单人考核	5
		工作过程	能够广泛查阅、收集和整理资料，工作过程规范，有完整的工作任务记录，字迹工整。	小组考核	10
		自测训练与总结	及时准确完成自测训练，总结报告结果正确，电子文本规范，体会深刻，上交及时。	单人考核	10
合　计					100

工作任务 3　花灌木类树种的养护管理技术

【任务目标】

掌握花灌木类树种养护的技术要领，并能根据技术要求规范地进行整形修剪、肥水管理、病虫防治等操作。

【任务内容】

1. 根据工作任务，采取课堂、实验(训)室以及校内外实训基地(包括园林绿地、花园、苗圃等)现场相结合的形式，通过查阅资料与网上搜集，获得花灌木类树种养护管理的基本知识。

2.通过大量校内外实训基地的实际操作，熟练掌握花灌木类树种养护管理的技术规范与操作要点。

3.对任务进行详细分析、记载，并列表描述养护管理过程中的技术环节与注意事项。

【教学资源】

1.材料与器具：本地区常见的花灌木类树种（可以根据需要安排不同规格的树木）5～10株（或每组2株）；修剪工具（剪枝剪、高枝剪、梯子等）；肥料、农药及相关的器具；各类浇水设施；工作服、手套、记录簿、皮尺等。

2.参考资料：当地气象资料、有关园林树木资源方面材料、教学参考书、多媒体教学课件、花灌木类树种的彩色图片（纸质或电子版）、有关本地园林绿地养护方面地方标准或法规资料等。

3.教学场所：教室、实验（训）室以及栽植有花灌木类树种的园林绿地等校内外实训基地。

4.师资配备：每20～25名学生配备1名指导教师。

● 内容及操作步骤

一、整形修剪

1.牡丹

牡丹为多年生落叶小灌木。生长缓慢，株型小，株高多在0.5～2 m。牡丹观赏部位主要是花朵，其花雍容华贵、富丽堂皇，素有“国色天香”“花中之王”的美称。牡丹可在公园和风景区建立专类园；在古典园林和居民院落中筑花台种植；在园林绿地中自然式孤植、丛植或片植。也适于布置花境、花坛、花带、盆栽观赏，应用更是灵活。

整形修剪：

生长2～3年后定干3～5枝，其余的干全部剪除。5～6月开花后将残花剪除；6～9月花芽分化；10～11月缩剪，牡丹修剪枝条1/2左右。从枝条基部起留2～3枚花芽，适时可摘除上部的弱花芽，以保证来年1～2枚开花。每年冬季剪去枯枝、老枝、病枝、无用小枝等(图3-3-38)。

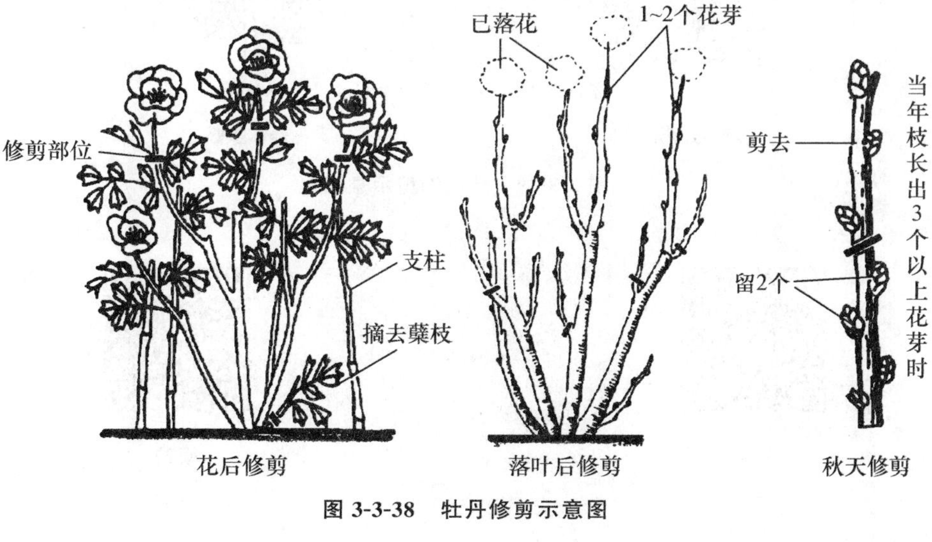

图3-3-38　牡丹修剪示意图

2. 桂花

常绿小乔木或灌木。冠圆球形。叶对生，革质。开淡黄色小花，花浓香，有“独占三秋压群芳，何夸橘绿与橙黄”之美称。核果椭圆形。其品种较多，如金桂，花黄色；银桂，花白色；丹桂，花橙色。它们的花期为 9～10 月。四季桂，花白色，四季开花。

四季常绿，树姿挺秀，在庭园中作为景园树对植、孤植、丛植或成片栽植；植在园路两边、门旁、窗口，花开之时，香飘满园。全树对二氧化硫、氟都有一定抗性，适于工厂绿化。

整形修剪：

自然的桂花枝条多为中短枝，每枝先端生有 4～8 片叶，在其下部则为花序。枝条先端往往集中生长 4～6 个中小枝，每年可剪去先端 2～4 个花枝，保留下面 2 个枝条。以利来年长 4～12 个中短枝，树冠仍向外延伸。每年对树冠内部的枯死枝、重叠的中短枝等进行疏剪，以利通风透光。对过长的主枝或侧枝，要找其后部有较强分枝的进行缩剪，以利复壮。开花后至翌年 3 月，一般将拥挤的枝剪除即可。要避免在夏季修剪(图 3-3-39)。

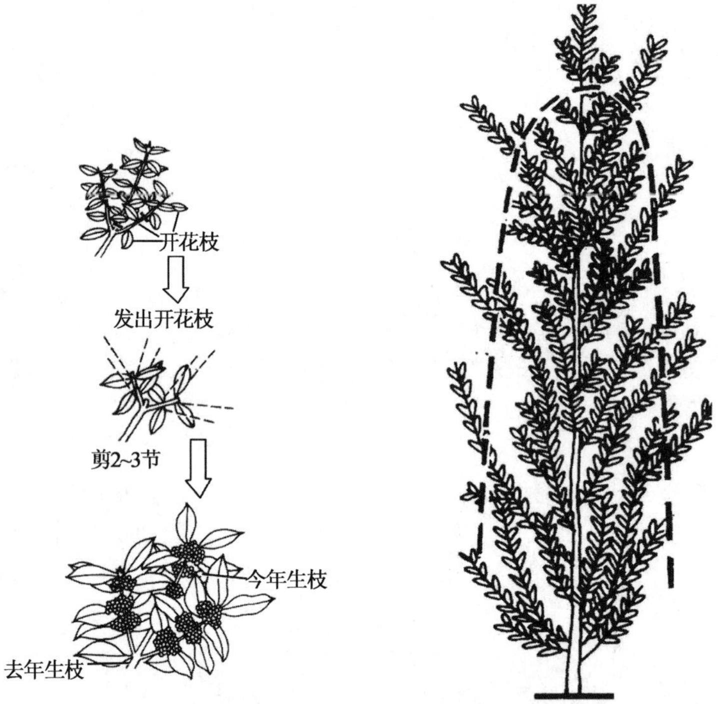

增多开花枝修剪　　基本修剪

图 3-3-39　桂花修剪示意图

茶花　　蜡梅

3. 月季

落叶灌木。花色有白、黄、绿、粉红、红、紫等。栽培品种有数千种，如黄月季，花浅黄色；绿月季，花大、绿色。月季花花色繁多艳丽，花期较长。在庭园中丛植、片植，或栽植花坛、花境；切花瓶插，制作花篮、花环；矮品种可作盆景装饰室内。

整形修剪：

一般整形修剪在冬季或早春进行。在夏、秋生长期，也可经常进行摘蕾、剪梢、切花和剪去残花等。

当幼苗的新芽伸展到 4～6 片叶时，及时剪去梢头，使养分积聚于枝干内，促进根系发达，使当年形成 2～3 个新分枝。冬季剪去残花，多留腋芽，以利早春多发新枝。主干上部枝条，长势较强，可多留芽；主干下部枝条长势较弱，可少留芽。夏季花后，扩展形品种应留里芽；直立形品种应留外芽。在第 2 片叶上面剪花，保留其芽，再抽新枝。

来年冬重剪去上年连续开花的 1 年生枝条，更新老枝。剪口留芽方向同上。注意侧枝的各个方向相互交错、富有立体造型感。由于冬剪的刺激，春季会产生根蘖枝，如果是从砧木上长出，应及时剪去；如果是扦插苗，则可填补空间，更新老枝。剪除树丛内的枯枝，病虫枝及弱枝（图 3-3-40）。

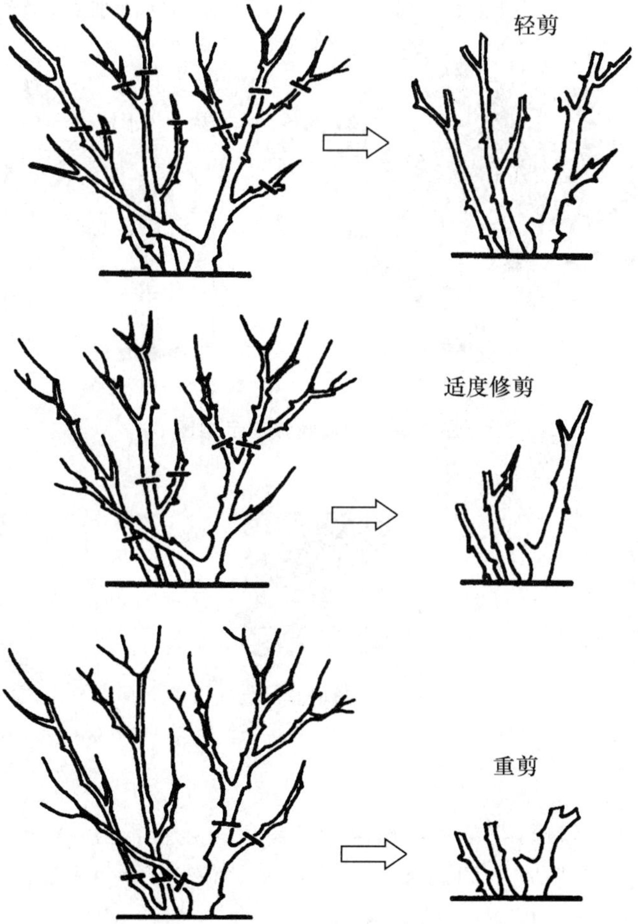

图 3-3-40　月季修剪示意图

4. 杜鹃

落叶或常绿灌木，丛生。春夏开花喇叭状或筒状，有紫、白、红、粉红、黄、橙红、橘红、绿等色。品种较多，如杂种鹃、毛鹃、云锦杜鹃、朱砂杜鹃等。庭园中用作花境、花篱、绿篱，可植于草坪中心和四隅，也可植于门前、阶前、墙下等处。集中成片栽植，开花时烂漫如锦。

整形修剪：

生长旺盛，萌芽力强。2～3 年生的幼苗应摘去花蕾，以利加速形成骨架。新梢短的品种不宜摘蕾，可适当疏枝。5～10 年生苗应适当剪去部分花蕾，促使开花数适当减少。7～8 月花芽分化成花苞，第 2 年 4 月开始伸展新芽，5～6 月开花，花后立即修剪。秋冬时剪去冠内的徒长枝、枯枝、拥挤枝和杂乱枝，使整体树形造型自然、柔和美观。单株灌丛可修剪成圆球形或半圆形、蘑菇形、伞形、塔形等。丛植、遍植的杜鹃可根据地形、环境的特点修剪成起伏的波浪形(图 3-3-41)。

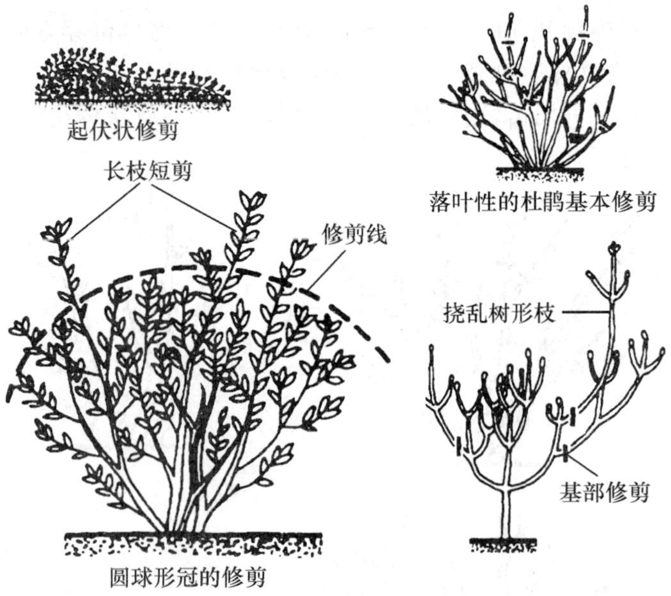

图 3-3-41 杜鹃修剪示意图

玫瑰 榆叶梅 迎春

5. 贴梗海棠

落叶灌木。叶互生，卵形，花单生或簇生于 2 年生枝条上，红色或淡红色、白色。果实球形至卵形，黄色或黄绿色，有香气。同属还有西府海棠、垂丝海棠、木瓜海棠。4 月、9 月 2 次开花。变种有白花种、朱红种、玫瑰种、矮生种。

喜光、耐寒、忌水涝。对土壤要求不严，喜排水良好的肥沃壤土。以分株繁殖为主，在 3 月下旬和9月下旬进行为宜。花密而多，花色艳丽，簇生枝间，鲜艳夺目。门旁对植或配植在草坪花坛中，特别是作为绿篱，开花时别有特色。孤植常绿树前、山石旁，都是很好的前景树。

整形修剪：

萌芽力强，强修剪后易长出徒长枝，所以幼时不强剪。树冠成形后，应注意对小侧枝修剪，使基部隐芽逐渐得以萌发成枝，使花枝离侧枝近。如想扩大树冠，可将侧枝先端剪去，留1～2个长枝，待长枝长到一定长度后再短截长枝先端，使其继续形成长枝。剪截该枝后部的中短花枝，过长的，可适当修剪先端，任其分生花枝开花。小侧枝群，每年交替回缩修剪，交替扩大。5～6年后，选基部或附近的健壮生长枝，更替。也可保持1根1 m以下的主干，侧枝自然生长。花后立即整形修剪。枝条生长茂盛，5月可将过长的剪枝剪去1/4，剪去杂乱枝。冬季，修剪过长枝的1/3，同时将无用的拥挤枝从基部剪去(图3-3-42)。

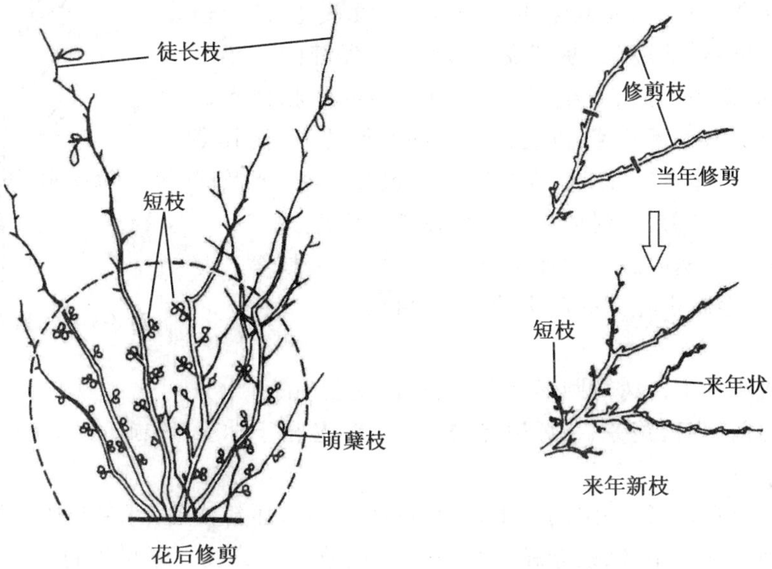

图 3-3-42　贴梗海棠修剪示意图

6. 连翘

落叶灌木。具有丛生的直立茎，枝开展而拱垂。花色艳丽可爱，是优良的早春观花灌木。花时满枝金黄，艳丽可爱。宜丛植于草坪、角隅、岩石假山下、路边或转角处、向阳坡地、阶前、篱下，以及作基础种植或花篱等用。

整形修剪：

萌芽力较强，花芽生在去年枝的叶腋中。早春3月开花，4～7月花后可将花剪枝剪去，重新培养新枝，8～9月花芽分化，使第2年开花更盛。秋后及冬季剪去杂乱枝、老枝和无用弱小枝(图3-3-43)。

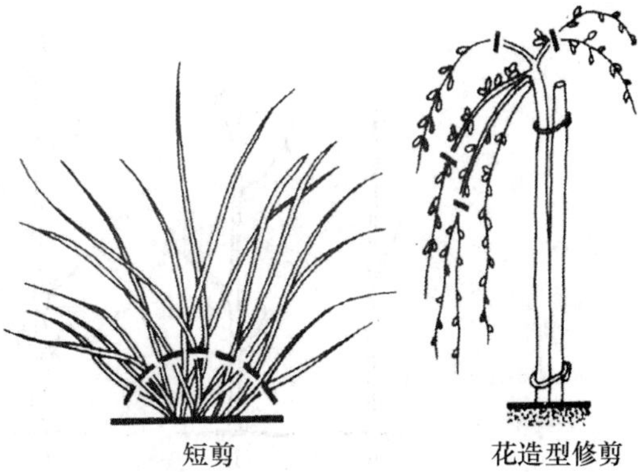

图 3-3-43　连翘修剪示意图

7. 紫荆

落叶丛生灌木，或小乔木。叶大，心脏形。花密，4～10 朵簇生老枝上，紫红色，4 月中旬开放，先花后叶。荚果紫红色，10 月成熟。变种有白花紫荆等。

亚热带树种，我国大部分地区均有栽植。性喜光、喜肥沃湿润的土壤，但怕涝，较耐寒。萌发力强，耐修剪。以播种繁殖为主，3～4 月进行。

早春开花，一片紫红。配植在庭园中的墙隅、篱外、草坪边缘、建筑物周围，供观赏；与常绿乔木配植，对比鲜明，花色更加美丽。

整形修剪：

定植后的幼苗，为了促使其多生分枝，发展根系，应进行轻度短截。第 2 年早春，重短截，使其发出 3～5 个强健的 1 年生枝。在生长期，应适当摘心、剪梢。花后，对丛内的强壮枝常摘心、剪梢，要注意剪口下留外芽，以利树丛内部通风透光，使其多生 2 次枝，以增第 2 年开花量；对丛内过大的粗壮枝条，要及时回缩修剪，即从地面疏剪，以促使 1 年生新枝填补空隙。

冬季适度疏剪树丛内过密的拥挤枝、无用枝、枯萎枝等。避免夏季修剪，否则会减少花芽的产生(图 3-3-44)。

图 3-3-44 紫荆修剪示意图

8. 含笑

常绿灌木或小乔木。树冠圆形。叶绿花香，花香宜人，十分可爱。宜对植门前，列植路旁、草坪边缘、楼房周围，丛植于林缘、庭园、公园花坛和花境。

整形修剪：

幼苗时开始整形，保留一定的主干，为控制树形和增加新枝条，可在新枝生长前进行摘心。开花后进行修剪。剪除枯枝、衰老枝、瘦弱枝、病虫枝。在剪枝时还可进行整形。因为经过一段时间生长后，枝条会出现参差不齐现象，有损美观，所以要对特长的枝条进行短剪、造型，提高观赏价值。叶腋内不长芽的枝条是不会育花的，所以花后把枝条的上端不长芽的剪枝剪去，以刺激枝条下端的叶腋内的幼芽长枝育蕊(图 3-3-45)。

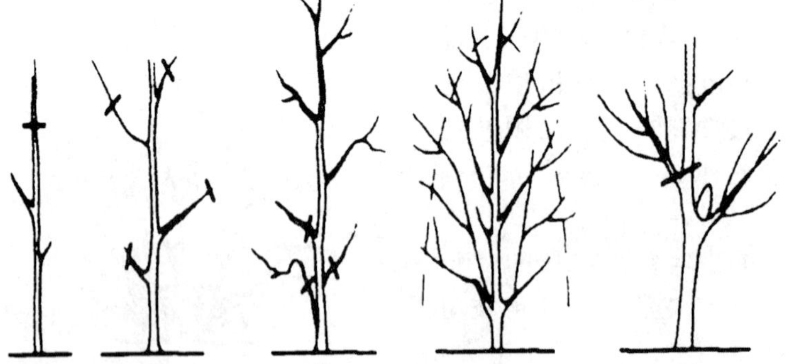

图 3-3-45 含笑修剪示意图

A. 幼苗整形 B. 控制树高 C. 花后修剪 D. 整形修剪 E. 剪去叶腋内不长芽的枝

9.栀子

常绿灌木。枝丛生,树冠球形。品种有:大花栀子,花形较大,香味极浓;小花栀子,花形较小,叶小;卵叶栀子花,叶先端圆;狭叶栀子花,叶狭窄披针形;斑叶栀子花,叶具斑纹。同属的还有雀舌花,茎匍匐,叶倒披针形,花重瓣。

枝繁叶茂,叶亮色绿,花色洁白,芳香扑鼻,适于庭园、池畔、阶前、路旁境栽或群植、孤植、列植,也是点缀花坛的好材料。也可盆栽、作切花、制花篮等供室内观赏。

整形修剪:

萌芽力强,耐修剪。9月2次新梢发育花芽,待第2年开花。花谢后,如整形修剪,只能疏剪伸展枝、徒长枝、弱小枝、斜枝、重叠枝、枯枝等,但要保持整株造型完整。如将新芽剪掉,第2年开花会减少(图3-3-46)。

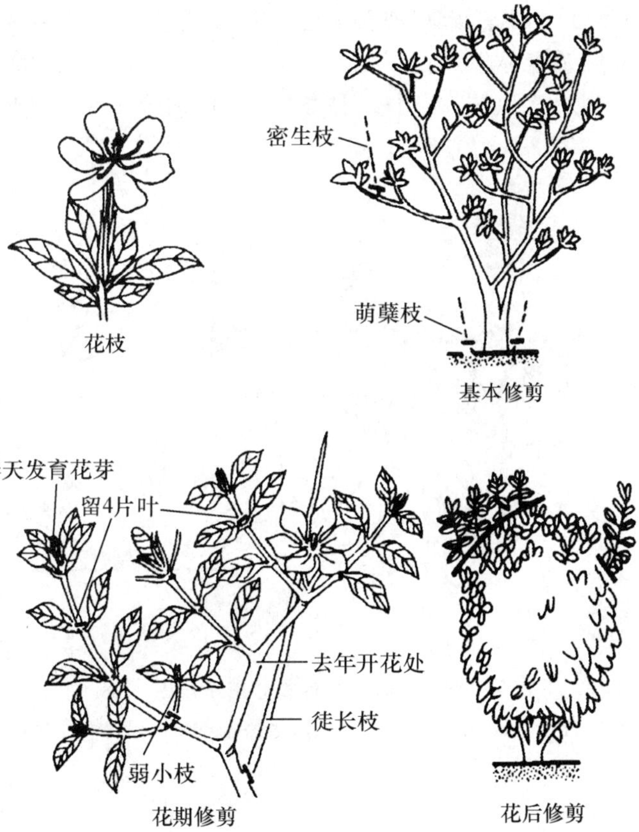

图3-3-46　栀子花修剪示意图

锦带花

茉莉

10. 珍珠梅

落叶丛生灌木。树姿秀丽，花序繁茂，花蕾圆形白亮如珠，夏日花开似梅，衬以清秀的绿叶，潇洒雅致，花期甚长，可达 3 个月之久，是夏季优良的观赏花木。此树种适用于园林行道树，庭园岩石、假山旁片植。

整形修剪：

萌蘖性强，耐修剪。定植后的幼苗，为了促使其多生分枝，发展根系，应进行轻度短截。第 2 年早春重短截，使其发出 3～5 个强健的 1 年生枝条。在生长期应适当摘心、剪梢。3～5 年整株挖出，剪除枯老枝、老枝后再植，有利于更新。

花后，及时剪除残留花枝，以减少水分及养分消耗。树丛内的强壮枝条，要常摘心、剪梢。注意剪口下方，留外芽，以利树丛内部通风透光，使其多生 2 次枝，以增加第 2 年开花量。对树丛内过大的粗壮枝条要及时回缩修剪，即从地面疏剪，以促使 1 年生新枝填补空隙。

落叶后冬剪，注意疏剪老枝以达更新复壮。如不分株应及时剪除萌蘖枝及残花。疏剪树丛内过密枝、拥挤枝、老枝、病虫枝、无用枝、枯萎枝等，促使第 2 年花繁叶茂。避免夏季修剪，否则会减少花芽的产生(图 3-3-47)。

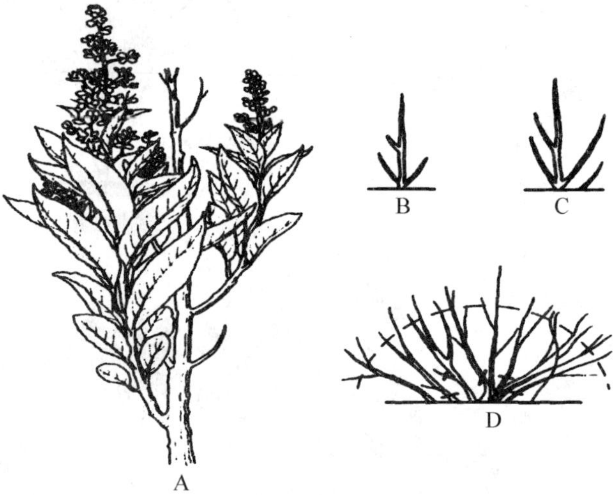

图 3-3-47　珍珠梅修剪示意图

A. 花枝　B. 定植后轻短剪　C. 翌春重短截　D. 秋、冬修剪

11. 木槿

落叶灌木或小乔木。花单生叶腋、钟状，花有紫、红、白等多种颜色，花朵有单瓣和重瓣。常见品种有重瓣白花木槿，重瓣紫花木槿。同属还有大花木槿。花期长、花朵大。夏秋花开满树，娇艳夺目，甚为美观。常作花篱，或单株、丛植于庭园都很美丽。抗污染性强，适于工厂、街道绿化，是优良的花灌木树种。

整形修剪：

生长快，萌芽率强，耐强修剪。冬季落叶后，即可修剪。2～3 年生老枝仍可发育花芽、开花。

剪去先端，留 10 cm 左右即可。如培养低矮的花树可将整体立枝剪短。对粗大的枝可以短剪，以促使细枝密生树容整齐(图 3-3-48)。

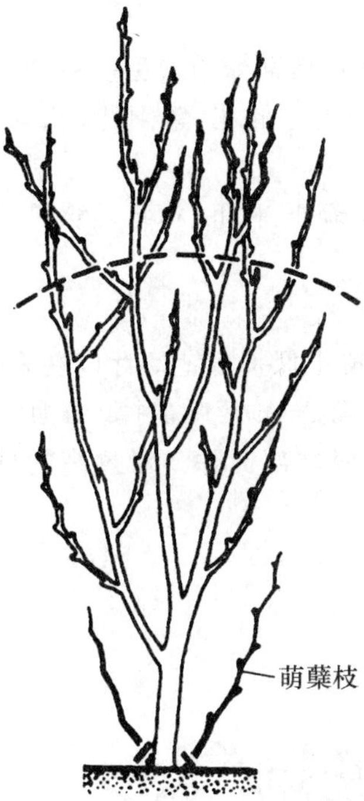

图 3-3-48 木槿修剪示意图

12. 紫薇

花灌木或灌木。椭圆形树冠。圆锥花序顶生，花瓣多皱纹，有白、红、淡红、淡紫、深红等色。花开烂漫如火，夏秋经久不衰，故又名百日红。栽培观赏种还有：大花紫薇，花大，由粉红色变紫色；银薇，花白色；翠薇，花紫色；赤薇，花红色。花期 7～10 月。树姿优美，树干光滑洁净，花期长，花色烂漫，在庭园中，配植在常绿树群中，对比鲜明。庭园建筑物前、池畔、路旁、草坪边缘，均宜栽植。

整形修剪：

冬季，将 1 年生苗先端短截。第 2 年春则生 3～4 个新枝，剪口下第 1 枝，可作主干延长枝，使其直立生长。夏季对其下面的 2～3 个新枝进行不断摘心。第 2 年冬季，短截主干新枝 1/3，并对第 1 层主枝短截。剪口留外芽，减弱长势。夏季，新干剪口下又分生多数新枝，再选 2 个与第 1 层主枝互相错开的枝作第 2 层主枝。未入选的枝条要摘心控制生长。每年仅在主枝上选留各级侧枝和安排好树冠内的开花枝。凡是开花基枝，一般留 2～3 枚芽短截。4～5 月，将刚长出的新芽保留 2～3 枚，其余摘掉，长出来的 2 次短枝特多，这些短枝上也会开很多花。对拥挤枝、弱小枝、老枝应从基部剪去(图 3-3-49)。

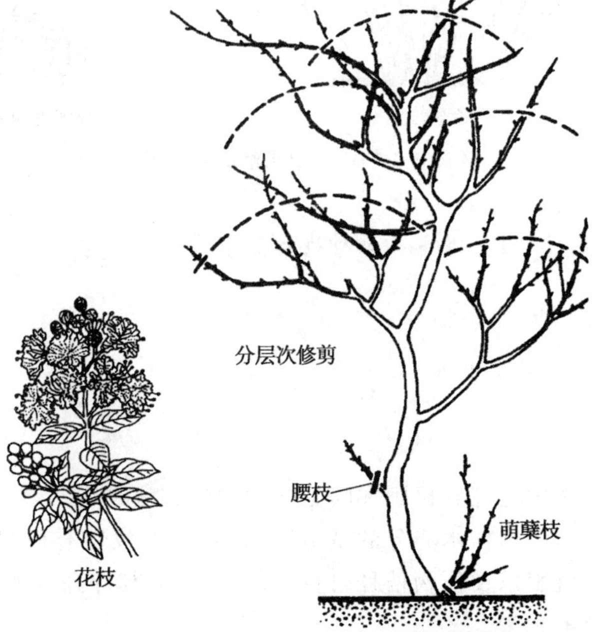

图 3-3-49 紫薇修剪示意图

13. 八仙花

绣球花科落叶灌木。树冠球形。顶生伞房花序，形大，初时白色，渐变为蓝色或粉红色，花期 6～7 月。常见品种有：蓝边八仙花、大八仙花、银边八仙花、紫茎八仙花、紫阳花（花蓝色或淡红色）。同属还有蔓性八仙花、东陵八仙花、圆锥八仙花。

开花时，花团锦簇，色彩多变，极富观赏价值。宜配植于庭院荫处、林下、林缘及建筑北面，也可盆栽布置室内。

整形修剪：

萌蘖性强，在北方地上部分容易冻死，可将地上部分剪去。覆土保护根茎幼芽以利来年春季萌发新株。南方，2 月在大花芽的上方短剪。花开完后在其下面 2～4 片叶剪掉。9 月花芽、叶芽分化之后保留 20 个枝条以内为宜，将弱枝、枯枝、拥挤枝从根基部剪除。对过高的枝，花芽之上剪除（图 3-3-50）。

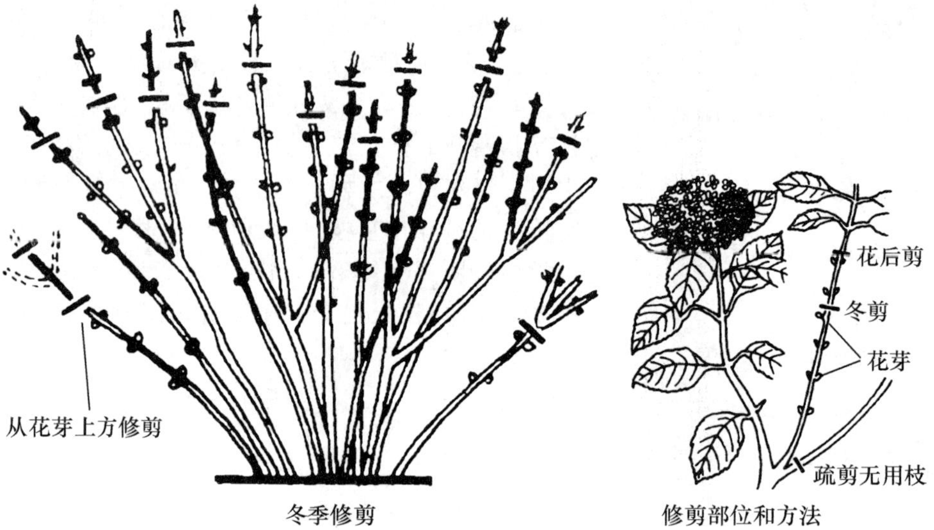

图 3-3-50　八仙花修剪示意图

做一做：结合当地实际，对花灌木类树种进行整形修剪。

二、肥水管理

（一）施肥

花灌木的施肥一般采用追施有机肥和喷施叶面肥的方法进行。

基肥是在较长时期内供给树木养分的基本肥料，宜施迟效性有机肥料，如腐殖酸类肥料、堆肥、厩肥、圈肥、鱼肥、血肥以及作物秸秆、树枝、落叶等，使其逐渐分解，供树木较长时间吸收可利用的大量元素和微量元素。

秋施基肥，有机质腐烂分解的时间较充分，可提高矿质化程度，翌春可及时为花灌木吸收和利用，促进根系生长，特别是对某些观花、观果类树木的花芽分化及果实发育有利。

追肥又叫补肥。对观花、观果树木来说，花后追肥与花芽分化期追肥比较重要，尤以花谢后追肥更为关键,而对于牡丹等开花较晚的花木,这2次追肥可合为1次。某些果树如花谢后施肥不当(过早或氮肥过多)有促使幼果脱落的可能。花前追肥和后期追肥常与基肥施用相隔较近,条件不允许时则可以省去,但牡丹花前必须保证施1次追肥。此外,某些果树及观果树木在果实速生期施1次P、K的配方壮果肥,可取得较好效果。对于一般初栽2～3年内的花木,每年在生长期进行1～2次追肥实为必要,有营养缺乏征兆的树木可随时追肥。

做一做:结合当地实际,对花灌木类树种进行施肥管理。

(二)灌排水

根据各地的条件,观花观果树木,在发芽前后到开花期,新梢生长和幼果膨大期,果实迅速膨大期以及果熟期及休眠期,如果土壤含水量过低,都应进行灌溉。

气候条件对于灌水和排水的影响,主要是年降水量、降水强度、降水频度与分布。在干旱的气候条件下或干旱时期,灌水量应多,反之应少,甚至要注意排水。例如,北京地区4～6月是干旱季节,但正是树木发育的旺盛时期,因此需水量较大。在这个时期,一般都需要灌水。如月季、牡丹等名贵花灌木,在此期只要见土干就应灌水,而对于其他花灌木则可以粗放些,但总的来说,这是春季干旱转入少雨的时期,树木正处于开始萌动,生长加速并进入旺盛生长的阶段,所以应保持土壤的湿润。在江南地区这时正处于梅雨季节,不宜多灌水。某些花木如梅花、碧桃等6月底以后形成花芽,所以在6月份应进行灌水,促进花芽的形成。

花灌木的灌水方法一般是采用围堰方法进行,当然处于成片栽植的树木也可采用漫灌和管灌的方法进行。

观察与思考:花灌木类树种灌水管理措施的制定与哪些因素有关?

三、病虫害的识别与防治

1. 牡丹褐斑病

[识别要点] 牡丹褐斑病主要危害叶片,也侵染茎、叶柄、花器、果实和种子。发病初期在叶片上出现褐色近圆形小斑,边缘不明显,后期扩大为不规则大斑,具有轮纹,有时连接成片,严重时整叶焦枯。潮湿条件下,叶背病斑处出现墨绿色霉层。茎与叶柄上病斑长圆形,3～5 mm,褐色,中间开裂并下陷,严重时病斑也连成片。花萼与花瓣受害严重时,边缘枯焦。病菌主要以菌丝在病残体上越冬。孢子借风雨传播,自伤口侵入。植株过密,湿度大时,有利于发病。

[防治措施] ①加强肥水管理,使植株生长健壮。②随时清扫落叶,摘去病叶,冬季对重病株进行重度修剪,以减少侵染来源。③药剂防治:休眠期喷施3～5波美度石硫合剂。发病初期喷洒下列药剂:70%甲基托布津可湿性粉剂1 000倍液、10%世高水分散粒剂6 000～8 000倍液、40%福星乳油4 000～6 000倍液、70%代森锰锌可湿性粉剂800～1 000倍液、6%乐比耕可湿性粉剂1 500～2 000倍液、60%防霉宝超微粉剂600倍液。

2. 月季黑斑病

[识别要点] 月季黑斑病主要危害叶片,初期叶片上出现褐色小点,以后逐渐扩大为圆形或近圆形的斑点,边缘呈不规则的放射状,病部周围组织变黄。病斑上生有黑色小点。严重时

病斑连片，甚至整株叶片全部脱落，成为光杆。病菌以菌丝和分生孢子盘在病残体上越冬。露地栽培，病菌以菌丝体在芽鳞、叶痕或枯枝、落叶上越冬。孢子借风雨、飞溅水滴传播危害，因而多雨、多雾、多露时易于发病。

［防治措施］参照牡丹褐斑病。

3. 杜鹃角斑病

［识别要点］主要侵染叶片，发病初期，叶片上出现红褐色小斑点，逐渐扩大成圆形或不规则的多角形病斑，黑褐色，直径 1～5 mm。后期病斑中央组织变为灰白色，严重时病斑相连成片，导致叶片枯黄、早落。湿度大时，叶斑正面生出许多褐色的小霉点，即病菌的分生孢子和分生孢子梗。病菌以菌丝体在病叶及病残体上越冬。借风雨等传播，高温多雨季节发病重。雨雾多、露水重有利于孢子的扩散和侵染，因而发病重。土壤黏重、通风透光性差、植株缺铁黄化时，有利于病害的发生。

［防治措施］参照牡丹褐斑病。

4. 紫荆角斑病

［识别要点］主要危害叶片，造成叶枯脱落。叶斑呈多角形，初期针点大小，后变为多角形，颜色为褐色或黑色，后期密生黑色小霉点，潮湿时，小粒点上生灰白色霉状物。病菌以子座或菌丝体在病落叶上越冬。翌春，当条件适合时，产生分生孢子由风雨传播，引起感染。雨水多的年份，发病较重。

［防治措施］参照牡丹褐斑病。

5. 玫瑰锈病

［识别要点］玫瑰锈病主要危害叶和芽，春天新芽上布满鲜黄色粉状物，叶背出现稍隆起黄色斑点，成熟后散出橘红色粉末，秋末叶背出现黑褐色粉状物，即冬孢子堆和冬孢子。受害叶片早期脱落。病菌以菌丝体在芽内和以冬孢子在发病部位及枯枝落叶上越冬。翌年玫瑰新芽萌发时，孢子萌发侵染植株幼嫩组织，4 月下旬出现明显的病芽，在嫩芽、幼叶上呈现出橙黄色粉状物。借风、雨、虫等传播，6、7 月和 9 月发病最为严重。温暖、多雨、空气湿度大时易流行。

［防治措施］①清除侵染来源。结合园圃清理及修剪，及时将病枝芽、病叶等集中烧毁，以减少病源。②加强管理，降低湿度，注意通风透光，增施磷钾肥，提高植株的抗病能力。③药剂防治。发病初期可喷洒 15％粉锈宁可湿性粉剂 1 000～1 500 倍液，每 10 d 喷 1 次，连喷 3～4 次；或用 12.5％烯唑醇可湿性粉剂 2 000～3 000 倍液、10％世高水分散粒剂稀释 2 000～3 000 倍液、40％福星乳油 2 000～3 000 倍液喷雾防治。

6. 山茶炭疽病

［识别要点］山茶炭疽病主要危害叶片和新梢，初发生时为小点，后扩大成不规则的大斑，黄褐色至褐色，最后中央灰白色，其上散生或轮生许多小黑点，病健交界处稍隆起。潮湿条件下，小黑点上产生淡红色具黏液的分生孢子堆。枝梢被害后，形成梭形、下陷的溃疡斑，边缘淡红色，后期呈黑褐色，有黑色小点和纵向裂纹，病斑环绕枝梢即枯死。病菌以菌丝及分生孢子在病残体上越冬，翌春菌丝扩展产生新病斑，并在新老病斑上，产生新的分生孢子。孢子借风雨、昆虫及人为传播。病害的发生与温湿度密切相关，春季下雨早、雨量多则发病早、发病重。

［防治措施］①加强肥水管理，增强植株的抗病能力。②及时清除枯枝、落叶等病残体，减

少初侵染源。③合理修剪，增强通风透光能力，提高植株抗性。④药剂防治：休眠期喷施 3～5 波美度的石硫合剂。发病初期喷洒下列药剂：47%加瑞农可湿性粉剂 600～800 倍液、40%福星乳油 2 000～3 000 倍液、10%世高水分散粒剂 2 000～3 000 倍液、10%多抗霉素可湿性粉剂 1 000～2 000 倍液、6%乐比耕可湿性粉剂 1 500～2 000 倍液、70%甲基托布津可湿性粉剂 1 000 倍液、75%百菌清可湿性粉剂 800 倍液、80%炭疽福美可湿性粉剂 800 倍液。

7. 含笑炭疽病

[识别要点] 该病常引起含笑早期落叶，枝梢枯死。初期叶片上出现针尖大小的斑点，周围有黄色晕环，后逐渐扩展为圆形或不规则形病斑，深褐色至灰白色，有轮纹状斑，边缘黑褐色，稍隆起。病斑中央散生或轮生黑褐色小点。病菌以菌丝或分生孢子在病株和病落叶上越冬。翌年 5、6 月气温升高时产生分生孢子，由风雨或气流传播，高温多雨季节发病重。

[防治措施] 参照山茶炭疽病。

8. 茉莉炭疽病

[识别要点] 茉莉炭疽病主要危害叶片，有时也危害嫩梢，叶片初为褪绿小斑点，后扩大为浅褐色，圆形或近圆形病斑，直径 2～10 mm，病斑中央灰白色，边缘褐色，稍隆起。后期病斑上轮生稀疏的黑色小粒点。病菌以菌丝体和分生孢子在病叶上越冬。通过风雨传播，自伤口侵入，一般夏秋期间病害较重。

[防治措施] 参照山茶炭疽病。

9. 花木煤污病

[识别要点] 该病在花木上发生普遍，其症状是在叶面、枝梢上形成黑色小霉斑，后扩大连片，使整个叶面、嫩梢上布满黑霉层，抑制植物光合作用，削弱生长势，降低观赏价值。病菌在病部及病落叶上越冬，翌年由风雨、昆虫等传播。主要在蚜虫、介壳虫等害虫的分泌物及排泄物上繁殖。高温多湿，通风不良，蚜虫、介壳虫等产生分泌物的害虫发生量大时，发病重。

[防治措施] ①喷洒杀虫剂防治蚜虫、介壳虫等害虫，减少其排泄物或蜜露，从而达到防病的目的。②在植物休眠季节喷洒 3～5 波美度的石硫合剂，杀死越冬的菌源，从而减轻病害的发生。③对寄主植物进行适度修剪，温室要通风透光良好，以便降低湿度，减轻病害的发生。

10. 蔷薇三节叶蜂

[识别要点] 蔷薇三节叶蜂危害蔷薇、月季、十姐妹、黄刺玫、玫瑰等花卉，以幼虫食叶，严重时可把叶片食光。成虫头胸部黑色带有光泽，腹部橙黄色，翅黑色半透明。1～4 龄幼虫微带淡绿色，头部及胸足黑色；5 龄幼虫头红褐色；老熟幼虫头橘红色，胸腹部黄色或橙黄色，胸、腹部各节有三条黑点线。以老熟幼虫在土中作茧越冬，翌年 3 月上、中旬化蛹、羽化、交尾和产卵，成虫用产卵管将月季、蔷薇等寄主植物的新梢纵向切开一口，产卵于其中，使茎部纵裂，并变黑倒折。

[防治措施] ①冬春季结合土壤翻耕消灭越冬茧。②寻找产卵枝梢、叶片，人工摘除卵梢、卵叶或孵化后尚群集的幼虫。③幼虫危害期喷洒 Bt 乳剂 500 倍液、2.5%溴氰菊酯乳油 2 000 倍液、20%杀灭菊酯 2 000 倍液、25%灭幼脲 3 号胶悬剂 1 500 倍液。

做一做：结合当地实际，对花灌木类树种进行病虫防治。

【操作要点】

1. 修剪时应先考虑被处理对象的生物学特点以及修剪树木整体观赏性的影响，修剪后要及时清除杂物，保持绿地卫生。

2. 施肥时要选择好肥料的种类、施肥的方法，控制好施肥量，同时对不同规格的树木要注意其施肥的深度，施肥后要及时浇水。

3. 根据天气及园林植物的生长状况进行灌排水，浇水后要注意回土封堰。

4. 进行病虫防治时，应先准确地识别出病害、虫害的类别，然后再制定切实合理的综合治理方案。

【注意事项】

1. 严格执行操作规程，注意安全。

2. 在使用水管浇水时，要有专人看管，防止水的流失。

3. 病虫害防治的首选方案是综合治理措施，其次要注意对症下药、合理用药及安全用药。

【任务考核标准】

表 3-3-3 花灌木的养护管理技术任务考核参考标准

序号	考核项目	考核内容	考核标准	考核方法	标准分值
1	基本素质	学习工作态度	态度端正，学习精力集中，学习方法多样，积极主动，全部出勤，否则将酌情扣分。	单人考核	5
		团队协作	具备团队合作精神，积极与小组成员合作，共同完成工作任务，否则将酌情扣分。	单人考核	5
2	专业技能	花灌木的修剪	能够规范地进行各种花灌木的修剪。操作不规范者，酌情扣分。	单人考核	20
		花灌木的施肥	能够规范地进行花灌木的施肥。操作不规范者，酌情扣分。	小组考核	15
		花灌木的灌排水	能够规范地进行花灌木的灌排水。操作不规范者，酌情扣分。	小组考核	15
		花灌木病虫害的识别与防治	能够规范地进行花灌木病虫害的识别与防治。操作不规范者，酌情扣分。	单人考核	15
3	职业素质	方法能力	独立分析和解决问题的能力强，能主动、准确地表达自己的想法。	单人考核	5
		工作过程	能够广泛查阅、收集和整理资料，工作过程规范，有完整的工作任务记录，字迹工整。	小组考核	10
		自测训练与总结	及时准确完成自测训练，总结报告结果正确，电子文本规范，体会深刻，上交及时。	单人考核	10
	合　计				100

工作任务4 攀缘类植物的养护管理技术

【任务目标】

掌握常见6缘类植物(以木本为主)的养护技术要领,并能根据技术要求规范地进行整形修剪、肥水管理、病虫防治等操作。

【任务内容】

1.根据工作任务,采取课堂、实验(训)室以及校内外实训基地(包括园林绿地、花园、苗圃等)现场相结合的形式,通过查阅资料与网上搜集,获得常见攀缘类植物养护管理的基本知识。

2.通过大量校内外实训基地的实际操作,熟练掌握常见攀缘类植物养护管理的技术规范与操作要点。

3.对任务进行详细分析、记载,并列表描述养护管理过程中的技术环节与注意事项。

【教学资源】

1.材料与器具:本地区常见的攀缘类植物(可以根据需要安排不同环境下的攀缘类植物种类,棚架、花架、垂直绿化等位置)10～20株(或每组10株);修剪工具(剪枝剪、高枝剪、梯子等);肥料、农药及相关的器具;各类浇水设施;工作服、手套、记录簿、皮尺等。

2.参考资料:有关本地区攀缘类植物品种资源方面的材料、教学参考书、多媒体教学课件、攀缘植物的彩色图片(纸质或电子版)、有关本地区攀缘类植物养护方面地方标准或法规资料等。

3.教学场所:教室、实验(训)室以及有攀缘类植物的园林绿地等校内外实训基地。

4.师资配备:每20～25名学生配备1名指导教师。

● 内容及操作步骤

一、整形修剪

1.凌霄

落叶藤本,长达10余米。茎上有攀缘的气生根,攀附于其他物上。枝繁叶茂,入夏后朵朵红花缀于绿叶中次第开放,十分美丽,可植于假山等处,也是廊架绿化的上好植物。

整形修剪:

凌霄的整形决定于支撑物,也就是由其绿化的对象来决定。如果将其种在枯木旁,则凌霄缠绕枯木向上生长,好似枯木逢春。如果用凌霄绿化墙面,则将其种植在墙的近处,开始需要人工诱引于墙面上,可用三角钉固定枝蔓。以后随着枝蔓的生长,借气根攀缘向上生长,不需人工的帮助。开始人工诱引主蔓向墙面上生长时,一定要把主蔓分布均匀,绝不可几个主蔓拧在一起向上诱引。同时主蔓也不可留得过多,一般留3～5个,当主蔓生长到一定高度时,开始选留侧蔓,侧蔓要留在有空的地方,才能使枝蔓很好地生长发育。

凌霄的修剪主要是在春季进行,春季萌芽前,首先将细弱枝、过密枝、交叉重叠枝以及干枯老枝全部剪除,然后使枝蔓分布均称,各占据一定空间,才能更好地绿化墙面。由于凌霄为藤本类，枝蔓攀缘，给老枝更新带来一定的困难。为了减少麻烦，往往当老枝彻底衰老后，才进行回缩。可回缩到健壮的分枝处，也可回缩到植株基部，视具体情况决定(图 3-3-51)。

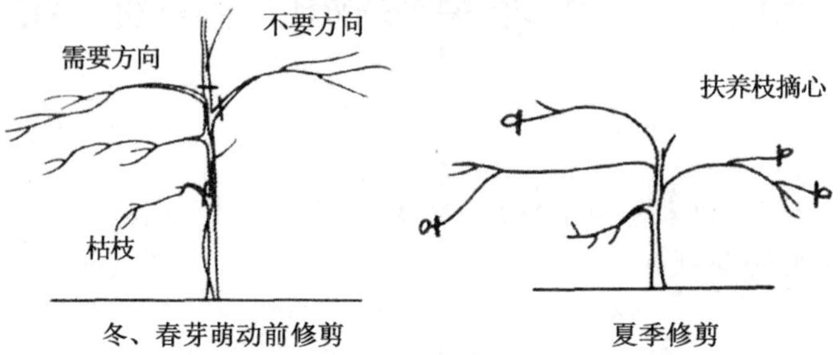

图 3-3-51 凌霄修剪示意图

2. 紫藤

落叶缠绕藤本。下垂总状花序，花紫色。枝繁叶茂，花色浓艳。在园林中，适宜花廊、花架等垂直绿化。

整形修剪：

定植后，选留健壮枝作主藤干培养，剪去先端不成熟部分，剪口附近如有侧枝，剪去 2～3 个，以减少竞争，以便将主干藤缠绕于支柱上。分批除去从根部发生的其他枝条。主干上的主枝，在中上部只留 2～3 枚芽作辅养枝。主干上除发生一强壮中心主枝外，还可以从其他枝上发生 10 余个新枝，辅养中心主枝。第 2 年冬，对架面上中心主枝短截至壮芽处，以期来年发出强健主枝，选留 2 个枝条作第 2、第 3 主枝进行短截。全部疏去主干下部所留的辅养枝。今后每年冬，剪去枯死枝、病虫枝、互相缠绕过分重叠枝。一般小侧枝，留 2～3 枚芽短截，使架面枝条分布均匀。

放任树更新，冬季在架面上选留 3～4 个生长粗壮的骨干枝，进行短截或回缩修剪。再剪去其上的全部枝条。壮枝轻剪长留，弱枝重剪短留，使新生枝条得以势力平衡而复壮。主枝上生的侧枝，除过于密集的适当疏剪几个外，一律重剪，留 2～3 枚芽(图 3-3-52)。

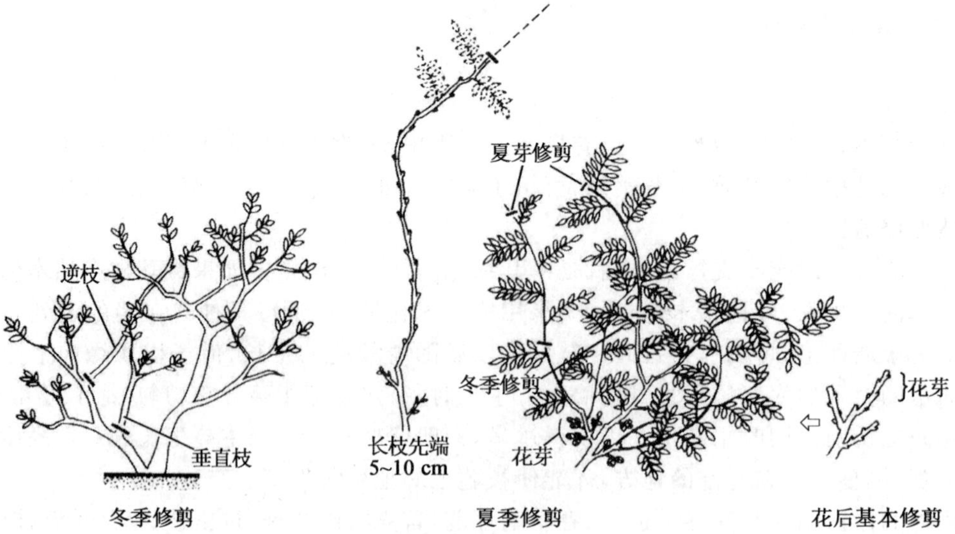

图 3-3-52 紫藤修剪示意图

3. 木香

落叶或半常绿攀缘藤本。花叶并茂，晚春至初夏开花不断，白花宛如香雪，黄花灿若披锦，花香馥郁，是广泛用于庭园棚架、花篱、坡壁的垂直绿化树种。

整形修剪：

移植时对枝条进行强修剪，只留 3～4 个主蔓，定向诱导攀缘。休眠期修剪，应在春季萌发前进行，剪除病虫枝、枯死枝、交叉枝、密生枝、萌蘖枝和徒长枝。为了适当补充主、侧枝蔓不足，可将其余从基部剪除，以免消耗养分。

夏季花谢后，应将残花和过密新梢剪去，使其通风透光，以利花芽分化。主蔓老时，要适当短截更新，促发新蔓(图 3-3-53)。

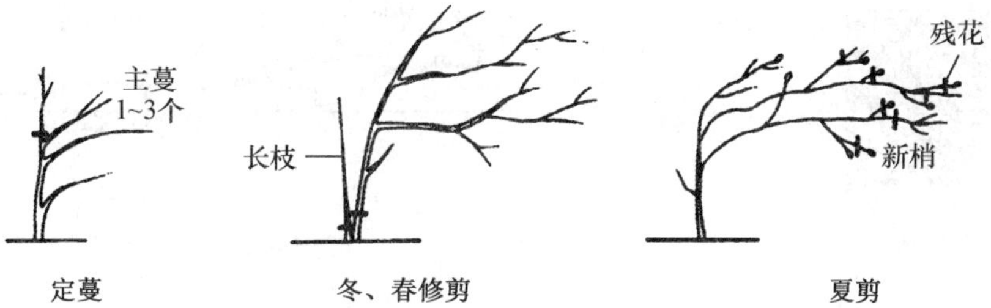

图 3-3-53　木香修剪示意图

4. 蔷薇

落叶小灌木或藤木，干枝蔓生，茎细长，多皮刺。枝繁叶茂，初夏开花，花团锦簇，芳香清雅，花期持久，红果累累，鲜艳夺目，可用以布置花架、花廊、花篱，或植于围墙、假山旁，或修剪造型，是一种优良的垂直绿化和装饰树种。

整形修剪：

以冬季修剪为主，宜在完全停止生长后进行，不宜太早，过早修剪容易萌生新枝而遭受冻害。修剪时首先将过密枝、干枯枝、徒长枝、病虫枝从茎部剪掉，控制主蔓枝数量，使植株通风透光。主枝和侧枝修剪应注意留外侧芽，使其向左右生长。修剪当年生的未木质化新枝梢，保留木质化枝条上的壮芽，以便抽生新枝。

夏季修剪，作为冬剪的补充，应在 6～7 月进行，将春季长出的位置不当的枝条，从茎部剪除或改变其生长伸长的方向，短截花枝并适当长留生长枝条，以增加翌年的开花量(图 3-3-54)。

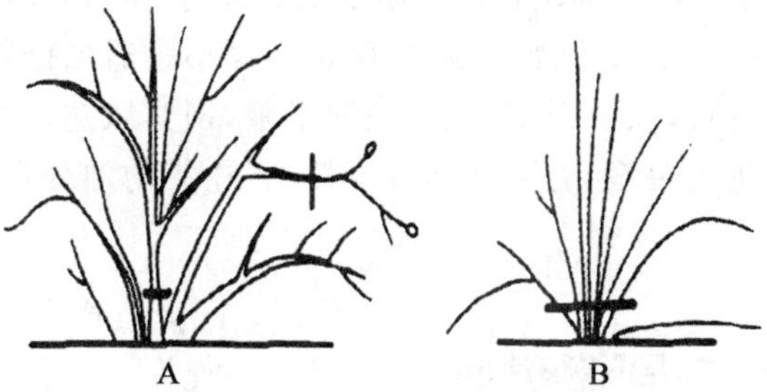

图 3-3-54　蔷薇修剪示意图

A. 夏剪(6～7 月花后修剪)　B. 冬剪

5. 常春藤

常绿木质藤本植物。藤茎细长，借气生根攀缘他物附石而生，扶摇直上，或柔枝悬垂，颇具韵味。常春藤耐阴，可作室内盆景，悬垂陈设观赏；也可作常绿地被；还是净化空气、美化环境的优良树种。

整形修剪：

常春藤是木质藤本植物，藤茎细长，及时摘除组织顶芽，使组织增粗，促进分枝。常春藤生长快、萌发力强，随时剪除过密枝、徒长枝。

常春藤具有吸附气根，植在各种花墙、花架旁，再进行适当修剪，可创造各种立体造型(图 3-3-55)。

扶芳藤

爬山虎

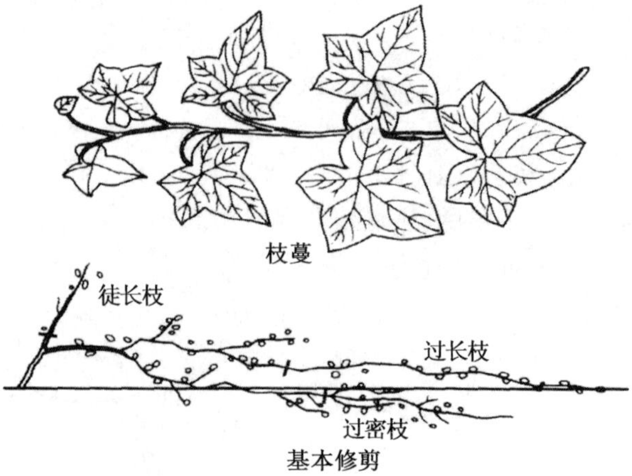

图 3-3-55 常春藤修剪示意图

6. 金银花

金银花属于半常绿缠绕木质藤本。植株轻盈，藤蔓缠绕，花色先白后黄，繁花密布，秀丽清香，是一种色香俱备的优良藤本植物。可作篱垣、花架、花廊等的垂直绿化，也可点缀于假山和岩石隙缝间。

整形修剪：

栽植 3～4 年后，老枝条适当剪去枝梢，以利于第 2 年基部腋芽萌发和生长。为使枝条分布均匀、通风透光，在其休眠期间要进行 1 次修剪，将枯老枝、纤细枝、交叉枝从基部剪除。

早春，在金银花萌动前，疏剪过密枝、过长枝和衰老枝，促发新枝，以利于多开花。金银花一般 1 年开 2 次花。当第 1 批花凋谢之后，对新枝梢进行适当摘心，以促进第 2 批花芽的萌发。

如果作灌木栽培，可将茎部小枝适当修剪，待枝干长至需要高度时，修剪掉根部和下部萌蘖枝，保留干梢枝条，披散下垂，别具风趣。如果作篱垣，只需要枝蔓牵引至架上，每年对侧枝进行短截，剪除互相缠绕枝条，让其均匀分布在篱架上即可(图 3-3-56)。

葡萄

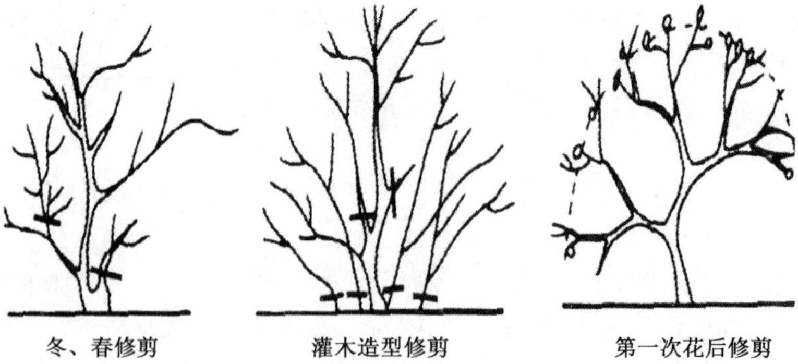

图 3-3-56 金银花修剪示意图

做一做：结合当地实际，对攀缘类植物进行整形修剪。

二、肥水管理

(一)施肥

施肥的目的是供给攀缘植物养分,改良土壤,增强植株的生长势。

施肥的时间要根据施肥的种类来决定。施基肥时,应在秋季植株落叶后或春季发芽前进行;施用追肥,应在春季萌芽后至当年秋季进行,在生长季节和雨水较多的地区要注意能够及时补充肥力。

施用基肥的肥料应使用有机肥,施用量宜为 0.5～1.0 kg/m^2。追肥可分为根部追肥和叶面追肥 2 种。根部施肥可分为穴施和沟施两种。每 2 周 1 次,每次施混合肥每延长米 100 g 左右,施化肥为每延长米 50 g。叶面施肥时,对以观叶为主的攀缘植物可以喷浓度为 5%的氮肥尿素,对以观花为主的攀缘植物喷浓度为 1%的磷酸二氢钾。叶面喷肥宜每半月 1 次,一般每年喷 4～5 次。施用有机肥时必须经过腐熟,施用化肥必须粉碎、施匀;施用有机肥不应浅于 40 cm,化肥不应浅于 10 cm,施肥后应及时浇水。叶面喷肥宜在早晨或傍晚进行,也可结合喷药一起喷施。

做一做:结合当地实际,对攀缘类植物进行施肥管理。

(二)灌排水

水是攀缘植物生长的关键,在春季干旱天气时,直接影响到植株的成活。新植和近期移植的各类攀缘植物,应连续浇水,直至植株不灌水也能正常生长为止,特别是植物生长关键时期一定要把握好浇水量。做好冬初冻水的浇灌,有利于防寒越冬。

由于攀缘植物根系浅、占地面积少,因此在土壤保水力差或天气干旱季节应适当增加浇水次数和浇水量。

观察与思考:攀缘类植物灌水管理措施的制定与哪些因素有关?

三、病虫害的识别与防治

1. 葡萄霜霉病

[识别要点] 危害叶片,也侵害嫩梢、花、幼果等。叶片发病,初期出现细小的不定型的淡黄色水渍状斑点,以后逐渐扩大,在叶正面呈现黄色或褐色的不整形病斑;其边缘界限不明显,常数斑愈合在一起。病斑背面产生白色浓霜状霉层。受害严重时,叶片焦枯卷缩,引起早期脱落。病原为真菌。病菌以卵孢子在病组织中越冬,或随病叶遗留在土壤中越冬。第二年在适宜条件下萌发产生芽孢囊,再由芽孢囊产生游动孢子,借风、雨传播到寄主叶片上侵染。

[防治措施] ①及时清除病残组织,减少病菌来源。②合理修剪,尽量剪去近地面不必要的蔓叶,使植株通风透光良好,降低湿度。③增施磷、钾肥,在酸性土壤中应多施石灰,提高寄主的抗性。④药剂防治:在发病前或发病初期开始喷洒 0.6%石灰半量式波尔多液,或 58%瑞毒霉锰锌可湿性粉剂 400～500 倍液、69%安克锰锌可湿性粉剂 800 倍液、40%疫霉灵可湿性粉剂 250 倍液、64%杀毒矾可湿性粉剂 400～500 倍液、72%克露可湿性粉剂 750 倍液。

2.葡萄透翅蛾

[识别要点] 主要为害葡萄，以幼虫蛀食枝蔓，造成枝蔓死亡。受害处从蛀孔排出褐色粪便，幼虫多蛀食蔓的髓心部，被害处膨大肿胀似瘤，叶片变质，果实脱落，易折断或枯死。成虫体蓝黑色，前翅脉为红褐色，翅脉间膜质透明，后翅膜质半透明，腹部4、5及6节中部有一明显的黄色横带，以第4节横带最宽。在北方每年1代，以老幼虫在被害的枝蔓髓心部过冬，春季蛀一圆形羽化孔并以丝封住孔口而后化蛹，6～7月份羽化成虫。成虫羽化后不久即交尾产卵，卵散产于枝、蔓和芽腋间，每雌约产卵50粒，卵期约10 d，卵孵化后幼虫多从叶柄基部蛀入新梢内为害，蛀孔处常堆有虫粪。

[防治措施] ①结合养护，秋季整枝时发现虫枝剪掉烧毁，或从6月上、中旬起经常观察叶柄、叶腋处有无黄色细末物排出，如有发现用脱脂棉蘸100倍敌敌畏药液涂抹。②悬挂黑光灯，诱捕成虫。③药剂防治：当葡萄抽卷须期和孕蕾期，可喷施10%～20%拟除虫菊酯类农药1 500～2 000倍液，收效很好；也可当主枝受害发现较迟时，在蛀孔内滴注100倍敌敌畏药液或塞入1/4片磷化铝。④生物防治：将新羽化的雌成虫一头，放入用窗纱制成的小笼内，中间穿一根小棍，搁在盛水的面盆口上，面盆放在葡萄旁，每晚可诱到不少雄成虫。诱到一头等于诱到一双，收效很好。

3.丝棉木金星尺蠖

[识别要点] 危害大叶黄杨、扶芳藤等。成虫头部黑褐色，腹部黄色，翅银白色，翅面具有浅灰和黄褐色斑纹。前翅中室有近圆圈形斑，翅基部有深黄、褐色、灰色花斑。老熟幼虫体黑色，腹部有4条青白色纵纹，气门线与腹线为黄色。1年发生4代，以老熟幼虫在被害寄主下松土层中化蛹越冬。5月上中旬第1代幼虫及7月上中旬第2代幼虫危害最重。成虫有不太强的趋光性，多在叶背成块产卵，排列整齐。初孵幼虫常群集危害，啃食叶肉。

[防治措施] ①结合肥水管理，人工挖除虫蛹，利用黑光灯诱杀成虫。②幼虫期喷施杀虫剂，如生物制剂Bt乳剂600倍液、10%多来宝悬浮剂2 000倍液、90%晶体敌百虫1 200倍液、2.5%溴氰菊酯乳油2 000倍液、40.7%毒死蜱乳油1 000～2 000倍液、2.5%功夫乳油2 000～3 000倍液。③保护和利用天敌，如凹眼姬蜂、细黄胡蜂、赤眼蜂、两点广腹螳螂等。

4.金银花褐斑病

[识别要点] 主要危害叶片，发病初期叶片上出现黄褐色小斑，后期数个小斑融合一起，呈圆形或受叶脉所限呈多角形的病斑。潮湿时，叶背生有灰色的霉状物，干燥时，病斑中间部分容易破裂。病害严重时，叶片早期枯黄脱落。该病为真菌引起，病菌在病叶上越冬，次年初夏产生分生孢子，分生孢子借风雨传播，一般先由下部叶片开始发病，逐渐向上发展，病菌在高温的环境下繁殖迅速。一般6～8月份发病较重，危害严重的植株，在秋季早期大量落叶。

[防治措施] ①结合秋冬季修剪，除去病枝、病芽，清扫地面落叶集中烧毁或深埋，以减少病菌来源。②发病初期注意摘除病叶，以防病害蔓延。③加强肥水管理，提高植株抗病能力。④及时排水，降低土壤湿度，适当修剪，改善通风透光，以利于控制病害发生。⑤化学防治：发病初期用70%甲基硫菌灵可湿性粉剂800倍液、70%代森锰锌可湿性粉剂800倍液、扑海因1 500～2 000倍液喷雾防治。

5.金银花白粉病

[识别要点] 主要危害叶片，有时也危害茎和花。叶上病斑初为白色小点，后扩展为白色粉状斑，后期整片叶布满白粉层，严重时发黄变形甚至落叶；茎上部斑褐色，不规则形，上生有

白粉;花扭曲,严重时脱落。病菌在病残体上越冬,翌年产生孢子进行初侵染,发病后病部又产生孢子进行再侵染。温暖干燥或株间荫蔽易发病。施用氮肥过多,干湿交替发病重。

[防治措施] ①选用抗病品种,凡枝粗、节密而短、叶片浓绿而质厚、密生绒毛的品种,大多为抗病力强的品种。②合理密植,整形修剪,改善通风透光条件,可增强抗病力。③少施氮肥,多施些磷钾肥。④发病初期用25%敌力脱乳油 2 500～5 000 倍液、40%福星乳油 8 000～10 000 倍液、50%瑞毒霉锰锌 1 000 倍液喷雾防治。

6. 金银花蚜虫

[识别要点] 多在 4 月上、中旬发生,主要刺吸植物的汁液,使叶变黄、卷曲、皱缩。4～6 月虫情较重,立夏后,特别是阴雨天,蔓延更快,以成、幼虫刺吸叶片汁液,使叶片卷缩发黄,金银花花蕾期被害,花蕾畸形;危害过程中分泌蜜露,导致煤烟病发生,影响叶片的光合作用。

[防治措施] ①清除枯枝、烂叶、杂草,集中烧毁或埋掉,以减轻危害。②发芽前喷洒 5 波美度的石硫合剂。③蚜虫发生时,采用 10%吡虫啉可湿性粉剂 1 500～2 000 倍液、3%啶虫脒可湿性粉剂 2 000 倍液、10%万安可湿性粉剂 2 000 倍液喷雾。

做一做:结合当地实际,对攀缘类植物进行病虫防治。

四、牵引管理

牵引的目的是使攀缘植物的枝条沿依附物不断伸长生长。特别要注意栽植初期的牵引。新植苗木发芽后应做好植株生长的引导工作,使其向指定方向生长。从植株栽后至植株本身能独立沿依附物攀缘为止。应依攀缘植物种类不同、时期不同,使用不同的方法,如捆绑设置铁丝网(攀缘网)等。

【操作要点】

1. 在进行攀缘类植物修剪时,要注意攀缘类植物类型及用途,特别是一些观花类要保护好花芽,对于遮阳的攀缘植物要注意牵引和疏密。

2. 施肥时要选择好肥料的种类、施肥的方法,控制好施肥量,同时对不同规格的树木要注意其施肥的深度,施肥后要及时浇水。

3. 修剪后要及时清除杂物,保持绿地卫生,在浇水后要注意回土封堰。

4. 进行病虫防治时,应先准确地识别出病害、虫害的类别,然后再制定切实合理的综合治理方案。

【注意事项】

1. 严格按照花木修剪的操作规程进行,在高处或路边修剪攀缘类植物时,要注意安全。

2. 施用有机肥时,要充分腐熟。

3. 在使用水管浇水时,要有专人看管,防止水的流失。

4. 病虫害防治的首选方案是综合治理措施,其次要注意对症下药、合理用药及安全用药。

【任务考核标准】

表 3-3-4 攀缘类植物的养护管理技术任务考核参考标准

序号	考核项目	考核内容	考核标准	考核方法	标准分值
1	基本素质	学习工作态度	态度端正,学习精力集中,学习方法多样,积极主动,全部出勤,否则将酌情扣分。	单人考核	5
		团队协作	具备团队合作精神,积极与小组成员合作,共同完成工作任务,否则将酌情扣分。	单人考核	5
2	专业技能	攀缘类植物的修剪	能够规范地进行各种攀缘植物的修剪。操作不规范者,酌情扣分。	单人考核	20
		攀缘类植物的施肥	能够规范地进行攀缘植物的施肥。操作不规范者,酌情扣分。	小组考核	15
		攀缘类植物的灌排水	能够规范地进行攀缘植物的灌排水。操作不规范者,酌情扣分。	小组考核	15
		攀缘类植物病虫害的识别与防治	能够规范地进行攀缘植物病虫害的识别与防治。操作不规范者,酌情扣分。	单人考核	15
3	职业素质	方法能力	独立分析和解决问题的能力强,能主动、准确地表达自己的想法。	单人考核	5
		工作过程	能够广泛查阅、收集和整理资料,工作过程规范,有完整的工作任务记录,字迹工整。	小组考核	10
		自测训练与总结	及时准确完成自测训练,总结报告结果正确,电子文本规范,体会深刻,上交及时。	单人考核	10
	合　计				100

工作任务 5　竹类植物的养护管理技术

【任务目标】

掌握常见竹类植物的养护技术要领,并能根据技术要求规范地进行整形修剪、肥水管理、病虫防治等操作。

【任务内容】

1. 根据工作任务,采取课堂、实验(训)室以及校内外实训基地(包括园林绿地、花园、苗圃等)现场相结合的形式,通过查阅资料与网上搜集,获得常见竹类植物养护管理的基本知识。

2. 通过大量校内外实训基地的实际操作,熟练掌握常见竹类植物养护管理的技术规范与操作要点。

3. 对任务进行详细分析、记载，并列表描述养护管理过程中的技术环节与注意事项。

【教学资源】

1. 材料与器具：本地区常见的竹类植物 100～200 m^2（或每组 10 m^2）；修剪工具（剪枝剪、高枝剪等）；肥料、农药及相关的器具；各类浇水设施；工作服、手套、记录簿、皮尺等。

2. 参考资料：有关本地区竹类植物品种资源方面的材料、教学参考书、多媒体教学课件、竹类植物的彩色图片（纸质或电子版）、有关本地区竹类植物养护方面地方标准或法规资料等。

3. 教学场所：教室、实验（训）室以及栽植有竹类植物的园林绿地等校内外实训基地。

4. 师资配备：每 20～25 名学生配备 1 名指导教师。

● 内容及操作步骤

我国观赏竹种类多分布广，根据形态习性的不同可分为散生竹、丛生竹、混生竹 3 大类（图 3-3-57）。

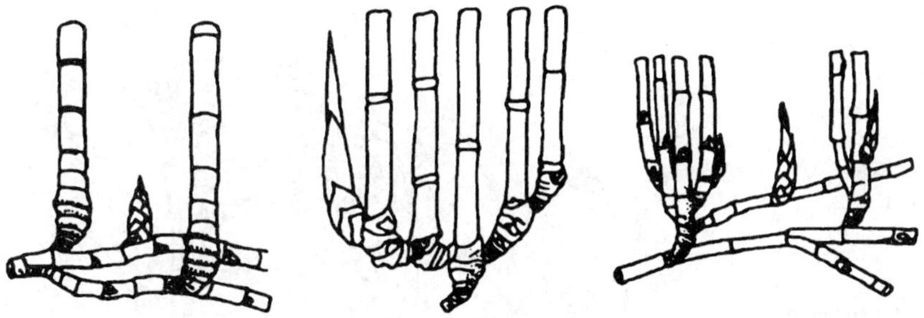

图 3-3-57 竹的三大类型

散生竹：具有地下横走的竹鞭（也称马鞭）。竹鞭有节，节上生根。每节着生芽，发育成新鞭或新竹。夏、秋季节，竹鞭梢端节上的芽，萌发成鞭笋，鞭笋在地下横向生长，形成新鞭。由于竹鞭在地下纵横交错的分布，所以竹子散布在林中，故称散生竹。如毛竹、刚竹、淡竹、桂竹、石竹、水竹等。

丛生竹：没有地下横走的竹鞭。老竹兜的地下部分，有 8～12 个生根的节，短缩膨大，形似烟斗。每个节上有 1 个大型芽。夏秋季节，大型芽发育成竹笋。由于这类竹种每年生长的新竹，是由老竹兜上的芽发育而成，所以与老竹十分靠近，形成密集的竹丛，故称丛生竹。如青皮竹、撑篙竹、粉单竹、慈竹、麻竹等。

混生竹：它和散生竹一样，具有地下横走的竹鞭，又和丛生竹一样。老兜上的芽可发育成新竹和新鞭。如苦竹、茶秆竹等。

一、整形修剪（图 3-3-58、图 3-3-59）

散生竹、混生竹的竹林就是 1 棵竹树。因此，竹株的砍伐就是竹树的整形修剪。竹子有老、中、青、幼和大、中、小及粗、中、细之分。例如，刚竹、淡竹、苦竹、茶秆竹等细竹种，一般 3 年以上砍伐;大毛竹 6 年左右砍伐。采伐季节以秋末冬初为宜,因为这时竹子地上地下部分生长缓慢,不会影响竹笋和竹鞭生长。同时要把畸形竹、死竹、废竹等清除。在大风口或易遭雪压的地方,可剪去 1/3～1/2 竹梢以防止风倒雪压。为了观赏的需要,散生竹,当年新竹生长发育健全之后,一般在 6～7 月就可以伐去 3 年以上的老竹,留下嫩绿色的竹竿青翠漂亮。以控制生长为目的,可把新竹梢头剪去,或打去一部分下层枝条,使新竹挺拔直立又整齐。

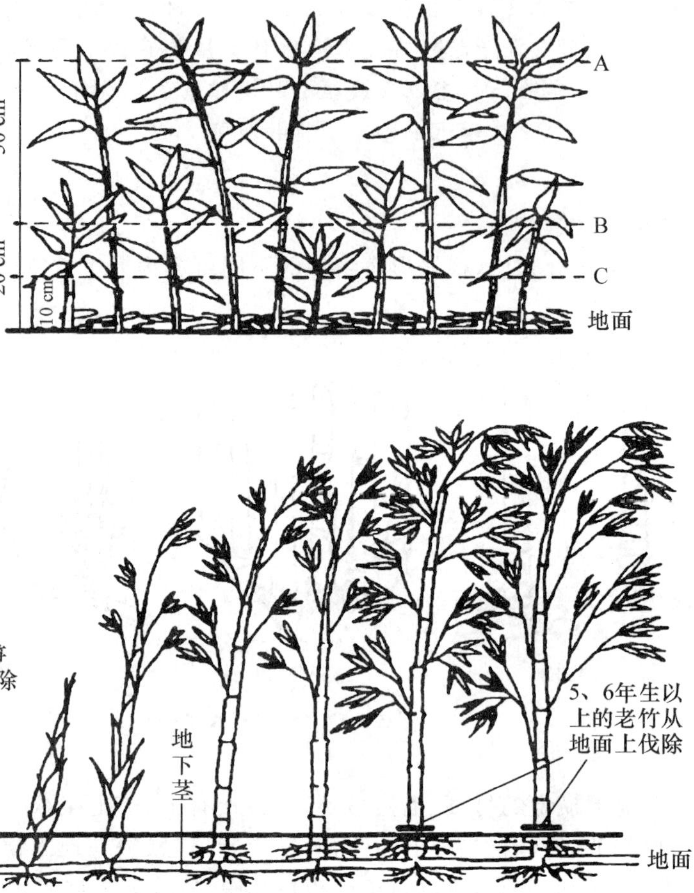

图 3-3-58 伐竹的基本方法(一)

A. 高 50 cm　B. 低 20 cm　C. 地面上 10 cm

粗竹子伐去以后,所产生的地下鞭会变细,细鞭上只能长出细竹。反之,伐去细竹,地下生长的新鞭能变粗。在粗鞭上会生出大竹笋,大笋会长出既粗又高的竹株,因此整个竹林中的竹株就会越来越粗大。掌握这种特性,因地制宜,灵活运用,就会达到预期的效果。

丛生竹的 1 丛竹子也是 1 株竹树。竹丛中,2 年生的竹株正处在养分积累丰富的时期。所以一般砍伐 3 年生竹株较适宜。注意刀口越接近地面越好。绿色地被竹可根据环境的需要统一修剪,保留 10～50 cm 高度。

做一做:结合当地实际,对竹类植物进行整形修剪。

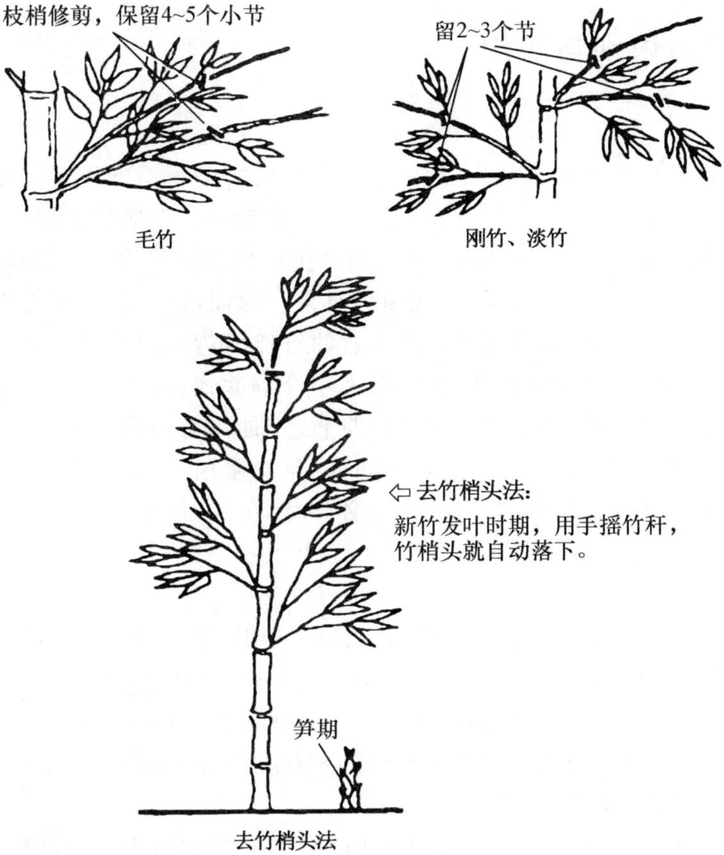

图 3-3-59　伐竹的基本方法(二)

二、肥水管理

(一)施肥

竹林以施有机肥为主。时间以 11～12 月为宜，每亩可施有机肥 2 500 kg，设围栏，积竹叶是重要的施肥措施。

在每年的 11～12 月(或者竹子停止生长以后)，使用腐熟的有机肥均匀地撒在竹林内，3.5～4 kg/m²，另外在竹子栽植时应施足底肥。竹林要每年培土，厚度以 5 cm 为宜，时间利用冬季。

(二)浇水

浇水要抓住关键季节，春季出笋前(4 月)要浇足催笋水，5、6 月要浇拔节水，夏季雨水充沛可不浇或少浇，秋季(11、12 月)上旬浇孕笋水，冬季过于干旱的可适当喷水，竹林浇水要看天、看地、看竹林长势而定。

做一做：结合当地实际，对竹类植物进行肥水管理。

三、病虫害的识别与防治

1. 竹丛枝病

[识别要点] 竹丛枝病又称雀巢病、扫帚病。主要危害刚竹属的种类。发病初期，个别细弱枝条节间缩短，叶退化呈小鳞片形。病枝在春秋季不断地长出侧枝，形似扫帚，严重时侧枝密集成丛，形如雀巢。4～5月，病枝梢端、叶鞘内产生白色米粒状物。病竹从个别枝条丛枝发展到全部枝条发生丛枝，致使整株枯死。病原为真菌。郁闭度大，通风透光不好的竹林，或者低陷处，溪沟边，湿度大的竹林以及抚育管理不善的竹林，病害发生较为常见。

[防治措施] ①加强竹林抚育管理，按竹龄大小合理砍伐，并及时松土、施肥，促进竹林旺盛生长，提高抗病力。②新造竹林，应严格选择母竹，不能用有病母竹造林。③竹林中一旦发现个别丛枝病株，立即剪除病枝烧毁。④药剂防治：早春采用1～2波美度石硫合剂喷施保护植株，尤其是发病严重的植株应喷施2～3次。必要时，在5～6月喷施70%甲基托布津1 000倍液、47%加瑞农可湿性粉剂600～800倍液。

2. 竹斑蛾

[识别要点] 主要危害毛竹、刚竹、淡竹、青皮竹等，初孵幼虫群集于竹叶背面取食，致使竹叶呈现不规则的白斑，严重时致全叶枯白。后渐分散危害并将整个叶片吃光。成虫体黑色，有光泽，翅黑褐色。老熟幼虫砖红色，各体节横列4个毛瘤，瘤上长有成束的黑短毛和白色长毛。不同区域世代数明显不同。以老熟幼虫在竹林的枯枝落叶下、石块下及笋壳内结茧越冬。翌年3月中旬化蛹，4月成虫羽化。

[防治措施] ①在冬季及早春结合竹林管理，搜集杀除越冬虫茧，以降低来年虫口密度。②人工除卵和捕杀初龄幼虫。③在竹林较密的地方，可采用烟雾剂熏杀，用药量为15 kg/hm^2；在不宜使用烟雾剂的竹林中，用40.7%乐斯本800倍液或2.5%溴氰菊酯2 000～3 000倍液喷雾，对幼虫应在3龄前进行，对成虫应在羽化盛期进行。

3. 刚竹毒蛾

[识别要点] 危害毛竹、慈竹，大发生时，可将竹叶食尽，使竹节内积水，致使竹林成片死亡。成虫体黄色。雄成虫翅淡黄至棕黄色，雌成虫翅黄白色，翅后缘中央有橙红色斑。老熟幼虫体灰黑色，被黄白和黑色长毛，前胸背板两侧各具1向前伸的、由羽状毛组成的灰黑色毛束。第1～4腹节背面中央各有1棕红色毛刷，第8腹节背面中央有1棕红色毛刷。以卵和1～2龄幼虫在叶背面越冬。幼虫有吐丝下垂转移的习性，4龄后幼虫分散取食，有假死性，遇惊卷曲弹跳坠地。

[防治措施] ①灯光诱杀成虫。②在虫口密度较大的情况下，用敌敌畏烟剂熏杀幼虫，每亩用量1 kg左右。③药剂防治：幼虫期喷施5%定虫隆乳油1 000～2 000倍液、2.5%溴氰菊酯乳油4 000倍液、25%灭幼脲3号胶悬剂1 500倍液、40.7%毒死蜱乳油1 000～2 000倍液等。或在竹秆基部，钻一小孔，注入10倍液氧化乐果1～2 mL。④生物防治：在清明前后，用白僵菌防治低龄幼虫，每亩施用2个。

4. 黄脊竹蝗

[识别要点] 危害毛竹、淡竹、刚竹等，大发生时，将竹叶吃尽，如同火烧一般，新竹被害即枯死，老竹被害后2～3年内不发新笋。成虫绿色，体长约33 mm，雄虫略小，由头顶至前胸背

板中央有一显著的黄色纵纹，愈向后愈宽，触角末端淡黄色。后足腿节粗大，两侧有人字形沟纹，胫节瘦小，有刺两排。卵长椭圆形，长6～8 mm，土黄色，卵块圆筒形，长19～28 mm。1年发生1代，以卵越冬，越冬卵于5月初开始孵化，5月中下旬为孵化盛期，6月底孵化完毕。

[防治措施] ①人工挖卵。竹蝗产卵集中，可于11月产卵多的地点挖卵块。②跳蝗出土10 d内，于早上露水未干前用敌百虫粉喷撒，每公顷用药20～30 kg。③在跳蝗上竹时，对密度较大的竹林，用3%敌百虫粉20～30 kg喷撒；或在露水干后用40.7%乐斯本800倍液或2.5%溴氰菊酯2 000～3 000倍液喷雾，也可用杀虫净油剂进行超低容量喷雾，也可以进行烟雾剂防治。④释放白僵菌，使初生的跳蝗感染白僵菌而死亡。

5. 竹螟

[识别要点] 又称竹卷叶虫，主要种类有竹织叶野螟、竹淡黄绒野螟、竹绒野螟等，危害毛竹、淡竹、刚竹等。幼虫卷叶取食，大发生时竹叶被吃光。此虫世代复杂，以老熟幼虫在土茧内越冬。初孵幼虫吐丝卷叶，取食竹叶上表皮，2龄起幼虫转苞危害，至5龄幼虫每天或隔天就换苞取食，7月上、下旬老熟幼虫吐丝坠地，入土结茧。幼虫初孵时多群体取食，随后分散卷叶结苞取食，并有转移取食习性，虫口密度大时可吃光竹叶。竹螟的发生与环境关系密切，蜜源、林地、气温、湿度条件和天敌多少，都影响虫口密度。

[防治措施] ①结合竹林抚育管理，消除林中的小灌木，减少蜜源植物。②冬季削山松土，消灭越冬老熟幼虫，降低虫口密度。③5月底出现成虫期间，以灯光或黑光灯诱杀。④虫口密度大时，在发现幼虫苞叶时可用98%晶体敌百虫1∶50倍液、90%敌百虫400倍液或辛硫磷400倍液防治幼虫，效果较好。

6. 竹镂舟蛾

[识别要点] 又名竹青虫，以幼虫取食竹类叶片。雌成虫体翅黄白色，前翅近前缘与基角处深黄色，后翅黄白色至白色。雄虫体黄褐色，前翅锈黄色后翅茶褐色。幼虫体翠绿色，背线灰黑色。一年生3～4代，以老熟幼虫在地面浅土、落叶中作茧越冬或以4代幼虫在竹上越冬。成虫昼伏夜出，具趋光性。幼虫喜吐丝下垂。

[防治措施] ①灯光诱杀成虫。②结合养护管理，在根际周围掘土灭茧。③幼虫低龄阶段及时喷药灭虫。幼虫孵化期喷25%灭幼脲3号悬浮剂1 000～1 500倍、2.5%溴氰菊酯乳油2 000倍液。④生物防治：第1代幼虫发生期Bt喷乳剂500倍液，1、2代卵发生盛期，每公顷释放30万～60万头赤眼蜂，傍晚或阴天释放白僵菌防治幼虫。

7. 竹大象虫

[识别要点] 竹大象虫又称竹象，危害毛竹、青皮竹、甜竹、绿竹、水竹、茶竹等。幼虫蛀食竹笋，使竹笋内部霉烂而死。成虫体梭形，红褐色。体表面光滑有光泽，头管及口器为黑褐色，触角肘状，前胸背面后缘中央有一长方形黑斑，鞘翅的肩部各有1个黑斑，鞘翅上各有点刻组成的纵纹9条，足细长。幼虫乳黄色，肥胖，无足，头棕色有毛，体第1～4节略隆起，第1节背面两侧各有一块方形硬度板，每体节有横皱2～4条，幼虫共5龄。每年发生1代，以成虫于室中越冬。次年5月份越冬成虫开始出土后活动，以6月下旬至7月上旬为出土盛期。成虫有伪死性。幼虫老熟后于地下6～28 cm处做室化蛹。成虫羽化后当年不出土，于室内越冬。

[防治措施] ①结合竹林抚育，冬季松土，可直接捣毁蛹室，对竹林劈山松土，破坏越冬土茧，改变其越冬环境，可使其越冬害虫大量死亡，同时也可促进竹林多行鞭孕笋，增强抗虫性。②成虫出现期，利用其假死性及行动迟缓的特点，且出土期比较集中，极易发现和捕捉，进行人

工捕杀。③药剂防治：成虫外出期喷20%菊杀乳油1 500～2 000倍液1～2次，或2.5%溴氰菊酯乳油2 000～2 500倍液、50%辛硫磷乳油1 000倍液；成虫期用灭幼脲油胶悬剂超低量喷雾防治成虫，使成虫不育，卵不孵化；幼虫期向树体内注射40%氧化乐果乳油10倍液，可杀死幼虫。也可在幼龄幼虫期，危害状明显时，用氧化乐果、灭幼脲等药剂点涂排泄孔或喷干。

8. 一字竹象虫

［识别要点］又称杭州竹象虫、竹笋象虫。危害毛竹、刚竹、桂竹、淡竹、红竹等。雌成虫取食竹笋，作为补充营养；幼虫蛀食笋肉，使竹笋腐烂折倒，或笋成竹后节距缩短，竹材易被风折。成虫体梭形，黑色，雌雄成虫前胸背板上均有一字形黑斑。幼虫黄色，头赤褐色，口器黑色，体多皱纹。1年发生1代，以成虫在土茧中越冬，次年4月底成虫出土，雌虫以笋为补充营养，将笋啄成很多小洞，6月底至7月底羽化为成虫于土茧内越冬。

［防治措施］参照竹大象虫。

做一做：结合当地实际，对竹类植物进行病虫防治。

【操作要点】

1. 在进行竹类植物修剪时，要注意竹类植物类型及特性用途，特别是要注意对竹鞭的保护。

2. 施肥时要选择好肥料的种类、施肥的方法，控制好施肥量，同时对不同规格的树木要注意其施肥的深度，施肥后要及时浇水。

3. 修剪后要及时清除杂物，保持绿地卫生，在浇水后要注意回土封堰。

4. 进行病虫防治时，应先准确地识别出病害、虫害的类别，然后再制定切实合理的综合治理方案。

【注意事项】

1. 严格按照竹类修剪操作操作规程执行，注意安全。

2. 施用的有机肥要充分腐熟。

3. 在使用水管浇水时，要有专人看管，防止水的流失。

4. 在对竹类植物进行修剪时要选择好整体布局，注意去密留疏、去老留新，另外，因为竹类一般杆径硬度大，在修剪时要选择好工具，最好用手锯，同时注意留茬高度。

5. 病虫害防治的首选方案是综合治理措施，其次要注意对症下药、合理用药及安全用药。

【任务考核标准】

表3-3-5 竹类的养护管理技术任务考核参考标准

序号	考核项目	考核内容	考核标准	考核方法	标准分值
1	基本素质	学习工作态度	态度端正，学习精力集中，学习方法多样，积极主动，全部出勤，否则将酌情扣分。	单人考核	5
		团队协作	具备团队合作精神，积极与小组成员合作，共同完成工作任务，否则将酌情扣分。	单人考核	5

续表 3-3-5

序号	考核项目	考核内容	考核标准	考核方法	标准分值
2	专业技能	竹类植物的修剪	能够规范地进行各种竹类植物的修剪。操作不规范者，酌情扣分。	单人考核	20
		竹类植物的施肥	能够规范地进行竹类植物的施肥。操作不规范者，酌情扣分。	小组考核	15
		竹类植物的灌排水	能够规范地进行竹类植物的灌排水。操作不规范者，酌情扣分。	小组考核	15
		竹类植物病虫害的识别与防治	能够规范地进行竹类植物病虫害的识别与防治。操作不规范者，酌情扣分。	单人考核	15
3	职业素质	方法能力	独立分析和解决问题的能力强，能主动、准确地表达自己的想法。	单人考核	5
		工作过程	能够广泛查阅、收集和整理资料，工作过程规范，有完整的工作任务记录，字迹工整。	小组考核	10
		自测训练与总结	及时准确完成自测训练，总结报告结果正确，电子文本规范，体会深刻，上交及时。	单人考核	10
	合　计				100

工作任务 6　绿篱、色块、色带植物的养护管理技术

【任务目标】

掌握常见绿篱、色块、色带植物的养护技术要领，并能根据技术要求规范地进行整形修剪、肥水管理、病虫防治等操作。

【任务内容】

1. 根据工作任务，采取课堂、实验（训）室以及校内外实训基地（包括园林绿地、花园、苗圃等）现场相结合的形式，通过查阅资料与网上搜集，获得常见绿篱、色块、色带植物养护管理的基本知识。

2. 通过大量校内外实训基地的实际操作，熟练掌握常见绿篱、色块、色带植物养护管理的技术规范与操作要点。

3. 对任务进行详细分析、记载，并列表描述养护管理过程中的技术环节与注意事项。

【教学资源】

1. 材料与器具：本地区常见的绿篱、色块、色带植物 100～200 m^2（或每组 10 m^2）；修剪工具（绿篱剪等）；防寒材料；肥料、农药及相关的器具；各类浇水设施；工作服、手套、记录簿、皮

尺等。

2.参考资料:有关本地区绿篱、色块、色带植物品种资源方面的材料、教学参考书、多媒体教学课件、绿篱、色块、色带植物的彩色图片(纸质或电子版)、有关本地绿篱、色块、色带植物养护方面地方标准或法规资料等。

3.教学场所:教室、实验(训)室以及栽植有绿篱、色块、色带植物的园林绿地等校内外实训基地

4.师资配备:每20～25名学生配备1名指导教师。

● 内容及操作步骤

绿篱是耐修剪的灌木或小乔木,以相等距离的株行距,单行或双行排列而组成的规则绿带,是属于密植行列栽植的类型之一。它在园林绿地中的应用很广泛,形式也较多。绿篱按修剪方式可分为规则式及自然式2种;从观赏和实用价值来讲,又可分为常绿篱、落叶篱、彩叶篱、花篱、观果篱、编篱、蔓绿篱等多种。

一、整形修剪

绿篱常用的植物种类有桧柏、侧柏、大叶黄杨、瓜子黄杨、女贞、珊瑚、冬青、小叶女贞、小叶黄杨、胡颓子、月桂、海桐、黄刺梅等,而色带、色块常用的植物主要包括金叶女贞、红叶小檗、大叶黄杨、小叶黄杨和桧柏。组成绿篱色带和色块的植物种类不同,修剪的方式也不一样,另外,绿篱、色带和色块的立面和断面的形状也不尽相同,因此修剪时必须综合考虑。

(一)修剪方法

绿篱日常养护主要是修剪。在北方通常每年早春和夏季各修剪1次,以促发枝密集和维持一定形状。绿篱可修剪的形状很多。

绿篱定植以后,最好任其自然生长1年,以免因修剪过早而妨碍地下根系的自然生长。从第2年开始,再按照所确定的绿篱高度开始截顶。园林中的绿篱高度都有一定的标准,凡是超过这一标准的枝条,不论是充分木质化的老枝,还是幼嫩的新梢,都应把它们整齐剪掉。如果下手过晚,不但浪费大量营养,还会因先端枝条的生长过快造成篱体下部空虚,无法形成稠密而丰厚的树丛。

1.绿篱的整形方式

(1)自然式绿篱　这种类型的绿篱一般不进行专门的整形,在栽培的过程中仅作一般修剪,剔除老、枯、病枝。自然式绿篱多用于高篱或绿墙。一些小乔木在密植的情况下,如果不进行规则式修剪,常长成自然式绿篱,因为栽植密度较大,侧枝相互拥挤、相互控制其生长,不会过分杂乱无章,但应选择生长较慢、萌芽力弱的树种。

(2)半自然式绿篱　这种类型的绿篱虽不进行特殊整形,但在一般修剪中,除剔除老枝、枯枝与病枝外,还要使植篱保持一定的高度,下部枝叶茂密,使绿篱呈半自然生长状态。

(3)整形式绿篱　这种类型的绿篱是通过修剪,将篱体整成各种几何形体或装饰形体。为了保持绿篱应有的高度和平整而匀称的外形,应经常将突出轮廓线的新梢整平剪齐,并对两面的侧枝进行适当的修剪,以防分枝侧向伸展太远,修剪时最好不要使篱体上大下小,否则不但

会给人以头重脚轻的感觉，而且会造成下部枝叶的枯死和脱落。在进行整体成型修剪时，为了使整个植篱的高度和宽度均匀一致，应打桩拉线进行操作，以准确控制篱体的高度和宽度。

2.整形式绿篱的配置形式与断面形状

绿篱的配置形式和断面形状可根据不同的条件而定。但凡是外形奇特的圆形篱体，修剪起来都比较困难，需要有熟练的技术和比较丰富的经验。因此，在确定篱体外形时，一方面应符合设计要求，另一方面还应与树种习性和立地条件相适应。

通常多用直线形，但在园林中，为了特殊的需要，如便于安放座椅和塑像等，也可栽植成各种曲线或几何图形。在整形修剪时，立面形体必须与平面配置形式相协调。根据绿篱横断面的形状可以分为以下几种形式：

(1)方形　这种造型比较呆板，顶端容易积雪受压、变形，下部枝条也不易接受充足的阳光，以致部分枯死而稀疏(图 3-3-60A)。

(2)梯形　这种篱体上窄下宽，有利于基部侧枝的生长和发育，不会因得不到阳光而枯死稀疏。篱体下部一般应比上部宽 15～25 cm，而且东西向的绿篱北侧基部应更宽些，以弥补光照的不足(图 3-3-60B)。

(3)圆顶形　这种绿篱适合在降雪量大的地区使用，便于积雪向地面滑落，防止篱体压弯变形(图 3-3-60C)。

(4)柱形　这种绿篱需选用基部侧枝萌发力强的树种，要求中央主枝能通直向上生长，不扭曲，多用作背景屏障或防护围墙。

(5)尖顶形　这种造型有 2 个坡面，适合宽度在 1 m 以上的绿篱(图 3-3-60D)。

绿篱的纵断面形状有长方式、波浪式、长城式等(图 3-3-60)。

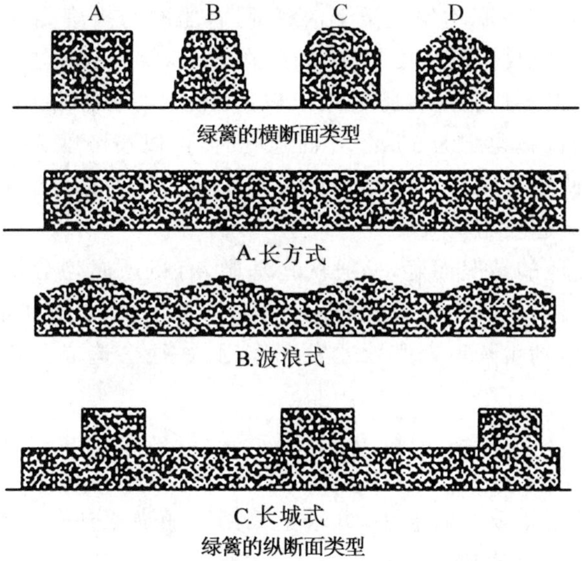

图 3-3-60　绿篱的横断面和纵断面形式

(二)修剪时间

在 1 年中，什么时候修剪最合适，主要根据树种确定。如果是常绿针叶树，因为新梢萌发较早，应在春末夏初完成第1次修剪。盛夏到来时，多数常绿针叶树的生长已基本停止，转入组织充实阶段，这时的绿篱树形可以保持很长一段时间。立秋以后，如果水肥充足，会抽秋梢并开始旺盛生长，此时应进行第2次全面修剪，使株丛在秋冬两季保持规整的形态，使伤口在严冬到来之前完全愈合。

大多数阔叶树种，在生长期中新梢都在加长生长，只是盛夏季节生长得比较缓慢，因此不能规定死板的修剪时间，春、夏、秋3季都可进行修剪。用花灌木栽植的绿篱通常不大可能进行严格的规整式修剪，其修剪工作最好在花谢以后进行。这样做既可防止大量结实和新梢徒长而消耗养分，又可促进花芽分化，为翌年或下期开花做好准备。

为了在1年中始终保持规则式绿篱的理想树形，应随时根据它们的长势，把突出于树丛之外的枝条剪掉，不能任其自然生长，以满足绿篱造型的要求，使树膛内部的小枝越长越密，从而形成紧实的绿色篱体。

做一做：结合当地实际，对绿篱、色块、色带植物进行整形修剪。

二、肥水管理

（一）施肥

绿篱、色带和色块的施肥一般在栽植前进行，主要是施基肥，所用的肥料主要是有机肥，包括植物残体、人畜粪尿和土杂肥等经腐熟而成的。有机肥可提高土壤孔隙度，使土壤疏松，有利于土壤积雪保墒，防止冬春土壤干旱，并可提高地温，减少根际冻害。施用量宜为1.05～2.0 kg/m^2，在栽植前，将有机肥均匀地撒于沟底部，将肥料与土壤混合均匀，然后再栽植。

由于绿篱、色带和色块栽植的密度较大，因此在2～3年后必须进行追肥，方法可分为根部追肥和叶面追肥2种。根部追肥是将肥料撒于根部，然后与土掺和均匀，随后进行浇水，每次施混合肥100 g/m^2 左右，施化肥为50 g。叶面施肥时，可以喷浓度为5%的氮肥尿素。使用有机肥时必须经过腐熟，使用化肥必须粉碎、施匀；施肥后应及时浇水。叶面喷肥宜在早晨或傍晚进行，也可结合喷药一起喷施。

施肥时间可根据各地的情况而定，一般秋施基肥，有机质腐烂分解的时间较充分，可提高矿质化程度，翌春可及时供给树木吸收和利用，促进根系生长；春施基肥，肥效发挥较慢，早春不能及时供给根系吸收，到生长后期肥效才发挥作用，往往会造成新梢的2次生长，对树木生长发育不利。

（二）灌排水

一般在1年的生长季均要及时灌水，方法是采用围堰灌水法，在绿篱、色带和色块的周边筑埂围堰，在盘内灌水，围堰高度15～30 cm，待水渗完以后，铲平围埂或不铲平（以备下次再用）。

另外，在中国的东北、西北、华北等地，降水量较少，冬春严寒干旱，休眠期灌水十分必要。秋末冬初灌水（北京为11月上中旬），一般称为灌“冻水”或“封冻水”，可提高树木的越冬安全性，并可防止早春干旱，因此北方地区的这次灌水不可缺少。

做一做：结合当地实际，对绿篱、色块、色带植物进行肥水管理。

三、防寒

在我国的东北、西北、华北等地，降水量较少，冬季严寒干旱，使得绿篱、色带和色块中的部分树木死亡是常有的事，特别是大叶黄杨和小叶黄杨，经常出现栽植的第1年的春、夏、秋3季绿，冬季黄，第2年春季大面积死亡的现象。其原因主要包括以下几个方面：其一是苗源问题，这些苗木来源于南方，没有在北方经过驯化就使用，不能适应北方的气候条件，因此被冻死；其二是栽植的位置处于风口处，冬季的严寒和多风使其因缺水而被"抽死"；其三是浇冻水不及时，或早或晚，虽然能够过冬却在干旱的春季被"渴死"。

针对以上问题，必须做好苗木的防寒工作，在选择好苗源的基础上，必须适时浇好冻水，在种植设计上应避免栽植在风口处。另外，在北方一些城市采用冬季覆盖的方法取得较好的效果，方法是用彩条布将易受冻害的树木覆盖起来，时间不宜过早或过晚，应该结合本地区的气候条件来确定，一般在夜间温度在−5℃左右，或白天温度在5℃左右为宜。在来年的春季要及时撤除覆盖物，不要过晚，否则会出现苗木被捂的问题。

四、病虫害的识别与防治

黄杨绢野螟危害状

1. 大叶黄杨褐斑病

[识别要点] 病斑多从叶尖、叶缘处开始发生，初期为黄色或淡绿色小点，后扩展成直径5～10 mm近圆形褐色斑，病斑周缘有较宽的褐色隆起，并有一黄色晕圈，病斑中央黄褐色或灰褐色，病斑有轮纹。病斑上密布黑色绒毛状小点。后期几个病斑可连接成片，严重时叶片发黄脱落，植株死亡。病原为真菌。病菌以菌丝体或子座组织在病叶及其他病残组织中越冬。翌年春形成分生孢子进行初侵染。分生孢子由风雨传播。8～9月为发病盛期，并引起大量落叶。管理粗放、多雨、排水不畅、通风透光不良发病重，夏季炎热干旱、肥水不足、树势生长不良也会加重病害发生。

[防治措施] ①加强肥水管理，增强植株的抗病能力。②及时清除枯枝、落叶等病残体，减少初侵染源。③合理修剪，增强通风透光能力，提高植株抗性。④药剂防治：休眠期喷施3～5波美度的石硫合剂。发病初期喷洒下列药剂：47%加瑞农可湿性粉剂600～800倍液、40%福星乳油2 000～3 000倍液、10%世高水分散粒剂2 000～3 000倍液、10%多抗霉素可湿性粉剂1 000～2 000倍液、6%乐比耕可湿性粉剂1 500～2 000倍液、70%甲基托布津可湿性粉剂1 000倍液、75%百菌清可湿性粉剂800倍液。

2. 金叶女贞叶斑病

[识别要点] 发病叶片上产生近圆形的褐色病斑，常具轮纹，边缘外围常黄色。初期病斑较小，扩展后病斑直径1 cm以上，有时病斑融合成不规则形。发病叶片极易从枝条上脱落，从而造成严重发病区域金叶女贞枝杆光秃的现象。病菌在病叶中越冬。由风雨传播。8～9月为发病盛期，并引起大量落叶。管理粗放、多雨、排水不畅、肥水不足、通风透光不良发病重。

[防治措施] 参照大叶黄杨褐斑病。

3. 双斑锦天牛

[识别要点] 危害大叶黄杨、冬青、卫矛、狭叶十大功劳等。幼虫多在20 cm以下的枝干内

危害，形成弯曲不规则的虫道，严重时，可使枝干倒伏或死亡。成虫栗褐色。头和前胸密被棕褐色绒毛。鞘翅密被淡灰色绒毛，每个鞘翅基部有 1 个圆形或近方形黑褐色斑，在翅中部有 1 个较宽的棕褐色斜斑，翅面上有稀疏小刻点。老熟幼虫圆筒形，浅黄白色。头部褐色，前胸背板有 1 个黄色近方形斑纹。1 年发生 1 代，以幼虫在树木的根部越冬。成虫羽化后，以咬食嫩枝皮层和叶脉作为补充营养，可造成被害枝上叶片枯萎。卵产在离地面 20 cm 以下粗枝杆上，产卵槽近长方形。

[防治措施] ①定期除草，清洁绿篱，尤其注意新栽植苗木是否带入该虫，一旦发现可人工拔除受害植株并将根茎处幼虫杀死。②成虫羽化期，可在树下寻找虫粪，看是否危害树干，寻找捕捉成虫，或利用成虫假死性，在树下放置白色薄膜，摇树捕捉成虫。③成虫羽化初期至产卵期的 5 月为喷药杀灭成虫的最好时期，此时成虫主要在树干中上部取食树皮，可用 40%氧化乐果乳油 1 500 倍液喷雾，树干及树下草丛必须喷湿。④7、8 月份幼虫危害期有木屑排出时，用磷化锌毒签毒杀幼虫，或用 80%敌敌畏乳油 800 倍液浇灌根蔸，每蔸浇 1～2 kg 药液。

4. 卫矛矢尖蚧

[识别要点] 主要危害大叶黄杨、卫矛等卫矛属植物，以雌、若虫群集在枝、叶上刺吸汁液，虫口密度极大，轻者造成叶片失绿变色，早期脱落，重者枝梢枯。雌成虫介壳长梨形，前尖后宽，稍弯曲，长约 1.7 mm，暗褐色，背面有一不明显的中脊线。壳点 2 个黄褐色，突出于头端。雄成虫介壳长 0.98 mm，狭长，两侧近平行，白色，蜡质状，背有 3 条纵脊，壳点 1 个位于前端。1 年发生 2～3 代，以受精雌成虫在寄主枝干上越冬。

[防治措施] ①结合过密枝条疏枝，剪除并烧毁被害严重的枝叶。②若虫孵化期，喷洒 40.7%乐斯本 800 倍液、2.5%溴氰菊酯 2 000～3 000 倍液、10%吡虫啉可湿性粉剂 2 000～3 000 倍液、25%扑虱灵可湿性粉剂 2 000 倍液、40%速扑杀乳油 2 000 倍液等。注意在天敌较多的地区使用化学农药时，应尽量避开天敌发生期。③休眠期喷洒 5 波美度的石硫合剂，或在生长季节（避开旺梢生长期）喷洒 3%柴油乳剂。

做一做：结合当地实际，对绿篱、色块、色带植物进行病虫防治。

【操作要点】

1. 在进行绿篱、色块、色带植物修剪时，要注意绿篱、色块、色带植物的类型及用途，特别是一些观花类，对于防护作用的绿篱要注意其高度，多种植物组成的色块要注意其观赏位置及各种植物的高度保留。

2. 施肥时要选择好肥料的种类、施肥的方法，控制好施肥量，同时对不同规格、不同类型的绿篱、色块、色带植物进行施肥时要注意其施肥的位置、深度，施肥后要及时浇水。

3. 修剪后要及时清除杂物，保持绿地卫生，在浇水后要注意回土封堰。

4. 进行病虫防治时，应先准确地识别出病害、虫害的类别，然后再制定切实合理的综合治理方案。

【注意事项】

1. 严格按照绿篱、色块、色带植物修剪操作规程执行，对路边的绿篱、色块、色带进行修剪时，要注意安全。

2. 在施肥时要结合本地土壤条件选择好肥料，特别是在施有机肥时要控制好施肥量，有机肥要充分腐熟；在使用水管浇水时，要有专人看管，防止水的流失。

3. 在对绿篱、色块、色带植物进行整形修剪时要保证各个平面的整齐，最好事先准备好线绳作为参照。

4. 病虫害防治的首选方案是综合治理措施，其次要注意对症下药、合理用药及安全用药。

【任务考核标准】

表 3-3-6　绿篱、色块、色带的养护管理技术任务考核参考标准

序号	考核项目	考核内容	考核标准	考核方法	标准分值
1	基本素质	学习工作态度	态度端正，学习精力集中，学习方法多样，积极主动，全部出勤，否则将酌情扣分。	单人考核	5
		团队协作	具备团队合作精神，积极与小组成员合作，共同完成工作任务，否则将酌情扣分。	单人考核	5
2	专业技能	绿篱、色块、色带植物的修剪	能够规范地进行各种绿篱、色块、色带植物的修剪。操作不规范者，酌情扣分。	单人考核	15
		绿篱、色块、色带植物的施肥	能够规范地进行绿篱、色块、色带植物的施肥。操作不规范者，酌情扣分。	小组考核	10
		绿篱、色块、色带植物的灌排水	能够规范地进行绿篱、色块、色带植物的灌排水。操作不规范者，酌情扣分。	小组考核	10
		绿篱、色块、色带植物的防寒	能够规范地进行绿篱、色块、色带植物的防寒。操作不规范者，酌情扣分。	小组考核	10
		绿篱、色块、色带植物病虫害的识别与防治	能够规范地进行绿篱、色块、色带植物病虫害的识别与防治。操作不规范者，酌情扣分。	小组考核	20
3	职业素质	方法能力	独立分析和解决问题的能力强，能主动、准确地表达自己的想法。	单人考核	5
		工作过程	能够广泛查阅、收集和整理资料，工作过程规范，有完整的工作任务记录，字迹工整。	小组考核	10
		自测训练与总结	及时准确完成自测训练，总结报告结果正确，电子文本规范，体会深刻，上交及时。	单人考核	10
	合　计				100

工作任务 7　草坪的养护管理技术

【任务目标】

掌握草坪的养护技术要领，并能根据技术要求规范地进行修剪、肥水管理、病虫防治等操作。

【任务内容】

1. 根据工作任务，采取课堂、实验(训)室以及校内外实训基地(包括园林绿地、花园、苗圃等)现场相结合的形式，通过查阅资料与网上搜集，获得草坪养护管理的基本知识。

2. 通过大量校内外实训基地的实际操作，熟练掌握草坪养护管理的技术规范与操作要点。

3. 对任务进行详细分析、记载，并列表描述养护管理过程中的技术环节与注意事项。

【教学资源】

1. 材料与器具：本地区常见的草坪 100～200 m^2(或每组 10 m^2)；各类草坪修剪机械等；肥料、农药及相关的器具；各类浇水设施；工作服、手套、记录簿、皮尺等。

2. 参考资料：有关本地区草坪植物品种资源方面的材料、教学参考书、多媒体教学课件、草坪植物的彩色图片(纸质或电子版)、有关本地草坪带植物养护方面地方标准或法规资料等。

3. 教学场所：教室、实验(训)室以及栽植有关草坪的园林绿地等校内外实训基地。

4. 师资配备：每 20～25 名学生配备 1 名指导教师。

● 内容及操作步骤

一、修剪

1. 修剪时间

春季是草坪根系最大生长量季节，进行过度修剪对草坪往往有伤害，这是由于减少了营养物质的合成从而阻止了草坪根系纵向和横向的发育。春季贴地面修剪会形成稀而浅的根系，必将减弱草坪草在整个生长季节的生长。无论是冷地型草还是暖地型草，都不需多次修剪。

2. 修剪次数

修剪的次数和修剪高度密切相关。通常情况下修剪高度要求越低，其修剪次数就越多；修剪高度要求越高，修剪次数就相应的越少。不同用途草坪修剪的频率及次数见表 3-3-7。

表 3-3-7 草坪刈剪的频率及次数

利用地	草坪草种类	修剪频率/(次/月)			年修刈剪次数
		4～6 月	7～8 月	9～11 月	
庭园	细叶结缕草	2～3	1	5～6	
	翦股颖	2～3	4～5	2～3	15～20
公园	细叶结缕草	1	2～3	1	10～15
	翦股颖	2～3	4～5	2～3	20～30
竞技场、校园	细叶结缕草、狗牙根	2～3	4～5	1～3	20～30
高尔夫球座	细叶结缕草	4～5	8～9	4～5	30～50
高尔夫球穴	细叶结缕草	13～14	18～20	13～14	70～90
	翦股颖	18～20	13～14	18～20	100～150

3. 修剪高度

留茬高度是指修剪之后测得的地面上枝条的高度。一般草坪的留茬高度为 3～4 cm，耐荫草坪的留茬高度可能更低些。通常草坪草长到 6 cm 时就应修剪，如果超过这个限度，将导致草坪直立生长，而不形成致密的草坪。每一草种都有一定的修剪高度范围。几种草坪草适宜的留茬高度见表 3-3-8。

表 3-3-8 几种草坪草的标准留茬高度 cm

草种	修剪留茬高度	草种	修剪留茬高度
细弱翦股颖	1.3～2.5	匍匐翦股颖	0.5～1.5
普通狗牙根	1.3～3.8	细叶草茅	3.8～6.4
草地早熟禾	3.8～6.4	结缕草	1.3～5.0
多年生黑麦草	3.8～6.4	野牛草	1.8～5.0
假俭草	2.5～5.0	高羊茅	3.8～7.6

这些修剪高度范围是由草种的特性决定的，每次修剪时，剪去的部分应少于叶片自然高度的 1/3，即遵循 1/3 原则。

做一做：结合当地实际，对草坪进行修剪管理。

二、肥水管理

（一）灌水

人工草坪原则上都需要人工灌溉，尤其是土壤保水性能差的草坪更需人工浇水。

1. 灌水时期

除土壤封冻期外，草坪土壤应始终保持湿润，暖季型草主要灌水时期为 4～5 月、8～10 月；冷季型草为 3～6 月、8～11 月；苔草类主要为 3～5 月、9～10 月。

2. 浇水质量

每次浇水以达到 30 cm 土层内水分饱和为原则，不能漏浇。因土质差异容易造成干旱的范围内应增加灌水次数。漫灌方式浇水时，要勤移出水口，避免局部水量不足或局部地段水分过多或“跑水”。用喷灌方式灌水要注意是否有“死角”，若因喷头设置问题，局部地段无法喷到时，应人工加以浇灌。冷季型草坪应注意排水，地势低洼，雨季有可能造成积水的草坪应有排水措施。

观察与思考：草坪灌水管理措施的制定与哪些因素有关？

（二）施肥

高质量草坪初建造时应施入基肥外，每年必须追施一定数量的化肥或有机肥。

1. 施肥时期与施肥量

高质量草坪在返青前施腐熟粉碎的麻渣等有机肥，施肥量 50～200 g/m^2。

修剪次数多的野牛草草坪，当出现草色稍浅时应施氮肥，以尿素为例，10～15 g/m^2，8 月下旬修剪后应普遍追氮肥 1 次。

冷季型草：主要施肥时期 9、10 月份，以氮肥为主，3、4 月份视草坪生长状况决定施肥与否,5～8 月份特殊衰弱草坪一般不必施肥。

2. 施肥方式

撒施:无论用手撒或用机器撒都必须撒匀,为此可把总施肥量分成 2 份,分别以互相垂直方向分 2 次分撒。注意切不可有大小肥块落于叶面或地面。避免叶面潮湿时撒肥,撒肥后必须及时灌水。

叶面喷肥:全生长季都可用此法施肥,根据肥料种类不同,溶液浓度为 0.1%～0.3%,喷撒应均匀。

补肥:草坪中某些局部长势明显弱于周边时应及时增施肥料或称作补肥。补肥种类以氮肥和复合化肥为主,补肥量依“草情”而定,通过补肥,使衰弱的局部与整体的生长势达到一致。

3. 草坪施肥的依据

(1)根据草坪植物种类与需要量施肥　即按不同草坪草种、生长状况施肥,禾本科、莎草科、百合科等单子叶草坪植物需氮较多,则应以氮肥为主,配合施用磷钾肥。豆科草坪植物根具有根瘤,有固氮能力,氮肥需要量相对少,而磷钾肥需要量相对多。冷季型草坪一般春季轻施,夏季少施,秋季多肥。

(2)根据土壤肥力合理施肥　一般黏重土壤前期多施用速效肥,但用量不能过多,砂性土壤应多施有机肥,应少施和勤施化肥。

(3)肥料种类要合理搭配　不单独施用某一种或两种营养元素,满足植物生长中需要的各种营养元素。

(4)灌溉与施肥相结合　在干旱的地区,施肥要结合灌溉或降水,一般每追 1 次肥相应灌水 1 次,这样可以保证肥料的充分发挥。

(5)根据肥料的种类与特性施肥　酸性肥料应施入碱性土壤中,碱性肥料应施入酸性土壤中,以充分发挥肥效和改良土壤。

做一做:结合当地实际,对草坪进行施肥管理。

三、病虫害的识别与防治

1. 褐斑病

[识别要点] 初期受害叶片或叶鞘常出现梭形、长条形或不规则形病斑,病斑内部呈青灰色水浸状,边缘红褐色,以后病斑变褐色甚至整叶水浸状腐烂。严重时病菌侵入茎秆。条件适宜时,在被侵染的草坪上形成几厘米至几十厘米,甚至 1～2 m 的枯草圈。枯草圈常呈“蛙眼”状,清晨有露水或高湿时,有“烟圈”。在病叶鞘、茎基部有初为白色、以后变成黑褐色的菌核形成,易脱落。病原为真菌,以土壤传播。枯草层较厚的老草坪,菌源量大,发病重。建坪时填入垃圾土、生土,土质黏重,地面不平整,低洼潮湿,排水不良;田间郁蔽,小气候湿度高;偏施氮肥,植株旺长,组织柔嫩;冻害;灌水不当等因素都有利于病害的发生。全年都可发生,但以高温高湿多雨炎热的夏季危害最重。

[防治措施] ①建坪时禁止填入垃圾土、生土,土质黏重时掺入河沙或沙质土;定期修剪,及时清除枯草层和病残体,减少菌源量。②加强草坪管理,平衡施肥,增施磷、钾肥,避免偏施氮肥。避免漫灌和积水,避免傍晚灌水。改善草坪通风透光条件,降低湿度。及时修剪,夏季剪草不要过低。③药剂防治:用三唑酮、三唑醇等杀菌剂拌种,用量为种子重量的 0.2%～

0.3%。发病草坪春季及早喷洒12.5%烯唑醇超微可湿性粉剂2 500倍液、25%敌力脱乳油1 000倍液、50%灭霉灵可湿性粉剂500～800倍液。

2. 腐霉枯萎病

[识别要点] 该病主要造成芽腐、苗腐、幼苗猝倒和整株腐烂死亡。常会使草坪突然出现直径2～5 cm的圆形黄褐色枯草斑。清晨有露水时，病叶呈水浸状，暗绿色，变软、黏滑，连在一起，有油腻感，故得名为油斑病。当湿度很高时，尤其是在雨后的清晨或晚上，腐烂叶片成簇趴在地上且出现一层绒毛状的白色菌丝层，在枯草病区的外缘也能看到白色或紫灰色的菌丝体。病原为真菌。此菌能在冷湿环境中侵染危害，也能在天气炎热潮湿时猖獗流行。

[防治措施] ①建植前要平整土地，黏重土壤或含沙量高的土壤需要改良，要有排水设施，避免雨后积水。②合理灌水，尽量减少灌水次数，降低草坪小气候相对湿度。③及时清除枯草层，高温季节有露水时不修剪，以避免病菌传播。④种植耐病品种，提倡不同草种或不同品种混合建植。⑤药剂防治：用0.2%灭霉灵或杀毒矾药剂拌种是防治烂种和幼苗猝倒的简单易行、有效的方法；高温高湿季节可选择800～1 000倍杀毒矾、甲霜灵锰锌、普力克等药剂进行防治。

3. 镰刀菌枯萎病

[识别要点] 该病主要造成烂芽、苗腐、根腐、茎基腐、叶斑和叶腐、匍匐茎和根状茎腐烂等。草坪上枯萎斑圆形或不规则形，直径2～30 cm。当高湿时，病部有白色至粉红色的菌丝体和大量的分生孢子团。老草坪枯草斑常呈"蛙眼"状，多在夏季湿度过高或过低时出现。在冷凉多湿季节，还可与雪腐病捷氏霉病菌并发，引起雪腐病或叶枯病。造成叶片枯萎或枯草斑块，或出现弥散的枯萎株。该病是由镰刀菌引起的一种真菌病害。冬季低温，菌丝体潜藏在基部组织中越冬，春季随气温回升，病菌迅速扩展，导致植株茎基部及根系腐烂。高温、土壤含水量过高或过低、枯草层太厚均有利于病害的发生。

[防治措施] ①种植抗病、耐病草种或品种。草种间的抗病性差异明显，如翦股颖>草地早熟禾>羊茅，提倡草地早熟禾与羊茅、麦草等混播。②用种子重量0.2%～0.3%的灭霉灵、杀毒矾、代森锰锌、甲基托布津等药剂进行拌种。③加强养护管理。提倡重施秋肥，轻施春肥，增施有机肥和磷钾肥，控制氮肥用量。减少灌溉次数，控制灌水量保证干湿均匀。及时清除枯草层。④在根颈腐症状尚未发生前施用40%敌克松可湿性粉剂500倍液或70%甲基托布津可湿性粉剂800～1 000倍液，用药液为500 g/m^2。

4. 锈病

[识别要点] 主要危害叶片、叶鞘或茎秆，在感病部位生成黄色至铁锈色的夏孢子堆和黑色冬孢子堆。禾草感染锈病后叶绿素被破坏，光合作用降低，呼吸作用失调，蒸腾作用增强，大量失水，叶片变黄枯死，草坪稀疏、瘦弱，景观被破坏。该病是由锈菌引起的一种真菌病害。病原菌以菌丝体或夏孢子在病株上越冬。北京地区的细叶结缕草5～6月份叶片上出现褪绿色病斑，发病缓慢，9～10月份发病严重，草叶枯黄。9月底、10月初产生冬孢子堆。广州地区发病较早，3月份发病，4～6月份及秋末发病较重。病原菌生长发育适温为17～22℃，空气相对湿度在80%以上有利于侵入，光照不足，土壤板结，土质贫瘠，偏施氮肥的草坪发病重。病残体多的草坪发病重。

[防治措施] ①加强养护管理。生长季节多施磷、钾肥，适量施用氮肥。合理灌水，降低田间湿度。发病后适时剪草，减少菌源数量。适当减少草坪周围的树木和灌木，保证通风透光。

②药剂防治:发病初期喷洒15%粉锈宁可湿性粉剂1 000倍液或25%粉锈宁可湿性粉剂1 500倍液,防治效果达93%以上,药效维持在1~2个月;或用70%甲基托布津可湿性粉剂1 000倍液防治,效果也良好;或用12.5%速保利超微可湿性粉剂稀释2 000~3 000倍液、25%敌力脱乳油2 000~3 000倍液、40%福星乳油稀释2 000~3 000倍液、10%世高水分散粒剂稀释2 000~3 000倍液喷雾。

5. 黏虫

[识别要点] 危害黑麦草、早熟禾、翦股颖、结缕草、高羊茅等。成虫体灰褐色至暗褐色;前翅灰褐色或黄褐色;环形斑与肾形斑均为黄色,在肾形斑下方有1个小白点,其两侧各有1个小黑点。老熟幼虫圆筒形,体色多变,黄褐色至黑褐色,头部淡黄褐色,有“八”字形黑褐色纹,胸腹部背面有5条白、灰、红、褐色的纵纹。1年发生多代,并有随季风进行长距离南北迁飞的习性。成虫有较强的趋化性和趋光性。幼虫共6龄,1~2龄幼虫白天潜藏在植物心叶及叶鞘中,高龄幼虫白天潜伏于表土层或植物茎基处,夜间出来取食植物叶片。有假死性,虫口密度大时可群集迁移危害。黏虫喜欢较凉爽、潮湿、郁闭的环境,高温干旱对其不利。

[防治措施] ①清除草坪周围杂草或于清晨在草丛中捕杀幼虫。②诱杀成虫。灯光诱杀成虫;或利用成虫的趋化性,用糖醋液诱杀,按糖、酒、醋、水比为2∶1∶2∶2的比例混合,加少量敌百虫或吡虫啉。③初孵幼虫期及时喷药,喷洒25%爱卡士乳油800~1 200倍液、40.7%乐斯本乳油1 000~2 000倍液、30%伏杀硫磷乳油2 000~3 000倍液、20%哒嗪硫磷乳油500~1 000倍液、50%辛硫磷乳油1 000倍液、10%天王星乳油3 000~5 000倍液;或用每克菌粉含100亿活孢子的杀螟杆菌菌粉或青虫菌菌粉2 000~3 000倍液喷雾。④人工摘除卵块、初孵幼虫及蛹。

6. 斜纹夜蛾

[识别要点] 危害黑麦草、早熟禾、翦股颖、结缕草、高羊茅等。成虫体灰褐色;前翅黄褐色至淡黑褐色,多斑纹,以前缘近中部至后缘外方有3条白色斜纹而得名。老熟幼虫头部褐色,胸腹部颜色变化大,为土黄、青黄、灰褐或暗绿色;背面有5条灰黄或橙黄色纵线,从中胸至第9腹节在亚背线内侧各有一半月形黑斑;第1、第8腹节最大,中后胸的黑斑外侧有黄白色小点;气门黑色。该虫1年发生多代。该虫喜温暖潮湿环境,7~10月份有利于发生,而以8、9月份危害严重。成虫有趋光性和趋化性。

[防治措施] ①诱杀成虫。利用成虫的趋光性,用黑光灯、糖醋液、杨树枝以及甘薯、豆饼发酵液诱杀成虫,糖醋液中可加少许敌百虫或吡虫啉。②清洁草坪,加强田间管理,同时结合日常管理采摘卵块,消灭幼虫。③药剂防治:喷药宜在暴食期以前并在午后或傍晚幼虫出来活动后进行。可供选择的药剂有:40.7%乐斯本乳油1 000~2 000倍液、20%哒嗪硫磷乳油500~1 000倍液、50%辛硫磷乳油1 000倍液,或用每克菌粉含100亿活孢子的杀螟杆菌菌粉或青虫菌菌粉2 000~3 000倍液喷雾。

7. 草地螟

[识别要点] 危害多种草坪禾草,初孵幼虫取食幼叶的叶肉,残留表皮,并常在植株上结网躲藏,在草坪上称为“草皮网虫”。3龄后食量大增,可将叶片吃成缺刻、孔洞。成虫体灰褐色;前翅灰褐色至暗褐色,中央稍近前缘有一个近似长方形的淡黄或淡褐色斑,翅外缘黄白色并有一串淡黄色小点组成的条纹。老熟幼虫头部黑色,有明显的白斑;前胸盾黑色,有三条黄色纵纹;胸腹部黄褐色或灰绿色,有明显的暗色纵带间黄绿色波状纹;体上毛瘤显著,刚毛基部黑

色，外围有2个同心黄色环。该虫1年发生2～4代。成虫昼伏夜出，趋光性很强，有群集远距离迁飞的习性。幼虫发生期在6～9月份。幼虫活泼、性暴烈，稍被触动即可跳跃，高龄幼虫有群集迁移习性。高温多雨年份有利于发生。

［防治措施］①人工防治。利用成虫白天不远飞的习性，用拉网法捕捉。②药剂防治：用30%伏杀硫磷乳油2 000～3 000倍液、20%哒嗪硫磷乳油500～1 000倍液、50%辛硫磷乳油1 000倍液，或用每克菌粉含100亿活孢子的杀螟杆菌菌粉或青虫菌菌粉2 000～3 000倍液喷雾。

8. 蝗虫

［识别要点］危害草坪的蝗虫种类较多，主要有土蝗、稻蝗、菱蝗、中华蚱蜢、短额负蝗、蒙古疣蝗、笨蝗、东亚飞蝗等。喜食草坪禾草，成虫和若虫（蝗蝻）蚕食叶片和嫩茎，大发生时可将寄主吃成光秆或全部吃光。蝗虫一般每年发生1～2代，绝大多数以卵块在土中越冬。一般冬暖或雪多情况下，地温较高，有利于蝗卵越冬。4～5月份温度偏高，卵发育速度快，孵化早。秋季气温高，有利于成虫繁殖危害。多雨年份、土壤湿度过大，蝗卵和幼蝻死亡率高。干旱年份，在管理粗放的草坪上，土蝗、飞蝗则混合发生危害。蝗虫天敌较多，主要有鸟类、蛙类、益虫、螨类和病原微生物。

［防治措施］①药剂喷洒：发生量较多时可采用药剂喷洒防治，常用的药剂有3.5%甲敌粉剂、4%敌马粉剂喷粉，30 kg/hm^2；25%爱卡士乳油800～1 200倍液、40.7%乐斯本乳油1 000～2 000倍液、30%伏杀硫磷乳油2 000～3 000倍液、20%哒嗪硫磷乳油500～1 000倍液喷雾。②毒饵防治：用麦麸100份＋水100份＋40%氧化乐果乳油0.15份混合拌匀，22.5 kg/hm^2；也可用鲜草100份切碎加水30份拌入40%氧化乐果乳油0.15份，112.5 kg/hm^2。随配随撒，不能过夜。阴雨、大风、温度过高或过低时不宜使用。

9. 蛴螬

［识别要点］蛴螬是鞘翅目金龟甲科昆虫幼虫的统称。蛴螬的头部黄褐色，较坚硬；咀嚼式口器发达，主要取食禾草根部；身体乳白色，柔软，多皱褶和细毛；有3对发达的胸足；腹部无足并向腹面弯曲，使身体呈"C"。成虫统称金龟甲，前翅硬化如刀鞘。是危害草坪最重要的地下害虫之一。危害草坪的蛴螬种类很多，主要有华北大黑鳃金龟、毛黄鳃金龟、铜绿丽金龟、中华弧丽金龟和白斑花金龟等。蛴螬取食根部，严重时草坪草植株枯萎，变为黄褐色，甚至死亡。被咬断根系的草皮很容易被掀起，可以像卷草皮卷一样把大片草皮卷起来，这时在草根及地面上能见到许多蛴螬。

［防治措施］①成虫防治：成虫有假死性，可人工振落捕杀；利用成虫的趋光性，设置黑光灯进行诱杀；成虫发生盛期，喷洒2.5%功夫乳油1 000～2 000倍液、40.7%乐斯本乳油1 000～2 000倍液、30%佐罗纳乳油1 000～2 000倍液、25%爱卡士乳油800～1 200倍液，消灭成虫。②蛴螬防治：毒土法，虫口密度较大的草坪，撒施5%辛硫磷颗粒剂，用量为30 kg/hm^2，为保证撒施均匀，可掺适量细沙土。喷药、灌药，用50%辛硫磷乳油500～800倍液喷洒地面，也可用48%毒死蜱乳油1 500倍液灌根。拌种，草坪播种前，将75%辛硫磷乳油稀释200倍，按种子量的1/10拌种，晾干后使用。③灌水淹杀蛴螬。

做一做：结合当地实际，对草坪进行病虫防治。

四、其他管理

(一)草坪杂草的种类

杂草防除是草坪建植与养护管理中的一个关键环节,尤其是建植的新草坪,一旦杂草未能得到有效控制,很可能导致整片草坪彻底毁灭。

草坪杂草的种类很多,据报道,我国目前已发现杂草种类约1 000种以上,常见杂草有600种左右,其中主要杂草有60种。1年生禾本科杂草有马唐、狗尾草、牛筋草、稗草、画眉草、野燕麦、秋稷;多年生杂草有香附子、狗牙根、白茅、隐子草、双穗雀稗、碱草;阔叶杂草有播娘蒿、荠菜、藜类、香蒿、猪殃殃、繁缕、大马蓼、刺儿菜、苣荬菜、苍耳、龙葵、马齿苋、葎草、蒲公英、酢浆草、萹蓄、皱叶酸模、菊苣等。

(二)草坪除草剂应用

1. 2,4-D除草剂

对2,4-D类除草剂敏感的杂草种类有藜、碱蓬、猪毛菜、苋、野豌豆、苍耳、鸭跖草、田旋花、小旋花、马齿苋、荠菜、播娘蒿等,这些杂草在施药后,很快就出现叶片卷曲、顶叶下垂,以后逐渐变黄卷缩,最后死亡的现象;对2,4-D类较敏感的杂草种类有苦卖菜、小蓟、盐蒿、地肤、刺儿菜等,施药后1～2 d这些杂草略受抑制,叶片逐渐卷曲萎缩,停止生长,但不死亡;抗性杂草有萹蓄、车前等;禾本科杂草抗性强,基本不起作用。

禾草的分蘖末期为最适施药期。在禾草三叶期以前抗药性很弱,以后随叶龄的增加抗性逐渐加大,至4～5叶抗性最强,拔节后又逐渐减弱。

主要采取兑水喷雾茎叶处理的方法,也可采用毒土撒施法,即把药与细沙土充分混拌后均匀撒施后,立即灌水。剂量0.454 kg/hm^2。与百草敌(麦草畏)混用,可增加对萹蓄、卷茎赛等对2,4-D类有抗性的杂草的防治效果,也可与酸性化肥如硝酸铵、磷酸铵、过磷酸钙等混合使用。

2. 百草敌(麦草畏)

百草敌可以防除多种1年生和多年生阔叶杂草,如反枝苋、藜、鸭趾草、蓼、苍耳、猪毛菜、卷茎蓼、刺儿菜、田旋花、播娘蒿、猪殃殃、繁缕、苣卖菜、萹蓄、荠菜、小旋花等。杂草接触药剂后1～2 d植株出现畸形卷曲,1周内变褐,7～14 d全枯死。百草敌在麦田与2,4-D混用,除草作用增强,杀草谱扩大,特别对2,4-D类除草剂较难防除的萹蓄、卷茎蓼、猪殃殃及多年生根茎繁殖的杂草如小旋花等有较好的防效。

百草敌单独使用时,适期为草坪成坪后6～7叶期使用,抗性杂草如卷茎寥蔓长10～25 cm时喷雾处理,兑水量见说明书。剂量1.0 kg/hm^{2}与2,4-D除草剂混用时要减半。

3. 草甘膦

为种植前使用的除草剂,杂草因为种子本身或萌发条件所限,一般只在表层萌发生长,若能通过给水、松土的办法促进表土杂草种子萌发,1～2片叶时用草甘膦杀死,如是3次,表层杂草活动种子就会大量减少,这时再播种或种植新草,杂草的数量便会明显减少。在时间上可能占用1个月时间。

杀灭1年生杂草,用10%草甘膦水剂300～500 mL/667 m^2,杀灭多年生杂草,用800～1 000 mL/667 m^2,施药时加入0.2%表面活性剂或0.2%中性洗衣粉能明显提高药效。草甘膦落入土中,与铁和铝结合而失活,所以最后1次施药1周后就可播种。关键是别把深层的杂草种子翻到土表上。

4.棉隆

棉隆是播种前使用的除草剂,该产品在土壤中分解成异硫氰酸甲酯、甲醛和硫化氢等,可杀死土壤中的线虫、真菌、地下害虫和某些杂草。如狗牙根、马唐、狗尾草、宝盖草、野田芥和马齿苋。当土温达到12～18℃,含水量16%以上防效最好,且药害亦少。用量:沙质土壤4 900～5 880 g/667 m^2,黏质土壤5 500～6 800 g/667 m^2。撒施或沟施,随即覆盖,有条件的地方可喷水或加薄膜封闭,过一段时间后松土通气,然后播种。

5.环草隆

为播后苗前使用,通过根系吸收进入植物体内。可用于早熟禾、多年生黑麦草和高羊茅上防除马唐、狗尾草、稗草,对牛筋草和多数阔叶草效果不好。播后随即施用。用量150～900 g/667 m^2,翦股颖的忍耐力不好,若施药后无雨,应及时喷灌。

6.阔叶净

是内吸传导型除草剂。经试验应用可在早熟禾、高羊茅和多年生黑麦草和苔草防除繁缕、田蓟、播娘蒿、野田芥、藜、荠菜、猪毛菜、婆婆纳、马齿苋、车前等1年生阔叶草等。用量:75%干悬浮剂1 g/667 m^2。施药时加入0.1%表面活性剂或0.2%中性洗衣粉可明显提高药效。对小旋花、回旋花、旋覆花、苦卖菜等多年生杂草,1次施药防治不会彻底根除,可考虑再度生长有一定承受药剂的叶面积再次施药,以达到有效防治的目的。此药的作用缓慢,施药后2～3周才能明显见效。所以在缀花草坪上使用时需注意,应选择在无风天施药,以免药液刮到阔叶草植物上,施药时喷雾器的喷头朝向尽量躲开有阔叶植物的一面。使用过的药械要彻底清洗,洗涤的废水亦不要倒在生长着阔叶植物的地上。

做一做:结合当地实际,对草坪进行杂草防除。

【操作要点】

1.在进行草坪修剪时,要注意草坪植物类型及用途,特别是草坪的品种及留茬高度。

2.在进行施肥时要选择好施肥方法(一般是追肥)及肥料的种类(一般是化肥)、施肥量要控制好,施肥后要及时浇水。

3.草坪修剪后要及时清除杂物,保持草坪卫生。

4.在对草坪进行浇水时要选择好浇水的时间,特别是冷季型草坪不要在中午或下午浇水。

5.进行病虫防治时,应先准确地识别出病害、虫害的类别,然后再制定切实合理的综合治理方案。

【注意事项】

1.在使用草坪机进行修剪时要严格按照草坪机械使用规程进行操作,注意安全。

2.如果条件不允许使用喷灌时,在使用水管浇水过程中,要有专人看管,防止浇水不均或水的流失。

3.在对草坪进行整形修剪时要保证留茬高度一致,修剪后坪面平整,同时注意修剪方向。

4.如果进行草坪除草剂的使用操作,最好控制好位置的选择和除草剂喷洒面积要尽可能地小,同时选择好无风的天气进行,另外要严格控制好浓度。

5. 病虫害防治的首选方案是综合治理措施，其次要注意对症下药、合理用药及安全用药。

【任务考核标准】

表 3-3-9 草坪养护管理技术任务考核参考标准

序号	考核项目	考核内容	考核标准	考核方法	标准分值
1	基本素质	学习工作态度	态度端正，学习精力集中，学习方法多样，积极主动，全部出勤，否则将酌情扣分。	单人考核	5
		团队协作	具备团队合作精神，积极与小组成员合作，共同完成工作任务，否则将酌情扣分。	单人考核	5
2	专业技能	草坪的修剪	能够规范地进行各种草坪植物的修剪。操作不规范者，酌情扣分。	小组考核	15
		草坪的施肥	能够规范地进行草坪植物的施肥。操作不规范者，酌情扣分。	小组考核	10
		草坪的灌排水	能够规范地进行草坪的灌排水。操作不规范者，酌情扣分。	小组考核	10
		草坪病虫害的识别与防治	能够规范地进行草坪病虫害的识别与防治。操作不规范者，酌情扣分。	单人考核	15
		除草剂的使用	能够规范地进行各种草坪除草剂的安全使用。操作不规范者，酌情扣分。	单人考核	15
3	职业素质	方法能力	独立分析和解决问题的能力强，能主动、准确地表达自己的想法。	单人考核	5
		工作过程	能够广泛查阅、收集和整理资料，工作过程规范，有完整的工作任务记录，字迹工整。	小组考核	10
		自测训练与总结	及时准确完成自测训练，总结报告结果正确，电子文本规范，体会深刻，上交及时。	单人考核	10
合　计					100

工作任务 8　露地草本花卉的养护管理技术

【任务目标】

掌握露地草本花卉的养护技术要领，并能根据技术要求规范地进行修剪、肥水管理、病虫防治等操作。

【任务内容】

1. 根据工作任务，采取课堂、实验(训)室以及校内外实训基地(包括园林绿地、花园、苗圃等)现场相结合的形式，通过查阅资料与网上搜集，获得露地草本花卉养护管理的基本知识。

2. 通过大量校内外实训基地的实际操作，熟练掌握露地草本花卉养护管理的技术规范与操作要点。

3. 对任务进行详细分析、记载，并列表描述养护管理过程中的技术环节与注意事项。

【教学资源】

1. 材料与器具：本地区常见的露地草本花卉 100～200 m^2(或每组 10 m^2)；修剪工具；肥料、农药及相关的器具；各类浇水设施；工作服、手套、记录簿、皮尺等。

2. 参考资料：有关本地区露地草本花卉品种资源方面的材料、教学参考书、多媒体教学课件、露地草本花卉的彩色图片(纸质或电子版)、有关本地露地草本花卉养护方面地方标准或法规资料等。

3. 教学场所：教室、实验(训)室以及栽植有关露地草本花卉的园林绿地等校内外实训基地。

4. 师资配备：每 20～25 名学生配备 1 名指导教师。

● 内容及操作步骤

一、一、二年生草本花卉的养护管理

(一)修剪与整形

通过修剪与整形可使花卉植株枝叶生长均衡，协调丰满，花繁果硕，具有良好的观赏效果。一、二年生花卉常用的措施是摘心。

摘心是指摘除正在生长中的嫩枝顶端。摘心可以促使侧枝萌发，增加开花枝数，使植株矮化，株形圆整，开花整齐。也有抑制生长，推迟开花的作用。

一、二年生花卉中，常需要进行摘心的花卉有一串红、百日草、翠菊、金鱼草、福禄考、矮牵牛等。但以下几种情况不应摘心，如植株矮小、分枝又多的三色堇、雏菊、石竹等，主茎上着花多且朵大的球头鸡冠花、凤仙花等，以及要求尽早开花的花卉。

此外，对于牵牛、茑萝等攀缘缠绕类和易倒伏的可设支架，诱导牵引。

(二)灌溉与排水

花坛花卉的灌溉，有条件可采用漫灌法，灌一次透水，可保持绿地湿润 3～5 d。也可用胶管、塑料管引水浇灌。大面积圃地、园地的灌溉，需用灌溉机械进行沟灌、漫灌、喷灌或滴灌。

灌溉的次数，由季节、天气、土质、花卉本身生长状况来决定。夏季因温度高蒸发快，灌溉的次数多于春、秋季。而冬季则少浇水或停止浇水。同一种花卉不同的生长发育阶段，对水分的需求量也不同。花卉枝叶生长盛期，需较多的水分，开花期，只要保持园地湿润，结实期可少浇水。

一、二年生花卉多为浅根性，因此不耐干旱，应适当多灌溉，以免缺水造成萎蔫。根系在生

长期，不断地与外界进行物质交换，也在进行呼吸作用。如果绿地积水，则土壤缺氧，根系的呼吸作用受阻，久而久之，因窒息引起根系死亡，花株也就枯黄。所以，花坛绿地排水要通畅、及时，尤其在雨季，力求做到雨停即干。对于较怕积水的花卉，宜布置在地势高、排水好的绿地。

（三）施肥

花卉在生长发育过程中，植株从周围环境吸收大量养分，所以，必须向土壤施入氮、磷、钾等肥料，来补充养料，满足花卉的需要。施肥的方法、时期、施入种类、数量与花卉种类、花卉所处的生长发育阶段、土质等都有关。通常施肥分为：

1. 基肥

基肥也称底肥。选用厩肥、堆肥、饼肥、河泥等有机肥料加入骨粉或过磷酸钙、氯化钾作基肥，整地时翻入土中，有的肥料如饼肥、粪干有时也可进行沟施或穴施。这类肥料肥效较长，还能改善土壤的物理和化学性能。

2. 追肥

追肥是补充基肥的不足，在花卉的生长、开花、结果期，定期追施充分腐熟的肥料，及时有效地补给花卉所需养分，满足花卉不同生长、发育时期的特殊要求。追肥的肥料可以是固态的，也可以是液态的。追施液肥，常在土壤干燥时，结合浇水一起进行。一、二年生花卉所需追肥次数较多，可 10～15 d 追 1 次。

3. 根外追肥

根外追肥即对花卉枝、叶喷施营养液，也称叶面喷肥。当花卉急需养分补给或遇上土壤过湿时，可采用根外追肥。营养液中，养分的含量极微，很易被枝、叶吸收，此法见效快，肥料利用率高。将尿素、过磷酸钙、硫酸亚铁、硫酸钾等，配成 0.1%～0.2%的水溶液，雨前不能喷施。应于无风或微风的清晨、傍晚或阴天施用，要将叶的正反两面全喷到。一般每隔 5～7 d 喷 1 次。根外追肥与根部施肥相结合，才能获得理想的效果。

一般花卉在幼苗期吸收量少，在中期茎叶大量生长至开花前吸收量呈直线上升，一直到开花后才逐渐减少。准确施肥还取决于气候、管理水平等。施用时不能玷污枝叶，要贯彻“薄肥勤施”的原则，切忌施浓肥。

水、肥管理对花卉的生长、发育影响很大，只有合理地进行浇水、施肥，做到适时、适量，才能保证花卉健壮的生长。

（四）中耕与除草

1. 中耕

中耕是在花卉生长期间，疏松植株根际土壤的工作。通过中耕可切断土壤表面的毛细管，减少水分蒸发，可使表土中孔隙增加而增加通气性，并可促进土壤中养分分解，有利于根对水分、养分的利用。

在春、夏到来后，空地易长草，且易干燥，所以应及时进行中耕。一般在雨后或灌溉后，以及土壤板结时或施肥前进行。在苗株基部应浅耕，株行距中可略深，注意别伤根。植株长大覆盖土面后，可不再进行中耕。

2. 除草

除草要除早、除净，清除杂草根系，特别要在杂草结种子前除清。除草方式有多种，可用手锄和化学除草剂。除草剂如使用得当,可省工省时,但要注意安全。要根据花卉的种类正确使用适合的除草剂,对使用的浓度、方法和用药量也要注意。此外,运用地膜覆盖地面,既能保湿,又能防治杂草。

总之,中耕可同时除草,但除草不能代替中耕。而且,中耕在无草时也应进行。

(五)防寒越冬

需要做好防寒工作的主要是二年生花卉。二年生花卉是秋季播种,以幼苗越冬。对于石竹、雏菊、三色堇等耐寒性较强的二年生花卉,在北方地区也可采用覆盖法越冬,即用干草、落叶、塑料薄膜等进行覆盖。

做一做:结合当地实际,对花坛中的一、二年生花卉进行养护管理。

二、宿根花卉的养护管理

(一)生长期的管理

播种繁殖的宿根花卉,其育苗期应注意浇水、施肥、中耕除草等工作,定植后一般管理比较简单、粗放,施肥也可减少。但要使其生长茂盛,花多花大,最好在春季新芽抽出时施以追肥,花前、花后可再追肥一次。秋季叶枯时可在植株四周施以腐熟厩肥或堆肥。

宿根花卉与一、二年生花卉相比,能耐干旱,适应环境的能力较强,浇水次数可少于一、二年生花卉。但在其旺盛的生长期,仍需按照各种花卉的习性,给予适当的水分,在休眠前则应逐渐减少浇水。

宿根花卉修剪整形常用的措施有:

(1)修剪　如荷兰菊自然株型高大,在养护时可利用修剪来调节花期与植株高度。如要求花多、花头紧密,国庆节开花,应修剪 2～4 次。5 月初进行一次修剪,株高以 15～20 cm 为好;7 月再进行第二次修剪,注意分枝均匀,株型均称、美观,或修剪成球形、圆锥形等不同形状;9 月初最后一次修剪,此次只摘心 5～6 cm,以促进其分枝、孕蕾,保证国庆节开花。

(2)摘心　如宿根福禄考,当苗高 15 cm 左右时,进行摘心,以促发分枝,控制株高,保证株丛丰满矮壮,增加花量及延迟开花。

(3)剥蕾　如菊花 9 月现蕾后,每枝顶端的蕾较大,称为“正蕾”,开花较早;其下方常有 3～4 个侧蕾,当侧蕾可见时,应分 2～3 次剥去,以免空耗养分,可使正蕾开花硕大。

(二)休眠期的管理

宿根花卉的耐寒性较一、二年生花卉强,无论冬季地上部分落叶的,还是常绿的,均处于休眠、半休眠状态。常绿宿根花卉,在南方可露地越冬,在北方应温室越冬。落叶宿根花卉,大多可露地越冬,其通常采用的措施有:

(1)培土法　花卉的地上部分用土掩埋,翌春再清除泥土,如芍药。

(2)灌水法　利用水有较大的热容量的性能,将需要保温的园地漫灌。此举又提高了环境的湿度,从而达到保温增湿的效果。大多数宿根花卉入冬前都可采用这种方法。

除此之外,宿根花卉也可以采用覆盖法保护越冬。

做一做：结合当地实际，对花坛中的宿根花卉进行养护管理。

三、球根花卉的养护管理

（一）生长期的管理

球根花卉大多根少而脆，断后不能再生新根，因此栽后于生长期间绝不可移植。其叶片大多数少或有定数，栽培中应注意保护，避免损伤。否则影响养分合成，不利于新球的生长，也影响开花和观赏。花后正值新球成熟、充实之际，为了节省养分使球长好，应剪去残花和果实。球根花卉中除大丽花等少数几种花卉，根据需要应进行除芽、剥蕾等修剪整形外，其他花卉基本不需要进行此项工作。但为生产球根栽培时，为了使地下部分的球根迅速肥大且充实，也要尽早剥蕾以节省养分。此外中耕除草时注意别损伤球根。球根花卉大多不耐水涝，应作好排水工作，尤其在雨季。花后仍需加强水肥管理。春植球根花卉，秋季掘出贮藏越冬。秋植球根花卉，冬季在南方有的可以露地越冬，在北方常在冷床或保护越冬。

（二）球根的采收

球根花卉在停止生长，进入休眠后，大部分种类的球根，需要采收并进行贮藏，渡过休眠期后再栽植。

采收应于生长停止，茎叶枯黄未脱落，土壤略湿润时。采收过早，养分尚未充分积聚于球根中，球根不够充实；采收过晚，茎叶枯萎脱落，不易确定土中球根的位置，采收时易受损伤且子球易散失。

采收时可掘起球根，除去过多的附土，并适当剪去地上部分。春植球根中的唐菖蒲、晚香玉可翻晒数天，使其充分干燥，大丽花、美人蕉等可阴干至外皮干燥，勿过干，勿使球根表面皱缩。大多数秋植球根，采收后不可置于炎日下暴晒，晾至外皮干燥即可。经晾晒或阴干的球根就可进行贮藏。

做一做：结合当地实际，对花坛中的球根花卉进行养护管理。

四、病虫害的识别与防治

1. 白粉病

[识别要点] 可危害凤仙花、荷兰菊、金鸡菊、百日草等花卉的叶片、嫩梢，始发病斑较小，白色，较淡，主要发生在叶片的正面，背面很少有；之后白色粉层逐渐增厚，病斑扩大，覆盖局部甚至整个叶片或植株，影响光合作用。初秋，白色粉层中部变淡黄褐色，并形成黄色小圆点，后逐渐变深而呈黑褐色。叶面出现零星的不定型白色霉斑，随着霉斑增多和向四周扩展相互成片，最终导致整个叶面布满白色至灰白色的粉状薄霉层，仿佛叶面被撒一层薄面粉，细视霉斑的叶背面，可见到初呈黄色后变为黄褐色至褐色枯斑，发病早且严重的叶片，扭曲畸形枯黄。

[防治措施] ①彻底清除枯枝落叶，并集中烧毁，减少初侵染来源。②加强栽培管理，改善环境条件。调整栽植密度，盆花摆设密度不要过大；温室栽培时，要注意通风通光，增施磷钾肥，氮肥适量。灌水最好在晴天的上午进行。灌水方式采用滴管和喷灌，不要漫灌。③化学防

治:发病初期喷施15%粉锈宁可湿性粉剂1 500～2 000倍液,25%敌力脱乳油2 500～5 000倍液,40%福星乳油2 000～3 000倍液,45%特克多悬浮液300～800倍液,15%绿帝可湿性粉剂500～700倍液。温室内可用10%锈宁烟雾熏蒸。④生物制剂:近年来生物农药发展较快,BO-10(150～200倍液),抗霉菌素120对白粉病也有良好的防效。

2.菊花褐斑病

[识别要点]发病初期病叶出现淡黄色褪绿斑,病斑近圆形,逐渐扩大,变紫褐色或黑褐色。发病后期,病斑近圆形或不规则形,病斑中间部分浅灰色,边缘黑褐色,其上散生细小黑点,为病菌的分生孢子器。一般发病从下部开始,向上发展,严重时全叶变黄干枯。病原为真菌。病原菌以菌丝体和分生孢子器在病残体上越冬。分生孢子器翌年吸水产生大量分生孢子借风雨传播。温度在24～28℃,雨水较多,种植过密条件下,该病发生比较严重。

[防治措施]①合理施肥浇水,使植株生长健壮。②及时清除病残叶,减少病菌来源。③种植密度要适宜,以便通风透光,降低叶面湿度;及时清除田间杂草。④药剂防治:发病初期喷洒10%世高水分散粒剂2 000～3 000倍液、40%福星乳油2 000～3 000倍液、70%代森锰锌可湿性粉剂800～1 000倍液、12%速保利可湿性粉剂800～1 000倍液、47%加瑞农可湿性粉剂600～800倍液、6%乐比耕可湿性粉剂1 500～2 000倍液。

3.芍药红斑病

[识别要点]又称芍药褐斑病、叶霉病,是芍药和牡丹上重要的病害之一。发病后叶片出现不规则性病斑,病斑大小为5～15 mm,紫红色或暗紫色,潮湿条件下叶背面可产生暗绿色霉层,并可产生浅褐色轮纹。发生严重时,叶片焦枯破碎,如火烧一般,影响观赏效果。

[防治措施]①加强栽培管理:合理施肥,肥水宜充足;夏季干旱时,要及时浇灌;及时清除田间杂草。②清除侵染来源:随时清扫落叶,摘除病叶,以减少侵染来源。③药剂防治:70%甲基托布津可湿性粉剂1 000倍液,10%世高水分散粒剂2 000～3 000倍液,40%福星乳油2 000～3 000倍液,70%代森锰锌可湿性粉剂800～1 000倍液,60%防霉宝超微粉剂600倍液,10～15 d喷施1次,连续喷施3～4次。

4.锈病

[识别要点]可危害美人蕉、萱草、香石竹、芍药等,感病初期,病叶两面均出现黄色水渍状圆形小斑,由以叶背为多。后期小圆斑增大,并有橙黄色至褐色的疱状突起,边缘有黄绿色晕环,直径2～6 cm疱状突起表面破裂,散出橘黄色粉状物(病菌的夏孢子堆),秋后病斑上产生褐色粉状物(冬孢子堆),受害严重的叶面布满病斑,并可连接成不规则形的大片坏死区,病叶黄化,最后变成褐色干枯。

[防治措施]①清除侵染来源:结合绿地清理及修剪,及时将病枝芽、病叶等集中烧毁,以减少病原。②加强管理,降低湿度,注意通风透光,增湿磷钾肥,提高植株的抗病能力。③药剂防治:发病初期可喷洒15%粉锈宁可湿性粉剂1 000～1 500倍液,每10 d喷1次,连喷3～4次;或用12.5%烯唑醇可湿性粉剂2 000～3 000倍液,10%世高水分散粒剂2 000～3 000倍液、40%福星乳油8 000～10 000倍液喷雾防治。

5.唐菖蒲灰霉病

[识别要点]植株的花、茎、叶、球均可受害,叶片受害后表现为三种情况:①病斑大,圆形或椭圆形,褐色。②病斑小,灰褐色。③病斑针点大小,深褐或红褐色。球茎受害后表现为:①产生圆形斑点。②产生海绵状腐烂。花的受害症状为小而水渍状病斑。茎受害后提早发

黄、干枯。环境潮湿时易发病。发病适温为10～18℃，土壤传播或球茎传播。

［防治措施］①加强栽培管理，改善通风透光条件，合理施肥，增施钙肥，控制氮肥用量。及时清除病株销毁，减少侵染来源。②生长季节喷施下列杀菌剂：50％扑海因可湿性粉剂1 000～1 500倍液、50％速克灵可湿性粉剂1 000～2 000倍液、45％特克多悬浮液300～800倍液、45％噻菌灵可湿性粉剂2 000倍液、10％多抗霉素可湿性粉剂1 000～2 000倍液。

6. 翠菊枯萎病

［识别要点］苗期受侵染，1周内可发病，植株出现倒头，全部叶片变黄萎缩，根系常发生程度不同的腐烂。感病成株，下部叶片最先出现淡黄绿色，随即枯萎，逐渐向上发展，全株枯萎死亡。茎基部常出现褐色长条斑，剖开茎基可见维管束变褐色。有时植株仅一侧表现症状，但维管束变褐色。湿度大时，茎基部产生大量浅红色粉霉状物。病菌以菌丝体和厚垣孢子在土壤或病株残体中越冬。病菌可存活土中数年。幼苗出土后10～20 d最易感病。随着木质化程度增加，病害明显减少。病菌通过土壤和灌溉水传播。在高温、多雨季节发病严重，此病常与大水漫灌、施肥不当、连作以及地下害虫的发生有关。

［防治措施］①每年轮换定植的地段。②由于病株残体上的病菌随土壤传播，操作时，避免将带菌土壤混入新植地段。③土壤消毒：用50％甲基托布津可湿性粉剂2 kg/亩，混入细干土30 kg，混匀后均匀撒入定植穴内。④发病初期药剂灌根或喷雾，采用50％甲基托布津可湿性粉剂400倍液，或10％双效灵水剂200～300倍液，或25.9％抗枯宁500液，每株灌药0.25 kg，5～7 d灌1次，连续2～3次。采用高锰酸钾800～1 500倍液或农抗“120”100 mg/kg灌根也有一定防治效果。

7. 鸢尾细菌性软腐病

［识别要点］感病植株，最初在叶端开始出现水渍状条纹，逐渐黄化、干枯。根茎部发生水渍状的概率较高，呈糊状腐烂，腐烂的根状茎具有恶臭味。恶臭是诊断该病的重要依据。由于基部腐烂，病叶很容易拔出地面。病原细菌随病残组织在土壤中越冬。温度高、湿度大，种植密度大，有虫伤时发病重。德国鸢尾较澳大利亚鸢尾发病重。

［防治措施］①及时剪除病叶或拔出病株烧毁。②发病严重的土壤，用0.5％～1％福尔马林10 g/m^2 进行消毒后再种植，或更换新土后栽植；被污染的工具应用沸水或70％的酒精或1％硫酸铜溶液浸渍消毒后再用。③药剂防治：发病后，每月喷洒1次农用链霉素1 000倍液，能控制病害蔓延。喷洒杀虫剂，防治鸢尾钻心虫，也可减轻病害的发生。

8. 美人蕉花叶病

［识别要点］发病初期，叶片上出现褪绿色小斑点，或呈花叶状，或有黄绿色和深绿色相同的条纹，条纹逐渐变为褐色坏死，叶片沿着坏死部位撕裂，叶片破碎不堪。发病严重时心叶畸形、内卷呈喇叭筒状，花穗抽不出或很短小，其上花少、花小；植株显著矮化。病原为黄瓜花叶病毒。该病毒在有病的块茎内越冬。可以由汁液、蚜虫及块茎传播。大花美人蕉、粉叶美人蕉、普通美人蕉均为感病品种；红花美人蕉抗病。

［防治措施］①淘汰有毒的块茎。秋天挖掘块茎时，把地上部分有花叶病症状的块茎弃去。②生长季节发现病株应立即拔除销毁，清除田间杂草等野生寄主植物。③防治传毒蚜虫，可以定期地喷洒吡虫啉、啶虫脒等杀虫剂。④用美人蕉布景时，不要把美人蕉和其他的寄主植物混合配置，如唐菖蒲、百合等。

9. 银纹夜蛾

[识别要点] 危害菊花等。成虫体灰褐色，胸部有两束毛耸立着。前翅深褐色，其上有2条银色波状横线，老熟幼虫青绿色。腹部5、6及10节上各有1对腹足，爬行时体背拱曲。背面有6条白色的细小纵线。1年2～8代，发生代数因地而异。以老熟幼虫或蛹越冬。初孵幼虫群集叶背取食叶肉，能吐丝下垂，3龄后分散危害，幼虫有假死性。10月初幼虫入土化蛹越冬。

[防治措施] ①人工摘除卵块、初孵幼虫或蛹。②灯光诱杀成虫，或利用趋化性用糖醋液诱杀，糖：酒：水：醋(2：1：2：2)+少量敌百虫或吡虫啉。③幼虫期喷Bt乳剂500～800倍液、2.5%溴氰菊酯乳油或10%氯氰菊酯乳油或2.5%功夫乳油2 000～3 000倍液、5%定虫隆乳油1 000～2 000倍液、20%灭幼脲3号胶悬剂1 000倍液等。

10. 甘蓝夜蛾

[识别要点] 食性杂，危害羽衣甘蓝等。成虫体长15～25 mm，灰褐色，前翅有明显的肾状斑和环状斑；后翅灰白色。老熟幼虫体长50 mm，头黄褐色，胸腹部黑褐色，散生灰黄色细点。在东北、华北、西北地区每年发生1～3代。有滞育习性。以蛹在寄主根部附近土中越冬。各地春末夏初的危害重于秋季的危害。成虫有趋光性。

[防治措施] ①及时清除田间杂草。②及时摘除卵块及被害叶片。③成虫发生期利用糖：酒：水：醋(2：1：2：2)+少量敌百虫或吡虫啉诱杀成虫。④药剂防治：幼虫发生初期选择下列药剂：5%抑太保乳油4 000倍液、5%卡死克乳油4 000倍液、5%农梦特乳油4 000倍液、20%灭幼脲1号悬浮剂500～1 000倍液、25%灭幼脲3号悬浮剂500～1 000倍液、40%菊杀乳油2 000～3 000倍液。

11. 菜粉蝶

[识别要点] 幼虫通称菜青虫，主要危害十字花科花卉。成虫前翅粉白色，前翅顶角灰黑色，雌蝶前翅有黑色圆斑1个，雄蝶仅1个黑斑；老熟幼虫体青绿色，体表密布细小黑色毛瘤。不同地区发生时代不同，世代重叠明显。以蛹在危害地附近的墙壁、篱笆、树干、杂草处越冬。危害期为4～6月份。

[防治措施] ①人工防治：结合摘心、修剪等措施，及时摘除虫卵、幼虫或蛹。②生物防治：低龄幼虫Bt乳剂300～500倍液喷雾，每隔10～15 d喷1次，连续喷2～3次。保护利用金小蜂、广大腿小峰、姬蜂等天敌。③化学防治：低龄幼虫25%灭幼脲3号悬浮剂1 000～1 500倍液防治，或5%抑太保乳油1 000～2 000倍液，或5%农梦特乳油1 000～2 000倍液防治。

12. 短额负蝗

[识别要点] 危害一串红、菊花、鸡冠花等。成虫体色多变，从淡绿色到褐色和浅黄色都有，并杂有黑色小斑。头部锥形，前翅绿色，后翅基部红色，末端部绿色。卵块产于土中，外有黄色胶质。1年发生2代，以卵越冬，6月上旬为孵化盛期。第2代若虫7月下旬开始孵化。

[防治措施] ①人工捕捉：初孵若虫群集危害及成虫交配期进行网捕。②若虫或成虫盛发时，可喷洒40.7%乐斯本800倍液、2.5%溴氰菊酯2 000～3 000倍液、20%哒嗪硫磷乳油500～1 000倍液，均有良好的效果。③释放白僵菌，使初生蝗虫感染白僵菌而死亡。

做一做：结合当地实际，对露地草本花卉的病虫害进行防治。

【操作要点】

1. 在进行露地草本花卉修剪时，要注意露地草本花卉植物类型及用途，特别是露地草本花卉的品种、花期及习性。

2. 在进行施肥时要选择好施肥方法(一般是追肥)及肥料的种类(一般是化肥)、施肥量要控制好,施肥后要及时浇水。

3. 露地草本花卉修剪包括整形修剪和花期控制修剪,要注意修剪的目的,同时要清除杂物,保持绿地卫生。

4. 在对露地草本花卉进行浇水时要选择好浇水的时间和浇水量。

5. 进行病虫防治时,应先准确地识别出病害、虫害的类别,然后再制定切实合理的综合治理方案。

【注意事项】

1. 严格按照露地草本花卉养护管理操作规程执行,注意安全。

2. 在对露地草本花卉进行整形修剪时要注意留芽的位置。

3. 在对露地草本花卉进行防寒时,要注意选择好防寒的材料和防寒的时间,特别是采用埋土法防寒时要去除上面枯死的植株,同时注意埋土的时间和厚度。

4. 病虫害防治的首选方案是综合治理措施,其次要注意对症下药、合理用药及安全用药。

【任务考核标准】

表 3-3-10　露地草本花卉的养护管理技术任务考核参考标准

序号	考核项目	考核内容	考核标准	考核方法	标准分值
1	基本素质	学习工作态度	态度端正,学习精力集中,学习方法多样,积极主动,全部出勤,否则将酌情扣分。	单人考核	5
		团队协作	具备团队合作精神,积极与小组成员合作,共同完成工作任务,否则将酌情扣分。	单人考核	5
2	专业技能	一、二年生草本花卉的养护管理	能够规范地进行各种一、二年生草本花卉的养护管理。操作不规范者,酌情扣分。	单人考核	15
		球根花卉的养护管理	能够规范地进行球根花卉的养护管理。操作不规范者,酌情扣分。	单人考核	15
		宿根花卉的养护管理	能够规范地进行宿根花卉的养护管理。操作不规范者,酌情扣分。	单人考核	15
		露地草本花卉病虫害的识别与防治	能够规范地进行露地草木花卉病虫害的识别与防治。操作不规范者,酌情扣分。	单人考核	20
3	职业素质	方法能力	独立分析和解决问题的能力强,能主动、准确地表达自己的想法。	单人考核	5
		工作过程	能够广泛查阅、收集和整理资料,工作过程规范,有完整的工作任务记录,字迹工整。	小组考核	10
		自测训练与总结	及时准确完成自测训练,总结报告结果正确,电子文本规范,体会深刻,上交及时。	单人考核	10
	合　计				100

● 相关知识

一、园林绿地病害概述

(一)园林绿地病害的概念

园林绿地病害是指园林植物受到病原生物的侵染或不良环境的作用时,发生一系列生理生化、组织结构和外部形态的变化,其正常的生理功能偏离到不能或难以调节复原的程度,生长发育受阻甚至死亡,最终破坏景观效果并造成经济损失的现象。病害不同于一般的机械物理伤害,它有一个病理变化的过程。

园林绿地病害通常根据其病原性质不同可分为 2 大类:生理性病害和侵染性病害。前者是由不良的环境条件引起,主要包括营养缺乏或过剩、水分过多或过少、温度过高或过低、光照不足或过强、缺氧、空气污染、土壤酸碱不当或盐渍化、药害、肥害等,无传染性;后者是由生物因素,即真菌、细菌、病毒、植原体等引起的病害,具有传染性。

(二)园林绿地病害的症状

症状是指园林植物生病后肉眼可见的不正常表现(或病态)。症状由病状和病征两部分组成。园林植物本身的不正常表现称为病状,发病部位病原物的表现称为病征。园林植物生病后都一定会出现病状,但不一定有病征,非传染性病害和病毒病就只有病状而无病征,真菌和细菌病害往往有比较明显的病征。

症状是病害病理过程的综合表现,对于每一种园林植物病害都有其一定的特异性和稳定性,所以症状是病害诊断的重要依据。许多园林植物病害常常以园林植物名称加症状特点来命名,如紫薇白粉病等。

1. 病状

常见的病害病状可归成 5 大类型,即变色、坏死、腐烂、萎蔫和畸形。

(1)变色　病部发生颜色变化,但细胞并未死亡。变色又分均匀变色和不均匀变色,前者如褪绿、黄化、白化、红化、银叶等,如栀子缺铁引起的新叶褪绿黄化症、蒲葵因光照过强而引起的叶片黄化等;后者如花叶、斑驳、明脉等,如山茶花叶病、美人蕉花叶病等。变色症状多发生在园林植物的叶片上。

(2)坏死　发病部位的细胞和组织死亡,但仍保持原有细胞和组织的外形轮廓。最常见的是斑点(或称病斑),其形状、颜色、大小不同,一般具有明显的边缘。根据形状可分为圆斑、角斑、条斑、环斑、网斑、轮纹斑等,根据颜色可分为褐(赤)斑、铜色斑、灰斑、白斑等。坏死类病状是园林植物病害病状的主要类型之一。如菊花斑枯病、月季黑斑病、大叶黄杨褐斑病等。

(3)腐烂　指发病部位较大面积的死亡和细胞解体。植株各个部位都可发生腐烂,幼苗或多肉的组织更容易发生。如阔叶树腐烂病、鸢尾细菌性软腐等。

(4)萎蔫　各种原因如茎基坏死、根部腐烂或根的生理功能失调引起的园林植物萎蔫,如菊花枯萎病、大丽花青枯病等。

(5)畸形　整株或部分细胞组织生长过度或不足,表现为全株或部分器官呈不正常状态,出现丛枝、丛根、肿瘤、矮缩、皱缩、卷叶等畸形,如夹竹桃丛枝病、樱花根癌病等。

2.病征

常见的病征类型有以下7种类型。

(1)霉状物　病原真菌在受害部位常产生各种颜色的霉层(青霉、灰霉、黑霉、霜霉等),如牡丹灰霉病、花木煤污病等。

(2)粉状物　病原真菌在受害部位产生各种颜色的粉状物,如月季白粉病。

(3)锈状物　病原真菌在受害部位产生各种颜色的锈状物,如玫瑰锈病、草坪草锈病。

(4)点状物　病原真菌在受害部位产生黑色、褐色等小点,如橡皮树炭疽病等。

(5)棉丝状物　病原真菌在受害部位产生棉丝状物,如茉莉白绢病等。

(6)颗粒状物　病原真菌在病部位产生颗粒状物,如矢车菊菌核病等。

(7)溢脓　病原细菌在发病部位产生脓状黏液,呈现溢脓状,这是细菌性病害的特有病征,如鸢尾细菌性软腐病等。

(三)病害对园林植物的危害

病害对园林植物根、茎、叶等任何部位引起的损害,都会影响园林植物的正常生长发育,降低观赏价值,有些还能导致局部或整株死亡。

1.病害对园林植物根部的危害

不少园林植物因根部受害,造成根部腐烂,甚至全株死亡,破坏了水分的吸收和养分的输送,引起植株生长衰弱,甚至全株死亡;有的根部膨大形成瘤状物,影响根部吸收作用,导致植株矮黄,生长停滞等。白绢病、立枯病、根腐病、根结线虫病、根癌病等都是由于根部受病原物侵害所致。

2.病害对园林植物茎部的危害

有些园林植物因病菌堵塞或破坏寄主维管束的水分运输,造成植株萎蔫、死亡;有的茎部病害引起枝条溃疡病;有的病害使根茎部皮层腐烂等。常见的有枝枯病、萎蔫病、菌核病、腐烂病等。

3.病害对园林植物叶部的危害

多种园林植物叶片感病后出现黄化、花叶、皱缩、病斑或焦枯等症状,严重时造成落叶,影响光合作用,降低园林植物的观赏效果。常见的有各种叶斑病、叶枯病、炭疽病、白粉病、锈病、煤污病等。园林植物叶部病害是园林植物上流行最广的一类病害,其种类多于根部病害和茎部病害。

(四)园林绿地常见病害的识别

1.生理性病害识别

生理性病害,又名非侵染性病害,只有病状而无病症。主要分为以下7个类别。

(1)营养失调　植物的生长发育需要多种营养物质。土壤中缺乏某些营养物质会影响植物正常的生理机能,引起植物缺素症。

①缺氮　主要表现为植株矮小,发育不良,分枝少、失绿、变色、花小和组织坏死。在强酸性缺乏有机质的土壤中易发生缺氮症。

②缺磷　植物生长受抑制,植株矮化,叶片变成深绿色,灰暗无光泽,具有紫色素,最后枯死脱落。病状一般先从老叶上出现。生荒土或土壤黏重板结易发生缺磷症。

③缺钾　植物叶片常出现棕色斑点，不正常皱缩，叶缘卷曲，最后焦枯。红壤一般含钾量低，易发生缺钾症。

④缺铁　主要引起失绿、白化和黄叶等。缺铁首先表现为枝条上部的嫩叶黄化，下部老叶仍保持绿色，逐渐向下扩展到基部叶片，如栀子花黄化病。碱性土壤常会发生缺铁症。

⑤缺镁　症状同缺铁症相似。区别在于缺镁时常从植株下部叶片开始褪绿，出现黄化，渐向上部叶片蔓延，如金鱼草缺镁症。此外镁与钙有拮抗作用，当钙过多有害时，可适当加入镁起缓冲作用。

⑥缺硼　引起植株矮化、芽畸形、丛生、缩果和落果。

⑦缺锌　引起新枝节间缩短，叶片小而黄，有时顶部叶片成簇生状。如桃树小叶病。

⑧缺钙　植株根系生长受抑，嫩芽枯死，嫩叶扭曲，叶缘叶尖白化，提早落叶。

⑨缺锰　引起菊花叶脉间变成枯黄色，叶缘及叶尖向下卷曲，花呈紫色。症状由上向下扩展。一般发生在碱性土壤中。

⑩缺硫　植物叶脉发黄，叶肉组织仍保持绿色，从叶片基部开始出现红色枯斑。幼叶表现更明显。

发生缺素症，常通过改良土壤和补充所缺乏营养元素治疗。有些元素如硼、铜、钙、银、汞含量过多，对植物也会产生毒害作用，影响植物的生长发育。

(2)土壤水分失调　植物的正常生理活动，都需要在体内水分饱和的状态下进行。水是原生质的组成成分，是植物生长发育不可缺少的条件。在土壤干旱缺水的条件下，植物常发生萎蔫现象，生长发育受到抑制，甚至死亡。如杜鹃对干旱非常敏感，干旱缺水会使叶尖及叶缘变褐色坏死。

土壤水分过多，往往发生水涝现象，常使根部窒息，引起根部腐烂。根系受到损害后，便引起地上部分叶片发黄，花色变浅，花的香味减退及落叶、落花，茎干生长受阻，严重时植株死亡。如女贞淹水后，蒸腾作用立即下降，12 d后植株便死亡。一般草本花卉易受涝害，植物在幼苗期对水涝较敏感。雪松、悬铃木、合欢、女贞、青桐等树木易受涝害，而枫杨、杨树、柳树、乌桕等对水涝有很强的耐性。

出现水分失调现象时，要根据实际情况，适时适量灌水，注意及时排水。浇灌时尽量采用滴灌或沟灌，避免喷淋和大水漫灌。

(3)温度不适宜　高温常使花木的茎干、叶、果受到灼伤。花灌木及树木的日灼常发生在树干的南面或西南面，如柑橘日烧病。预防灼伤可采取适时的遮阴和灌溉以降低土壤温度。

低温也会危害植物。霜冻是常见的冻害。晚秋的早霜常使花木未木质化的枝梢等受到冻害，春天的晚霜易使幼芽、新叶和新梢冻死，花脱落。而冬季的反常低温对一些常绿观赏植物及落叶花灌木等未充分木质化的组织造成冻害。绿地花木受霜冻后，常自叶尖或叶缘产生水渍状斑，严重时全叶坏死，解冻后叶片变软下垂。低温还能引起苗木冻拔。

冬春之交，高低温交替，昼夜温差过大，也可使树干阳面发生灼伤和冻裂，如毛白杨破腹病。树干涂白是保护树木免受日灼伤和冻害的有效措施。

(4)光照不适宜　不同的园林植物对光照时间长短和强度大小的反应不同，我们应根据植物的习性加以养护。如月季、梅花、菊花、金橘等为喜光植物，宜种植在向阳避风处。龟背竹、杜鹃、茶花、玉簪等为耐阴植物，忌阳光直射，应给予良好的遮阴条件。

当植物正在旺盛生长时，光强度的突然改变和养分供应不足能引起落叶。室内植物要有尽可能多的光照。

此外，植株种植过密，光照不足，通风不良等会引致叶部、茎干部病害的发生。

(5)通风不良　植株栽植密度应合理，适宜的株行距有利于通风、透气、透光，改善环境条件，提高植物生长势，并造成不利于病菌生长的条件，减少病害的发生。若栽植过密，则会出现通风不良，湿度较高，叶缘易积水，并使植株叶片相互摩擦出现伤口，诱发侵染性病害的发生。

(6)土壤酸碱度不适宜　许多园林植物对土壤酸碱度要求严格，若酸碱度不适宜易表现各种缺素症，并诱发一些侵染性病害的发生。如我国南方多为酸性土壤，易缺磷、缺锌；北方多为石灰性土壤，易发生缺铁性黄化病。

为使土壤保持适宜的酸碱度，确保植物健壮生长，灌溉用水也应加以注意。如杜鹃、山月桂以雨水或泉水浇灌为好，不宜用含有盐碱之水。盆栽花卉如用自来水浇灌，最好在容器中存放几天后再用。

(7)有毒物质的影响　空气、土壤中的有毒物质，可使花木受害。在工矿区，由于空气中含有过量的二氧化硫、二氧化氮、三氧化硫、氯化氢和氟化物等有害气体及各种烟尘，常使花木遭受烟害。引起叶缘、叶尖枯死，叶脉间组织变褐，严重时叶片脱落，甚至使植物死亡。

此外，农药、化肥、植物生长调节剂等使用不当，浓度过大或条件不适宜，可使花木发生不同程度的药害或灼伤，叶片常产生斑点或枯焦脱落，特别是花卉柔嫩多汁部分最易受害。

为防止有毒物质对花木的毒害，应合理使用农药和化肥，在城镇工矿区应注意选择抗烟性较强的花卉和树木进行绿化，改善坏境。

2.侵染性真菌及其识别

(1)真菌性病害及其识别　真菌是一类呈丝状的微生物，无叶绿素，以孢子繁殖，园林绿地大部分侵染性病害由真菌引起的。

①白粉病　白粉病是园林植物上发生极为普遍的一类病害。一般多发生在寄主生长的中后期，可侵害叶片、嫩枝、花、花柄和新梢。在叶片上初为褪绿斑，继而长出白色菌丝层，并产生白粉状分生孢子，在生长季节进行再侵染。重者可抑制寄主植物生长，叶片不平整，以致卷曲，萎蔫苍白。白粉病可降低园林植物的观赏价值，严重者可导致枝叶干枯，甚至可造成全株死亡。主要危害黄栌、紫薇、大叶黄杨、月季、蔷薇、牡丹、芍药、菊花、大丽花、凤仙花、枸杞等。

②锈病　主要危害园林植物的叶片，引起叶枯及早期脱落，严重影响生长与观赏。该类病害因在病部产生大量锈状物而得名。锈病多发生于温暖湿润的春秋季，灌溉方式不适宜、叶面凝结雾露以及多风雨的条件下，最有利于发生和流行。主要危害玫瑰、海棠、桧柏、毛白杨、菊花、萱草、美人蕉、草坪草、芍药、香石竹等。

③霜霉病(疫病)类　该病典型的症状特点是叶片正面上产生褐色多角形或不规则形的坏死斑，叶背相应部位产生灰白色或其他颜色疏松的霜霉状物，病原物为低等的鞭毛菌，低温潮湿的情况下发病重。主要危害葡萄、月季、百合、紫罗兰、虞美人、蝴蝶兰等。

④叶斑病　该病是园林绿地上最常见的一类病害，主要危害叶片，有时也在枝干、花和果实上发生。叶斑病的类型很多，可因病斑的色泽、形状、大小、质地、有无轮纹等不同，分为黑斑病、褐斑病、圆斑病、角斑病、斑枯病、轮斑病、炭疽病等。叶斑上往往着生有各种粒点或霉层。叶斑病聚集发生时，可引起叶枯、落叶或穿孔，以及枯枝或花腐，严重降低园林植物的观赏价值，有些叶斑病还会给园林植物造成较大的经济损失。常见的有月季黑斑病、杜鹃角斑病、大叶黄杨褐斑病、香石竹叶斑病、山茶炭疽病等。

⑤灰霉病　自然界大量存在着这类病原物，其中有许多种类寄主范围十分广泛，但寄生能力较弱，只有在寄主生长不良、受到其他病虫危害、冻伤、创伤、植株幼嫩多汁，抗性较差时，才会引起发病，导致植物体各个部位发生水渍状褐色腐烂。灰霉病在低温、潮湿、光照较弱的环境中易发生。病害主要表现为花腐、叶腐、果腐，但也能引起猝倒、茎部溃疡以及块茎、球茎、鳞茎和根的腐烂，受害组织上产生大量灰黑色霉层，因而称之为灰霉病。主要危害牡丹、芍药、四季海棠、月季、香石竹、唐菖蒲等。

⑥煤污病类　煤污病又称煤烟病，在花木上发生普遍，影响光合作用，降低观赏价值和经济价值，甚至引起死亡。其症状是在叶面、枝梢上形成黑色小霉斑，后扩大连片，使整个叶面、嫩梢上布满黑霉层。可以危害山茶、米兰、扶桑、木本夜来香、白兰花、五色梅、牡丹、蔷薇、夹竹桃、木槿、桂花、木兰、紫背桂、含笑、紫薇、苏铁、金橘、橡皮树等。煤污病的主要危害是抑制了植物的光合作用，削弱植物的生长势。另外，由于观赏植物的叶面布满黑色的煤粉层，严重地破坏了植物的观赏性。

⑦枯、黄萎病　主要破坏茎部的输导组织，引起植株呈现黄萎、枯萎症状。常见的病害有香石竹枯萎病、翠菊枯萎病、合欢枯萎病、黄栌黄萎病等。

⑧枝干腐烂、溃疡病类　危害枝干，引起树皮呈溃疡、腐烂状。常见的病害有杨树烂皮病、杨树溃疡病、槐树溃疡病、仙人掌类茎腐病、银杏茎腐病、月季枝枯病等。

⑨根部病害　危害园林植物的根部或茎基部，引起根系腐烂或茎基表皮腐烂，植株生长不良，严重时植株枯萎死亡。常见的病害有幼苗猝倒病和立枯病、花木白绢病、花木紫纹羽病、花木白纹羽病等。

⑩叶畸形类病害　危害叶片，引起叶片畸形。常见的病害有桃缩叶病、杜鹃饼病、山茶饼病等。

(2)细菌性病害及其识别　由病原细菌侵染引起的，种类较真菌病害少。细菌个体比真菌还要小，是一类单细胞的低等生物，要在高倍显微镜下才能看清它的形态。植物病原细菌均为杆状，革兰氏染色大都为阴性，绝大多数都生有鞭毛。繁殖方式为裂殖，即一分为二。细菌主要借助于雨水、灌溉水、昆虫、土壤、病株及病株残体以及人为活动和其他动物传播。主要通过植物体表的气孔、皮孔、水孔、蜜腺和各种伤口(如冻伤、机械伤、虫伤、修剪和嫁接等伤口)侵入花卉体内，引起危害。细菌病害主要症状类型有腐烂、坏死、肿瘤、斑点、畸形和萎蔫等。常见的细菌病害主要有细菌性软腐病、细菌性穿孔病、细菌性叶斑病、细菌性青枯病和根癌病等。

①细菌性软腐病　主要危害鸢尾、唐菖蒲、风信子、大丽花、郁金香、百合、朱顶红、番红花、花叶芋、广东万年青、虎尾兰以及仙人掌类与多肉花卉等。花卉受害部位不同，症状也有所不同。一般逐步危害根、茎器官，受害不久即出现黏滑软腐状，腐烂组织发出恶臭味。在潮湿的条件下，发病器官变成一包腐臭的浆状物；在干燥的情况上，病部迅速失水呈干瘪状。

②细菌性穿孔病　主要危害桃、碧桃、梅、李、樱花、榆叶梅等的叶片。发病后出现近圆形褐色或紫褐色病斑，病斑周围有半透明的淡黄色晕圈。发病后期病斑周围产生木栓层，引起病斑脱落，形成穿孔。

③细菌性叶斑病　主要危害天竺葵、鸢尾、百日菊、虞美人等草本花卉。由于寄主不同，症状也有所不同。

④细菌性青枯病　主要危害菊花、大丽花、鹤望兰、百日菊、向日葵等花卉。此病是由细菌侵染寄主根茎部引起的维管束病害。

⑤根癌病　又名根瘤病等。主要危害樱花、丁香、梅花、碧桃、月季、榆叶梅、菊花、大丽花、香石竹、天竺葵、连翘、紫藤、罗汉松、橡皮树、大叶黄杨、柑橘、樱桃、无花果等多种花木。病菌主要危害寄主的根、茎部，使病部形成大小不等的癌瘤，初期呈淡褐色，质地柔软，后期颜色变深，内部组织木质化，成为坚硬的肿瘤，并逐渐开裂坏死。

(3)病毒病害及其识别　病毒病害是由植物病毒侵染引起的。病毒是一类无细胞结构的极其微小的专性寄生物，必须用电子显微镜才能观察到它的形态。病毒病害主要是通过刺吸式口器的昆虫(如蚜虫、叶蝉、粉虱等)传播；也可通过嫁接、病株与健株接触摩擦传播；无性繁殖材料(接穗、块茎、球茎、鳞茎、块根及苗木等)的调运、交换，也是一条重要传播途径。病毒侵入的途径主要是以上传播媒介，在花卉植物上造成的微小创口，将病毒带入寄主细胞内引起发病的。由于绝大多数植物病毒离开寄主活细胞不久便失去活力，也就是说，寄主细胞一死，病毒也同归于尽，因此田间越冬植物、无性繁殖材料以及冬眠的昆虫是主要越冬场所，也是来年发病的出侵染来源。

近年来我国花卉病毒病害有日益扩大侵染范围的趋势，目前已上升到仅次于真菌病害的地位。这类病害危害重，难防治。病毒病在花卉上能危害水仙、大丽花、菊花、郁金香、百合、非洲菊、芍药、鸢尾、风信子、唐菖蒲、大花萱草、美人蕉、翠菊、凤仙花、矮牵牛、天竺葵、紫罗兰、三色堇、一串红、牡丹、丁香等多种花卉。

花卉病毒病的症状类型大体上可以归纳为以下3种主要类型：

①变色　包括花叶、斑驳和碎色等。

②坏死　包括叶片上形成的各种坏死斑和环斑。

③畸形　包括卷叶、线叶、皱缩、丛枝、矮化以及其他各种类型的畸形。在上述症状中以变色类最为普遍。

(4)线虫病害及其识别　线虫病害是由植物线虫侵入引起的。线虫是一种低等动物，又名蠕虫。寄生在植物上的线虫，体形细长如线，头尾稍尖，体形细小，长0.3～1 mm。雌雄异体，少数种类的雌成虫肥大如梨状，仅头部稍尖。线虫头部口腔中生有一锋利的矛状口针，其结构类似静脉注射用的针头，用来刺破花卉植物细胞吸取汁液。植物线虫主要危害菊科、报春花科、蔷薇科、凤仙花科和秋海棠科等花卉。植物线虫都是专性寄生物，在花卉上的寄生分为内寄生和外寄生2种方式。寄生在花卉根部或球茎上的，常见的有鸢尾、大丽花、芍药、唐菖蒲、山茶、栀子、月季、牡丹、瓜子黄杨等的根结线虫病和水仙、风信子、朱顶红等茎线虫病，以及寄生在花卉叶片上，引起特有的三角形褐色枯斑的菊花、荷包花、翠菊、大丽花、百合、珠兰等的叶枯线虫病。

二、园林绿地虫害概述

园林绿地害虫种类较多，从大类上可分为昆虫(黏虫、蚜虫等)、螨类(叶螨、瘿螨)、软体动物(蜗牛、蛞蝓)等，它们都以各自的方式危害园林绿地，造成叶残根枯，影响园林绿地景观。害虫的类别不同，其防治措施也有所差异。

由于园林绿地害虫中昆虫占绝对优势，下面就以昆虫为例介绍一下害虫的基础知识。

(一)昆虫的生物学知识

1.昆虫的概念

昆虫属节肢动物门昆虫纲。主要特征是:体躯分为头、胸、腹3个体段,头部有触角、复眼、单眼和口器,胸部有3对足、2对翅,腹部具外生殖器及气门。常见的有蝗虫、蛾类、蝇类、蚜虫等。昆虫种类多、分布广、适应性强、繁殖力惊人。昆虫是动物界中最大的1个类群,有100万种以上。

昆虫种类繁多,分类方式多种多样,除"界、门、纲、目、科、属、种"等传统的分类方式外,在防治害虫的过程中,还常常有以下几种分类方式:

(1)根据害虫取食方式　分为咀嚼式口器(蝗虫、蛾类幼虫等)、刺吸式口器(蚜虫、叶蝉等)、锉吸式口器(蓟马)等。

(2)根据害虫栖息场所　分为地下害虫(蝼蛄等)和地上害虫(叶蝉等)。

(3)根据危害园林绿地的部位　分为食叶害虫(黏虫等)、吸汁害虫(蚜虫、蓟马等)、钻蛀害虫(潜叶蝇等)、食根害虫(蛴螬等)。

2.变态

昆虫在发育过程中从外部形态到内部构造都出现一系列变化,称为变态。在形态上常有几个不同的发育阶段。这种变化大致可分为2个类型,即完全变态与不完全变态,前者一生要经过卵、幼虫、蛹、成虫4个发育阶段,幼虫与成虫不仅形态不同,生活习性也不一样,且在幼虫和成虫之间有1个不吃不动的蛹,如黄刺蛾等;后者则只有卵、若虫、成虫3个发育阶段,若虫和成虫在形态及生活习性上基本相同,在若虫期和成虫期之间没有蛹期,如梨网蝽等。

3.生长发育

(1)孵化与孵化期　昆虫胚胎发育完成后,从卵壳内破壳而出,这个过程叫孵化。卵从母体产出到孵化为幼虫为止,这段时间成为卵期。在同1个世代中成虫所产的卵,从第1粒孵化开始到全部的卵都孵化完为止,所经过的时间叫孵化期。

(2)龄期　龄期是指幼虫相邻2次蜕皮所经历的时间。刚孵化的幼虫到第1次蜕皮止,称1龄幼虫;而后每蜕1次皮,增加1龄,即称2龄、3龄、4龄,依此类推。

(3)化蛹与羽化　幼虫老熟后,最后1次蜕皮,幼虫变成不吃不动状态,叫化蛹。幼虫从卵内孵化出至化蛹的这段时间,称为幼虫期。蛹经过生理变化,变为成虫。从化蛹时开始到羽化为成虫时为止,所经历的时间称为蛹期。成虫破蛹壳而出称羽化。成虫从羽化开始至死亡为止,这段时间叫成虫期。

4.世代和年生活史

(1)世代　昆虫从卵开始变为成虫时为止的历程称为1个世代,简称1代。昆虫可以1年发生1代或几代,如同型巴蜗牛1年发生1代、小地老虎在华北地区1年发生4代;也可几年发生1代,如华北蝼蛄在华北则需3年才能完成1代。昆虫世代历期的长短主要取决于昆虫自身的内在特性及所在地区的有效积温。

(2)年生活史　1种昆虫在1年中的发育史,或者说从当年的越冬虫态开始活动起,到第2年越冬结束止的发育过程称年生活史。昆虫遇到高温或低温而停止生长发育叫滞育,如在冬天发生叫越冬,在夏季发生则称越夏。

5.繁殖方式

昆虫是卵生动物，多数要经过两性交配后产卵繁殖，如黏虫、华北蝼蛄等；有一些种类未经雌雄交配，卵不经过受精也发育成为新个体，称为孤雌生殖，如部分蓟马；有些虫卵在母体内就能发育为幼体，然后再产出来，称为卵胎生，如蚜虫。

6.生活习性

昆虫的生活习性是指昆虫的活动和行为，是种群的生物学特性，并非每种昆虫都具有。

(1)趋性　趋性是昆虫受外界某种物质连续刺激后产生的一种强迫性定向运动。趋向刺激源称正趋性，避开刺激源称负趋性。按刺激源的性质不同可分为趋光性、趋化性、趋温性等。趋性对昆虫的寻食、求偶、产卵及躲避不良环境等有利。人们可以利用这些习性来防治害虫，如黏虫、小地老虎的成虫具趋光性，可利用黑光灯进行诱杀。

(2)迁移性　昆虫在个体发育过程中，为了满足对食物和环境的需求，都有向周围扩散、蔓延的习性，如蚜虫；有的还能成群结队远距离的迁飞转移，如蝗虫、黏虫等。了解害虫迁飞规律，有助于人们掌握害虫消长动态，以便在其扩散前及时防治。

(3)假死性　有些昆虫遇到惊动后，立即收缩附肢，蜷缩一团坠地装死，称假死性，如金龟子成虫。这是昆虫逃避敌害的一种自卫反应，人们常利用这种习性来振落捕杀。

7.危害性

(1)取食性危害　害虫能直接危害园林植物的根、茎、叶、花、果实与种子等部位，形成不同的被害状。因害虫口器类型及取食部位不同，表现出多种危害方式，归纳起来，主要有以下几种。

①咀食　害虫咬食叶片使之成为缺刻、孔洞或将叶片吃光仅残留叶柄和叶脉，严重影响园林植物的生长发育和观赏。

②卷叶(缀叶)　将单张叶片卷曲造成卷叶或吐丝将数张叶片连缀在一起形成缀叶，害虫则藏匿其中危害，使得叶片卷缩，影响嫩梢、嫩叶的正常生长。

③潜叶　害虫在叶片的上下表皮间潜食叶肉，造成弯弯曲曲的虫道，呈“鬼画符”状，严重时引起叶片大量脱落。

④钻蛀　害虫在花木枝干的木质部内钻成隧道，蛀食危害，受害花木易早衰。

⑤刺吸　被害部位出现褪绿或黄化斑点，嫩叶卷曲，果实畸形，甚至整株枯死。

⑥虫瘿　植株的根、茎、叶等部位由于受害虫的刺激而产生虫瘿，影响观赏效果。

(2)非取食性危害

①产卵伤害　大青叶蝉等害虫将卵成排产在茎干、枝条表皮下的组织中，破坏花木的输导组织，造成枝条或幼树枯萎。

②土壤中穿行危害　蝼蛄在土中穿行形成许多隧道，使得植株根系与土壤根系分离失水而死，造成植株生长不良或死亡。

(3)传播植物病害　有些植物病害是由某些害虫传播的，如蚜虫传播病毒病、松墨天牛传播松材线虫病等。

此外，蚜虫、粉虱、介壳虫等害虫排出的蜜露会玷污叶片，诱致煤污病的发生。

(二)环境因素对昆虫的影响

影响昆虫发生的环境因素主要有气候、生物、土壤等。

1. 气候因素

气候因素包括温度、湿度、光照和风等。

(1)温度　昆虫是变温动物,体温随环境温度的变化而变化。昆虫新陈代谢的速率在很大程度上受环境温度所支配。温度对昆虫的生长发育、成活、繁殖、分布、活动及寿命等许多方面都有重要的影响。1种昆虫完成一定的发育阶段(1个虫期或1个世代)所需的总热量是1个常数。所以在一定温度范围内,温度越高,昆虫发育的速率越快。反之,不适宜的温度则使昆虫生长变慢,甚至死亡。

(2)湿度　可加速或延缓昆虫生长发育,影响其繁殖与活动。

(3)光照　光主要影响昆虫的行为。昼夜节律的变化会影响昆虫的活动、年生活史以及迁移等。

(4)风　风影响昆虫的迁移、扩散活动。如草地螟等具有迁飞特性的昆虫往往会受风的影响。

2. 生物因素

生物因素主要包括食物和天敌2类。

(1)食物　昆虫对寄主植物是有选择性的,不同种类的昆虫,其取食范围的大小有所不同,可以是几种、十几种,甚至上百种,但最喜食的植物种类却不多。吃最喜食的植物时,昆虫发育速度快、死亡率低、繁殖力强。但植物并不是被动的,在长期演化过程中,产生了多方面的抗虫特性,如生化、形态和物候抗虫特性等。

(2)天敌　天敌包括病原微生物、食虫昆虫以及食虫的鸟类、蛙类等。病原微生物包括病毒、细菌、真菌、线虫、原生动物等。目前已有许多微生物制剂被广泛应用于害虫防治中,如苏云金杆菌、白僵菌等。食虫昆虫的种类也很多,如捕食性瓢虫、寄生性赤眼蜂等可以规模生产,用以防治害虫。

3. 土壤环境

土壤是昆虫的重要生活环境,许多昆虫终生生活在其中,大量地上生活的昆虫也有个别虫期生存在土壤中,如黏虫、斜纹夜蛾等昆虫的蛹期。土壤对昆虫的影响主要在它的物理和化学特性两个方面。土壤温湿度的变化、通风状况、水分及有机质含量等不同,对昆虫的适生性影响各异,如蛴螬喜欢黏重、有机质多的土壤,蝼蛄则喜欢沙质疏松的土壤。也有些昆虫对土壤的酸碱度及含盐量有一定的选择性。

(三)园林绿地常见害虫种类与识别

1. 园林绿地常见害虫种类

(1)吸汁害虫　园林植物吸汁害虫是指具有刺吸式口器与锉吸式口器的害虫,种类很多,包括蚜虫、螨类、介壳虫、叶蝉、蜡蝉、木虱、粉虱、椿象、蓟马等。其发生特点为:①以口针刺入或锉破园林植物组织吸吮汁液,被害部位形成细小的褪色、变色斑点或卷曲、皱缩、畸形等症状;②发生代数多,高峰期明显;③个体小,繁殖力强,发生初期危害状不明显,易被人忽视;④扩散蔓延迅速,借风力、苗木传播远方;⑤多数种类为媒介昆虫,可传播病毒病和植原体病害。

①蚜虫类　俗称“腻虫”“密虫”“蜜虫”“芽虫”,种类很多。各类园林植物都遭受蚜虫的危害。其取食的部位大多在嫩叶、嫩茎及花蕾上,而且多在叶背危害。其直接危害是刺吸汁液,使叶片褪色、卷曲、皱缩,甚至发黄脱落,形成虫瘿等症状。同时排泄蜜露诱发煤污病,其间接

危害是传播多种病毒，引起病毒病。常见的种类有桃蚜、棉蚜、菊小长管蚜、月季长管蚜、绣线菊蚜、莲缢管蚜、桃瘤蚜、白兰台湾蚜等。

②螨类　又名红蜘蛛，是园林植物上一类常见的重要害虫。主要危害园林植物的叶、茎、花蕾等部位，且常群集叶背等处，用口针刺吸寄主皮细胞，吸取细胞内叶绿素及其他内含物，使受害部位失绿，出现灰黄色小斑点，严重时造成叶片枯焦，提早脱落。常见危害园林植物的螨类有朱砂叶螨、山楂叶螨、柑橘全爪螨、二点叶螨、跗线螨、短须螨等多种。

③介壳虫类　俗称"树虱子"，园林植物上的介壳虫种类很多，据估计有700多种。植物的根、茎、叶、果等部位都有不同种类的介壳虫寄生。在园林植物上常见的有红蜡蚧、日本龟蜡蚧、吹绵蚧、日本松干蚧、草履蚧、常春藤圆盾蚧、糠片盾蚧、桑白盾蚧、褐软蚧、仙人掌盾蚧、橘棘粉蚧、考氏白盾蚧、梨圆盾蚧、月季白轮盾蚧等。

④粉虱类　俗称"小白蛾子"，体微小，雌雄均有翅，翅短而圆，膜质，翅脉极少，前后翅相似，后翅略小。体翅均有白色蜡粉，故称粉虱。其危害方式是成虫和幼虫群集叶背，用口针插入寄主组织内吸取汁液，使叶片微黄、脱落。其成虫分泌蜜露，常导致煤污病发生。常见危害园林植物的粉虱有白粉虱、烟粉虱、黑刺粉虱和柑橘粉虱等。

⑤木虱类　体小型，形状如小蝉，善跳能飞。在园林植物上常见的有梧桐木虱、柑橘木虱、樟叶木虱等。

⑥叶蝉类　通称浮尘子，又名叶跳虫，种类很多。身体细长，常能跳跃，能横走，易飞行。在园林植物上常见的有大青叶蝉、小绿叶蝉、棉叶蝉、二星叶蝉等。

⑦椿象类　蝽类属半翅目，以刺吸式口器危害植物的叶片、花、果实等，但不同种类危害症状不同。在园林植物上常见的有绿盲蝽、黑盲蝽、梨网蝽、杜鹃冠网蝽等。

⑧蜡蝉类　体小型至大型。中足基节长，着生在身体的两侧，互相远离，后足基节短，固定不能活动，并互相接触，能跳跃。常见的有斑衣蜡蝉、龙眼鸡、八点蜡蝉等。

⑨蓟马类　种类很多，食性较杂，多为植食性。在园林植物上常见的有花蓟马、烟蓟马、黄胸蓟马、榕管蓟马。

(2)食叶害虫　园林植物食叶害虫的种类繁多，主要有袋蛾、刺蛾、斑蛾、尺蛾、枯叶蛾、舟蛾、灯蛾、夜蛾、毒蛾、蝶类、叶甲、金龟子、叶蜂、蝗虫等。它们的危害特点是：①危害健康的植株，猖獗时能将叶片吃光，削弱树势，为天牛、小蠹虫等蛀干害虫侵入提供适宜条件。②大多数食叶害虫营裸露生活，受环境因子影响大，其虫口密度变动大。③多数种类繁殖能力强，产卵集中，易暴发成灾，并能主动迁移扩散，扩大危害的范围。

①袋蛾类　又名蓑蛾、避债蛾、吊死鬼等，幼虫都吐丝缀叶形成护囊，雌虫终生不离幼虫所织的护囊。食性杂，危害多种植物。常见的种类有大袋蛾、小袋蛾、茶袋蛾、白囊袋蛾等。

②刺蛾类　俗名痒辣子。幼虫蛞蝓形，无胸足，腹足退化，常具有枝刺和毒毛。蛹为裸蛹，蛹外常有光滑坚硬的茧。幼虫危害花木时，常将叶片吃成缺刻，仅留叶柄及主脉。常见的有黄刺蛾、桑褐刺蛾、扁刺蛾、褐边绿刺蛾、丽绿刺蛾等多种。

③毒蛾类　体中型，粗壮多毛，前翅广，足多毛，雌蛾腹端有毛丛。幼虫具有特殊的长毒毛，在化蛹及羽化时毒毛也常常附着在蛹及成虫上，不慎时即会刺入皮肤。毒蛾种类很多，常见的主要有黄尾毒蛾、柳毒蛾、舞毒蛾、杨毒蛾、刚竹毒蛾、侧柏毒蛾等。

④舟蛾类　幼虫大多颜色鲜艳，背部常有显著的峰突，幼虫栖息时只靠腹足固着，首尾上翘，形如龙舟而得名。危害园林植物的主要有杨扇舟蛾、杨二尾舟蛾、苹掌舟蛾、国槐羽舟

蛾等。

⑤尺蛾类 因其幼虫的行动姿态而得名,还称为“步曲”或“造桥虫”。成虫体细、翅大而薄,飞翔力弱。幼虫拟态性强。尺蛾种类很多,危害园林植物的主要有国槐尺蛾、丝棉木金星尺蛾、木橑尺蛾、沙枣尺蛾等。

⑥夜蛾类 种类极多,危害方式有食叶性、切根(茎)性及钻蛀性。在园林植物上普遍发生的有斜纹夜蛾、银纹夜蛾、黏虫、甘蓝夜蛾、竹笋禾夜蛾等。

⑦灯蛾类 因成虫趋光性强,夜间扑灯而得名。幼虫体毛甚多。在园林植物上常见的有美国白蛾、红缘灯蛾、人纹污灯蛾等。

⑧斑蛾类 在园林植物上常见的有朱红毛斑蛾、大叶黄杨斑蛾、竹斑蛾、梨星毛虫等。

⑨螟蛾类 危害园林植物的螟蛾除卷叶、缀叶的以外,还有许多钻蛀性害虫。在园林植物较常见的有松梢螟、黄杨绢野螟、棉卷叶野螟等。

⑩天蛾类 是一类大型的蛾子,前翅狭长,后翅短三角形,身体粗壮,飞翔迅速,成虫身体花纹怪异,触角尖端有1小钩,易与其他蛾类区别。幼虫粗大,身体上有许多颗粒,体侧大多有1列斜纹,尾部背面有尾角。园林植物上常见的有霜天蛾、豆天蛾、鬼脸天蛾、咖啡透翅天蛾、蓝目天蛾等。

⑪枯叶蛾类 中大型的蛾子。体躯粗壮,被厚毛,静止时形似枯叶而得名。幼虫大型多毛,有毒,常统称毛虫。多数为林木害虫。在园林植物上发生普遍的有黄褐天幕毛虫、松毛虫类、杨枯叶蛾等。

⑫甲虫类 又名金花虫,小至中型,体卵形或圆形,有金属光泽。幼虫肥壮,3对胸足发达,体背常具枝刺、瘤突等,成虫和幼虫都咬食叶片。成虫有假死性,多以成虫越冬。危害园林植物的种类很多,常见的甲虫有榆蓝叶甲、白杨叶甲、柳蓝叶甲、泡桐叶甲等。

⑬叶蜂类 叶蜂幼虫与鳞翅目幼虫相似,但叶蜂幼虫有6～8对腹足,腹足上无趾钩,且仅有1对单眼,可与鳞翅目幼虫相区别。在园林植物上较重要的有蔷薇三节叶蜂、叶蜂科的樟叶蜂等。

⑭蝗虫类 均为植食性。其中包括一些农、林、果树上的重要害虫,园林植物上比较重要的种类有短额负蝗、黄脊竹蝗、青脊竹蝗等。

⑮蝶类 园林植物上常见的有粉蝶科的合欢黄粉蝶、菜粉蝶,凤蝶科的柑橘凤蝶、玉带凤蝶,蛱蝶科的茶褐樟蛱蝶等。

(3)蛀干害虫 园林植物枝干害虫主要包括鞘翅目的天牛、小蠹虫、吉丁虫、象甲,鳞翅目的木蠹蛾、透翅蛾、螟蛾,膜翅目的树蜂、茎蜂等。蛀干害虫的特点是:①生活隐蔽。除成虫期营裸露生活外,其他各虫态均在韧皮部、木质部营隐蔽生活。害虫危害初期不易被发现,一旦出现明显被害征兆,则已失去防治有利时机。②虫口稳定。枝干害虫大多生活在植物组织内部,受环境条件影响小,天敌少,虫口密度相对稳定。③危害严重。枝干害虫蛀食韧皮部、木质部等,影响输导系统传递养分、水分,导致树势衰弱或死亡,一旦受侵害后,植株很难恢复生机。

蛀干害虫的发生与园林植物的养护管理有着密切的关系。适地适树,加强养护管理,合理修剪,适时灌水与施肥,促使植物健康生长,是预防蛀干害虫大发生的根本途径。

①天牛类 身体多为长型,大小变化很大,触角丝状,常超过体长,复眼肾形,包围于触角基部。幼虫圆筒形,粗肥稍扁,体软多肉,白色或淡黄色,头小,胸部大,胸足极小或无。以幼虫钻蛀植物枝干,轻则树势衰弱影响观赏价值,重则损枝折干,甚至枯死。主要种类有星天牛、光

肩星天牛、桑天牛、双条杉天牛、桃红颈天牛、双斑锦天牛、双条合欢天牛、松褐天牛、菊小筒天牛等。

②木蠹蛾类　以幼虫蛀害树干和枝梢，是园林植物的重要害虫。常见的种类有芳香木蠹蛾东方亚种、小线角木蠹蛾、黄胸木蠹蛾、咖啡木蠹蛾、榆木蠹蛾等。

③吉丁虫类　成虫生活于木本植物上，产卵于树皮缝内。幼虫大多数在树皮下、枝干或根内钻蛀，蛀道大多宽而扁，有的生活在草本植物的茎中，少数潜叶或形成虫瘿。危害园林树木的几丁虫主要有合欢吉丁虫、六星吉丁虫、大叶黄杨吉丁虫、柳吉丁虫。

④小蠹虫类　为小型甲虫，体近圆形，颜色较暗，触角锤状，鞘翅上纵列刻点。幼虫白色，略弯曲，无足，具棕黄色头部。多数种类寄生于树皮下，有的侵入木质部，种类不同，钻蛀坑道的形状也不同，是园林植物的重要害虫。主要种类有柏肤小蠹、日本双齿长蠹、松六齿小蠹、松纵坑切梢小蠹、松横坑切梢小蠹等。

⑤透翅蛾类　其显著特征是成虫前翅无鳞片而透明，很像胡蜂，白天活动。以幼虫蛀食茎干、枝条，形成肿瘤，危害园林树木严重的有白杨透翅蛾、葡萄透翅蛾、苹果透翅蛾等。

⑥象甲类　是重要的园林植物钻蛀类害虫。成虫和幼虫均能危害。取食植物的根、茎、叶、果实和种子。成虫多产卵于植物组织内，幼虫钻蛀危害，少数可以产生虫瘿或潜叶危害。常见的有臭椿沟眶象、沟眶象、长足大竹象等。

(4)地下害虫　地下害虫是指在土中危害园林植物根部或近土表主茎的害虫而言。它们有的一生生活在土中，有的某一阶段生活在土中。常见的地下害虫有金龟子、地老虎、蝼蛄、金针虫、蟋蟀、种蝇幼虫等。

①金龟子类　金龟子分布广，食性杂，成虫是花木上一类重要的食叶害虫，常将叶片咬得残缺不全，虫口数量多时，整叶被吃光，仅剩下主脉及叶柄。其幼虫(蛴螬)是花木上一种主要地下害虫。常见危害花木的金龟子主要有黑绒金龟子、铜绿金龟子、苹毛金龟子、小青花金龟子、白星金龟子、豆蓝金龟子、华北大黑金龟子等多种。

②蝼蛄类　俗称土狗、地狗、拉拉蛄等。常见的有东方蝼蛄、华北蝼蛄2种。

③金针虫类　又名铁丝虫、黄夹子虫，是叩头甲类幼虫的统称，有多种，常在苗圃中咬食苗木的嫩茎、嫩根或种子。幼苗受害后逐渐枯死。危害园林植物最常见的有沟金针虫和细胸金针虫2种。

④地老虎类　以小地老虎分布最广，危害最严重。

2.根据被害状辨识害虫

不同种类的害虫，对园林植物的危害状不同，可以根据园林植物的被害状辨识害虫。

(1)根据叶片的被害状识别害虫　有些害虫危害园林植物叶片，为了识别是哪一类害虫危害的，可从叶片的被害状来辨识。例如危害嫩叶、嫩梢，造成卷叶、皱缩，但叶片没有被咬伤，叶片上面有油质分泌物的，多是蚜虫、粉虱和木虱危害。蚜虫夏天在叶片很少有卵，而粉虱和木虱在叶片上常有许多卵。危害嫩叶、嫩梢并常把叶片缀在一起，幼虫在其中咬食叶片的，多为卷叶虫类害虫，如把许多叶子用丝连缀在一起，里面有许多虫子食害叶片的，多为巢蛾类害虫。把花、花蕾、叶片咬成残缺不全、留下丝状的叶丝，甚至吃光仅留下叶柄的，虫粪是尖细的，多为金龟子危害。把叶片咬成缺刻或孔洞，若叶面有白色黏液的痕迹，并有线状粪便的，是蜗牛或蛞蝓的危害。把零星叶片咬成大的缺刻或把整个叶片咬成灰白色透明网状，多为刺蛾幼虫危害。把许多叶片啃成透明白点的，多为金花虫危害。咬食叶片，仅剩下粗叶脉的，多为食叶蜂幼虫危害。蛀食嫩梢的，多为螟蛾和卷叶蛾幼虫危害。枝条上的叶子被吃光，仅留下叶柄的，多是天蛾幼虫和天幕毛虫、舟形毛虫等危害。把叶片卷成筒状，幼虫藏在里面食害的，多为细蛾幼虫危害。幼虫钻入叶肉里进行危害的，有潜叶蛾、潜叶蝇、瘿蚜、象鼻虫等。潜叶蛾幼虫危害后形成弯曲的隧道，叶片上出现灰褐色近圆形斑，里面有黑色虫粪；潜叶蝇幼虫把叶片穿成一道道弯弯曲曲的黄白色隧道；瘿蚜在叶片上形成黄红色的虫点或斑块，多发生在主脉两侧，严重时造成部分或整株焦叶、落叶的，多为红蜘蛛危害，也有的是介壳虫、锈螨、军配虫或叶蝉危害的。介壳虫危害时常使枝叶黄萎脱落，并常伴随有黑霉覆盖叶片；军配虫危害后，全叶苍白，同时叶片背面有黑色像柏油状小块的排泄物；叶蝉个体较大，多为绿色，能横向爬行，会飞。叶面萎缩成球状的，或新叶开展时无新伤害就破烂的，是绿盲蝽危害。把叶片顺向折叠成“饺子”状，幼虫藏在其中危害的，多为梨形毛虫危害。把花朵、果实、叶片、嫩梢锉吸成银灰色条形或片状斑纹，造成卷缩或枯黄的，为蓟马所食害。

(2)根据枝干和根部被害状识别害虫　危害枝条、树干韧皮部和木质部的害虫，一般多为天牛类、木蠹蛾类、吉丁虫类、透翅蛾类、小蠹类、蜂类等。天牛和木蠹蛾所蛀食的隧道比较深而长，一般不规则，并向外排出粪便。如粪便为锯屑状的，多半是天牛；如粪便呈颗粒状或圆球形的，很可能是木蠹蛾幼虫。天牛幼虫一般都是白色或黄色，多数种类胸足极小，有些种类无足，而木蠹蛾幼虫一般为红色，有足。透翅蛾和枝条天牛在大树上都是危害枝条，多蛀食髓部，但枝条天牛多危害 2 年生筷子粗的枝条，幼虫白色无足；而透翅蛾多危害手指粗的枝条，幼虫白色有足。蜂类幼虫一般蛀食髓部，不形成虫瘿，幼虫多为白色，有胸足，而无腹足。小蠹和吉丁虫一般以蛀食枝干的皮层为主，但小蠹一般蛀食的坑道较规则，有母坑道和子坑道，呈放射状，幼虫白色、短粗、稍弯曲；而吉丁虫的坑道一般不规则，幼虫体细长，带状、扁平，乳白色，无足，前胸扁阔如大头，胴部其他部分狭长。在葡萄藤上如蛀屑较细，颜色较深又较潮湿的，为葡萄透翅蛾危害。

危害根部的害虫常在地表造成不同的被害状，如幼苗根颈部被咬断，伤口似刀切的，又常被拖入土穴里去的，多为地老虎危害。咬坏幼苗根部，皮层有伤害的，而土表又没有明显隧道的，多为金针虫、蛴螬危害。咬坏幼苗根部，伤口不齐并有丝丝纤维，土表有明显隧道的，多为蝼蛄危害。根系上有小虫，虫体上有白色蜡质物的，多为棉蚜危害。根部受害后细胞增生变的，形成瘿瘤的，多为根瘤线虫危害。

三、园林绿地草害概述

(一)园林绿地杂草的概念

凡是生长在人工种植的土地上，除目的栽培植物以外的所有植物都是杂草，即长错了地方的植物。园林绿地杂草是园林绿地上除栽培的目的植物以外的其他植物。杂草与园林植物争水、争肥、争阳光、争空间，不仅会影响园林植物的正常生长，而且常常破坏园林绿地的景观效果，并能传播病虫害。

(二)园林绿地杂草的分类

了解园林绿地杂草分类方法，对杂草的有效防治是十分必要的。杂草在长期适应外界环境的过程中，形成了一套自身特有的适应性和生存方式，了解这些生活方式，对于正确地识别杂草种类，意义重大。

园林绿地杂草除了按植物分类学分成不同的科、属、种外，还可按如下方式对杂草进行分类。

1. 按生育期分类

按生育期的长短，杂草可分为1年生、越年生和多年生杂草。

(1)1年生杂草　该类杂草在1个生长季节内完成其生活史，即从种子发芽到成熟结实在1年内完成，即春天发芽，夏天或秋天结籽，称之为1年生杂草，如牛筋草、反枝苋等。

(2)越年生杂草　该类杂草在夏末或秋天发芽，植株处于未成熟的状态度过冬季的几个月，来年春天再进一步进行营养生长，春末或夏初开花、结籽，生长时间虽不足1年，但跨2个年度，因而称之为越年生杂草，如独行菜、看麦娘等。

(3)多年生杂草　该类杂草生长期较长，能存活多年，既可以种子繁殖又能以根茎等营养器官繁殖，通常以营养器官休眠越冬。根据其营养繁殖的方式不同又可分为：匍匐根状茎类，如狗牙根等；地下根状茎类，如芦苇、箭叶旋花、苣荬菜等。多年生杂草耐药性比1年生杂草要强，防治难度较大。

2. 按植物的形态和对除草剂的敏感性分类

在杂草学中，按植物的形态不同将杂草分为3类，即阔叶草、禾草、莎草。这3类杂草对除草剂的敏感性不同。有些除草剂只对禾草有效，有些除草剂则只对阔叶草有效。

(1)阔叶草　包括双子叶的杂草和部分单子叶杂草。主要形态特征为叶片宽大，有柄；茎常为实心。如反枝苋、苘麻、马齿苋、荠菜等。

(2)禾草　属于禾本科植物。主要形态特征为叶片狭长、叶脉平行，无叶柄；茎圆形或扁形，分节，节间中空。如马唐、稗草、牛筋草、狗尾草等。

(3)莎草　属于莎草科植物，其叶片形态与禾草相似，但叶片表层有蜡质层，较光滑；茎三棱、不分节、实心，如香附子、异型莎草等。

3. 按生存环境分类

按生存环境，杂草可分为水生型、湿生型与旱生型。园林绿地杂草以旱生型为主，如马唐、苦菜等；也伴有少量的喜湿杂草，如双穗雀稗、空心莲子草等。

(三)园林绿地杂草的危害时期

1. 1年生杂草

该类杂草一般在春季4～5月份萌发，秋季开花结实，夏季6～8月份是其生长旺盛期，也是其主要危害期。

2. 越年生杂草

该类杂草一般在9～10月份种子萌发生长，以幼芽越冬，第2年春季返青，春末夏初迅速生长，5～6月份开花结实，待种子成熟后枯死。其主要危害时期为春季、秋季。

3. 多年生杂草

多在春季萌发，夏秋季生长旺盛，晚秋至冬季地上部分枯萎，所以其危害时期为5～8月份。7～8月份由于温度高，湿度大，适宜于各类杂草生长，因此也是危害园林绿地的主要时期。

园林绿地杂草在1年中发生的先后顺序为:一般是双子叶杂草先发生,尤其是越年生和多年生杂草,其后是单子叶杂草,最后发生的又是双子叶杂草,所以在防治时要根据杂草的发生规律采取相应的防治措施。

(四)园林绿地主要杂草种类

我国地域广阔,地跨热带、亚热带、暖温带、温带、寒温带,杂草种类繁多,有近450种,分别属45科。北方地区的主要杂草有32科90种,其中马唐、牛筋草、狗尾草、稗、狗牙根、白茅、碱茅、皱叶酸模、马齿苋、荠菜、黄花蒿、龙葵、反枝苋、箭叶旋花、酢浆草、萹蓄、西伯利亚蓼、藜、繁缕、香附子等为优势杂草,危害较重;南方地区的主要杂草有33科136种,其中牛筋草、稗、千金子、看麦娘、早熟禾、野燕麦、苍耳、马唐、刺苋、石胡荽、小飞蓬、繁缕、牛繁缕、马齿苋、碎米莎草、香附子、空心莲子草、鸭跖草、飞扬草、大马蓼等为恶性杂草,较难防除。

四、园林绿地病虫草害防治的基本方法

园林植物病虫草害防治的基本方法归纳起来有植物检疫、园林管理调控技术、物理机械调控技术、生物调控技术、化学农药控制技术。

(一)植物检疫

植物检疫也叫法规控制,是控制病虫草害的基本措施之一,也是实施“病虫草害综合管理”措施的基本保证。

1.植物检疫的概念

植物检疫是指一个国家或地方政府颁布法令,设立专门机构,禁止或限制危险性病虫、杂草等人为地传入或传出,或者传入后为限制其继续扩展所采取的一系列措施。

2.植物检疫的主要任务

(1)禁止危险性病虫草害随着植物及其产品由国外输入或国内输出。

(2)将国内局部地区已发生的危险性病虫草害封锁在一定的范围内,防止其扩散蔓延,并积极采取有效措施,逐步予以清除。

(3)当危险性病虫草害传入新地区时,应采取紧急措施,及时就地消灭。

随着我国对外贸易的发展,园林产品的交流也日益频繁,危险性病虫草害的传播机会越来越多,检疫工作的任务愈加繁重。因此必须严格执行检疫法规,切实做到“既不引祸入境,也不染灾于人”,以促进对外贸易,维护国际信誉。

(二)园林管理调控技术

园林管理调控技术是指在园林绿地建设过程中,即在规划设计、施工、养护等环节中融入病虫草害统筹管理的理念,通过各种园林植物的科学搭配、合理栽植、精心施工以及按照规程进行养护管理等措施,协调园林植物—病虫草害—环境所组成的生态系统的关系,建设生态园林,实现园林绿地病虫草害的可持续控制。

该类技术不需要额外投资,而且又有预防作用,可长期控制病虫草害,因而是最基本的调控方法。但这种措施也有一定的局限性,病虫草害大发生时必须依靠其他调控措施。

园林管理调控技术可分为以下几个环节：

1. 选育抗病虫品种

(1)选育抗病虫种类与品种，采用健壮的种苗　培育抗病虫品种是预防病虫害的重要一环，不同花木品种对于病虫害的受害程度并不一致。目前已培育出菊花、香石竹、金鱼草等抗锈病的新品种，抗紫菀萎蔫病的翠菊品种、抗菊花叶枯线虫病的菊花品种、抗黑斑病及天牛危害的杨树品种等。我国园林植物资源丰富，为抗病虫品种的选育提供了大量的种质，因而培育抗性品种前景广阔。

(2)繁育健壮种苗　有许多病虫害是依靠种子、苗木及其他无性繁殖材料来传播的，因而培育无病虫的健壮种苗，即可有效地控制该类病虫害的发生。包括无病虫圃地育苗、无病株采种(芽)、组培脱毒育苗等措施。

2. 栽植设计合理

(1)避免混植病虫转主寄生植物　设计建园时，为了保证景观的美化效果，常采取多种植物搭配种植。往往会忽视病虫害之间的相互传染，人为地造成某些病虫害的发生和流行。如海棠与柏属树种、牡丹(芍药)与松属树种近距离栽植易造成海棠锈病及牡丹(芍药)锈病的大发生。在园林布景时，植物的配置不仅要考虑美化效果，还应考虑病虫的危害问题。

(2)避免混植有共同病虫害的植物　每种病虫对树木、花草都有一定的选择性和转移性，因而在进行花坛(或苗圃)苗木定植时，要考虑到寄主植物与害虫的食性及病菌的寄主范围，尽量避免相同食料及相同寄主范围的园林植物混栽或间作。如在杨树栽植区不能栽种桑、构、栎及小叶朴，因为严重危害毛白杨的桑天牛成虫，只有在取食桑、构、栎、小叶朴后才能产卵。这些都是应该注意的。

(3)了解植物间的化感作用，发展相生，消除相克　在园林植物间，相生的实例有：旱金莲与柏树在一起，旱金莲花期会由 1 d 变为 3 d；皂荚与百里香、黄栌、鞑旦槭一起栽植，植株能增高等。相克的实例为：丁香、薄荷、刺槐、月桂等能分泌大量的芳香物质，影响相邻植物的伸长生长；榆树的分泌物能使栎树发育不良；凡榆树根到达的地方，葡萄的生长发育会严重受抑，甚至死亡；桃树与苹果、梨、山楂等混栽，会影响其他果树的生长。该领域内涵极为丰富，值得今后深入研究。

(4)园林树种的选择须适地适树(花)、乡土化　园林绿化树种的选择应以乡土树种为主，由于乡土树种具有适应性强，抗旱、抗寒、抗热、耐瘠薄、抗病虫草害、抗污染等特点，长势旺盛，因而值得大力提倡。

(5)乔、灌、藤、花、草结合，复层种植　植物群落是园林绿化的主体，设计人员要遵循生物竞争、共生、循环、生态位等生态学原理，进行乔、灌、藤、花、草多种植物的合理混配，复层种植。如此，不仅能够充分利用光能及土地资源，增加园林植物的品种、数量，形成丰富多彩的立面结构层次，符合园林美学的要求，而且有利于维持生态系统内的平衡关系，便于病虫草害的生物控制，减少大发生的可能。上层为乔木，其下可栽植耐荫或中性的花草、灌木及藤本植物，最下层则栽植耐荫的草坪草，不仅能够增加园林绿化观赏效果，而且减轻土传病害及杂草的发生。

(6)采用草坪草种(品种)混播，抑病除草　混播是根据草坪的使用目的、环境条件以及养护水平选择 2 种或 2 种以上的草种(或同一草种中的不同品种)混合播种，组建 1 个多元群体的草坪植物群落。其优势在于混合群体比单播群体具有更广泛的遗传背景，因而具有更强的适应性。由于混合群体具有多种抗病性，可以减少病原物数量、加大感病个体间的距离、降低病害的传播效能；又有可能产生诱导抗性或交叉保护，所以能够有效地抑制病害。如美国加州采用多年生黑麦草与肯塔基草地早熟禾混播建立草坪，成功地控制了由大刀镰孢等真菌引致的镰孢枯萎病，连续3年测定，其发病率显著低于单播草坪。

(7)注意生物多样性与模式多样化　在营造绿色系统时，注意加强城镇园林植被的多样性建设，促进城镇绿地生态系统的稳定性，提高对病虫草害危害的自我调控能力。对已栽植的绿地，也应注意及时补植各类灌木、花草植物，扩大蜜源植物，为天敌生物创造良好的生活环境。

(8)调整栽种时期　乔木或花灌木移栽时，应选择最佳季节。北方地区花木移植的最佳季节是萌芽前的早春季节，此时移栽成活率最高，因而最好集中在此季节将所有花木移栽完毕，尽量不要在花木的生长季节移栽；另外，有些需播种繁殖的禾本科草坪草如高羊茅等，最好避开1年生禾本科杂草大量萌发且旺盛生长的春夏季节，改春播为秋播，可大大减轻牛筋草、马唐、狗尾草、稗、画眉草等杂草的危害。

(9)及时栽植，科学处理　定植的花木大都由外地引进，往往会因运输距离远、时间长而导致挤压、摩擦、失水，引起烂根、干梢、破坨等现象发生。如果直接定植，不仅会影响花木的成活率，而且为以后的病虫防治埋下了隐患。正确的做法是，花木卸车定植前，要按照科学合理的步骤进行补水、消毒、修根修干等处理，并且要及时栽植，切勿假植时间过长。另外，异地调苗时，尽量就近解决，合理运输。如2006年春季潍坊城区爆发的窄冠毛白杨溃疡病、腐烂病，其根本原因就在于远距离调苗，失水严重，而栽植前又未进行妥善处理所致。

(10)定植地点，密度合理　苗木定植时，各类乔灌木的定植地点以及定植密度一定要合理。不可随意背离设计方案，更改栽植地点或加大减小密度栽植。否则，往往会使得园林植物生长发育不良，容易引起各类病虫草害(如白粉病、叶斑病、介壳虫等)的发生。

3.养护管理得当

(1)清除病虫残体　秋、冬季节及时清除园圃中的病虫害残体，包括刮除枝干翘皮与病疤、清除草坪的枯草层等，并将其进行深埋或烧毁，消灭越冬的病虫草害。生长季节要及时摘除病、虫枝叶，清除因病虫或其他原因致死的植株。园林操作过程中还应避免人为传染，如在切花、摘心、除草时要防止工具和人手对病菌的传带。

(2)加强肥水管理　合理的肥水管理能使植物健壮地生长，增强抗病虫能力，如碧桃等花木树势衰弱时容易招引桃红颈天牛产卵，同时流胶病也随之严重。不施用未经充分腐熟的饼肥或粪肥，以免种蝇等地下害虫危害。使用无机肥时要注意氮、磷、钾等营养成分的配合，防止施肥过量或出现缺素症。

(3)加强防护设施　许多园林植物在生长季节或冬季，需要一定的防护设施，才能保证其正常的生长发育并安全越冬。如北方栽植海桐、桂花、广玉兰、石楠、珊瑚树等花木时，会出现冻害现象，因而冬季必须采用塑料膜覆罩等防寒设施；同样，南方地区露地栽植的茶梅、蒲葵等花木也会因夏季高温、强光而出现日灼现象，应采用遮阳网等设施进行遮阴降温处理；不耐强光照的玉簪、八仙花以及新移栽的花木在炎炎夏季也应采取遮阴或喷水保湿设施，以保证花木生长旺盛，减轻各种病虫害的发生。

另外，移栽大树时，除采取遮阴设施外，还应采用顶淋微喷、挂吊瓶(补水、施肥或加入活力素等药剂)等措施，使之尽快焕发青春，防止病虫草害的侵染及各种生理性病害的发生。

(4)合理修剪　合理修剪、整枝不仅可以增强树势、花叶并茂，还可以减少病虫危害。例如，对天牛、透翅蛾等钻蛀性害虫以及袋蛾、刺蛾等食叶害虫，均可采用修剪虫枝等进行防治；

对于介壳虫、粉虱等害虫，则通过修剪、整枝达到通风透光的目的，从而抑制此类害虫的危害。秋冬季节结合修枝，剪去有病枝条，从而减少来年病害的初侵染源，如月季枝枯病、白粉病以及阔叶树腐烂病等。对于园圃修剪下来的枝条，应及时清除。草坪的修剪高度、次数、时间也要合理。

（三）物理机械调控技术

利用各种简单的器械和物理因素来控制病虫草害的方法称为物理机械调控技术。该类技术既包括古老、简单的人工捕杀，也包括近代物理新技术的应用。

1. 捕杀法

利用人工或简单器械捕捉或直接消灭病虫草害的方法称捕杀法。人工捕杀适合于有假死性、群集性或其他目标明显易于捕捉的害虫。如多数金龟甲、象甲的成虫以及国槐尺蠖、油松毛虫、天幕毛虫的幼虫等有假死性，可进行振落捕杀。榆蓝叶甲的幼虫老熟时群集于树皮缝、树疤或枝杈下方等处化蛹，此时可人工捕杀。冬季修剪时，剪去虫茧和卵块。在生长季节也可结合园圃日常管理，人工捏杀卷叶蛾虫苞，摘除虫卵，利用竹刷刷除枝干的介壳虫，人工捉杀小地老虎高龄幼虫，用铁丝钩杀天牛幼虫，捕捉天牛成虫等。

2. 诱杀法

利用害虫的趋性，人为设置器械或饵料来诱杀害虫的方法称为诱杀法。利用此法还可以预测害虫的发生动态。

（1）灯光诱杀　利用害虫对灯光的趋性，人为设置灯光来诱杀害虫的方法称为灯光诱杀。目前生产上所用的光源主要是黑光灯，此外，还有高压电网灭虫灯等。

目前，我国有 5 类黑光灯：普通黑光灯（20 W）、频振管灯（30 W）、节能黑光灯（13～40 W）、双光汞灯（125 W）、纳米汞灯（125 W）。频振式杀虫灯与纳米汞灯在当今生产中应用最为广泛。

（2）食物诱杀

①毒饵诱杀　利用害虫的趋化性，在其所喜欢的食物中掺入适量杀虫剂来诱杀害虫的方法叫毒饵诱杀。例如蝼蛄、地老虎等地下害虫，可用麦麸、谷糠等作饵料，掺入适量敌百虫、辛硫磷、吡虫啉等药剂制成毒饵来诱杀，配方是饵料 100 份，毒剂 1～2 份，水适量。用糖、醋、酒、水按 3∶4∶1∶2，加入总量 1%的敌百虫或吡虫啉配成糖醋液，可以诱杀地老虎、黏虫等。

②饵木诱杀　许多蛀干害虫，如天牛、小蠹虫等喜欢在新伐倒的寄主木段上产卵繁殖，因而可在这些害虫的繁殖期，人为地放置一些木段，供其产卵，待卵全部孵化后进行剥皮处理，消灭其中的害虫。如在山东泰山岱庙内，用设置的柏树木段法可引诱大量双条杉天牛产卵，据调查，每 1 m 木段上可诱虫 100 余头。

③植物诱杀　利用害虫对某些植物有特殊的嗜食习性，人为种植或采集此种植物诱集捕杀害虫的方法。如种植一串红、灯笼花等叶背多毛植物，可诱杀温室白粉虱；种植七叶树、天竺葵可诱杀日本弧丽金龟；种植矢车菊、孔雀草可诱杀地下线虫；在苗圃周围种植蓖麻，可使大黑腮金龟、黑皱金龟误食后麻醉，从而集中捕杀。

（3）潜所诱杀　利用某些害虫越冬、化蛹或白天隐蔽的习性，人为设置类似环境来诱杀害虫的方法称为潜所诱杀。如在树干基部绑扎草把或麻布片，可引诱某些蛾类幼虫潜藏越冬；在苗圃内堆集新鲜杂草，能诱集地老虎幼虫潜伏草下；草履蚧 7 月下旬下树产卵可在树干基部堆放石砾等，引诱雌虫产卵；北方地区的松毛虫在晚秋均要下树越冬，可在树基部堆放松针，引诱害虫潜入；而后将诱集材料集中烧毁或深埋。

(4)诱捕器诱杀　昆虫诱捕器(三角形、罐形或盒形)内放入不同昆虫性信息素诱芯，进行诱捕。目前已商品化的诱芯有槐小卷蛾、桃小食心虫、梨小食心虫、棉铃虫、木蠹蛾、白杨透翅蛾、美国白蛾等。

(5)色板诱杀　将黄色黏胶板设置于花卉栽培区域，可诱黏到大量有翅蚜、白粉虱、斑潜蝇等害虫，其中以在温室保护地内使用时效果更好。另外，利用蓝色黏胶板可诱黏蓟马。

3.阻隔法

人为设置各种障碍，以切断病虫害的侵害途径，这种方法称为阻隔法，也叫障碍物法。

(1)涂毒环、胶环　对有上、下树习性的幼虫可在树干上涂毒环或涂胶环，阻隔和触杀幼虫，胶环的配方通常有以下 2 种：

①蓖麻油 10 份、松香 10 份、硬脂酸 1 份。

②豆油 5 份、松香 10 份、黄醋 1 份。

(2)挖障碍沟　对不能迁飞只能靠爬行扩散的害虫，可在未受害区周围挖沟阻止其迁入，害虫坠落沟中后予以消灭。对紫色根腐病等借助菌索蔓延传播的根部病害，在受害植株周围挖沟能阻隔病菌菌索的蔓延。挖沟规格是宽 30 cm、深 40 cm，两壁要光滑垂直。

(3)设障碍物　有的害虫雌成虫无翅，只能爬到树上产卵。可在其上树前在树干基部设置障碍物阻止其上树产卵，如在树干上绑塑料布或在干基周围培土堆，制成光滑的陡面。

(4)纱网阻隔　对于温室保护地内栽培的花卉植物，可采用 40～60 目的纱网覆罩，不仅可以隔绝蚜虫、叶蝉、粉虱、蓟马等害虫的危害，还能有效地减轻病毒病的侵染。

(5)喷洒高脂膜　该材料属植物源无毒性产品，为白色“奶油”状水乳液，有芳香气味，易溶于水。喷洒在植物体表面，可形成肉眼看不见的高分子膜层。其薄膜层允许氧气和二氧化碳透过，而水分子却不易透过。膜层遇水时，可自动扩展，维持连续的膜层。高脂膜本身虽无杀菌、杀虫作用，但膜层具有隔离病菌、驱避害虫、抑卵孵化等多种功效，使植物体表在“微观层面”上得到了隔离保护。

(6)土表覆膜或盖草　许多叶部病害的病原物是在病残体上越冬的，花木栽培地早春覆膜或盖草(稻草、麦秸草等)可大幅度地减少叶部病害的发生。其原因是：膜或干草对病原物的传播起到了机械阻隔作用，而且覆膜后土壤温度、湿度提高，加速了病残体的腐烂，减少了侵染来源。覆盖银灰色薄膜还有避蚜作用。

4.汰选法

利用健全种子与被害种子在体形、大小、比重上的差异进行器械或液相分离，剔除带有病虫的种子。常用的有手选、筛选、盐水选等。

带有病虫的苗木，有的用肉眼便能识别，因而引进购买苗木时就应拒之门外，从国外或外地大批量引进种苗时，一定要经有关部门进行检疫，有条件时最好到产地进行实地考察。自己繁育的苗木，出售或栽植前，也应进行检查，剔除病虫植株，并及时进行处理，以防止扩展蔓延。

5.温度处理

任何生物，包括植物病原物、害虫对温度都有一定的忍耐性，超过限度生物就会死亡。害虫和病菌对高温的忍受力都较差，因此通过提高温度来杀死病菌或害虫的方法称温度处理法，简称热处理。在园林植物病虫害的防治中，热处理有干热和湿热两种。

(1)种苗的热处理　有病虫的苗木可用35～40℃的热风处理1～4周;也可用40～50℃的温水浸泡10 min至3 h。如唐菖蒲球茎在55℃水中浸泡30 min,可以防治镰刀菌干腐病;有根结线虫病的植物在45～65℃的温水中处理(先在30～35℃的水中预热30 min)0.5～2 h可防病,处理后的植株用凉水淋洗;用80℃热水浸刺槐种子30 min后捞出,可杀死种内小蜂幼虫,不影响种子发芽率。

(2)土壤的热处理　现代温室土壤热处理是使用热蒸汽(90～100℃)处理30 min可大幅度降低香石竹镰刀菌枯萎病、菊花枯萎病及地下害虫的发生程度。在发达国家,蒸汽热处理已成为常规管理。

(四)生物调控技术

利用生物及其代谢物质来控制病虫草害的方法,称为生物调控技术。生物调控技术包括天敌昆虫的利用、有益微生物的利用、其他有益生物的利用、生物化学农药的应用、其他生物技术的应用等方面。

1.天敌昆虫的利用

(1)当地自然天敌昆虫的保护和利用　自然界中天敌的种类和数量很多,对害虫的种群密度起着重要的控制作用,因此要善于保护和利用。

(2)人工大量繁殖释放天敌昆虫　目前已繁殖利用成功的有赤眼蜂、异色瓢虫、黑缘红瓢虫、草蛉、蜀蝽、平腹小蜂、管氏肿腿蜂、白蛾周氏啮小蜂等。

(3)移殖、引进外地天敌　天敌移殖是指天敌昆虫在本国范围内移地繁殖。天敌引进是指从一个国家移入另一个国家。

(4)购买商品化的天敌昆虫　目前世界上正在开展天敌昆虫人工饲养大量繁殖技术、工厂化商品生产工艺及抗药性天敌昆虫培育的研究。我国自行开发的管氏肿腿蜂、川硬皮肿腿蜂、赤眼蜂、白蛾周氏啮小蜂等均实现了规模化生产。

2.有益微生物的利用

(1)以微生物治虫　利用病原微生物来控制害虫的方法称为以微生物治虫。能使昆虫得病而死的病原微生物有真菌、细菌、病毒、立克次氏体、原生动物及线虫等。目前生产上应用较多的是前3类。以微生物治虫在城镇街道、绿地小区、公园、风景区具有较高的推广应用价值。

①细菌　目前我国应用最广的细菌制剂主要有苏云金杆菌(包括松毛虫杆菌、青虫菌均为其变种)。这类制剂无公害,可与其他农药混用。并且对温度要求不严,在温度较高时发病率高,对鳞翅目幼虫防效好。

②真菌　目前应用较为广泛的真菌制剂有白僵菌、绿僵菌、块状耳霉菌,可以有效地控制鳞翅目、同翅目、膜翅目、直翅目等害虫。

③病毒　在已知的昆虫病毒中,防治应用较广的有核型多角体病毒(NPV)、颗粒体病毒(GV)和质型多角体病毒(CPV)3类。这些病毒主要感染鳞翅目、双翅目、膜翅目、鞘翅目等的幼虫。如上海使用大蓑蛾核型多角体病毒防治大蓑蛾效果很好。

④线虫　目前,国外利用线虫防治害虫的研究正成为生物防治的“热点”,我国线虫研究工作起步虽晚,但进度很快。国内已经商品化生产的有斯氏线虫,可有效地防治天牛、木蠹蛾、沟眶象等害虫。

(2)以微生物治病　目前研究较多的是利用具有重寄生(一种病原生物被另一种生物寄生

的现象)作用的真菌或病毒防治植物真菌或线虫病害。

①真菌杀菌剂　其有效成分为具有活性的真菌菌体,对于多种植物病原真菌具有较强的拮抗作用,可以防治霜霉病、灰霉病、叶霉病、根腐病、猝倒病、立枯病、白绢病、菌核病、枯萎病、白粉病、疫病等。常见的商品型品种有特立克(木霉菌)、重茬敌等。

②细菌杀菌剂　其有效成分为具有活性的细菌菌体,对于植物病原细菌或真菌病害具有较强的拮抗作用。常见的商品型品种有放射土壤杆菌(*Agrobacterium radibacter biotype* Ⅱ),该产品系中国农业大学近年来的研究成果,是经发酵生产的生物制剂,对植物根癌病有较好的防效。

③生物杀病毒剂(弱病毒疫苗)　弱病毒接种到寄主植物体上后,只对寄主造成较轻的危害或没有危害性,但由于它的寄生,使得寄主植物产生了抗体,可以阻止同种致病力强的病毒侵入。其防病机理类似于人的接种免疫。常见的商品型品种有弱毒疫苗 N_{14}(主要抗烟草花叶病毒 TMV)、卫星核酸生防制剂 S_{52}(主要抗黄瓜花叶病毒 CMV)等。

④生物杀线虫剂(真菌杀线虫剂)　其有效成分为具有活性的真菌菌体,对于多种植物线虫病有较好的防治效果。常见的商品型品种为线虫清(淡紫拟青霉),菌丝能侵入线虫体内及卵内进行繁殖,破坏线虫的生理活动而致死亡。该药剂能防治胞囊线虫、根结线虫等多种寄生线虫。

(3)以微生物除草　各种杂草在一定环境条件下都能感染一定的病害。利用病原微生物来防治杂草,虽然起步较晚,但微生物的繁殖速度快,工业化大规模生产比较容易,且具有高度的专一性,因而它的出现,就显示出了在杂草生物防治中强大的生命力和广阔的前景。

3.其他有益生物的利用

(1)利用蜘蛛和螨类治虫　蜘蛛为肉食性,主要捕食昆虫,食料缺乏时也有相互残杀现象。根据蜘蛛是否结网,通常分为游猎型和结网型 2 大类。游猎型蜘蛛不结网,在地面、水面及植物体表面行游猎生活。结网型蜘蛛能结各种类型的网,借网捕捉飞翔的昆虫。田间可根据网的类型识别蜘蛛。

(2)利用蛙类治虫　两栖类中的青蛙、蟾蜍等主要以昆虫及其他小动物为食。且多数为农林害虫。蛙类食量很大,如泽蛙 1 d 可捕食叶蝉 260 头。为发挥蛙类治虫的作用,除严禁捕杀外,还应加强人工繁殖和放养蛙类,保护蛙卵和蝌蚪。

(3)利用鸟类治虫　据调查,我国现有 1 100 多种鸟中食虫鸟约占半数,常见的种类有四声杜鹃、大杜鹃、大斑啄木鸟、红尾伯老、黑枕黄鹂、灰卷尾、黑卷尾、红嘴蓝鹊、灰喜鹊、喜鹊、画眉、白眉翁、长尾翁、大山雀、戴胜、家燕等。目前,在城市风景区,森林公园等保护益鸟的主要做法是:严禁打鸟、人工悬挂鸟巢招引鸟类定居以及人工驯化等。

(五)化学农药控制技术

化学农药控制技术是利用化学药剂控制园林病虫草害的一种技术。主要是通过开发适宜的农药品种,并加工成适当的剂型,采用适当的机械及方法使化学农药和病虫草害接触,或处理园林植物的植株、种子、土壤等,来抑制、杀死病虫草害或阻止其危害。

1.优点

(1)收效快,控制效果显著　大多数化学农药具有用量少、效果好、见效快等优点。既可在病虫草害发生之前作为预防性措施,避免或减轻危害,又可在发生之后作为急救措施,迅速消除其危害。

(2)作用范围广,对某些病虫草害有特效　几乎所有的病虫草害都可利用化学农药来控制。对某些用其他方法难控制的种类,使用化学农药控制效果显著,如采用毒饵法防治蝼蛄、蟋蟀等地下害虫,福星控制白粉病等。

(3)生产、运输、使用、贮藏方便　化学农药可以大规模工业化生产,远距离运输,且能长时间保存。使用时受地区及季节性的限制较小,便于机械化操作,可以大面积使用。

2.缺点

(1)导致病虫草害产生抗性　大量、长期使用化学农药,会造成某些病虫草害产生不同程度的抗药性,使控制难度增大。

(2)杀伤天敌　一些选择性不强的化学农药,在消灭病虫草害的同时,常常杀伤天敌,破坏生态系统平衡,造成一些病虫草害的再度猖獗,或由次要种类上升为主要种类。

(3)污染环境,造成药害　化学农药使用不当,常会造成人畜中毒事故及植物药害。有些化学农药由于性质稳定,不易分解,能残留污染环境(土壤、水和大气等),甚至能通过食物链和生物浓缩,造成食品残留毒性,对人畜安全造成威胁。

【知识训练】

一、名词解释

1.地表施肥

2.叶面施肥

二、填空题

1.雪松修剪时,剪口处应留生长势弱的________、________作头。主枝数量不宜过多、过密,以免分散养分。

2.为了使黑松粗壮生长,干、枝分明,将________修除2～3个,保留2～3条向四周均衡发展,保持侧枝之间的夹角相近似。

3.五针松的摘芽宜在________进行,揪叶宜在________进行。

4.自春季新芽萌动开始到夏初为止是云杉的加长生长阶段。在此期间要不停地修剪新生的嫩梢。当嫩枝梢长到________左右时,将它剪掉________,以防止侧枝无限制生长。

5.圆柏在生长期内,当新枝长到________时,修剪________次,全年修剪________次,抑制枝梢徒长,使枝叶稠密成为群龙抱柱形。

6.侧柏宜在________月的初冬或早春进行修剪。剪掉树冠内部的________、________,同时还要修剪________及________。

7.香樟修剪时,需将顶芽下生长超过主枝的侧枝疏剪____________个,剥去顶芽附近的________,以保证________的优势。

8.珊瑚树丛生性强,生长迅速,可以进行________修剪,以利防止________、________将长枝折断。

9.广玉兰修剪时,夏季随时剪除根部________,各轮主枝数量减少________。

10.龙眼春季修剪,4～5月剪去________、________、________;夏季修剪,每根主枝上保留________个新梢,剪去其余新梢。

11.棕榈修剪相对简单,要随时修剪下垂的________,秋季也要将黑色的________从基部及时剪去。

12.常绿树在施肥时,应以________为主,同时适当施用________;施肥方式以________为主，基肥与________兼施。

13. 树木施肥受外界环境条件，即________、________、________、________、________、________等因素的影响。

14. 土壤的酸碱度对植物吸肥的影响较大，在酸性反应的条件下，有利于________的吸收；而中性或微碱性反应，则有利于________的吸收。

15. 根据不同树种而异，喜肥树种适当________施而耐瘠薄的树种可________施，小树________施，大树________施，幼龄针叶树不宜施用化肥。施肥量________或________，对树木生长发育均有不良影响。

16. 国槐夏季修剪时，应重剪________，除去________，培养________。

17. 整形修剪龙爪槐根据其枝条下垂的特点一般整修成________，修剪主要以________为主，适当结合________。

18. 当合欢树冠扩展过远，下部出现________现象时，要及时________换头，剪除________枝。

19. 悬铃木在修剪时，要对________及时回缩修剪，以防止________过大、________过稀。及时剪除________枝、________枝、________枝、________枝。

20. 梅花在修剪时，对发枝力强、枝多而细的，应________或________部分枝条，增强树势；对发枝力弱、枝少而粗的，应________长留，促使多萌发________。

21. 鹅掌楸有明显的主轴、主树梢，所以必须保留________；主树梢如果受损，必须再扶1个________，作为主梢，将受损的________截去，并除去其________。

22. 丁香因生命力强，1年中可进行多次________，花后剪去前1年枝留下的________次枝，促使________从老叶旁长出，________可以从该枝先端长出。

23. 黄栌在冬季修剪时，宜________主枝条，以调整新枝分布及________。剪掉重叠枝、徒长枝、枯枝、病虫枝、无用枝。

24. 栾树的修剪一般采用________树冠。定干后，于当年冬季或翌年早春选留________个生长健壮、分布均匀的主枝，短截留________ cm 左右，剪除其余分枝。

25. 修剪蜡梅主枝上的________应自下而上逐渐缩短，使其互相错落分布。

26. 月季的整形修剪一般在冬季或早春进行，在夏、秋生长期，也可经常进行________、________、________和剪去________等。

27. 玫瑰的休眠期修剪是早春发芽前每株留________个枝条，距地面________ cm 处短截，每枝留________个侧枝，每个侧枝上留________个芽短截。

28. 杜鹃的单株灌丛可修剪成________形或________形、________形、________形、________形等。

29. 贴梗海棠冬季修剪时，应修剪过长枝的________，同时将无用的________枝从基部剪去。

30. 紫荆在冬季要适度________树丛内过密的拥挤枝、无用枝、枯萎枝等。避免夏季________，否则会减少________的产生。

31. 凌霄的修剪主要是在________进行，春季萌芽前，首先将细弱枝、________枝、交叉重叠枝，以及________枝全部剪除，然后使________分布均称。

32. 蔷薇的修剪以________为主，宜在完全停止生长后进行，不宜太早，过早修剪容易萌生新枝而遭受________。

三、问答题

1. 藤本植物修剪的基本原则是什么？

2. 竹类植物修剪的基本原则是什么？

3. 绿篱修剪的基本原则是什么？

4. 怎样进行草坪的修剪？

5. 怎样养护花坛花卉？

6. 本地区常见的园林植物叶部害虫、吸汁害虫、枝干害虫、地下害虫有哪些？其生活习性怎样？

7. 结合实训现场或现场教学识别本地区常见的园林植物叶部害虫、吸汁害虫、枝干害虫、地下害虫。

8. 本地区常见的园林植物真菌、原核生物、病毒、线虫等病害有哪些？试述各自的危害特点发病规律。

9. 结合现场，识别本地区常见的园林植物真菌、原核生物、病毒、线虫等病害的症状特点。

【技能训练】

技能训练　各类园林绿地养护管理措施调查

(一)内容提示

1. 现场调查

在不同的季节，组织学生到各类园林绿地现场（包括城市街头绿地、公园绿地、单位绿地等），进行肥水管理、修剪、病虫害防治等方面的基本情况调查，对于生长不良的花木、草坪在教师的指导下进行现场诊断，分析其发生的原因；对于出现的疑难问题，可将材料带回实验室，进行进一步的诊断分析。

2. 采访绿地管理人员

绿地管理人员，长期工作在绿地养护管理一线，积累了丰富的经验，多与其交流，并将其好的经验和做法进行分析、归纳、总结。

(二)作业

写出调查报告

【小知识】

1. 盐碱土改良肥的施用

园艺盐碱土改良肥为有机-无机型复合改碱肥，由 16 种原料组成；内含腐殖酸“钠离子吸附剂”、土壤酸化剂、土壤调理剂等；pH 为 5.0；利用离子吸附、酸碱中和、盐类转化等改良盐碱土三大原理且全元营养供肥，以降低盐碱土 pH 值及含盐量，可大大提高园林植物栽植成活率，延长绿期；并对改良碱斑及缺铁黄化有特效。该盐碱土改良肥适用于表土耕作层含盐量 0.4%以下的盐碱土，特别适合雪松、黑松、白皮松、云杉、竹子、银杏、玉兰、樱花等花木的改碱栽培。乔木、灌木每株 0.5～1.5 g，绿地 0.5～1 kg/m^2，可将该盐碱改良肥施入地表以下 10～

20 cm，或与种植土拌匀，或撒施于地表松土后浇大水，配合淋盐；也可与有机肥配合施用，重盐碱地配合暗管排盐效果好。

2. 城市绿地生态养护法

城市绿地养护过程中，如果一味地依赖化肥和过分养护，往往会导致绿地沙化，将城市绿地自身形成的园林有机废物如枯枝、落叶、草渣等尽快就地堆肥发酵后再施入绿地土壤中，或把树枝等物料经枝丫削片/粉碎机削片后撒在绿地地表，可起到覆盖裸露土地，以减少水分蒸发，或经粉碎发酵后施入土内，改善绿地土壤的疏松性能，为土壤保湿营造有利于土壤微生物生长的环境，增加土壤的透水、透气性能，同时增加绿地对雨水、雪水吸收等多种功能。另外，在进行园林植物配置时，亦应考虑增加绿肥植物的种类，如紫穗槐、刺槐、胡枝子、锦鸡儿、桂香柳、沙棘等木本植物，以及白三叶、草木樨、田菁、紫花苜蓿、紫云英等草本植物。这样可在不增加养护成本的基础上，大大提高土壤肥力。

3. 生态法控制杂草生长

适当低剪，以降低杂草种子的数量；在杂草未除掉前，不施肥，以破除杂草扩展的条件；暖季型草坪在秋季交播黑麦草不仅可延长绿期，还可控制冬季杂草，以防止杂草乘虚而入；主动除草，以控制杂草于危害前；科学管理，以保持草坪竞争优势。

4. 新型草坪增绿剂

新型草坪增绿剂的主要成分为葡萄糖酸铁或葡萄糖酸铁内酯与硝酸铁为主要成分，可以防止草坪黄化，使草坪保持长久绿色，无副作用，且不影响磷肥的吸收。使用草坪增绿剂对于大部分类型的休眠、损坏、病虫害、干旱、缺肥以及新植的草坪都能起到使草坪增绿的绿化效果。

5. 护树宝注干剂

护树宝注干剂又名树大夫，树虫一针净。具有高效、廉价、使用方便、不污染环境和不受天气影响等特点，毒性中等。本品对刺吸式害虫和食叶害虫都有较好的防治效果。本品使用方法类似人打点滴，使用专用工具将原液注入树干中，通过树叶的输导，使输液到达树体的各部位，从而起到杀虫的作用。

6. 石硫合剂与波尔多液

石硫合剂是一种古老的无机农药，能灭菌、杀虫、杀螨，效果良好。波尔多液是一种以法国波尔多而命名的古老而应用广泛的无机杀菌剂。二者不能混合使用，混合后易引起反应，造成植物药害。

7. 新技术——全自动高效物理灭蛾器

根据绝大多数害虫，尤其是蛾类害虫的趋光性生活习性，以黑光、白光高压汞灯的灯光、趋化性引诱成虫和电网触杀的工作原理。辅以现代电子技术，制成的全自动高效物理灭蛾器，具有自动昼关夜开，定时除去网上虫尸等功能，不仅能防治各种蛾类害虫，而且能有效地防治金龟子类、蝼蛄类害虫，效果明显。

【小经验】

1. 防止植物缺铁失绿

将有机肥与硫酸亚铁以 5∶1 的比例混用，可有效地防止植物缺铁失绿。如追施棉籽饼 5 份、硫酸亚铁 1 份，防治悬铃木黄化病效果明显。施用 0.5%尿素、0.3%硫酸亚铁追肥或浇灌也会取得较好的效果。

2. 防止大雨侵袭绿地

如果大雨已经侵蚀了绿地，再进行排水，可能损失就无法换回了。对于比较珍贵的或有特殊任务的绿地等，可采取搭设雨棚、覆盖塑料薄膜等办法，能够预先防止大雨的侵袭，而完好地保护绿地，甚至雨中、雨后还能正常地进行一切活动，如西方发达国家的足球运动场，雨前就可自动地铺上雨(雪)侵袭的遮雨(雪)棚，以防止雨(雪)造成的损害。

3. 雪松疏枝有讲究

雪松疏除枝条时，不得贴根剪去，而应当留 1～2 cm 的木橛，以利愈合。

4. 防治害虫最佳时期

对害虫来说，一般初龄幼虫抗药性差，往往有群居性，便于防治，是防治的最佳时期，

5. 轮换用药好

经常轮换或交互使用几种不同类型的农药，可以避免害虫或病菌产生抗药性，从而可以大大提高防治效果。

【教学课件】

工作任务1 常绿乔木类树种的养护管理技术(一)

工作任务1 常绿乔木类树种的养护管理技术(二)

工作任务2 落叶乔木类树种的养护管理技术(一)

工作任务2 落叶乔木类树种的养护管理技术(二)

工作任务3 花灌木类树种的养护管理技术(一)

工作任务3 花灌木类树种的养护管理技术(二)

工作任务4 攀援类植物的养护管理技术

工作任务5 竹类植物的养护管理技术

工作任务6 绿篱、色块、色带植物的养护管理技术

工作任务7 草坪的养护管理技术

工作任务8 露地草本花卉的养护管理技术

相关知识一
园林绿地病害概述

相关知识二
园林绿地虫害概述

相关知识三
园林绿地草害概述

相关知识四
园林绿地病虫草害防治的基本方法

【项目彩图】

项目彩图

附　　录

一、主要城市园林绿地养护管理历

北京、哈尔滨园林树木养护管理工作月历

月份	北京	哈尔滨
1月 （小寒～大寒）	平均气温－4.7℃，平均降雨量 2.6 mm。进行冬剪，将病虫枝、伤残枝、干枯枝等枝条剪除。对于有伤流和易枯梢的树种，推迟到萌芽前进行。 检查防寒设施，发现破损应立即补修。 在树木根部堆集不含杂质的雪。 利用冬闲时节进行积肥。 防治病虫害，在树根下挖越冬的虫蛹、虫茧，剪除树上虫苞并集中销毁处理。	平均气温－19.7℃，平均降水量 4.3 mm。 露地树木休眠。 积肥和贮备草炭等。 对园林树木进行防寒设施检查。组织冬训，提高职工的技术管理水平。
2月 （立春～雨水）	平均气温－1.9℃，平均降雨量 7.7 mm。 继续进行冬剪，月底结束。 检查防寒设施的情况。 堆雪，利于防寒、防旱。 积肥与沤制堆肥。 防治病虫害。 进行春季绿化的准备工作。	平均气温－15.4℃，平均降水量 3.9 mm。 进行松类冻坨移植。 利用冬剪进行树冠的更新。 继续进行积肥。
3月 （惊蛰～春分）	平均气温 4.8℃，平均降水量 9.1 mm。 树木结束休眠，开始萌芽展叶。 春季植树，应做到随挖、随运、随栽、随养护。 春灌以及补充土壤水分，缓和春旱。 开始进行追肥。 根据树木的耐寒能力分批拆除防寒设施。 防治病虫害。	平均气温－5.1℃，平均降水量 12.5 mm。 做好春季植树的准备工作。 继续进行树木的冬剪。 继续积肥。
4月 （清明～谷雨）	平均气温 13.7℃，平均降水量 22.4 mm。 继续进行植树，在树木萌芽前完成种植任务。 继续进行春灌，施肥。 剪除冬春枯梢，开始修剪绿篱。 看管维护开花的花灌木。 防治病虫害。	平均气温 6.1℃，平均降水量 25.3 mm。树木萌芽，连翘类开花。土壤解冻到 40～50 cm 时，进行春季植树，并做到“挖、运、栽、浇、管”五及时。 撤防寒设施。 进行春灌和施肥。 对新植树木立支撑柱。

续表

月份	北京	哈尔滨
5 月 （立夏～小满）	平均气温 20.1℃，平均降雨量 36.1 mm。 树木旺盛生长需大量灌水。 结合灌水施速效肥或进行叶面喷肥。 除草松土。 剪残花，除萌蘖和抹芽。 防治病虫害。	平均气温 14.3℃，平均降水量 33.8 mm。对新植或冬剪的树木进行及时的抹芽和除萌蘖。 继续灌溉与追肥。 中耕除草。 防治病虫害。
6 月 （芒种～夏至）	平均气温 24.8℃。平均降水量 70.4 mm。继续进行灌水和施肥，保证其充足供应。 雨季即将来临，剪除与架空线有矛盾的枝条，特别是行道树。 中耕除草 防治病虫害。 做好雨季排水工作。	平均气温 20℃，平均降水量 77.7 mm。 进行树木夏季的常规修剪。 继续灌溉与追肥。 继续松土除草。 防治病虫害。
7 月 （小暑～大暑）	平均气温 26.1℃，平均降雨量 196.6 mm。雨季来临，排水防涝。 增施磷、钾肥，保证树木安全越夏。 中耕除草。 移植常绿树种，最好入伏后降过一场透雨后进行。 防治病虫害。 及时扶正被风吹倒、吹斜的树木。	平均气温 22.7℃，平均降水量 176.5 mm。 雨季来临，气温最高。 对某些树木进行造型。 继续中耕除草。 防治病虫害，尤其是杨树的腐烂病。 调查春植树木的成活率。
8 月 （立秋～处暑）	平均气温 24.8℃，平均降雨量 243.5 mm。 防涝，巡视，抢险。 继续移植常绿树种。 继续进行中耕除草。 防治病虫害。 行道树的养护和花木的修剪及绿篱等整形植物的造型。	平均气温 21.4℃，平均降水量 107 mm。 加强排水，防止洪涝。 继续对树木进行修剪，同时修剪绿篱。 调查春植树木的保存率。 加强对树木的后期管理，及时中耕除草，保证其正常生长。 防止病虫害。
9 月 （白露～秋分）	平均气温 19.9℃，平均降雨量 63.9 mm。 迎国庆，全面整理绿地园容，修剪树枝。 对生长较弱，枝梢木质化程度不高的树木追施磷、钾肥。 中耕除草。 防治病虫害。	平均气温 14.3℃，平均降水量 27.7 mm。 迎国庆，全面整理绿地园容，并对行道树进行涂白。 修剪树木，去掉枯死枝、病虫枝，挖除枯死树木。 中耕除草继续进行。 做好秋季植树的工作。 防止病虫害。

续表

月份	北京	哈尔滨
10 月 （寒露～霜降）	平均气温 12.8℃，平均降雨量 21.1 mm。 随气温下降，树木相继开始休眠。 准备秋季植树。 收集枯枝落叶进行积肥。 本月下旬开始灌冻水。 防治病虫害。	平均气温 5.9℃，平均降水量 26.6 mm。 本月中下旬开始秋季植树。 土壤封冻前灌冻水。 收集枯枝落叶、杂草，进行积肥，沤肥堆肥。 做好树木的防寒工作。
11 月 （立冬～小雪）	平均气温 3.8℃，平均降雨量 7.9 mm。 土壤冻结前栽种耐寒树种、完成灌水任务、深翻施基肥。 对不耐寒的树种进行防寒，时间不宜太早。	平均气温－5.8℃，平均降水量 16.8 mm。 土壤封冻前结束树木的栽植工作。 继续灌冻水。 对树木采取防寒措施。 做好冻坨移植的准备工作，在土壤封冻前挖好坑继续积肥。
12 月 （大雪～冬至）	平均气温 2.8℃，平均降雨量 1.6 mm。 加强防寒工作。 开始进行树木的冬剪。 防治病虫害，消灭越冬虫卵。 继续积肥。	平均气温－15.5℃，平均降水量 5.7 mm。 冻坨移植树木。 砍伐枯死树木。 继续进行积肥。

南京、广州园林树木养护管理工作月历

月份	南京	广州
1 月	平均气温 1.9℃，平均降雨量 31.8 mm。 冬植抗寒性强的树木，如遇冰冻天气立即停止，对樟树、石楠等喜温树种可先打穴。 冬季整形修剪，剪除病虫害、伤残枝等，挖掘枯死树。 大量积肥和沤制堆肥。 深施基肥、冬耕。 做好防寒工作，遇有大雪，对常绿树、古树名木，竹类要组织打雪。 防治越冬虫害。 检查防寒措施的完好程度。	平均气温 13.3℃，平均降雨 36.9 mm。 打穴，整理地形，为下月进行种植做准备。 对树木进行常规修剪。 进行积肥堆肥，深施基肥。 对耐寒性较差的树种采取适当的防寒措施。 清除杂草和枯萎的乔灌木。 防治病虫害，消灭越冬虫卵。
2 月	平均气温 3.8℃，平均降雨量 53 mm。 继续进行一般树木的栽植，本月上旬开始竹类的移植。 继续做好积肥工作。 继续冬施基肥和冬耕，并对春花植物施花前肥。 继续防寒工作和防治越冬害虫。	平均气温 14.6℃，平均降雨量 80.7 mm。 个别树木开始萌芽抽叶，开始绿化种植、补植等。 撤防寒设施。 继续进行积肥堆肥。 继续进行树木的修剪。 对抽梢的树木施追肥、施花前肥并及时松土。

续表

月份	南京	广州
3 月	平均气温 8.3℃，平均降雨量 73.6 mm。 做好植树工作，及时完成并保证成活率。 对原有的树木进行浇水和施肥。 清除树下杂物、废土等。 撤防寒设施。	平均气温 18.0℃，平均降雨量 80.7 mm。 绝大多数树木抽梢长叶。绿化种植的主要季节，并进行补植、移植；对新植树木立支撑柱。 开始对树木进行造型或继续整形，对树冠过密的树木疏枝。 继续施追肥、除草松土。 防治病虫害。
4 月	平均气温 14.7℃，平均降雨量 98.3 mm。 本月上旬完成落叶树的栽植工作，对樟树、石楠等喜温树种此时栽适宜。 对新植树木立支撑柱。 对各类树木进行灌溉抗旱并除草、松土。 修剪绿篱，做好剥芽和除萌蘖工作。 防治病虫害，对易感染病害的雪松、月季海棠等每 10 d 喷 1 次波尔多液。	平均气温 22.1℃，平均降雨量 175.0 mm。 继续进行绿化种植、补植、改植等。 修剪绿篱、疏除过密枝、剪去枯死枝和残花。 继续对新植的树木立支柱、淋水养护。 除草松土、施肥。 防治病虫害。
5 月	平均气温 20℃，平均降雨量 97.3 mm。 对春季开花的灌木进行花后修剪，并追施氮肥和进行中耕除草。 新植树夯实、填土，剥芽去蘖。 继续灌水抗旱。 及时采收成熟的种子。 防治病虫害。	平均气温 25.6℃，平均降雨量 293.8 mm。 继续看管新植的树木。 修剪绿篱及花后树木。 继续绿化施工种植。 加强除草松土、施肥工作。 防治病虫害。
6 月	平均气温 24.5℃，平均降雨量 145.2 mm。 加强行道树的修剪，解决树木与架空线路及建筑物间的矛盾。 做好防风防暴工作，及时处理危险树木。 做好抗旱、排涝工作，确保树木花草的成活率和保存率。 抓紧晴天进行中耕除草和大量追肥，保证树木迅速生长。 及时对花灌木进行花后修剪。 防治病虫害。	平均气温 27.4℃，平均降雨量 287.8 mm。 继续绿化种植。 对新植的树木加强水分管理。 对过密树冠进行疏枝，对花后树木进行修剪以及植物的整形。 继续进行除草松土、施肥工作。 防治病虫害。
7 月	平均气温 28.1℃，平均降雨量 181.7 mm。 本月暴风雨多，暴风雨过后及时处理倒伏树木，凹穴填土夯实，排除积水。 继续行道树的修剪、剥芽。 新栽树木的抗旱、果树施肥及除草松土。 防治病虫害。	平均气温 28.4℃，平均降雨量 212.7 mm。 继续绿化种植，移植或绿化改造。 处理被台风吹倒的树木，修剪易被风折的枝条加强绿篱等的整形修剪。 中耕除草、松土，尤其加强花后树木的施肥。 防治病虫害。

续表

月份	南京	广州
9月	平均气温22.9℃，平均降雨量101.3 mm。 准备迎国庆，加强中耕除草、松土与施肥。 继续抓好防台风、防暴雨工作，及时扶正吹斜的树木。 对绿篱的整形修剪月底完成。 防治病虫害，特别是蛀干害虫。	平均气温27.0℃，平均降雨量189.3 mm。 进行带土球树木的种植。 处理被台风影响的树木。 继续除草松土、施肥和积肥。 对绿篱等整形和树形维护。 防治病虫害。
10月	平均气温16.9℃，平均降雨量44 mm。 全面检查新植树木，确定全年植树成活率。 出圃常绿树木，供绿化栽植。 采收树木种子。 防治病虫害。	平均气温23.7℃，平均降雨量69.2 mm。 继续带土球树木的种植。 加强树木的灌水。 清理部分一年生花卉，并进行松土除草。 防治病虫害。
11月	平均气温10.7℃，平均降雨量53.1 mm。 大多数常绿树的栽植。 进行树木的冬剪。 冬季施肥，深翻土壤，改良土壤结构。 对不耐寒的树木等进行防寒。 大量收集枯枝落叶堆集沤制积肥。 防治病虫害，消灭越冬虫卵等。	平均气温19.4℃，平均降雨量37.0 mm。 带土球或容器苗的绿化施工。 检查当年绿化种植的成活率。 加强灌水，减轻旱情。 深翻土壤，施基肥。 开始进行冬季修剪。 防治病虫害。
12月	平均气温4.6℃，平均降雨量30.2 mm。 除雨、雪、冰冻天气外，大部分落叶树可进行移植。 继续堆肥、积肥。 深翻土壤，施足基肥。 继续进行树木的冬剪。 继续做好防寒工作。 防治病虫。	平均气温15.2℃，平均降雨量24.7 mm。 加强淋水，改善树木生长环境的缺水状况。 继续深施基肥。 继续进行冬剪。 防治病虫害，杀灭越冬害虫。 对不耐寒的树木进行防寒。

二、园林绿地养护管理标准

哈尔滨市园林绿化养护等级质量标准

1 特级养护质量标准

1.1 树木

1.1.1 园林树木树冠完整美观，生长旺盛，分枝点合适，枝条粗壮，无枯枝死杈；主侧枝分布匀称、数量适宜，修剪科学合理，无病虫害。

1.1.2 花灌木开花及时，株形丰满，花后修剪及时合理，内膛不乱，通风透光，无缠绕物。

1.1.3 整形树木造型雅观，树木修剪及时、得当、线条齐整、圆滑、流畅。

1.1.4　行道树的体量、高度保持一致，树木定干高度不少于 3 m，每年乔木主干涂白一次，涂白高度 1.2 m，树木修剪合理，树形美观，能及时解决树木与电线、交通等之间的矛盾，无缺株、死树，倾斜度小于 3%。

1.1.5　新植树木支撑规范、无破损，路侧及分车带针叶树洗冠及时。

1.1.6　古树名木保护措施科学有效，有科学合理的古树名木养护技术方案，保存率 100%。

1.1.7　绿篱修剪及时，轮廓清晰、层次分明，整齐一致，枝密叶稠，无缺苗断空，无徒长枝芽。

1.2　草坪

1.2.1　草坪及地被整齐，覆盖率达到 100%，草坪生长旺盛，无黄化，无杂草，无裸露地，无病虫害。

1.2.2　及时修剪，草坪植株控制在 5～8 cm，修剪后无残留屑堆，无垃圾。切边边缘线明显。地被植物控制在 30 cm 以内。

1.3　花卉

花卉(五色草)色彩艳丽，生长健壮，无病虫害，无残花败叶，无缺苗，无杂草；花坛、花带轮廓清晰层次分明、整齐美观、无病虫害、无垃圾、五色草花坛纹样清晰，修剪及时。容器整洁，盆栽植物容器外形规格与植物协调。

1.4　水生植物

水生植物生长旺盛，生长范围符合景观要求，开花适时，无枯死植株，水面种植范围内无漂浮杂物、杂草、无有害生物危害状。

1.5　垂直绿化

垂直绿化应根据不同植物的攀缘特点，及时采取相应的牵引、设置网架等技术措施，开花的攀缘植物应适时开花，花繁色艳，攀缘植物生长旺盛，覆盖率不得低于 90%。

1.6　园林设施

园林小品、雕塑、喷泉、园路、栏杆、桌椅和牌示等园林设施完好，安全，整洁，做到及时维护。

1.7　绿地

绿地整洁，无垃圾杂物、残冰污雪，做到巡视保洁；对绿化生产垃圾(如树枝、树叶、草屑等)、绿地内水面杂物等重点地区路段随产随清，其他地区路段日产日清。

1.8　园林植物病虫害检疫、测报

1.8.1　园林植物报检疫率达到 98%以上。

1.8.2　园林植物病虫害测报准确率达到 99%，及时率 100%。

1.8.3　蛀干害虫、食叶害虫监测预报覆盖率达到 95%；刺吸式害虫监测预报覆盖率达到 90%，病害监测预报覆盖率达到 90%。

1.9　园林植物病虫害除治

1.9.1　食叶害虫危害叶片的被害株率在 5%以下，单株被害率在 2%以下。

1.9.2　树体上无新鲜刻槽，树体内无蛀干害虫的活卵、活虫。

1.9.3　刺吸类害虫危害、叶色基本正常，叶上无虫尿、虫网灰尘，被害率在 2%以下；介壳虫最严重处主枝干上 1 头/100 cm^2 活虫以下，较细的枝条 15 头/m 活虫以下；被害率在 2%以下。

1.9.4 叶色正常,生长健康无病害。

1.9.5 草坪生长茂盛颜色正常,不枯黄,无病害。

2 一级养护质量标准

2.1 树木

2.1.1 园林树木树冠基本完整,生长比较旺盛,分枝点基本合适,枝条粗壮,无枯枝死杈;主侧枝分布匀称、数量适宜,修剪科学合理,基本无病虫害。

2.1.2 花灌木开花及时,株形较丰满,花后修剪较及时,内膛不乱,通风透光,无缠绕物。

2.1.3 造型树木修剪及时、线条齐整、流畅。

2.1.4 行道树的体量、高度基本保持一致,树木定干高度不少于3 m,每年乔木主干涂白一次,涂白高度1.2 m,树木修剪比较合理,树形比较美观,能较好解决树木与电线、交通等之间的矛盾,无缺株、死树,倾斜度小于5%。

2.1.5 新植树木支撑比较规范、无破损,路侧及分车带针叶树洗冠比较及时。

2.1.6 古树名木保护措施科学有效,有科学合理的古树名木养护技术方案,保存率100%。

2.1.7 绿篱修剪较及时,轮廓基本清晰,线条基本整齐,枝叶正常,无明显残缺,萌生枝芽不超过5 cm。

2.2 草坪

2.2.1 草坪、地补植物整齐一致,覆盖率达到98%以上,无大于0.5 m^2 的集中空秃,枯黄面控制在2%以内。草坪内杂草率不得超过2%,切边边缘清晰。

2.2.2 及时修剪,草坪植株控制在8~10 cm,无病虫害、无垃圾、地被植物在35 cm以内。

2.3 花卉

花卉(五色草)生长健壮,整齐美观,无残缺,杂草控制在2%以内,花坛、花带轮廓较清晰,无明显病虫害,无垃圾,盆栽花卉容器清洁。五色草花坛纹样清晰、修剪及时。

2.4 水生植物

水生植物生长旺盛,开花适时,无明显漂浮物、杂草。

2.5 垂直绿化

垂直绿化应根据不同植物的攀缘特点,采取相应的牵引、设置网架等技术措施,开花的攀缘植物能适时开花,攀缘植物生长比较旺盛,覆盖率不得低于80%。

2.6 园林设施

园林小品、雕塑、园路、栏杆、桌椅和牌示等园林设施基本完好,安全,整洁,基本做到及时维护。

2.7 绿地

绿地整洁,无明显垃圾杂物、残冰污雪,对绿化生产垃圾(如树枝、树叶、草屑等)、绿地内水面杂物等做到日产日清,做到经常保洁。

2.8 园林植物病虫害检疫、测报

2.8.1 园林植物报检疫率达到98%以上。

2.8.2 园林植物病虫害测报准确率达到99%,及时率100%。

2.8.3 蛀干害虫、食叶害虫监测预报覆盖率达到95%;刺吸式害虫监测预报覆盖率达到

90%,病害监测预报覆盖率达到90%。

2.9 园林植物病虫害除治

2.9.1 食叶害虫危害叶片的被害率10%以下,单株被害率在5%以下。

2.9.2 树体上新鲜刻槽在2%以下,树体内蛀干害虫的活卵、活虫被害株率2%以下。

2.9.3 刺吸类害虫危害少数枝叶,带虫尿虫网灰尘的被害率在5%以下;介壳虫最严重处主枝干上2头/100 cm^2 活虫以下,较细的枝条30头/m活虫以下,被害率在5%以下。

2.9.4 叶片颜色正常,叶片病斑率在5%以下,烂皮病被害率在2%,单株被害率在5%。

2.9.5 草坪生长和颜色正常,不枯黄;病害危害率2%以下,无虫害。

3 二级养护质量标准

3.1 树木

3.1.1 园林树木树冠基本完整,生长正常,无明显枯枝死杈;主侧枝分布匀称、数量适宜,修剪及时,无明显病虫害。

3.1.2 花灌木开花及时,株形正常,内膛不乱,通风透光,无明显缠绕物。

3.1.3 造型树木修剪比较及时、线条齐整。

3.1.4 行道树的体量、高度基本保持一致,树木定干高度不少于3 m,每年乔木主干涂白一次,涂白高度1.2 m,树木修剪基本合理,树形正常,能较好解决树木与电线、交通等之间的矛盾,行道树缺株率不超过1%,倾斜度小于7%。

3.1.5 新植树木支撑基本规范、无破损,路侧及分车带针叶树洗冠基本及时。

3.1.6 古树名木保护措施科学有效,有科学合理的古树名木养护技术方案,保存率100%。

3.1.7 绿篱轮廓线条基本完整,枝叶基本正常,基本无残缺,萌生枝芽不超过10 cm。

3.2 草坪

草坪、地被植物整齐一致,覆盖率达到95%以上,无大于0.5 m^2 的集中空秃,杂草不得超过5%,无明显黄叶,无明显垃圾,无明显病虫害,切边边缘清晰,草坪植株控制在12 cm以内。地被植物控制在40 cm以内。

3.3 花卉

花卉(五色草):生长势较好、杂草控制在5%以内,花坛、花带轮廓基本清晰,无明显病虫害,无死株、缺株,无明显垃圾。杂草覆盖率不超过5%。盆栽花卉容器较清洁。

3.4 水生植物

水生植物:生长较旺盛,水上漂浮物控制在5%以内。

3.5 垂直绿化

垂直绿化能根据不同植物的攀缘特点,采取相应的技术措施,开花的攀缘植物能适时开花,覆盖率不得低于70%。

3.6 园林设施

园林小品、园路、栏杆和桌椅等园林设施比较完整,能够进行维护。

3.7 绿地

绿地基本整洁,绿化生产垃圾(如树枝、树叶、草屑等)主要地区路段做到日产日清,其他地区路段能够坚持在重大节日前突击清理绿地内的垃圾杂物、残冰污雪。

3.8 园林植物病虫害检疫、测报

3.8.1 园林植物报检疫率达到98%以上。

3.8.2 园林植物病虫害测报准确率达到99%,及时率100%。

3.8.3 蛀干害虫、食叶害虫监测预报覆盖率达到95%;刺吸式害虫监测预报覆盖率达到90%,病害监测预报覆盖率达到90%。

3.9 园林植物病虫害除治

3.9.1 食叶害虫危害叶片的被害率15%以下,单株被害率在10%以下。

3.9.2 树体上新鲜刻槽在5%以下,树体内蛀干害虫的活卵、活虫被害株率10%以下。

3.9.3 刺吸类害虫危害枝叶,带虫尿虫网灰尘的株数在10%以下;介壳虫最严重处主枝干上3头/100 cm^2 活虫以下,较细的枝条45头/m活虫以下,被害率在6%以下。

3.9.4 不影响绿化效果,叶片病斑率在8%以下,烂皮病被害率在4%,单株被害率在10%。

3.9.5 草坪生长和颜色基本正常;病害危害率5%以下,虫害危害率在2%以下。

上海市绿化养护等级质量标准

1 一级养护质量标准

1.1 绿化充分,植物配置合理,达到黄土不露天。

1.2 园林植物达到:

1.2.1 生长势:好。生长超过该树种该规格的平均生长量(平均生长量待以后调查确定)。

1.2.2 叶子健壮:①叶色正常,叶大而肥厚、在正常的条件下不黄叶、不焦叶、不卷叶、不落叶,叶上无虫尿、虫网灰尘;②被啃咬的叶片最严重的每株在5%以下(包括5%,以下同)。

1.2.3 枝、干健壮:①无明显枯枝、死杈、枝条粗壮,过冬前新梢木质化。②无蛀干害虫的活卵活虫。③介壳虫最严重处主枝干上1头/100 cm^2 活虫以下(包括1头,以下同),较细的枝条每尺长的一段上在5头活虫以下(包括5头,以下同);株数都在2%以下(包括2%,以下同)。④树冠完整:分支点合适,主侧枝分布匀称和数量适宜、内膛不乱、通风透光。

1.2.4 措施好:按一级技术措施要求认真进行养护。

1.2.5 行道树基本无缺株。

1.2.6 草坪覆盖率应基本达到100%;草坪内杂草控制在10%以内;生长茂盛颜色正常,不枯黄;每年修剪暖地型6次以上,冷地型15次以上;无病虫害。

1.3 行道树和绿地内无死树,树木修剪合理,树形美观,能及时很好地解决树木与电线、建筑物、交通等之间的矛盾。

1.4 绿化生产垃圾(如树枝、树叶、草末等)重点地区路段能做到随产随清,其他地区和路段做到日产日清;绿地整洁,无砖石瓦块、筐和塑料袋等废弃物,并做到经常保洁。

1.5 栏杆、园路、桌椅、井盖和牌饰等园林设施完整,做到及时维护和油饰。

1.6 无明显的人为损坏,绿地、草坪内无堆物堆料、搭棚或侵占等;行道树树干上无钉栓刻画的现象,树下距树干2 m范围内无堆物堆料、搭棚设摊、圈栏等影响树木养护管理和生长的现象,2 m以内如有,则应有保护措施。

2 二级养护质量标准

2.1 绿化比较充分,植物配置基本合理,基本达到黄土不露天。

2.2 园林植物达到:

2.2.1 生长势:正常。生长达到该树种该规格的平均生长量。

2.2.2 叶子正常:①叶色、大小、薄厚正常;②较严重黄叶、焦叶、卷叶、带虫尿虫网灰尘的株数在2%以下;③被啃咬的叶片最严重的每株在10%以下。

2.2.3 枝、干正常:①无明显枯枝、死杈;②有蛀干害虫的株数在2%以下(包括2%,以下同);③介壳虫最严重处主枝主干2头/100 cm^2 活虫以下,较细枝条每尺长一段上在10头活虫以下,株数都在4%以下;④树冠基本完整:主侧枝分布均称,树冠通风透光。

2.2.4 措施:按二级技术措施要求认真进行养护。

2.2.5 行道树缺株在1%以下。

2.2.6 草坪覆盖率达95%以上;草坪内杂草控制在20%以内;生长和颜色正常,不枯黄;每年修剪暖地型2次以上,冷地型10次以上;基本无病虫害。

2.3 行道树和绿地内无死树,树木修剪基本合理,树形美观,能较好地解决树木与电线、建筑物、交通等之间的矛盾。

2.4 绿化生产垃圾要做到日产日清,绿地内无明显的废弃物,能坚持在重大节日前进行突击清理。

2.5 栏杆、园路、桌椅、井盖和牌饰等园林设施基本完整,基本做到及时维护和油饰。

2.6 无较重的人为损坏。对轻微或偶尔发生难以控制的人为损坏,能及时发现和处理,绿地、草坪内无堆物堆料、搭棚或侵占等;行道树树干无明显的钉栓刻画现象,树下距树2 m以内无影响树木养护管理的堆物堆料、搭棚、圈栏等。

3 三级养护质量标准

3.1 绿化基本充分,植物配置一般,裸露土地不明显。

3.2 园林植物达到:

3.2.1 生长势:基本正常。

3.2.2 叶子基本正常:①叶色基本正常;②严重黄叶、焦叶、卷叶、带虫尿虫网灰尘的株数在10%以下;③被啃咬的叶片最严重的每株在20%以下。

3.2.3 枝、干基本正常:①无明显枯枝、死杈;②有蛀干害虫的株数在10%以下;③介壳虫最严重处主枝主干上3头/100 cm^2 活虫以下,较细的枝条每尺长一段上在15头活虫以下,株数都在6%以下;④90%以上的树冠基本完整,有绿化效果。

3.2.4 措施:按三级技术措施要求认真进行养护。

3.2.5 行道树缺株在3%以下。

3.2.6 草坪覆盖率达90%以上;草坪内杂草控制在30%以内;生长和颜色正常;每年修剪暖地型草1次以上,冷地型草6次以上。

3.3 行道树和绿地内无明显死树,树木修剪基本合理,能较好地解决树木与电线、建筑物、交通等之间的矛盾。

3.4 绿化生产垃圾主要地区和路段做到日产日清,其他地区能坚持在重大节日前突击清理绿地内的废弃物。

3.5 栏杆、园路和井盖等园林设施比较完整，能进行维护和油饰。

3.6 对人为破坏能及时进行处理。绿地内无堆物堆料、搭棚侵占等，行道树树干上钉栓刻画现象较少，树下无堆放石灰等对树木有烧伤、毒害的物质，无搭棚设摊、围墙圈占树等。

深圳市园林绿化管养规范

1 范围

本标准规定了园林绿化中的草坪、灌木、花卉、乔木、古树名木、垂直绿化、水池、园路、卫生及设施的管养规范。本标准适用于深圳市城市公共绿地、居住区绿地和单位附属绿地的管理的养护。

2 术语

本标准采用下列定义。

2.1 树冠

主干以上集生枝叶的部分。大多数树种由中心主枝、主枝、副主枝、三级主枝枝组，包括结果枝和生长枝等大小枝条组成，棕榈科和铁树科指主干以上的簇生叶部分。

2.2 花蕾期

植物从抽薹观蕾到开花前的时期。

2.3 叶芽

能发育成枝和叶的芽。叶芽形状较瘦小，先端尖。

2.4 花芽

能发育成花或花序的芽。花芽形状较肥大，略呈圆形。

2.5 生长势

栽培条件下植物的生长的趋势。泛指生长速度、整齐度、茎叶色泽、植株茁壮程度、分蘖或分枝的繁茂程度等，但有时仅指生长速度。

2.6 施肥

园林植物整个生长过程中肥料的施用。

2.7 除草

园林植物生长期间人工去除杂草的措施。

2.8 灌溉

人工引水浇灌的措施。其目的是及时满足园林植物水分的需要，或调节土壤温度和土壤水分。

2.9 下缘线

由同一道路中每株行道树树冠底部缘线形成的线条。

3 分级管养

根据园林绿化地点的重要程度及植物的种类将管养分为一级管养、二级管养和三级管养3种等级。重要观光地点的园林绿化(含其中的草坪、灌木、乔木、水池、园路和设施)、造型植物及古树名木的管养划分一级管养；偏远地方的园林绿化(含其中的草坪、灌木、乔木、园路和设施)的管养划为三级管养；除一级管养和三级管养外的划分为二级管养。

4 一级管养规范

4.1 草坪管养

草坪一级管养的标准是目的草种生长旺盛，呈勃勃生机，草坪整齐雅观，四季常绿，覆盖率达98%以上，杂草率低于3%，无坑洼积水，无裸露地。

4.1.1 生长势

生长势强，生长量超过该草种该规格的平均年生长量，叶片健壮，生机勃勃，叶色浓绿，无枯黄叶。

4.1.2 修剪

考虑季节特点和草种的生长发育特性，使草的高度一致，边缘整齐。高度控制在：台湾草5 cm以下，大叶油草、假俭草、沿阶草10 cm以下。

4.1.3 灌溉、施肥

根据草坪植物的生长需要加强淋水和施肥，保证肥水充足，肥料的施用方法和用量科学，防止过量或不均引起肥伤。在雨水缺少季节，每天的淋水量稍大于该规格的蒸腾量，使含水量保持在：沙土为3%～6%，沙壤土为6%～12%，壤土为12%～23%，黏土为21%～23%。需水量大的植物，其土壤含水量一般要求沙土为4.5%～6%，沙壤土为9%～12%，壤土为18%～23%，黏土为22%～23%；需水量少且不耐涝的植物，其土壤含水量控制在：沙土为3%～4.5%，沙壤土为6%～9%，壤土为12%～18%，黏土为21%～22%。特别在10月至翌年2月份要勤淋水多施肥，适当进行根外追肥，使草坪保持优良的长势度过干旱的秋、冬季。

4.1.4 除杂草

经常除杂草，使纯草坪和混合草坪的目的草种纯度达97%。新接管的绿地要求半年内达标。

4.1.5 填平坑洼

及时填平坑洼地，使草坪内无坑洼积水，平整雅观。

4.1.6 补植

对被破坏或其他原因引起死亡的草坪植物应及时补植，使草坪保持完整，无裸露地。补植要补与原草坪相同的草种，适当密植，补植后加强保养，保证一个月内覆盖率达98%。

4.1.7 病虫害防治

及时做好病虫害的防治工作，以防为主，精心管养，使植物增强抗病虫能力，经常检查，早发现早处理。采取综合防治、化学防治，物理人工防治和生物防治等方法防止病虫害蔓延和影响植物生长。尽量采用生物防治的办法，以减少对环境的污染。用化学方法防治时，一般在晚上进行喷药；药物、用量及对环境污染影响，要符合环保的要求和标准。发生病虫为害，最严重的危害率在5%以下。

4.2 灌木和花卉管养

灌木和花卉一级管养的标准是生长旺盛，花繁叶茂，造型美观，修剪工艺精细，植物造型具有艺术感和创意，产出精品。

4.2.1 生长势

生长势强，生长量超过该种类该规格的平均年生长量；枝叶健壮，枝多叶茂，叶色鲜艳，下部不光秃，无枯枝残叶，植株整齐一致，花卉适时开花，花多色艳，常年开花植物一年四季鲜花盛开；花坛轮廓清晰，无残缺，绿篱无断层。

4.2.2 修剪

考虑每种植物的生长发育特点，既造型美观又能适时开花，花多色艳；花灌木和草本花卉在花芽分化前进行修剪，避免把花芽剪掉，花谢后及时将残花残枝剪去，常年开花植物要有目的地培养花枝，使四季有花。绿篱和花坛整形效果要与周围环境协调，增强园林美化效果，精雕细刻，产出精品。

4.2.3 灌溉、施肥

根据植物的生长及开花特性进行合理灌溉和施肥。在雨水缺少的季节，每天的淋水量要稍大于该种类规格的蒸腾量，使含水量保持在：沙土为3%～6%，沙壤土为6%～12%，壤土为12%～23%，黏土为21%～23%。需水量大的植物，其土壤含水量一般要求沙土为4.5%～6%，沙壤土为9%～12%，壤土为18%～23%，黏土为22%～23%；需水少且不耐涝的植物，其土壤含水量控制在：沙土为3%～4.5%，沙壤土为6%～9%，壤土为10%～18%，黏土为21%～22%。一般在每年春、秋季重点施肥2～3次。簕杜鹃等花灌木要适当控水，促进花芽分化，花芽分化后要适当追施磷、钾肥，使花多色艳花期长。肥料不能裸露，可采用埋施或水施等不同方法，埋施可先挖穴或开沟，施肥后要回填土、踏实、淋足水、找平。一般可结合除草松土进行施肥。

4.2.4 除杂草

经常除杂草和松土，除杂草时要保护根系，不能伤根及造成根系裸露，更不能造成黄土裸露。

4.2.5 补植、改植

及时清理死苗，一周内补植回原来的种类并力求规格与原来植株接近，以保证优良的景观效果。补植按照种植规范进行，施足基肥并加强淋水等保养措施，保证成活率达98%以上。对已呈老化或明显与周围环境不协调的灌木和花卉应及时进行改植。

4.2.6 病虫害防治

及时做好病虫害的防治工作，以防为主，精心管养，使植物增强抗病虫能力，经常检查，早发现早处理。采取综合防治、化学防治、物理人工防治和生物防治等方法防止病虫害蔓延和影响植物生长。尽量采用生物防治的办法，以减少对环境的污染。用化学方法防治时，喷药一般要在晚上进行；药物、用量及对环境的影响，要符合环保的要求和标准。发生病虫为害，最严重的危害率在5%以下。

4.3 乔木管养

乔木一级管养的标准是生长旺盛，枝叶健壮，树形美观。行道树下缘线整齐，修剪适度，干直冠美，无死树缺株，无枯枝残叶，景观效果优良。

4.3.1 生长势

生长势强，生长量超过该树种该规格平均年生长量；枝叶健壮，枝条粗壮，叶色浓绿，无枯枝残叶。

4.3.2 修剪

考虑树种的生长特点如萌芽期、花期等，除棕榈科植物外，其他乔木一般在叶芽和花芽分化前进行修剪，避免把叶芽和花芽剪掉，使花乔木花繁叶茂，乔木整形效果要与周围环境协调，以增强园林美化效果，行道树修剪要保持树冠完整美观，主侧枝分布匀称和数量适宜，内膛不空又通气透光，根据不同路段车辆等情况确定下缘线高度和树冠体量，树高一般控制在10～17 m之间，注意不能影响高压线、路灯和交通指示牌；单位附属绿地内种植的树木的枝叶伸向城市公共道路或他人物业范围内的，要及时修剪；修剪时按操作规程进行，尽量减少伤口，剪口要平，不能留有树钉；荫枝、下垂枝、下缘线下的萌蘖枝及干枯枝叶要及时剪除。

4.3.3 灌溉、施肥

根据不同生长季节的天气情况，不同植物种类和不同树龄适当淋水，并在每年的春、秋季重点施肥2～3次。施肥量根据树木的种类和生长情况而定，种植三年以内的乔木和树穴有植被的乔木要适当增加施肥量和次数。肥料要埋施，先打穴或开沟，施肥后要回填土、踏实、淋足水、找平，切忌肥料裸露。乔木施肥穴的规格一般为30 cm×30 cm×40cm，挖沟的规格为30 cm×40 cm。挖穴或开沟的位置一般是树冠外缘的投影线（行道树木除外），每株树挖对称的两穴或四穴。

4.3.4 补植、改植

及时清理死树，要求在两周内补植回原来的树种并力求规格与原有的树木接近，以保证优良的景观效果。补植要按照树木种植规范进行，施足基肥并加强淋水等保养措施，保证成活率榕树类达100%，其他树种达90%。对已老化或明显与周围环境景观不协调的树木应及时进行改植。

4.3.5 病虫害防治

及时做好病虫害的防治工作，以防为主，精心管养，使植物增强抗病虫能力，经常检查，早发现早治理。采取综合防治、化学防治、物理人工防治和生物防治等方法防止病虫害蔓延和影响乔木生长，尽量采用生物防治的方法，以减少对环境的污染，用化学方法防治时，喷药一般要在晚上进行；药物、用量及对环境的影响，要符合环保的要求和标准。发生病虫为害，最严重的危害率5%以上，单株受害程度在5%以下。

4.3.6 防台风意外

做好防台风工作。台风前加强防御措施，合理修剪，加固护树设施，以增强抵御台风的能力。台风吹袭期间迅速清理倒树断枝，疏通道路。台风后及时进行扶树、护树，补好残缺，清除断枝、落叶和垃圾，使绿化景观尽快恢复。同时要求随着树木的长大，及时将护树带或铁箍放松，以免嵌入树皮内。遇雷风雨、人畜危害而使树木歪斜或倒树断枝，要立即处理、疏通道路。

4.4 古树名木的管养

古树名木的管养划分为一级管养，其标准是古树名木生长优良，枝繁叶茂；管养科学，抚育精心，保护珍品。

4.4.1 环境条件

不随意改变环境条件，在古树名木树冠边缘以外地面3 m范围内，不能堆放物料、挖坑取土、兴建永久性或临时性建筑及倾倒有害树木的污水污物。

4.4.2 保护

在古树名木周围建立围栏，围栏可用砖石水泥围砌，或用钢筋栏。围栏面积应尽量大于树冠的投影面积，使树冠的滴水线范围在围栏之内，以有效地避免人畜对古树的伤害。同时进行填土。填土时，先将树下杂物、石块进行清理，将古树基部腐朽和伤害部位进行挖除、清毒；然后，将树冠范围内地面板结的土壤进行疏松，填入松软肥土或森林表土，填土高度以不见裸露根系为原则。禁止在树干上乱刻、乱划、钉钉、缠绕绳索、铁丝；禁止用树木作施工的支撑物。

4.4.3 灌溉、施肥

根据不同生长季节的天气情况和不同的植物种类适当灌溉，可以在古树名木根部周围开挖环形沟进行灌溉，灌溉时在沟内分次浇透水，使其浸润渗透，然后以土覆盖沟面。或对古树进行叶面喷雾，水中可加入少量叶面速效肥料和微量元素。古树名木的施肥要适时适量，肥料以迟效性有机肥料为主。施肥要埋施，先在树冠外围滴水线以下的地面挖深沟，施肥后要回填土，踏实、淋足水，找平，切忌肥料裸露。

4.4.4 修剪

对严重衰老古树的树冠部分进行重度裁剪，裁剪掉衰老和干枯的枝条，以缩短树体内营养运输线，提高体液的循环速度，促发健壮的枝梢。同时，对于有病腐木、过度衰老的枝条以及病虫枝条进行适当修剪，达到树冠通风透光、改善生长发育条件的目的。

4.4.5 病虫害防治

随时做好病虫害的防治工作，以防为主，精心管养，使植物增强抗病虫能力，经常检查，早发现早处理。采取综合防治、化学防治、物理人工防治和生物防治等方法防止病虫害蔓延和影响树木生长。发生病虫为害，最严重的单株受害率在3%以下。

4.4.6 防台风

对生长不均衡树木主干或延伸较长的枝丫设立支柱，以防风折。台风前后加强管理，以增强抵御台风的能力。

4.4.7 创伤的修复

古树名木受到雷电风雨、人畜危害而受到创伤，会造成劈裂、折断、腐枝、疮痂、溃疡、孔洞、剥皮、干枯等创伤。对创伤要及时处理，首先要加以清除、剪除或挖除，消除腐垢杂物后，进行消毒和防腐处理。

4.4.8 建卡立档

统一设立古树名木标志，标明树名、学名、科属、树龄、地点、权属和管理养护责任单位。并要求对所有的古树名木建立生长情况档案，每年记录养护和管理措施及生长情况，以供以后管养参考。

4.5 水池管理

水池一级管理的标准是保持水面及水池内外清洁，水质良好，水量适度，节约用水。池壁美观，不漏水，设施完好无损。及时清除杂物，定时杀灭蚊子幼虫，定时清洗水池，控制好水的深度，管好水闸开关，不浪费水；及时修复受损的池壁、水池设施。

4.6 园路管理

园路一级管理的标准是路面保持清洁、美观、完好无损，要求及时清除路面垃圾杂物，修补破损并保持完好；要求路面干净、美观、以增强园林美化效果。

4.7 环境卫生

环境卫生的一级标准是绿地清洁，无垃圾杂物，无石砾砖块，无干枯枝叶，无粪便暴露，无鼠洞和蚊蝇滋生地。

4.7.1 清洁、保洁

每天6:30～18:30保持绿地无垃圾杂物，包括生活垃圾、石砾砖块、干枝枯叶、粪便，无鼠洞和蚊蝇滋生地等，发现鼠洞要随时堵塞。清除垃圾杂物后要注意保洁，绿地一有垃圾，要求10 min内拣拾干净。

4.7.2 清运

归堆后的垃圾杂物和箩筐等器具摆放在隐蔽的地方，垃圾做到日产日清，不过夜，不焚烧。

4.8 绿地维护

绿地维护的一级标准是绿地红线范围内不被侵占，绿地版图完整，花草树木不受破坏，无乱摆乱卖、乱停乱放的现象。

4.8.1 保护

保护绿地红线和红线内的花草树木，对任何侵占和破坏行为要加以制止并及时报告绿化管理部门。经上级批准临时借用的绿地，监督限期内恢复原状，如超过审批面积或数量，要立即上报。

4.8.2 监管

加强监管，使绿地内没有堆放东西和停放自行车、机动车，没有人力车和机动车驶进草地，没有设摊摆卖，没有在草地上踢球等进行损害花草树木的活动，没有在树上挂标语、晾衣服等现象。

4.9 设施维护

设施维护的一级标准是设施完好无损，景观效果优良。

4.9.1 保护

保护围栏、护树架和护网等绿化设施，对破坏行为要加以制止并及时报告绿化管理部门；保护绿化供水设施，防止绿化用水被盗用。

4.9.2 维修

设施如有损坏，要及时修补或更换，保证设施的完整美观。

5 二级管养规范

5.1 草坪管养

草坪二级管养的标准是目的草种生长良好，草坪整齐雅观，四季常绿，覆盖率达 95%以上，杂草率低于 5%，无坑洼积水，无裸露地。

5.1.1 生长势

生长势中等，生长量达到该草种该规格的平均年生长量；叶色青绿，无枯黄叶。

5.1.2 修剪

考虑季节特点和草种的生长发育特性，使草的高度一致，边缘整齐，高度控制在：台湾草 5 cm 以下，大叶油草、假俭草、沿阶草 10 cm 以下，蟛蜞菊 30 cm 以下。

5.1.3 灌溉、施肥

根据草坪植物的生长需要进行淋水和施肥，在每年秋、冬季雨水缺少的季节，加强淋水，每天的淋水量不低于该草种该规格的蒸腾量，使含水量保持在，沙土为 3%～5%，沙壤土为 6%～10%，壤土为 12%～20%，黏土为 20%～21%，需水量大的植物，其土壤含水量一般要求沙土为 4%～5.5%，沙壤土为 8.5%～11.5%，壤土为 17%～22%，黏土 21%～22%；需水量少且不耐涝的植物，其土壤含水量控制在：沙土为 2.8%～4.5%，沙壤土为 5.7%～8.5%，壤土为 10%～15%，黏土为 18%～20%。结合淋水适当追肥，以保证草坪植物在秋、冬季保持青绿。肥料的施用要适量、均匀，防止过量或不均匀引起肥伤。

5.1.4 除杂草

经常除杂草，使纯草坪和混合草坪目的草种纯度达 95%，新接管的绿地要求半年内达到要求。

5.1.5 填平坑洼

及时填平坑洼地，使草坪内无坑洼积水，平整美观。

5.1.6 补植

对被破坏或其他原因引起死亡的草坪植物应及时补植，使草坪保持完整，无裸露地。补植要补与原草坪相同的草种，适当密植，补植后要加强保养，一个月内覆盖率达95%。

5.1.7 病虫害防治

及时做好病虫害的防治工作，以防为主，精心管养，使植物增强抗病能力，经常检查，早发现早处理。采取综合防治、化学防治、物理人工防治和生物防治等方法防止病虫害蔓延和影响植物生长。尽量采用生物防治的办法，以减少对环境的污染，用化学方法防治时，一般在晚上进行喷药；药物、用量及对环境的影响，要符合环保的要求和标准，发生病虫为害，最严重的危害率在8%以下。

5.2 灌木和花卉管养

灌木和花卉二级管养的标准是生长良好，花繁叶茂，造型美观，具有一定的艺术感和立体感。

5.2.1 生长势

生长势中等，生长量达到该种类该规格的平均年生长量；萌蘖及枝叶生长正常，叶色较鲜艳，无枯枝残叶，植株基本整齐，花卉适时开花，花坛轮廓完美，无残缺，绿篱无断层。

5.2.2 修剪

考虑每种植物的生长发育特点，既造型美观又能适时开花，花灌木和草本花卉必须在花芽分化前进行修剪，以免将花芽剪除，花谢后要及时剪掉残花老枝。绿篱和花坛整形符合造景要求。

5.2.3 灌溉、施肥

根据植物的生长和开花特性进行合理灌溉和施肥。在雨水缺少的季节，每天的淋水量要求不低于该种类该规格的蒸腾量，使含水量保持在：沙土为3%～5%，沙壤土为6%～10%，壤土为12%～20%，黏土为20%～21%。需水量大的植物，其土壤含水量一般要求沙土为4%～5.5%，沙壤土为8.5%～11.5%，壤土为17%～22%，黏土为21%～22%；需水量少且不耐涝的植物，其土壤含水量控制在：沙土为2.8%～4.5%，沙壤土为5.7%～8.5%，壤土为10%～15%，黏土为18%～20%。簕杜鹃等花灌木要适当控水以促进花芽分化，花芽分化后必须适当施肥以使花多色艳，其余要求在每年春、秋季重点施肥各1次。肥料不能裸露，可采用埋施或水施等不同的方法。埋施要先挖穴或开沟，施肥后要回填土、踏实、淋足水、找平。一般可结合除草松土进行施肥。

5.2.4 除杂草

经常除杂草和松土，除杂松土时要保护根系，不能伤根及造成根系裸露，更不能造成黄土裸露。

5.2.5 补植

及时清理死苗，并在两周内补植回原来的种类并力求规格与原来的植株接近，以保证良好的景观效果。补植要按照种植规范进行，施足基肥并加强淋水等保养措施，保证成活率达95%以上。

5.2.6 病虫害防治

及时做好病虫害的防治工作，以防为主，精心管养，使植物增强抗病虫能力，经常检查，早发现早处理。采取综合防治、化学防治、物理人工防治和生物防治等方法防止病虫害蔓延和影响植物生长。尽量采用生物防治的方法,以减少对环境的污染,用化学方法防治,喷药要在晚上进行;药物、用量有对环境的影响,要符合环保的要求和标准。发生病虫为害,最严重的危害率在8%以下。

5.3 乔木管养

乔木二级管养的标准是生长良好,枝叶健壮,树形美观,行道树上缘线和下缘线整齐,修剪适度,无死树缺株,无枯枝残叶,景观效果良好。

5.3.1 生长势

生长势较强,生长量达到该树种该规格平均年生长量;枝叶健壮,无枯枝残叶。

5.3.2 修剪

考虑每种树的生长特点如叶芽、花芽分化期等,确定修剪时间,避免把花芽剪掉,使花乔木适时开花;乔木整形效果要尽量与周围环境协调;行道树修剪要保持树冠完整,枝叶密度适宜,内膛不空又通风透光,并根据不同路段车辆等情况确定下缘线高度和树冠体量,树高一般控制在10～17 m之间,注意不能影响高压线、路灯和交通指示牌,单位附属绿地内种植的树木的枝叶伸向城市公共道路或他人物业范围内的,要及时修剪;修剪时按操作规程进行,尽量减小伤口,剪口要平,不能留有树钉;荫枝、下垂枝、下缘线下的萌蘖枝和干枯枝叶要及时剪除。

5.3.3 灌溉、施肥

根据不同生长季节的天气情况、不同植物种类和不同树龄适当淋水,并要求在每年的春、秋季重点施肥1～2次。施肥量根据树木的种类和生长情况而定,种植3年以内的乔木和树穴有植被的乔木要适当增加施肥量和次数。肥料要埋施,先打穴或开沟。施肥后要回填土、踏实、淋足水,找平,切忌肥料裸露。乔木施肥穴的规格一般为30 cm×30 cm×40 cm,挖沟的规格为30 cm×40 cm。挖穴或开沟的位置一般是树冠外缘的投影线(行道树除外),每株树挖对称的两穴或四穴。

5.3.4 补植

及时清理死树,在3周内补植回原来的树种并力求规格与原有的树木接近,以保证良好的景观效果。补植要按照树木种植规范进行,施足基肥并加强淋水等保养措施,保证成活率榕树类达95%,其他树种达85%。

5.3.5 病虫害防治

及时做好病虫害的防治工作,以防为主,精心管养,使植物增强抗病虫能力,经常检查,早发现早治理。采取综合防治、化学防治、物理人工防治和生物防治等方法防止病虫害蔓延和影响乔木生长,尽量采用生物防治的办法,以减少对环境的污染,用化学方法防治时,喷药一般要在晚上进行;药物、用量及对环境的影响,要符合环保的要求和标准。发生病虫为害,最严重的危害率在8%以下,单株受害程度在8%以下。

5.3.6 防台风及意外

做好防台风工作。台风前加强防御措施,合理修剪,加固护树设施,以增强抵御台风的能力。台风吹袭期间迅速清理倒树断枝,疏通道路。台风后及时进行扶树、护树,补好残缺,清除断枝、落叶和垃圾,使绿化景观尽快恢复。同时要求随着树木的长大,及时将护树带或铁箍放松,以免嵌入树皮内。遇雷电风雨、人畜危害而使树木歪斜或倒树断枝,要立即处理、疏通道路。

5.4 垂直绿化管养

垂直绿化的管养划为二级管养。其标准是攀缘植物生长良好，整齐雅观，生长期覆盖率达95%以上，一年四季常绿(落叶植物除外)，有花攀缘植物要适时开花。

5.4.1 生长势

生长势良好，生长量达到该种类规格的平均年生长量；枝叶较健壮，叶色浓绿，无枯枝残叶，有花的攀缘植物要适时开花。

5.4.2 牵引、修剪

根据不同植物的攀缘特点，采取牵引措施或设置网架等辅助设施让其迅速、均匀地长满墙面。修剪要考虑该种类的生长发育特点，确定修剪时间和修剪程度，避免剪掉有用的叶芽、花芽和主蔓，合理修剪过密的侧蔓，控制主蔓，使覆盖均匀，以增强园林美化效果。立交桥上的下垂藤蔓要及时修剪，以免妨碍交通。

5.4.3 灌溉、施肥

经常淋水以保证其生长需要。秋、冬季加强淋水，使落叶植物延缓落叶，延长绿叶期。在每年的春、秋季重点施肥2～3次，并根据生长情况适当追施无机肥以满足植物生长需要。肥料的施用要适量、均匀，防止过量或不均匀引起肥伤。

5.4.4 补植

不失时机地进行补植。补植要补回原来的种类并加强淋水、养护等管理措施，保证成活率达90%以上。

5.4.5 病虫害防治

及时做好病虫害的防治工作，以防为主，精心管养，使植物增强抗病虫能力，采取综合防治、化学防治、物理人工防治和生物防治等方法防止病虫害蔓延和影响植物生长。尽量采用生物防治的办法，以减少对环境的污染，用化学方法防治时，喷药一般要在晚上进行，药物、用量及对环境的影响，要符合环保的要求和标准。发生病虫为害时，最严重的危害率在5%以下。

5.5 水池管理

水池二级管理的标准是保持水面及水池内外清洁，水质良好，水量适度，节约用水。池壁美观，不漏水，设施完好无损。及时清除杂物，定时杀灭蚊子幼虫，定时清洗水池，控制好水的深度，管好水闸开关，不浪费水；及时修复受损的池壁、水池设施。

5.6 园路管理

园路二级管理的标准是路面保持清洁、美观、完好无损，要求及时清除路面垃圾杂物，修补破损并保持完好；要求路面干净、美观，以增强园林美化效果。

5.7 环境卫生

环境卫生的二级标准是绿地清洁，无垃圾杂物，无石砾砖块，无干枯枝叶，无粪便暴露，无鼠洞和蚊蝇滋生地。

5.7.1 清洁、保洁

每天6:30～18:30保持绿地无垃圾杂物，包括生活垃圾、石砾砖块、干枝枯叶、粪便、无鼠洞和蚊蝇滋生地等，发现鼠洞要随时堵塞。清除垃圾杂物后要注意保洁，绿地一有垃圾，要求10 min内拣拾干净。

5.7.2 清运

归堆后的垃圾杂物和箩筐等器具摆放在隐蔽的地方，垃圾做到日产日清，不过夜，不焚烧。

5.8 绿地维护

绿地维护的二级标准是绿地红线范围内不被侵占，绿地版图完整，花草树木不受破坏，无乱摆乱卖、乱停乱放的现象。

5.8.1 保护

保护绿地红线和红线内的花草树木，对任何侵占和破坏行为要加以制止并及时报告绿化管理部门。经上级批准临时借用的绿地，监督限期内恢复原状，如超过审批面积及数量，要立即上报。

5.8.2 监管

加强监管，使绿地内没有堆放东西和停放自行车、机动车，没有人力车和机动车驶进草地，没有设摊摆卖，没有在草地上踢球等进行损害花草树木的活动，没有在树上挂标语、晾衣服等现象。

5.9 设施维护

设施维护的二级标准是设施完好无损，景观效果优良。

5.9.1 保护

保护围栏、护树架和护网等绿化设施，对破坏行为要加以制止并及时报告绿化管理部门；保护绿化供水设施，防止绿化用水被盗用。

5.9.2 维修

设施如有损坏，要及时修补或更换，保证设施的完整美观。

6 三级管养规范

6.1 草坪管养

草坪三级管养的标准是目的草种生长正常，草坪整齐雅观，四季常绿，蟛蜞菊草坪覆盖率达 98%以上，杂草率低于 3%，其余草种的覆盖率达 92%以上，杂草率低于 7%，无坑洼积水，无明显裸露地。

6.1.1 生长势

生长势正常，生长量接近平均年生长量，叶色正常，无枯叶。

6.1.2 修剪

考虑季节特点和草种的生长发育特性，使绿地边缘整齐，蟛蜞菊高度控制在 30 cm 以上，其余草种根据情况控制高度，使绿地呈现自然的景观效果。

6.1.3 灌溉、施肥

根据草坪植物生长需要进行淋水和施肥，在每年秋、冬季雨水缺少的季节，适当淋水，每天的淋水量接近于该草种该规格的蒸腾量，使含水量保持在：沙土为 2.8%～5%，沙壤土为 5.7%～10%，壤土为 11%～20%，黏土为 19%～21%。需水量大的植物，其土壤含水量一般要求沙土为 3.5%～5%，沙壤土为 8%～11%，壤土为 16%～21%，黏土为 20%～21%；需水量少且不耐涝的植物，其土壤含水量控制在：沙土为 2.5%～4%，沙壤土为 5%～8%，壤土为 9%～11%，黏土为 15%～18%。结合淋水适当追肥，以保证草坪植物正常生长的需要。

6.1.4 除杂草

经常除杂草，将高于目的草种的杂草及时去除，使草坪面目的草种的纯度达 93%以上。

6.1.5 填平坑洼

及时填平坑洼地，使草坪内无坑洼积水。

6.1.6 补植

对被破坏或其他原因引起死亡的草坪植物要及时补植,使草地完整,无明显裸露地。补植要补与原草坪相同的草种,适当密植,一个月内覆盖率达 92%。

6.1.7 病虫害的防治

及时做好病虫害的防治工作,以防为主,精心管养,使植物增强抗病虫能力,采取综合防治、化学防治、物理防治和生物防治等方法防止病虫害蔓延和影响植物生长。尽量采用生物防治的办法,以减少对环境的污染。用化学方法防治时,一般在晚上进行喷药;药物、用量及对环境的影响,要符合环保的要求和标准。发生病虫为害,最严重的危害率在 10%以下。

6.2 灌木和花卉管养

灌木和花卉三级管养的标准是生长正常,造型较美观,具有一定的艺术感,花卉能适时开花。

6.2.1 生长势

生长势正常,生长量接近该种类该规格的平均年生长量;枝叶正常,无枯枝残叶,花坛、绿篱完整,花卉能适时开花。

6.2.2 修剪

造型美观,与环境协调,花卉要适时开花,及时修剪残花败叶。

6.2.3 灌溉、施肥

根据植物的生长及开花特性进行合理灌溉和施肥。在雨水缺少的季节,每天的淋水量要求接近于该种类该规格的蒸腾量,使含水量保持在:沙土为 3%~5%,沙壤土为 6%~10%,壤土为 12%~20%,黏土为 20%~21%。需水量大的植物,其土壤含水量一般要求沙土为 4.5%~5%,沙壤土为 8.5%~11.5%,壤土为 18%~20%,黏土为 21%~22%。一般要求在每年春季或秋季重点施肥 1~2 次。肥料不能裸露,可采用埋施或水施等不同方法。埋施要先挖穴或开沟,施肥后要回填土、踏实、淋足水、找平。

6.2.4 除杂草

经常除杂草和松土,除杂草时要保护根系,不能伤根及造成根系裸露,更不能造成黄土裸露。

6.2.5 补植

在每年春、夏季不失时机地对死苗进行补植。补植要补回原来的种类并力求规格与原来植株接近,以保证较好的景观效果。补植要按照种植规范进行,施足基肥并加强淋水等保养措施,保证成活率达 90%以上。

6.2.6 病虫害防治

及时做好病虫害的防治工作,以防为主,精心管养,使植物增强抗病虫能力,采取综合防治、化学防治、物理防治和生物防治等方法防止病虫害蔓延和影响植物生长。尽量采用生物防治的办法,以减少对环境的污染,用化学方法防治时,喷药一般要在晚上进行;药物、用量及对环境的影响,要遵照环保局的要求和标准。发生病虫为害,最严重的危害率在 10%以下。

6.3 乔木管养

乔木三级管养的标准是生长正常,枝叶正常,无死树缺株,无枯枝残叶。

6.3.1 生长势

生长势正常,生长量接近该树种该规格平均年生长量,枝叶正常,无枯枝残叶。

6.3.2 修剪

及时剪去干枯枝叶和病枝。

6.3.3 灌溉、施肥

根据不同生长季节的天气情况，不同植物种类和不同树龄适当淋水，并要求在每年的春、秋季重点施肥1次。施肥量根据树木的种类和生长情况而定，种植3年以内的乔木和树穴有植被的乔木要适当增加施肥量和次数。肥料要埋施，先打穴或开沟，施肥后要回填土、踏实、淋足水，找平，切忌肥料裸露。乔木施肥穴的规格一般为30 cm×30 cm×40 cm，挖沟的规格为30 cm×40 cm。挖穴或开沟的位置一般是树冠外缘的投影(行道树除外)，每株树挖对称的两穴或四穴。

6.3.4 补植

在每年春、夏季不失时机地对死树进行补植。补植要补回原来的树种并力求规格与原有的树木接近，以保证景观效果。补植要按照树木种植规范进行，施足基肥并加强淋水等保养措施，保证成活率榕树类达90%，其他树种达80%。

6.3.5 病虫害防治

及时做好病虫害的防治工作，以防为主，精心管养，使植物增强抗病能力，经常检查，早发现早治理。采取综合防治、化学防治、物理人工防治和生物防治等方法防止病虫害蔓延和影响乔木生长，尽量采用生物防治的办法，以减少对环境的污染，用化学方法防治时，喷药一般要在晚上进行；药物、用量及对环境的影响，要符合环保的要求和标准。发生病虫为害，最严重的危害率在10%以下，单株受害程度在10%以下。

6.4 园路管理

园路三级管理的标准是路面保持清洁、美观、完好无损，要求及时清除路面垃圾杂物，修补破损并保持完好；要求路面干净美观，以增强园林美化效果。

6.5 环境卫生

环境卫生的三级标准是绿地清洁，无垃圾杂物，无石砾砖块，无干枯枝叶，无粪便暴露，无鼠洞和蚊蝇滋生。

6.5.1 清洁、保洁

每天6:30～18:30保持绿地无垃圾杂物，包括生活垃圾、石砾砖块、干枝枯叶、粪便，无鼠洞和蚊蝇滋生地等，发现鼠洞要及时堵塞。清除垃圾杂物后要注意保洁。

6.5.2 清运

归堆后的垃圾杂物和箩筐等器具要放在隐蔽的地方，当天垃圾当天清运，不过夜，不焚烧。

6.6 绿地维护

绿地维护的三级标准是绿地红线范围内不被侵占，绿地版图完整，花草树木不受破坏，无乱摆乱卖、乱停乱放的现象。

6.6.1 保护

保护绿地红线和红线内的花草树木，对任何侵占和破坏行为要加以制止并及时报告绿化管理部门。经上级批准临时借用的绿地，应监督限期内恢复原状，如有超过审批面积及数量，要立即上报。

6.6.2 监管

加强监管，使绿地内没有堆放东西和停放自行车、机动车，没有人力车和机动车驶进草地，没有设摊摆卖，没有在草地上踢球等进行损害花草树木的活动，没有在树上挂标语、晾衣服等现象。

6.7 设施维护

设施维护的三级标准是设施完好无损，景观效果良好。

6.7.1 保护

保护围栏、护树架和护网等绿地设施，对破坏行为要加以制止并及时报告绿化管理部门；保护绿化供水设施，防止绿化用水被盗用。

6.7.2 维修

设施如有损坏，要及时修补或更换，保证设施完整。

三、北京市古树名木管理技术规范

北京市古树名木管理技术规范

第一章 总则

1.0.1 古树名木是活文物，是我国古代历史文化和经济发展的一部分，有的蕴含着丰富的历史传说和典故，有的反映了古代某个时期的重要历史事件，它对于研究我国古代历史、气象学、古园林史等有很高的价值。北京的古树资源很丰富，是首都园林景观的重要组成部分。国家和北京市政府很重视古树名木的保护工作，拨专款立专题进行研究和保护，取得了很多古树保护和管理的经验和技术成果。总结多年的经验和研究成果，对原来的古树养护管理规范进行了全面的修订和补充，制定出“北京市古树名木管理技术规范”(以下简称规范)。

1.0.2 该规范适用于北方地区公园、绿地中生长的松、柏类等长绿针叶树种、国槐、银杏等阔叶树类的古树技术管理。

1.0.3 科学管好古树。古树有几百年至几千年的树龄，不同于一般的树木和花草。应针对古树的生态环境的变化和古树生长衰老的特点，进行科学的管理。

1.0.4 古树管理工作中，古树主管部门和古树保护单位应及时、定时的对古树管理工作人员进行技术培训，不断提高人们的古树保护意识和技术素质。

1.0.5 古树管护单位及个人应经常检查古树的生长和衰老状况，便于随时采取复壮保护措施或请专门人员进行现场诊断。

1.0.6 科学的管护古树，包括古树生长环境的调查、分析，土壤理化性质的测定，土壤水分的变化、机械损伤程度和环境污染物的积累等诸因素均控制在允许的指标内。

第二章 古树生长的环境指标

是指能够科学的反映古树名木的健康生理生化的数值，具体内容如下：

2.0.1 土壤通气：指土壤通气状况。当土壤有效孔隙度大于10%时，有利于古树根系的生长和吸收作用。土壤有效孔隙度=总孔隙度－毛管孔隙度，总孔隙度通过测定土壤的容重和比重而算出。

2.0.2 土壤容重：当土壤容重在1.3 g/cm^3 以下时，有利于古树生长；当土壤容重超过

1.4 g/cm^3 时，土壤缺氧，而机械阻抗加大，根系将变形，古树生长受到阻碍。

2.0.3　自然含水量：是指古树根系在土壤中比较容易吸收的水分。不包括束缚水和结晶水。自然含水量在15%～17%的情况下有利于松、柏等古树的根系吸收、生长。当土壤自然含水量在20%以上时，古树根系将停止生长，持续时间达2 d以上时会造成烂根。当自然含水量低于7%(黏土)和5%(沙土)时会导致古树根系干旱而死亡(这时丁香、连翘的幼叶会萎蔫，所以丁香、连翘等可以作为古树根系土壤水分状况的指示植物)。

2.0.4　土壤温度：对古树根系生长有着直接的影响，用温度表示。最适宜古树(松、柏类)根系生长的土壤温度为12～29℃。土壤温度超过30℃时，根系将受到影响，不利于古树生长，当土壤温度低于0℃时，根系不活跃。裸地沙土夏季中午时地面温度可达50～67℃，古树根系受灼伤。可采用地面种植地被植物或用木屑等覆盖物来控制土壤温度起保墒作用。冬季低温在北京对古树的影响不大。土壤温度在-17℃时不会将古树的根系冻死。

2.0.5　古树矿质营养元素的平衡问题：树木生长需要N、P、K、Ca、Mg、Fe、Zn、Cu、B、Ti等矿质营养元素。古树多年生长在固定的土壤里，长期大量吸取养分和降水的淋溶作用，造成土壤的矿质元素缺乏。另外城市工业化及人为的活动还会影响自然界和土壤，又可能造成土壤中某些元素过量，引起古树对某种元素的过量中毒。例如Na^+、SO_4^{2-}、Cl^-是土壤中常发现的过量中毒的离子。因此，由于矿质营养元素的缺失或过量引起古树的生长不良，说明各种矿质营养元素在古树生长中有一个合理的比例和相互平衡的问题。根据目前掌握的资料，北京地区和北方各省市古树根系土壤里普遍缺乏可吸收利用的Fe，其次缺N、Zn、Ti，只有个别地区缺B，其他各元素不缺少。土壤中Ca、Mg元素过量，古树并没有过量中毒症状。Na元素过量，对古树产生严重的毒害作用。1)几种古树枝叶中元素的比例关系。2)几种古树缺失元素的合理补偿范围。古柏树：P元素在枝叶中含量应为1 404.04～1 725.29 μg/g，Fe元素在枝叶中含量应为366.06～658.50 μg/g，Zn元素在枝叶中含量应为13.4～19.31 μg/g，Ti元素在枝叶中含量应为5.451～21.22 μg/g。古白皮松树：Mg元素在枝叶中含量应为2 140.83～3 857.67 μg/g，Fe元素在枝叶中含量应为157.66～311.94 μg/g，Zn元素在枝叶中含量应为15.76～23.79 μg/g。古油松树：N元素在枝叶中含量应为9 768.13～16 991.25 μg/g，K元素在枝叶中含量应为3 629.27～7 070.57 μg/g。3)几种古树枝叶中含叶绿素的正常指标。古柏类：11.314～14.9 μg/g。古白皮松：11.016～19.294 μg/g。古油松树：7.701～14.319 μg/g。4)古树枝叶中Na^+的含量。Na^+在土壤中含量过高会引起中毒现象，当含量超过80～100 μg/g时，出现生长不良；含量达到1 000～1 500 μg/g时，松、柏类古树根系受伤，造成烂根死亡，枝叶黄化枯焦。Na^+在古松、古柏枝叶里含量应在26.011～42.701 μg/g范围内属正常，有利于古树生长。

2.0.6　土壤有机质：对古树正常生长非常重要，它可以长期稳定、均衡地供给古树所需要的营养，特别是微量元素，更重要的是，使土壤形成和保持良好的团粒结构，使土壤的水、肥、气、热等综合指标保持良好状态，土壤有机质含量是决定土壤指标的决定性因素之一，是衡量土壤肥力的关键指标。土壤有机质含量应不低于1.5%，才能使古树保持良好的生长状况。

2.0.7　光照：对古树生长的影响也很大。光照不足，影响古树叶片的光合作用，造成生长不良，枝叶稀疏，一般太阳光光照强度应在8 000 lx以上，才能保证古树生长正常，枝叶茂密。

2.0.8　生物群落和生物个体的关系：a)古松、古柏与壳斗科树种如栎、槲等，以及菌根菌三者之间互有促进作用和共生作用。b)核桃树、接骨木、榆树对松树的生长有抑制作用。古树周围 3 m 内最好不种植这些树木。c)古树同邻近种植的植物之间的竞争作用和群体互补。植物与植物之间、群落与群落之间普遍存在着竞争关系，植物群落中不同植物之间以及不同的植物群落间要迅速地争夺光、水、养分以及地上、地下空间，要迅速地繁衍自身。在这个竞争过程中，古松、古柏是弱者，因此，必须对阔叶树、速生树和杂灌草进行控制，以保证古树的生长。在古松、古柏周围种植一些小的同类树种后，由于幼树对外界的同化力强，可以活化土壤，促进古树的生长，称之同类群体互补。

第三章　古树日常养护

3.0.1　适时浇水，10～11 月秋季上冻前浇一次冻前水，3～6 月雨季前浇三遍春水。每次浇水的林地，水的渗透深度应在 60 cm 以上。古树由于环境影响造成叶面尘埃多时，应喷水淋洗叶面。有条件的地区，提倡使用滴灌和渗灌，但要保持土壤中气、液、固三态的合理比例，注意排水。

3.0.2　采取适当的措施，保持土壤养分平衡。

3.0.3　加强病虫害防治：要贯彻预防为主，综合防治，推广和采用以低毒无公害的生物农药为主，定期检查，适时防治，合理使用农药，注意保护天敌，减少环境污染。古树易受病虫害侵害。古树由于先期害虫如叶部害虫等的危害，消耗水分和养分，易使树势衰弱。古树一旦衰弱后，蛀干害虫如小蠹甲、双条杉天牛等次期害虫就乘虚而入，破坏树木的输导系统，很快造成树木死亡。

a)古树常见的虫害：蚜虫、红蜘蛛、松针蚧、柏毒蛾、槐尺蠖、潜叶蛾、叶柄小蛾、双条杉天牛、小蠹甲、木蠹蛾、树蜂等，还有新发现的芫天牛。

b)10 月初至 11 月中秋防，主要压低将要越冬的虫口密度，减少越冬代蚜、螨或卵的数量。采取有效措施，将蚜虫、红蜘蛛等消灭在过冬或产卵过冬之前。

c)2～3 月春防，气温开始回升，要对弱古柏树及移栽柏树封干，防止双条杉天牛、小蠹甲产卵和危害。同时还可设诱木诱杀小蠹甲、双条杉天牛等。

d)4 月中旬至 5 月，主要防治蚜、螨成、若虫。要求控制在大发生之前。

e)5 月中旬以后害虫开始进入危害高峰期，重点防治蚜、螨、槐尺蠖、潜叶蛾、柏毒蛾等叶部害虫以及木蠹蛾、小蠹甲、叶柄小蛾、双条杉天牛等钻蛀性害虫。

f)芫天牛的防治：1)8 月中旬成虫开始羽化期，开始进行人工捕捉成虫。2)8 月中旬至 10 月下旬成虫产卵期及卵孵化期，往主干上喷 2 000 倍敌杀死封干，以杀成虫和刚孵化的小幼虫，每半月一次。3)9 月下旬至 11 月中旬幼虫孵化期，可在树干基部周围撒施 25%西维因可湿性粉剂，消灭下地入土的小幼虫。4)10 月份浇水时兼施 1 000 倍 40%的氧化乐果乳剂，5 mL 原液/cm 胸径，消灭已入土进行为害的小幼虫。

3.0.4　古树应设围栏保护，在易受破坏的地方更应设栏。孤立树或树群围栏与树干的距离应不小于 3 m。围栏以游人摸不到树干为最低要求。

3.0.5　树冠垂直投影外沿 3 m 范围内，禁止地上地下动土或铺不透气地面。在施工范围内的古树名木应事先采取保护措施。

3.0.6　在古树名木根系分布范围内，严禁设置临时厕所和排放污水的渗沟；不准在树下堆放能污染古树根系土壤的物品，如撒过盐的雪水、人粪尿、垃圾、废料或倒污水。

3.0.7　不允许在树体上钉钉子、绕铁丝、挂杂物或作为施工的支撑点。不能刻划树皮和攀枝折条。

3.0.8 有纪念意义或特殊观赏价值的古树，应保留其原貌，对枯枝采取防腐处理。需修剪的应由有关技术人员制定修剪方案，报主管部门批准。修剪应避开树木伤流盛期。

3.0.9 堵洞、修补。古树名木树体上有伤疤或空洞的地方应及时填充修补，防止进水。用最新型化学材料进行修补树洞，如聚氨酯复合物填充空洞，加阻燃剂。空洞大而深的地方，先用铁丝网罩住，外面用新型化学材料修补，事先应把洞内涂防腐消毒剂，如5% $CuSO_4$ 溶液或1∶1∶100波尔多液。空洞也可以不填充，只要能将树液、雨水、凝结水流出即可。不填充保持原貌更显古朴。

3.0.10 支撑。古树树体大枝有倾倒或折断的可能，应及时采取钢架支撑措施，找好支撑点，用双腿钢架支撑，挨树体处加橡胶，防止损伤树皮。

3.0.11 对高大树体应安装避雷装置，以防雷击。

3.0.12 山坡林地应保持有下木和地被植物伴生的自然生态环境。坡坎加固，防止水土流失。平地古树林地应栽豆科地被植物，浇水时应以人工持水管浇地面，不宜用自动喷灌，避免喷射古树树体表面树皮。

3.0.13 地面铺装：解决古树地表土壤的通气性，常需在树下林地人流密集的地方铺陶砾砖或其他透气砖。在人少的地方种植植物，如苜蓿、白三叶及垂盆草等地被植物，可改善土壤肥力，改善景观。这样为古树复壮创造了具有丰富营养物质，适宜的土壤含水量及土壤通气良好的地下环境。在有垃圾及污水源的地方，不可用透气砖，可采取土壤下层通气措施。

3.0.14 复壮沟、通气管、渗井等地下环境改善措施，改善古树的地下环境，使其根系在适宜的条件下生长。

a)城市及公园中古树生长的地下环境复杂，有各种管线和砖石。土壤瘠薄，营养面积小，地下污水等。为了解决以上问题，一般采用挖复壮沟，连接通气管，并设置地下渗水井，将土壤中的污水和积水通过井、管向四周渗出或用泵抽出。

b)复壮沟设置：深80～100 cm，宽80～100 cm，长度和形状因地形而定。有时是直沟，有时是半圆形或"U"形均可。这样沟、井、管相连通形成一个能通气排水，又有充足养分的复壮沟，创造了适宜古树根系生长的优良地下环境。

c)沟内含物有：复壮基质、各种树条、增补营养元素。

d)复壮基质采用松、栎、槲的自然落叶，取60%腐熟加40%半腐熟的落叶混合，再加少量N、P、Fe、Zn等元素配置成。这种基质含有丰富的多种矿质元素，pH在7.1～7.8以下，富含胡敏素、胡敏酸和黄腐酸，可以促进古树根系生长。同时有机物逐年分解与土粒胶合成团粒结构，从而改善了土壤的物理性状，促进微生物活动，将土壤中固定的多种元素逐渐释放出来。

e)埋入各种树木枝条。采用紫穗槐、苹果、杨树等枝条，截成长40 cm的枝段，埋入沟内树条与土壤形成大空隙。从1982年起，经多年实验证明，古树根系在条内穿伸生长，复壮沟内可加二层树枝，每层10 cm。

f)增施肥料，改善营养。以Fe元素为主，施入少量N、P元素。硫酸亚铁($FeSO_4$)使用剂量按长1 m、宽0.8 m复壮沟，施入0.1～0.2 kg。

g)复壮沟施工位置在古树树冠投影外侧，从地表往下纵向分层。表层为10 cm素土，第二层为20 cm的复壮基质，第三层为树木枝条10 cm，第四层又是20 cm的复壮基质，第五层是10 cm树条，第六层为粗沙和陶粒厚20 cm。

h)通气管设置:通气管用直径约3寸的硬塑料管打孔包棕做成。在复壮沟的一段,从地表层到地下竖埋,管高度80～100 cm。管口加带孔的铁盖。

i)渗水井设置:渗水井是在复壮沟的一段或中间,为深1.3～1.7 m,直径1.2 m的井,四周用砖垒砌而成,下部不用水泥勾缝。井口用水泥封口,上面加铁盖。井比复壮沟深30～50 cm,可以向四周渗水。保证古树根系分布层不被水淹没。雨季水大时,如不能尽快渗走,可用泵抽出。井底部有时还需设渗漏管80～100 cm。

3.0.15 古树根灌助壮剂:由稀土元素配制而成的助壮剂无毒、无副作用,能促进古树根系生长,提高古树生长势。

第四章 古树复壮

4.0.1 古树复壮工作要严格执行成功的做法,吸收与利用新的研究成果和技术,如不清楚应及时请主管部门的专家前去指导。

4.0.2 古树复壮是一门新的技术,不能只停留在挖坑种树、浇水、施肥的认识水平上,提高对古树的保护意识,提高古树管理的科技含量。

4.0.3 古树复壮和移植要进行操作单位的技术资质审查,合格后方可承接对外的任务。

4.0.4 古树复壮和移植要在该项工作的施工技术方案获得批准后方可实施。

4.0.5 古树移植一定保证成活,移前要做调查分析制定可行的技术方案,移后要进行跟踪管理,确保成活。

第五章 术 语

5.0.1 古树名木

a)古树是指树龄在百年以上的树木,多与人文有关。其中300年以上的古树定为一级,用红牌"A×××××"表示,用胸径来量算,因树种不同而异,柏树类古树、白皮松、七叶树定为60 cm,油松定为70 cm,银杏、国槐定为100 cm;在100～300年之间的古树定为二级古树,用绿牌"B×××××"表示。柏类、白皮松胸径为30～60 cm,油松为40～70 cm,银杏、枣、楸树为50 cm,国槐为60 cm。

b)名木是指稀有、名贵的或具有历史价值和纪念意义的树木。包括礼品树、友谊树等。

c)两者具有其一,即可称为古树名木。

5.0.2 古树复壮:对生长衰弱或濒危的古树进行的改善其生长环境条件,促进其生长,以达到恢复树势的措施。

5.0.3 古树复壮基质:根据古树立地条件人工配制的基质,如用壳斗科植物的枝叶腐殖质按一定比例配入古树缺失的生长必须矿质营养元素,具有促进古树生长的作用。

5.0.4 古树适宜的生长环境:没有被人为破坏,无地上、地下污染,土壤质地、结构、肥力、有机质含量等指标良好,具有供水条件和较好的小气候环境,这样的自然环境适于古树生长。

5.0.5 古树土壤的理化性质:古树生长的根系土壤,定期进行理化性质的测定,包括土壤容重、比重、密实度的测定,土壤矿质营养元素含量的测定。其中土壤三相比是:固相、液相、气相的比为50∶40∶10左右为宜,N、P、K等可溶性盐含量在中级水平。

5.0.6 土壤有害性物质:指土壤中含有对古树生长不利的外来物质,如盐、碱、酸类、矿物、油漆等。

5.0.7　树冠投影、发育根、吸收根及根系分布区树冠投影：树冠枝展（树冠枝叶外缘）向地面垂直投影后，以树干为中心形成的影区。具有吸收能力的根群叫吸收根，直径约为 1 mm 以下的细根。具有吸收、输导能力的永久根叫发育根。根系能达到的地方叫根系分布区，一般为树冠冠径的 1～3 倍。

5.0.8　机械损伤：一般是指由于人为、机械动力等因素对古树树干、树皮造成的创伤，是严重影响古树生长的不利因素之一。

参 考 文 献

1. 郭学望，包满珠. 园林树木栽培养护. 北京：中国林业出版社，2006.
2. 祝遵凌. 园林树木栽培学. 南京：东南大学出版社，2007.
3. 张东林. 园林绿化种植与养护工程问答实录. 北京：中国机械工业出版社，2008 .
4. 石进朝. 园林植物栽培与养护. 北京：中国农业大学出版社，2012.
5. 胡长龙. 赏花木整形修剪手册. 上海：上海科学技术出版社，2005.
6. 邹长松. 观赏树木修剪技术. 北京：中国林业出版社，1988.
7. 张涛. 园林树木栽培与修剪. 北京：中国农业出版社，2003.
8. 张秀英. 园林树木栽培养护学. 2 版. 北京：高等教育出版社，2005.
9. 丁勇. 园林绿化基本技能. 北京：中国劳动社会保障出版社，2007.
10. 王韫璆. 园林树木整形修剪技术. 上海：上海科学技术出版社，2007.
11. 罗镪. 园林植物栽培与养护. 重庆：重庆大学出版社，2006.
12. 吴丁丁. 园林植物栽培与养护. 北京：中国农业大学出版社，2007.
13. 魏岩. 园林植物栽培与养护. 北京：中国科学技术出版社，2003.
14. 黎玉才，等. 园林绿地建植与养护管理. 北京：中国林业出版社，2007.
15. 郝建华，郝晨曦. 园林树木栽培技术. 北京：化学工业出版社，2005.
16. 成钟海. 园林植物栽培养护. 北京：高等教育出版社，2005.
17. 王玉凤. 园林树木栽培养护. 北京：中国机械工业出版社，2010.
18. 陈自新，等，译. 园林植物生态与养护. 北京：中国建筑工业出版社，1987.
19. 李吉跃. 城市林业. 北京：高等教育出版社，2010.
20. 李宝筏. 农业机械学. 北京：中国农业出版社，2003.
21. 邹志荣. 园艺设施学. 北京：中国农业出版社，2002 .
22. 孙吉雄. 草坪学. 北京：中国农业出版社，1992.
23. 王希亮. 现代园林绿化设计、施工与养护. 北京：中国建筑工业出版社，2007.
24. 张养忠，郑红霞，张颖. 园林树木栽培与养护. 北京：化学工业出版社，2006.
25. 康亮. 园林花卉学. 北京：中国建筑工业出版社，2001.
26. 周兴元. 园林植物栽培. 北京：高等教育出版社，2006.
27. 丁勇. 园林绿化基本技能. 北京：中国劳动社会保障出版社，2007.
28. 郑瑾. 绿化工(高级). 北京：中国劳动社会保障出版社，2005.
29. 陈有民. 园林植物学. 北京：中国林业出版社，1990.
30. 潘文明. 观赏园林植物. 北京：中国农业出版社，2001.
31. 张随榜. 园林植物保护. 北京：中国农业出版社，2008.
32. 黄少彬. 园林植物病虫害防治. 北京：高等教育出版社，2001.
33. 蔡平，祝希德. 园林植物昆虫学. 北京：中国农业出版社，2003.
34. 张中社，汪世宏. 园林植物病虫害防治. 北京：高等教育出版社，2004.

35. 王丽平,曹洪青,杨树明. 园林植物保护. 北京:化学工业出版社,2006.
36. 陶振国. 园林植物保护. 北京:中国劳动社会保障部出版社,2004.
37. 陈志明. 草坪建植与养护. 北京:中国林业出版社,2003.
38. 徐公天,庞建军,戴秋惠. 园林绿色植护技术. 北京:中国农业出版社,2003.
39. 丁梦然,等. 园林苗圃植物病虫害无公害防治. 北京:中国农业出版社,2004.
40. 孙晓刚. 草坪建植与养护. 北京:中国农业出版社,2002.
41. 丁为民. 园艺机械化. 北京:中国农业出版社,2001.
42. 张全锋,尹新彦,马香利. 园林绿地养护管理中存在问题及解决途径的初步探讨. 河北林业科技,2005(4):180-181.
43. 傅海澎. 浅谈绿地养护管理. 胜利油田职工大学学报,2005,19(1):63-64.
44. 徐扬,何建民,黄滨生. 北方中小城市园林绿化中存在问题及建议. 北方环境,2004,29(1):15-16.
45. 李金柱. 浅议城市绿地养护产业化趋势. 宁夏林业科技,2007(4):66-67.
46. 李芝玉. 论养护管理在园林绿化中的重要性和必要性. 科技情报开发与经济,2006(16):18.
47. 毛子敏. 论养护管理在园林绿地建设中的重要作用. 科技情报开发与经济,2006(12):22-23.
48. 王焘. 再议绿地养护. 中国园林,2003(11):50-51.
49. 胡光胜. 浅谈城市园林绿化养护中存在的问题. 国土绿化,2002(12):20.
50. 陈自新,李玉和,杨遂,等. 城市地下环境对植物生存条件的影响. 中国园林,1987(4):13-14.
51. 李玉和. 城市土壤密实度对园林植物生长的影响及利用措施. 中国园林,1995(3):41-43.
52. 陈自新,许慈安,译. 园林植物生态与养护. 北京:中国建筑工业版社,1987.
53. 李玉和. 城市土壤形成特点肥力评价及利用与管理. 中国园林,1997(3):20-23.
54. 孙时轩. 造林学. 北京:中国林业出版社,1990.
55. 徐金庭,龚鑫,吴晓娜,等. 大树移栽保活技术. 现代园林,2006(10):52-53.
56. 姜广翔,宁红光,姜敬生,等. 古树名木的养护管理技术措施. 山东林业科技,2006(02):62.
57. 周云峰,唐红军. 大树古树移植探讨. 技术与市场:园林工程,2005(12):54-56.
58. 俞青娟,马庆红,等. 园林绿化中大树的移栽与养护技术. 甘肃科技,2006,22(09):223-224.
59. 丁世民,刘玉娥,任有华,等. 城市园林绿地有害生物综合治理浅析. 广西植保,2003,16(1):27-31.
60. 张蕊,刘鸿,石娜. 城市土壤特点及改良措施. 现代农业科技,2010(6):302,315.
61. 李玉和. 城市土壤密实度对园林植物生长的影响及利用措施. 中国园林,1995(3):41-43.